饲料加工利用技术与研究新视角

SILIAO JIAGONG LIYONG JISHU YU YANJIU XINSHIJIAO

主　编　王晓力　朱新强　陈季贵

副主编　王春梅　张　茜　李锦华　崔光欣

U0348997

中国农业科学技术出版社

图书在版编目（ＣＩＰ）数据

　　饲料加工利用技术与研究新视角 / 王晓力，朱新强，

陈季贵主编 . — 北京：中国农业科学技术出版社，

2017.8

　　ISBN 978-7-5116-3220-3

　　Ⅰ . ①饲… Ⅱ . ①王… ②朱… ③陈… Ⅲ . ①饲料加

工②饲料－使用方法 Ⅳ . ① S816

　　中国版本图书馆 CIP 数据核字 (2017) 第 195686 号

责 任 编 辑　李冠桥
责 任 校 对　贾海霞
出　版　者　中国农业科学技术出版社
　　　　　　北京市中关村南大街 12 号　邮编：100081
电　　　话　（010）82109705（编辑室）　　　（010）82109704（发行部）
　　　　　　（010）82109709（读者服务部）
传　　　真　（010）82106625
网　　　址　http://www.castp.cn
经　销　者　各地新华书店
印　刷　者　北京建宏印刷有限公司
开　　　本　710mm×1 000mm　1/16
印　　　张　19.5
字　　　数　465 千字
版　　　次　2017 年 8 月第 1 版　　2018 年 1 月第 2 次印刷
定　　　价　78.00 元

前　言

　　饲料工业是我国新兴的基础工业，是国民经济支柱产业之一。经过30多年的发展，我国饲料工业已初具规模，形成了包括饲料加工业、饲料添加剂工业、饲料原料工业、饲料机械制造工业和饲料科研、教育、标准、检测等一整套体系。饲料加工利用技术是其中的重要环节，涉及饲料加工企业、饲料生产企业等众多厂家。

　　随着人们对畜禽产品品质需求的不断提高，高新技术在饲料工业中应用，饲料已经不能仅依靠粉碎、配料、混合等简单工艺进行加工生产，而是需要根据动物的生理需要和原料的特性，运用更加精细的加工工艺、先进的设备和专业化的流水作业，来提高饲料的质量以及养分的利用率。同时，伴随着人们"食品安全""资源节约""低碳生活"和"环境保护"意识的增强，对饲料加工技术提出了更安全、更节能、更环保的要求。

　　为适应我国饲料工业高速发展的需求，加快我国饲料行业向资源节约型和环境友好型转变，作者在研究了大量相关资料的基础上，结合自身的实践经验和研究成果，进一步探索了饲料加工技术在饲料原料、饲料配料、饲料添加剂、各类资源等方面的应用，为便于读者系统地学习和实践，特撰写了《饲料加工利用技术与研究新视角》一书。

　　本书共7章，各章内容具体安排如下：第一章是饲料加工理论的基本阐述，论述了饲料的概念、分类、发展阶段及重要的检测技术，这些为本书深入探讨各类饲料资源加工、饲料输送等做了必要的铺垫；第二章论述了饲料工厂的设计，其中包括厂址的选择、工厂平面设计、工厂安全、工厂配置等，从各角度分析工厂的设计与选址，确保饲料工厂选择的准确性；第三章讲述了对饲料原料的处理与加工，对原料的接收、清理、粉碎、制粒与膨化过程以及有益霉菌的加工工艺及改良技术进行详细的说明与指导；第四章以饲料配料为基点，分别论述了饲料的配料加工和饲料的混合加工；第五章具体阐述了饲料添加剂的制造工艺、添加剂预混合饲料制造工艺与设备和中草药饲料添加剂的加工与应用；第六章论述了饲料的其他加工，包括饲料的成型、包装、码垛及输送；第七章论述了如何利用各类饲料资源，其中包括对蛋白质饲料资源、能量饲料资源、添加剂饲料资源的加工利用。

　　本书涉及对饲料原料加工、配料加工、添加剂加工、各类饲料资源加工等多方面的加工技术。由于作者水平有限，书中的疏漏和不妥之处在所难免，敬请同行和读者不吝批评赐教。

作　者

2017年7月

CONTENTS

目录

第一章 饲料加工的理论前提

近些年来，饲料工业的迅速发展，对饲料机械工业提出了更高、更新的要求，迫使饲料机械工业迅速提高制造装备能力和工艺水平。现代饲料工业逐步走向集团化，装备以中大型为核心趋于成套化，生产经营逐步走向一体化，企业类型为适应国情而趋向多元化。我国饲料工业要适应经济全球化的发展趋势和国际饲料集团进入中国市场参与竞争的挑战。

而饲料检测技术是饲料工业生产中的重要环节，是保证饲料原料和各种产品质量的重要手段。要树立饲料安全生产意识，要牢固掌握饲料质量安全检测的基本知识与基本技能。也为饲料配方加工打下坚实的基础。

第一节　饲料概述

一、饲料概念

饲料（feeds）是所有饲养动物的食物的总称。广义的饲料包括饲料原料和配合饲料两大类。其中，饲料原料是饲料工业发展的基础，其开发和加工技术的逐步创新推动了配合饲料工业的发展。凡能被动物采食又能提供给动物某种或多种营养素的物质，称为饲料。从广义上讲，能强化饲料效果的某些非营养物质，如各种添加剂，也划为饲料之列。

二、饲料分类

目前饲料分类（Classification of feed）方法有许多种，而美国学者哈理斯（L.E.Harris，1956）提出的饲料分类原则和编码体系的方法，已被许多国家的学者所接受，随后发展成为国际饲料分类法的基本模式。我国学者张子仪等（1987）根据国际饲料分类原则与我国传统饲料分类体系相结合，提出了中国饲料分类法和编码系统。

（一）国际饲料分类法

哈理斯根据饲料的营养特性将饲料分成 8 大类，对每类饲料冠以相应的国际饲料编码（intemational feed number，IFN）。国际饲料分类编码共 6 位数，首位数代表饲料类别，后 5 位数则按饲料的重要属性给定编码。编码分 3 节，表示为 △-△△-△△△。

（1）粗饲料。粗饲料是指饲料干物质中粗纤维含量大于或等于 18%，以风干物为饲喂形式的饲料，如干草类、农作物秸秆等。IFN 形式为 1-00-000。

（2）青绿饲料。青绿饲料是指天然水分含量在 60% 以上的青绿牧草、饲用作物、树叶类及非淀粉质的根茎、瓜果类。IFN 形式为 2-00-000。

（3）青贮饲料。青贮饲料是指以新鲜的天然青绿植物性饲料为原料，在厌氧条件下，经过以乳酸菌为主的微生物发酵后调制成的饲料，具有青绿多汁的特点，如玉米青贮。IFN 形式为 3-00-000。

（4）能量饲料。能量饲料是指饲料干物质中粗纤维含量小于 18%、同时粗蛋白质含量小于 20% 的饲料，如谷实类、麸皮、淀粉质的根茎、瓜果类。IFN 形式为 4-00-000。

（5）蛋白质饲料。蛋白质饲料是指饲料干物质中粗纤维含量小于 18%、而粗蛋白质含量大于或等于 20% 的饲料，如鱼粉、豆饼（粕）等。IFN 形式为 5-00-000。

（6）矿物质饲料。矿物质饲料是指以可供饲用的天然矿物质、化工合成无机盐类和有机配位体与金属离子的螯合物，如石粉、磷酸氢钙、沸石粉、膨润土、饲用微量元素无机化合物、有机螯合物和络合物等。IFN 形式为 6-00-000。

（7）维生素饲料。维生素饲料是指由工业合成或提取的单一或复合维生素，但不包括富含维生素的天然青绿饲料在内。IFN 形式为 7-00-000。

（8）饲料添加剂。饲料添加剂是指为了利于营养物质的消化吸收，改善饲料品质，促进动物生长和繁殖，保障动物健康而掺入饲料中的少量或微量物质，但不包括矿物质元素、维生素、氨基酸等营养物质添加剂，本类主要指非营养性添加物质。IFN 形式为 8-00-000。

（二）中国饲料分类法

张子仪等（1987）提出了中国饲料分类方法。首先根据国际饲料分类原则将饲料分成 8 大类，然后结合中国传统饲料分类习惯划分为 17 亚类，对每类饲料冠以相应的中国饲料编码（Chinese feed number, CFN）。中国饲料编码共 7 位数，首位为 IFN，第 2、第 3 位为 CFN 亚类编号，第 4 ~ 7 位为顺序号。编码分 3 节，表示为 △ - △△ - △△△△。

（1）青绿多汁类饲料。凡天然水分含量大于或等于 45% 的栽培牧草、草场牧草、野菜、鲜嫩的藤蔓和部分未完全成熟的谷物植株等皆属此类。CFN 形式为 2-01-0000。

（2）树叶类饲料。树叶类饲料有两种类型：一是采摘的新鲜树叶，饲用时的天然水分含量在 45% 以上，属于青绿饲料，CFN 形式为 2-02-0000。二是采摘风干后的树叶，干物质中粗纤维含量大于或等于 18%，属于粗饲料，如风干的槐叶、松针叶等，CFN 形式为 1-02-0000。

（3）青贮饲料。青贮饲料有 3 种类型：一是常规青贮饲料，由新鲜的植物性饲料调制而成，一般含水量在 65% ~ 75%。二是低水分青贮饲料，亦称半干青贮饲料，由天然水分含量为 45% ~ 55% 的半干青绿植物调制而成。第一、第二类 CFN 形式均为 3-03-0000。三是谷物湿贮饲料，以新鲜玉米、麦类籽实为主要原料，不经干燥即贮于密闭的青贮设备内，经乳酸发酵调制而成，其水分在 28% ~ 35%。CFN 形式为 4-03-0000。

（4）块根、块茎、瓜果类饲料。块根、块茎、瓜果类饲料有两种类型：天然水分含量大于或等于 45% 的块根、块茎、瓜果类，如胡萝卜、芜菁、饲用甜菜等，CFN 形式为 2-04-0000。这类饲料脱水后的干物质中粗纤维和粗蛋白质含量都较低，干燥后属能量饲料，如甘薯干、木薯干等，CFN 形式为 4-04-0000。

（5）干草类饲料。干草类饲料包括人工栽培或野生牧草的脱水或风干物，其水分含量在 15% 以下。水分含量在 15% ~ 25% 的干草压块亦属此类。有 3 种类型：一是指干物质中的粗纤维含量大于或等于 18%，属于粗饲料，CFN 形式为 1-05-0000；二是指干物质中粗纤维含量小于 18%，粗蛋白质含量小于 20%，属于能量饲料，如优质草粉，CFN 形式为 4-05-0000；三是指一些优质豆科干草，干物质中粗蛋白质含量大于或等于 20%，粗纤维含量低于 18%，属于蛋白质饲料，如苜蓿或紫云英的干草粉，CFN 形式为 5-05-0000。

（6）农副产品类饲料。农副产品类饲料有3种类型：一是干物质中粗纤维含量大于或等于18%，属于粗饲料，如秸、荚、壳等，CFN形式为1-06-0000；二是干物质中粗纤维含量小于18%，粗蛋白质含量小于20%，属于能量饲料，CFN形式为4-06-0000（罕见）；三是干物质中粗纤维含量小于18%，粗蛋白质含量大于等于20%，属于蛋白质饲料，CFN形式为5-06-0000（罕见）。

（7）谷实类饲料。谷实类饲料的干物质中，一般粗纤维含量小于18%，粗蛋白质含量小于20%，属于能量饲料，如玉米、稻谷等，CFN形式为4-07-0000。

（8）糠麸类饲料。糠麸类饲料有两种类型：一是饲料干物质中粗纤维含量小于18%，粗蛋白质含量小于20%的各种粮食的碾米、制粉副产品，属于能量饲料，如小麦麸、米糠等，CFN形式为4-08-0000；二是粮食加工后的低档副产品，属于粗饲料，如统糠等，CFN形式为1-08-0000。

（9）豆类饲料。豆类饲料有两种类型：一是豆类籽实干物质中粗蛋白质含量大于或等于20%，粗纤维含量低于18%，属于蛋白质饲料，如大豆等，CFN形式为5-09-0000；二是豆类籽实的干物质中粗蛋白质含量在20%以下，属于能量饲料，如江苏的爬豆，CFN形式为4-09-0000。

（10）饼粕类饲料。饼粕类饲料有3种类型：一是干物质中粗蛋白质大于或等于20%，粗纤维含量小于18%，属于蛋白质饲料，如豆粕、棉籽粕等，CFN形式为5-10-0000；二是干物质中粗纤维含量大于或等于18%，属于粗饲料，如有些多壳的葵花籽饼及棉籽饼，CFN形式为1-10-0000；三是干物质中粗纤维含量小于18%，粗蛋白质含量小于20%，属于能量饲料，如米糠饼、玉米胚芽饼等，CFN形式为4-10-0000。

（11）糟渣类饲料。糟渣类饲料有3种类型：一是干物质中粗纤维含量大于或等于18%，属于粗饲料，CFN形式为1-11-0000；二是干物质中粗纤维含量低于18%，粗蛋白质含量低于20%，属于能量饲料，如优质粉渣、醋糟、甜菜渣等，CFN形式为4-11-0000；三是干物质中粗纤维含量小于18%，粗蛋白质含量大于或等于20%，属于蛋白质饲料，如啤酒糟、豆腐渣等，CFN形式为5-11-0000。

（12）草籽树实类饲料。草籽树实类饲料有3种类型：一是干物质中粗纤维含量大于或等于18%，属于粗饲料，如灰菜籽等，CFN形式为1-12-0000；二是干物质中粗纤维含量在18%以下，粗蛋白质含量小于20%，属于能量饲料，如干沙枣等，CFN形式为4-12-0000；三是干物质中粗纤维含量在]18%以下，粗蛋白质含量大于等于20%，属于蛋白质饲料，CFN形式为5-12-0000（罕见）。

（13）动物性饲料。动物性饲料有3种类型：一是来源于渔业、畜牧业的动物性产品及其加工副产品，其干物质中粗蛋白质含量大于或等于20%，属于蛋白质饲料，如鱼粉、动物血、蚕蛹等，CFN形式为5-13-0000；二是干物质中粗蛋白质含量小于20%，粗灰分含量也较低的动物油脂，属于能量饲料，如牛脂等，CFN形式为4-13-0000；三是干物质中粗蛋白质含量小于20%，粗脂肪含量也较低，以补充钙、磷为目的，属于矿物质饲料，如骨粉、贝壳粉等，CFN形式为6-13-0000。

（14）矿物质饲料。矿物质饲料有两种类型：一是可供饲用的天然矿物质，如石灰石粉等；化工合成无机盐类，如硫酸铜等；有机配位体与金属离子的螯合物，如蛋氨酸性锌等，CFN形式为6-14-0000。二是来源于动物性饲料的矿物质，如骨粉、贝壳粉等，CFN形式为6-13-0000。

（15）维生素饲料。维生素饲料是指由工业合成或提取的单一或复合维生素制剂，如硫胺素、核黄素、胆碱、维生素 A、维生素 D、维生素 E 等，但不包括富含维生素的天然青绿多汁饲料，CFN 形式为 7-15-0000。

（16）饲料添加剂。饲料添加剂有两种类型：一是为了补充营养物质，保证或改善饲料品质，提高饲料利用率，促进动物生长和繁殖，保障动物健康而掺入饲料中的少量或微量营养性及非营养性物质，如饲料防腐剂、饲料黏合剂、驱虫保健剂等非营养性物质，CFN 形式为 8-16-0000；二是以补充氨基酸为目的的工业合成赖氨酸、蛋氨酸等，CFN 形式为 5-16-0000。

（17）油脂类饲料及其他。油脂类饲料主要是以补充能量为目的，属于能量饲料，CFN 形式为 4-17-0000。随着饲料科学研究水平的不断提高及饲料新产品的涌现，还会不断增加新的 CFN 形式。

第二节 饲料工业的发展

一、饲料工业发展概述

我国饲料工业要适应经济全球化的发展趋势和国际饲料集团进入中国市场参与竞争的挑战。1875 年美国勃兰顿福特（Blatohford）公司和威斯康星州丰拉克市的国家食品公司（NmionM Feed Company）创建了犊牛饲料加工公司，揭开了世界饲料工业发展的序幕。之后，随着畜禽养殖业的不断壮大，饲料工业得到迅猛发展，其加工工艺日新月异。现代饲料的加工工艺包括去皮、膨化、碾压、压片和制粒等工序。原料质量监测、成本控制、工艺标准化、计算机控制等先进的管理手段被广泛采用，新型饲料添加剂也被越来越多地运用。现代饲料工业逐步走向集团化，装备以中大型为核心趋于成套化，生产经营逐步走向一体化，企业类型为适应国情而趋向多元化。饲料工业是我国新兴的基础工业。经过 20 多年的发展，我国饲料工业已初具规模，成为世界第一饲料生产大国，是国民经济支柱产业之一。饲料工业的迅速发展，对饲料机械工业提出了更高、更新的要求，迫使饲料机械工业迅速提高制造装备能力和工艺水平。从加工原料和加工工艺来说，饲料工业起步于对饲料原料的初步加工与处理，兴起并发展于饲料原料的广泛开发和加工技术的不断创新。

二、国际饲料工业发展趋势

饲料工业随着动物饲养的规模化和集约化迅速发展。就世界范围而言，最初由谷物加工业逐步形成饲料工业已经有 100 多年的历史。在这 100 多年中，动物营养代谢规律的研究取得令人瞩目的成就，再加上动物育种技术的进步，饲料工业已经由 100 多年前简单的加工业发展成为门类齐全、拥有先进技术和装备的现代化工业产业。发达国家饲料加工业的发展极大地带动了谷物贸易、动物养殖、医药卫生、机械制造、油料加工、肉类加工、乳品加工、小麦及玉米加工、环境保护等行业的发展。同时饲料工业的发展也得益于饲料工业本身的技术创新和应用，以及 20 世纪医药、生物、机械、原料加工等与饲料工业相关产业的技术进步。2010—2025 年，世界饲料工业的发展将会进入持续、稳定和较快的发展时期，世界饲料工业的产业结构和资源配置进一步优化，世界饲料生产中心经过 10 年的逐渐漂移基本达到稳定状态，世界饲料企业一体化、多元化的格局将逐渐形成，世界饲料生产和消费的比例基本保持均衡，世界饲料经济运行质量和效益出现明显的改善和提高。

纵观发达国家的饲料工业的发展历史，20 世纪 50 年代中期到 20 世纪 70 年代中期的 20 年间是大发展时期，20 世纪 80 年代进入平稳发展阶段。美国是世界上饲料工业最发达的国家，饲料加工业是该国十大工业行业之一，1997 年销售全价配合饲料 1.35 亿 t，年生产能力在 100 万 t 以上的跨国集团有 10 家。20 世纪 50 年代美国配合饲料生产开始大量商品化，日本和西欧各国饲料工业也从 20 世纪 50 年代开始崛起。从配合饲料的结构来看，1999 年统计数据表明，禽类的饲料（肉鸡和蛋鸡、火鸡和鸭）为 35%，猪为 31%，奶牛为 17%，肉牛为 9%，水产饲料为 5%，其他特种养殖饲料为 3%。从产量分布特点来看，饲料产量集中在一些较大的饲料加工厂中。依据饲料产量，全球排前 10 位的国家依次为：美国、中国、巴西、日本、法国、加拿大、墨西哥、德国、西班牙和荷兰。在经营结构和模式上，一方面商业化饲料企业的联合以及饲料加工—食品企业的一体化进程进一步加强；另一方面饲料加工厂更加专业化，而且加工厂内生产线更加专业化。这种趋势在西欧、北美和其他一些成熟的市场上尤为明显。饲料安全、消费者的取向将对饲料工业的发展产生深远的影响。由于饲料生产引发的危害人类健康的事例近年来不断出现，如"疯牛病"（由饲喂感染疯牛病病毒的肉骨粉引起）、"比利时二噁英事件"（饲用油脂被污染引起）和在饲料中使用违禁药物（如伊兴奋剂等），使消费者的信心受到严重的打击，人们对饲料和食品安全更加关注，各国针对饲料和养殖行业的立法和规章不断出台，这将在很大程度上影响饲料工业的发展，使得饲料工业不得不通过改善加工工艺、更新设备、引入更有效的管理措施和安全控制体系（如 HACCP 体系）来适应这一变化。

世界配合饲料工业的现状：随着世界畜禽存栏量的增减，全球配合饲料的产量也在小幅波动，但总量基本维持在 6×10^8 t 左右。据统计，2004 年全球饲料产量约为 6.14×10^8 t，比 2003 年的 6.12×10^5 t，增长了 0.02×10^8 t，增幅 0.33%。2004 年饲料产量全球排名前 5 位的国家是美国（1.47×10^8 t，占 23.9%）、中国（0.63×10^8 t，占 10.3%）、巴西（0.43×10^8 t，占 7.0%）、日本（0.24×10^8 t，占 3.9%）、墨西哥（0.24×10^8 t，占 3.9%），合计产量 3.01×10^8 t，接近全球总产量的 50%；比 1997 年的 47% 提高了 3 个百分点。全球排名前 10 位的国家还有加拿大（0.22×10^8 t）、法国（0.22×10^8 t）、西班牙（0.19×10^8 t）、德国（0.19×10^8 t）、俄罗斯（0.17×10^8 t），合计前 10 位的产量为 4×10^8 t，占全球总产量的 65%，比 1997 年的 59% 增加了 6 个百分点。而全球排名前 50 位国家的总产量约占全球总产量的 90%。其中全球配合饲料中，禽用饲料约占 38%，猪用饲料约占 32%，乳牛饲料约占 17%，肉牛饲料约占 6%，有鳍类和甲壳类约占 4%，其他种类饲料占 3%。世界配合饲料工业的发展趋势：综上所述，2004 年全球饲料产量排名前 5 位、前 10 位、前 50 位的国家的总产量分别占全球总产量的 50%、65% 和 90%，充分体现了世界饲料工业趋向规模化、集约化的发展趋势。

随着世界经济全球化、一体化的发展态势，未来世界饲料工业的发展将更加专业化和一体化。顺应这一发展趋势，饲料加工企业必将在经营结构、生产模式和技术创新等方面进行一系列的改变和调整,这也必将推动相同饲料企业间强强联合和产业链相关企业(饲料企业、食品企业)的合作。近年来,这种趋势在西欧、北美和其他一些成熟的市场上尤为明显。

随着人们消费安全意识的提高,饲料工业的生产将向无公害、无污染、绿色和有机等方向发展。为配合这一发展方向,在强化营养标准、饲料检测和工艺创新的基础上,企业将进一步加强质量安全体系建设,如 HACCP 等。

三、中国饲料工业发展概况

(一) 中国饲料工业发展历史回顾

长期以来,我国都是以种植业为主的小农经济为特征的传统农业国,养殖业一直处于副业地位。有啥喂啥农户饲养规模和数量极其有限,自给自足,商品率很低。中华人民共和国成立以后,农牧业得到了政府的重视和发展,肉、蛋、奶、鱼等的商品率也有所提高。个别农户开始将饲养规模扩大,农村“五坊”“五场”兴起,出现了简单的饲料加工,虽然设备简陋。但很兴旺,饲料工业开始萌动。当时,国家为促进该项事业的发展,1956 年农业部首次在湖北省召开了农村饲料加工现场会,推广简单的饲料加工技术。同一时期,天津北郊也建起了当时华北地区第一座饲料加工厂——天津市宜兴埠饲料加工厂,月产混合饲料 300 t,并建立了化验室等质量保证设施。包头饲料公司也于1956 年成立,经营饲草、饲料业务,这是我国最早开展饲料经营业务的专业公司。1957年之后,由于种种原因,我国饲料工业发展停滞不前。改革开放之后,我国饲料工业进入蓬勃发展的时期。

1978 年我国第一个现代化饲料厂——北京南苑配合饲料厂创建,到 2000 年饲料工业总产值达到 1 580 亿元,配合饲料双班生产能力达到 12 413 万 t,配合饲料产量达到7 429 万 t,居世界第二位。我国饲料工业取得的成就,从根本上讲得益于中国改革开放的宏观环境。第一,坚持实行饲料工业“大家办”。通过国家政策引导和市场需求的拉动,充分调动了各级、各地、各部门的积极性,从多种渠道集中了饲料工业发展所需要的资金。第二,国家对饲料工业实行了一系列的优惠扶持政策,在资金、信贷、物资及税收方面给予政策性扶持,为饲料工业的发展创造了良好的外部环境。国家还实行了宽松的进出口政策,对豆粕、鱼粉、玉米等饲料原料的进口,基本不加以配额的限制,关税也较低。第三,立足国情,始终把适应我国养殖业的发展需求作为饲料工业的首要任务。我国饲料资源分散,养殖业生产集约化和农户分散饲养并存,为适应养殖业生产模式,饲料工业在发展过程中坚持以大中小饲料加工企业并举,全价配合饲料、浓缩饲料和添加剂预混料并重,既为大中城市的集约化饲养提供服务,又适应了农村千家万户分散饲养的需求。第四,由于饲料工业是一个新兴行业,它诞生并成长于商品经济的环境之中,与其他行业比较,受计划经济的影响较小,其市场观念、竞争意识和应变能力更能适应市场经济环境和国家经济体制改革的要求。

我国饲料工业起步于 20 世纪 70 年代中后期。1984 年,《1984—2000 年全国饲料工业发展纲要(试行草案)》颁布,我国饲料工业走上了快速发展的轨道。20 世纪 90 年代迅猛发展,到 20 世纪末期,成为世界第二饲料生产大国。经过几十年的发展,我国饲料工业形成了包括饲料加工业、饲料添加剂工业、饲料原料工业、饲料机械制造工业和饲料科研、教育、标准、检测等较为完备的饲料工业体系，成为国民经济支柱产业之一。

农业部编制的《饲料工业"十二五"发展规划》指出："十一五"期间，饲料工业抓住国民经济实力快速增长、强农惠农政策体系不断完善、城乡居民收入水平稳步提高的战略机遇，克服养殖业波动、国际金融危机、质量安全事件等不利因素冲击，始终坚持扩大内需拓市场、规范企业强基础、转变方式促提升、加强监管保安全的发展方向，继续保持稳定发展势头。饲料工业的发展，为保证动物性食品稳定供应提供了坚实的物质基础，为数百万人创造了就业岗位，在推动新农村建设、繁荣农村经济、促进农民增收、带动养殖业生产方式转变等方面做出了巨大贡献。

1. 饲料产量的增长

2010年，工业饲料总产量1.62亿 t、总产值4 936亿元，分别是2005年的1.5倍和1.8倍，年均增长率分别达8.6%和12.5%，世界饲料生产大国地位进一步巩固。其中，配合饲料、浓缩饲料和添加剂预混合饲料产量分别为1.30亿 t、2 648万 t和579万 t，与2005年相比，分别增长67.1%、6.0%和22.7%。

2. 产品质量的提升

农业部和各级饲料管理部门以严厉打击违禁添加物为重点，持续开展饲料质量安全专项整治，着力强化监督检测和日常监管，饲料产品质量稳步提高，安全状况不断改善。在监测指标不断增加的情况下，2010年全国饲料产品质量合格率达93.89%，比2005年提高1.5个百分点；饲料中违禁添加物检出率持续下降，商品饲料中连续6年未检出"瘦肉精"。

3. 产业集中度的提高

饲料行业联合、重组、兼并步伐加快，饲料行业生产经营方式转变呈现新格局。2010年，全国饲料生产企业10 843家，比2005年减少4 675家；年产50万 t以上的饲料企业或集团30家，饲料产量占全国总产量的42%，分别比2005年增加13家和17个百分点。一批大型饲料企业向养殖、屠宰、加工等环节延伸产业链，成为养殖业产业化发展的骨干力量。

4. 国产饲料添加剂优势凸显

除蛋氨酸仍主要依赖进口外，主要饲料级氨基酸不仅满足国内市场需求，而且成为全球重要的氨基酸供应基地。2010年赖氨酸、苏氨酸和色氨酸产量分别达到64.0万 t、6.5万 t和1 170 t；饲料生产所需的14种维生素全部实现国产化，2010年总产量62.5万 t，占国际市场份额达50%以上。

5. 技术支撑能力的增强

饲料机械制造业专业化发展迅速，能够生产数十个系列、200余种产品，不仅满足国内饲料生产需要，而且远销国际市场。饲料科技投入稳步增加，技术创新能力明显增强，配合饲料转化率继续提高，对养殖业技术进步的贡献率达50%以上。全国饲料生产企业62.1万员工中，37%具有大专以上学历，比2005年提高11.2个百分点，成为现代养殖技术推广的中坚力量。

6. 监督管理体系日益健全

《饲料生产企业审查办法》《饲料添加剂安全使用规范》相继发布，《饲料和饲料添加剂管理条例》再次修订，饲料标准化工作稳步推进，以《饲料和饲料添加剂管理条例》

为核心、配套规章和规范性文件为基础的饲料法规标准体系基本健全。经过应对各种突发事件和保障奥运会、世博会、亚运会等重大活动考验，以国家饲料质检中心为龙头、部省级质检中心为骨干的饲料质检体系能力大幅提升。

(二) 中国饲料工业发展现状和前景

改革开放以来，中国饲料工业持续高速增长，基本形成了由饲料原料工业、饲料加工工业、饲料添加剂工业、饲料机械工业以及饲料科研、教育、培训、质量监督与检测组成的饲料工业体系。饲料工业的发展，有力地推动了养殖业生产水平的提高，促进了种植业结构的调整，对节约粮食、繁荣农村经济、提高城镇居民生活水平做出了积极的贡献。

饲料工业的发展促进了化工、医药、机械制造、轻工、地矿和商业等许多相关行业的发展，畜牧养殖业已成为增加农民收入和繁荣地方经济的有效途径。加入 WTO 后，我国畜牧业可能成为国际农产品竞争中的一个优势产业。饲料是畜产品成本的主要构成部分，因而我国饲料企业应该抓住入世的机遇，面向国内、国外两个市场，生产安全、优质、价廉的饲料产品，进一步扩大我国畜产品的优势地位。从国际经验看，发达国家畜牧业产值占农业产值的比重一般为 40% ~ 50%，而我国不到 30%，仍有 10 ~ 20 个百分点的发展空间，相当于 3 000 亿 ~ 6 000 亿元的产值。从城乡居民消费水平和食品消费结构变化的趋势看，国内市场对畜产品的需求还有相当潜力，这种潜力将支持我国畜牧业生产持续增长。专家认为，如果今后农民肉类消费与收入能保持同步增长，达到城镇居民 20 世纪 90 年代初的消费水平，我国肉类市场需求可增加约 1 000 万 t，需要 4 000 万 t 配合饲料支撑。并且随着配合饲料入户率的提高，我国配合饲料还有更大的增长空间。预计，今后几年中国饲料工业的发展将呈现以下主要趋势。

1. 饲料企业的规模化

规模化生产有利于推广和应用先进技术，有利于打破饲料行业中量多质差的混乱局面，增强企业的竞争力。饲料工业企业的发展表现为横向联合和纵向发展。横向联合是指饲料加工企业通过市场机制，采用兼并、收购等多种重组方式，组建跨地区、跨行业、跨所有制形式经营的大型饲料企业集团，实现资本运营和低成本扩张，形成规模效益。纵向发展是指饲料加工企业向饲料原料、畜禽养殖、加工及销售等环节延伸，逐步形成包括农民在内的多元化利益主体的"一条龙"企业集团。这种发展使企业在激烈的市场竞争中具有回旋余地，同时提高企业的市场应变能力和竞争能力。饲料工业的区域化格局也将有所调整，现有的饲料加工业主要分布在东南沿海和大中城市。目前，内地特别是玉米主要产地东北、华北地区将利用资源优势，增加饲料加工能力，带动当地经济发展，呈现出较大的发展潜力。

2. 企业管理的完善

今后饲料工业标准化体系将日趋完善，国家将继续加大制订推动饲料工业健康发展的法规和政策的力度，特别是关于饲料质量监督管理的法规，以确保我国饲料工业在法制的良性轨道上前进。从政策上看，国家将继续实行一些有利于饲料工业发展的优惠政策，如信贷制度改革、贷款降息、流动资金供应等。饲料工业所处的大环境将日益完善化、合理化。加入 WTO 后，机遇与挑战并存，只有加快企业体制改革，加强饲料行业管理，提高企业的整体素质，才能使我国的饲料工业得到进一步的发展。

3. 科技贡献率的提高

为了满足畜禽对营养的需要以及饲料行业的竞争和政府部门新的立法和规定，饲料生产者必须不断改进其生产工艺。20 世纪末在机械制造、饲料加工工艺和动物营养等领域积累的众多理论研究和技术成果，将在 21 世纪进入实际应用。例如，为防止微生物污染，大多数欧洲国家都采用高温瞬间（HEST）工艺过程来控制和杀灭大肠杆菌、沙门氏杆菌。

原料接收、粉碎、计量分配系统等方面将采用先进的理念和更有效的设备，使饲料品质得到很大程度的改善。利用近红外（NIR）技术可以使加工原料的检验速度和可追踪性（traceability）大为提高。使用可靠快捷的定量、半定量诊断装置可对原料中毒素、杀虫剂及其他有毒有害物质和污染物进行检测。为终产品质量、安全提供进一步的保障。在加工技术方面，制粒、膨化加工中对物料的调质和油脂、液体及药物添加技术将有重大改进。单一的调质时间并不适合所有饲料，将来设备工艺改进后可使调质时间变为可控变量，根据饲料类型或所需颗粒质量确定调质时间，用调质轴速和 / 或改变调质轴桨叶的角度即可控制调质时间。欧洲设备制造商在这方面有些革新，其中包括调质器调质轴桨叶角度、蒸汽添加量或粉碎粒度的在线控制。颗粒饲料的品质和产量取决于粉料的水分含量及温度，改进的制粒设备都安装有水分检测和控制系统，能有效控制水分。

逆流冷却机在新建的饲料厂应用很普通，但成品湿度控制问题还没有得到解决。将来的冷却机应装有湿度感应控制系统，使物料的冷却和干燥可以达到安全水平。饲料中添加对热敏感的饲料添加剂如大部分酶制剂和微生态制剂在制粒会受到严重破坏，此外如何在 1 t 饲料中均匀添加 25 ~ 50 g 活性物质还有待探究，制粒后喷涂技术对于解决这些饲料生产中的实际问题有着重要意义。热加工酶制剂、维生素、益生素的后添加技术将在很大程度上使上述物质避免热损害。

在加工工艺上，统计学方法的过程控制（SPC）以及其他在线检测技术（on—line testing）将被进一步应用以实现工艺参数的稳定、能耗的降低和终产品质量的稳定。可以预见，今后饲料加工工艺及饲料产品的科技含量会更高。配方设计中营养参数和选择更合理、更科学。随着对畜禽营养需要研究的不断深化与完善，动物营养需要动态模型将实用化，在理想蛋白质和可利用氨基酸模式的基础上进行配方设计，使得日粮更适宜动物生长、生产的需要，制作配方时可以选用低成本原料辅以合成氨基酸来降低日粮成本，并满足开发低污染日粮的需要。

4. 生物技术的应用

今后，世界范围内，配合饲料的加工中配合饲料中常规能量饲料（如玉米）和蛋白质饲料（如大豆）的比重将不断降低。利用物理、化学和生物学技术对饲料原料的深度开发，以节省常规饲料原料的消耗，对增加配合饲料产量、降低饲料产品成本具有重大意义。生物技术在饲料工业中发挥着越来越重要的作用。生物技术和生物学技术产品对饲料工业来说已不再陌生。现代遗传技术、育种技术已能够培育适合饲料工业需要的新作物品种，如高油玉米（HOC）、多叠加性状（stackable traits）营养价值强化玉米已开发成商品应用。它们具有高油脂含量、高赖氨酸含量、高消化率和低植酸磷等优点。这些产品的使用可提高动物对营养物质的利用率，降低磷的排泄量和提高畜产品品质。澳大利亚已开始规模种植利用转基因技术培育出的高蛋氨酸羽扇豆（LUPINS），其他还有转基因大豆、低毒泊菜等。但目前对转基因作物仍然有争议。另外，欧洲的一些国家非常善于利用来源广泛丰富的饲料原料（如粮食、油料、食品加工的副产物），采用预加工、添加剂和膨化等技术降低原料中抗营养因子含量，提高营养价值和纠正营养缺陷，这些经验都值得借鉴。此外，畜产品加工副产物的深度开发也将得到重视，血浆蛋白在断奶仔猪上的成功应用就足以说明这一点。

5. 对饲料工业的更高要求

随着人类对环境保护、食品安全及健康的进一步关注，饲料工业将面临更为严峻的挑战，饲料工业要不断用高新技术来迎接这一挑战。如在饲料中使用酶制剂提高利用率，降低排污量；减少抗生素的使用；在饲料加工中避免交叉污染，许多有远见的饲料加工设备制造者已经推出类似"避免残留"（residue avoidance）或"零残留"（zero residue）技术，例如在预混料和浓缩料产品生产出来后再添加药物抗生素的 ALAP（as late as possible）技术。诸如此类的高科技技术将有广阔的应用前景。

为确保食品安全，必须建立、实施饲料安全生产的监控体系。HACCP 是英文"危害分析关键控制点"词首字母的缩写，是人们用来控制食品安全危害的一种的管理体系，可以与其他质量保证相结合。从生产角度来说 HACCP 是产品从投料开始至成品全过程的质量安全体系，其突出的优点是：使食品生产从最终产品的检验转变为控制生产关键环节点，消除潜在的危害。加拿大等国率先将这一体系引入饲料工业。HACCP 作为控制食源性疾患最为有效的措施得到了国际的认可，并被 FDA 和世界卫生组织食品法典委员会批准。HACCP 将在饲料工业界得到更大范围的应用。

第三节　饲料加工及检测技术

一、饲料加工及检测技术概述

(一) 饲料加工及检测技术的发展

饲料是畜牧养殖生产稳定、健康发展的物质保障。优质饲料产品的生产主要有 3 个重要环节，即选用质优价廉的饲料原料、配方设计及加工生产、质量监测。

最初的饲料生产加工只是简单地将农副产品粉碎和混合，直到 20 世纪 40 年代，随着人类对维生素、必需氨基酸等营养物质生理功能的认识和了解，才开始配制动物的全价日粮。到了 20 世纪 50 年代初期，饲料中开始使用营养性添加剂及非营养性添加剂。配合饲料生产将饲料原料的准备、贮藏、粉碎、混合、成品的品质控制和包装、运输、销售都纳入现代工业化生产领域。过去简单粉碎或整粒饲喂不能有效保证动物对饲料的消化，现在已发展了相当多的加工方法，包括原料的脱壳、去皮、挤压、粉碎、碾压、压片、膨化、焙烤、湿压热爆、微波处理等技术（表 1-1），这些处理都不同程度提高了养分利用效率。随着电脑智能化控制、先进的产品质量控制标准体系的应用，饲料加工已经不再是简单的工艺组合，而是向更加专业化的流水作业发展。

表 1-1　饲料加工设备与技术发展历史

年份	设备与技术工艺
1870	使用陶瓷压辊碾压谷物
1895	锤片粉碎机工艺获得专利
1900	第一份成套饲料加工厂设计获得专利
1909	卧式批次混合机问世
1910	体积式混合机喂料器、自动称重器
1911	第一个商业化颗粒饲料厂问世
1913	糖蜜饲料混合机
1916	糖蜜分配设备
1918	第一台立式混合机问世
1927	批次混合系统问世（自动控制）
1931	颗粒机采用钢制环模
1933	高速糖蜜饲料混合机
1940	饲料加工气动设备
1941	立式颗粒饲料冷却器
1942	第一台散装饲料车
1949	生产过程自动化
1950	第一台卧式颗粒饲料冷却器
1950	液体计量泵以及动物油脂添加设备问世
1955	用于调质、喂料，应用糖蜜、脂肪和鱼可溶物*的混合单机和系统问世
1955	第一个采用打卡机控制称量和混合的饲料厂问世
1957	第一台活底卧式混合机问世
1961	第一台锥型立式混合机
1962	第一台颗粒饲料耐久度测定仪
1975	全部采用计算机控制的饲料厂设计建成
1979	散装微量液体添加剂接收系统
1979	高速粉碎机在澳大利亚开发成功
1990	高温、瞬间饲料调质装置——膨化器引入饲料生产
1993	制粒后液体添加技术引入饲料生产

注：鱼粉蒸煮加工过程中滤去的汁液或其干燥后的鱼汁粉

饲料检测是饲料工业中的重要环节，是保证饲料原料和配合饲料产品质量安全的重要手段。其主要任务是研究饲料原料和产品的物理组成及含量，即采用物理、化学手段，对饲料及产品的物理形状、各种营养成分、抗营养因子、有毒有害物质、添加剂等进行定性和定量测定，对检验对象进行正确的、全面的品质评定。随着动物营养和饲料科学、分析检测技术研究的不断发展，对分析测试的项目和手段要求越来越严格。分析内容已经从过去简单的营养指标向营养指标、卫生指标、加工质量指标兼顾的方向发展。同时，分析手段也由过去定性、定量，逐步发展到现场快速定性、半定量的检验与实验室准确定量与确认相结合的阶段。其中，常用的检测方法包括饲料显微镜检测、点滴试验和快速试验、化学分析等，而近红外光谱分析技术（NIRS）则是20世纪70年代兴起的有机物质快速分析技术。该技术快速、简便，但准确性受许多因素影响。20世纪90年代以来，随着光学、电子计算机科学的发展，加上硬件的改进和软件版本的更新，该技术的稳定性、实用性不断提高。

(二) 饲料加工及检测技术的内容

饲料加工及检测技术是一门汇集了动物营养学、饲料学、饲料加工工艺技术、化学分析、仪器分析、计算机应用技术等多学科知识的交叉学科。其主要内容包括饲料中主要的营养成分，饲料原料分类及代表性原料营养特征，饲料配方设计基本原理、原则、技巧及相关软件使用技术，饲料原料基本的去杂和去皮工艺以及动、植物蛋白质和添加剂饲料加工工艺，粗饲料、青贮饲料、谷物籽实饲料和饼粕类饲料加工调制技术及添加剂原料预处理技术，配合饲料的加工工业流程与相关设备，饲料中常规成分、能量、氨基酸、矿物元素、维生素、有毒有害物质及违禁添加剂检测技术，配合饲料粉碎粒度、混合均匀度及颗粒料品质质量检测方法等。其主要任务是阐明饲料营养成分、饲料原料分类、特征及加工、配合饲料生产、加工技术及设备、饲料质量检测及监测技术，为研究饲料营养组成和价值评定提供依据和研究方法，为饲料生产和加工提供参考技术，也为保证饲料工业生产中饲料原料和各种产品质量提供检测方法。

二、饲料样品的采集与制备

饲料样品的采集与制备是饲料检测技术中极为重要的步骤，决定分析结果的准确性，从而影响饲料企业的各种决策。采样的根本原则是样品必须有代表性。保证采样准确的方法有"四分法"和"几何法"。饲料样品的制备包括烘干、粉碎和混匀，制备成的样品可分为半干样品和风干样品。半干样品（一般含水量占样品质量的70%～90%）是将含水量高的新鲜样品在60～70℃烘箱烘干制备而成；风干样品（一般含水量在15%以下）是用含水量低的饲料样品制备而成。一般样品的粉碎粒度为通过1.00～0.25 mm孔筛，而用于测定氨基酸和微量元素等项目样品的粉碎粒度为通过0.171～0.149 mm孔筛。制备好的半干和风干样品应保存在磨口广口瓶中，贴好标签，进行样品登记，保存在低温、避光、干燥环境中。

通过实训，了解饲料样品的采集与制备的概念、原理及注意事项，并在规定时间内，完成某饲料样本的采集与制备。各种饲料；样品粉碎机一台；探针采样器；秤；多样筛（孔径1～0.45 mm）；广口瓶；标签；天平（0.01 g）；刀或料铲；剪刀；方形塑料布（150 cm×150 cm）；小铡刀。搪瓷盘（20 cm×15 cm×3 cm）；坩埚钳；鼓风烘箱

（60～70℃）；普通天平（0.001g 感量）等。

（一）基本步骤

（1）采样。指从待测饲料原料或产品中按规定抽取一定数量、具有代表性样品的过程。

（2）样品。指按一定方法和要求，从待测饲料原料或产品抽取的供分析用的少量饲料。

（3）样品的制备。指将样品经过干燥、磨碎和混合处理，以便进行理化分析的过程。

（4）初级样品。也称为原始样品，是从生产现场如田间、牧地、仓库、青贮窖、试验场等一批受检的饲料或原料中最初采取的样品。原始样品应尽量从大批（或大数量）饲料或大面积牧地上，按照待检测饲料或饲料原料不同部位、深度分别采取一部分，然后混合而成。原始样品一般不得少于 2 kg。

（5）次级样品。也称为平均样品，是将原始样品混合均匀或剪碎混匀从中取出的样品。平均样品一般不少于 1 kg。

（6）分析样品。也称为试验样品。次级样品经过粉碎、混匀等处理后，从中取出的一部分用做分析的样品称为分析样品。分析样品的数量根据分析指标和测定方法要求而定。

（7）几何法。它是指把整个一堆物品看成一种具有规则的几何体，如立方体、圆柱体、圆锥体等。取样时先把这个立体分成若干体积相等的部分（虽然不便于实际去做，可以在想象中将其分开），这些部分必须在全体中分布均匀，即不只是在表面或只是在一面。从这些部分中取出体积相等的样品，这些部分的样品称为支样，再把这些支样混合即得样品。几何法常用于采集原始样品和大批量的饲料。

（8）四分法。它是指均匀性的饲料（搅拌均匀的籽实、粉末状饲料）或混合完全后的原样本放置在一张方形纸、帆布、塑料布等上面，提起一角，使籽实或粉末饲料流向对角，随后，提起对角使饲料回流，依照此法将四角反复提起，使粉末反复移动混合均匀。然后将样料堆成圆锥形或铺平，用刀或其他适当的器具从当中画一个十字，将样品分成四等份，任意除去对角两份，将剩余两份如前法混合后再分成四份。重复以上操作，直到剩余量与测定需要量接近为止。

如果饲料样品数量比较大，可以在洁净的地板上堆成圆锥形，用铲子将堆移到另一处，移动时将每铲倒到另一铲上形成圆堆以后每铲倒到锥顶，样料由顶向下流至周围，这样，反复将堆移动数次，可以达到饲料混合均匀的目的。

四分法常用于小批量样品和均匀样品的采集或从原始样品中获取次级样品和分析样品。

（二）样品的采集

分析饲料成分，取有代表性的样品是关键的步骤之一。无论采取多么先进的化验设备，采用严格的分析标准，执行严格的操作规程。分析的结果只能代表所取的样品本身。样品能否代表分析的饲料总体，取样是十分关键的。取样的关键有 3 点：一是是否从分析的饲料中取出足够的样品；二是取样的角度、位置和数量是否能够代表整批饲料；三是取出的样品是否搅拌均匀。不同饲料样品的采集因饲料原料或产品的性质、状态、颗粒大小或包装方式不同而不同。

1. 原始样本的采集

对于不均匀的饲料 (粗饲料、块根、块茎饲料、家畜屠体等) 或成大批量的饲料，为使取样有代表性，应尽可能取到被检饲料的各个部分，最常采用的方法是"几何法"。

(1) 粉状和颗粒饲料

①散装：散装的原料应在机械运输过程中的不同场所 (如滑运道、传送带等处) 取样。如果在机械运输过程中未能取样，则可用探管取样，但应避免因饲料原料不匀而造成的错误取样。

取样时，用探针从距边缘 0.5 m 的不同部位分别取样，然后混合即得原始样品。取样点的分布和数目取决于装载的数量，也可在卸车时用长柄勺、自动选样器或机器选样器等，间隔相等时间，截断落下的料流取样，然后混合得原始样品。

②袋装：用抽样锥随意从不同袋中分别取样，然后混合得原始样品。每批采样的袋数取决于总袋数、颗粒大小和均匀度，有不同的方案，取样袋数至少为总袋数的 10%。中小颗粒饲料如玉米、大麦等取样的袋数不少于总袋数的 5%。粉状饲料取样袋数不少于总袋数的 3%。总袋数在 100 袋以下，取样不少于 10 袋，每增加 100 袋需增加 1 袋。取样时，用口袋探针从口袋的上下两个部位采样，或将袋平放，将探针的槽口向下，从袋口的一角按对角线方向插入袋中，然后转动器柄使槽口向上，抽出探针，取出样品。

③仓装：原始样品在饲料进入包装车间或成品库的流水线或传送带上、贮塔下、料斗下、秤土或工艺设备上采集。具体方法：用长柄勺、自动或机械式选样器，间隔时间相同，截断落下的饲料流。间隔时间应根据产品移动的速度来确定，同时要考虑到每批选取的原始样品的总量。对于饲料级磷酸盐、动物性饲料粉和鱼粉应不少于 2 kg，而其他饲料产品则不低于 4 kg。

圆仓可按高度分层，每层分内 (中心)、中 (半径的一半处)、外 (距仓边 30 cm 左右) 3 圈，圆仓直径在 8 m 以下时，每层按内、中、外分别采 1 个，2 个，4 个点，共 7 个点；直径在 8 m 以上时，每层按内、中、外分别采 1 个，4 个，8 个点，共 13 个点。将各点样品混匀即得原始样品。

(2) 液体或半固体饲料。

①液体饲料：桶或瓶装的植物油等液体饲料应从不同的包装单位 (桶或瓶) 中分别取样，然后混合。取样的桶数如下。

7 桶以下，取样桶数不少于 5 桶；10 桶以下，取样桶数不少于 7 桶；10~50 桶，取样桶数不少于 10 桶；51~100 桶，取样桶数不少于 15 桶；101 桶以上，按不少于总桶数的 15% 抽取。

取样时，将桶内饲料搅拌均匀 (或摇匀)，然后将空心探针缓慢地自桶口插至桶底，然后堵压上口提出探针，将液体饲料注入样品瓶内混匀。

对散装 (大池或大桶) 的液体饲料按散装液体高度分上、中、下 3 层分层布点取样。上层距液面约 40 cm 处，中层设在液体中间，下层距池底 40 cm 处，3 层采样数量的比例为 1 : 3 : 1 (卧式液池、车槽为 1 : 8 : 1)。采样时，用液体取样器在不同部位采样，并将各部位采集的样品进行混合，即得原始样品。原始样品的数量取决于总量，总量为 500 t 以下，应不少于 1.5 kg；501~1 000 t，不少于 2.0 kg；1 001 t 以上，不少于 4.0 kg。原始样品混匀后，再采集 1 kg 作次级样品备用。

②固体油脂：对在常温下呈固体的动物性油脂的采样，可参照固体饲料采样方法，

但原始样品应通过加热熔化混匀后，才能采集次级样品。

③黏性液体：黏性浓稠饲料如糖蜜，可在卸料过程中采用抓取法，即定时用勺等器具随机采样。原始样品数量应为总量 1 t 至少采集 1 L。原始样品充分混匀后，即可采集次级样品。

（3）块饼类。块饼类饲料的采样依块饼的大小而异。大块状饲料从不同的堆积部位选取不少于 5 大块，然后从每块中切取对角的小三角形，将全部小三角形块捶碎混合后得原始样品，然后再用四分法取分析样品 200 g 左右。小块的油粕，要选取具有代表性者数十片（25～30 片），粉碎后充分混合得原始样品，再用四分法取分析样品 200 g 左右。

（4）副食及酿造加工副产品。此类饲料包括酒糟、醋糟、粉渣和豆渣等。取样方法是：在贮藏池、木桶或贮堆中分上、中、下 3 层取样。视池、桶或堆的大小每层取 5～10 个点，每点取 100 g 放大瓷桶内充分混合得原始样品，然后从中随机取分析样品约 1 500 g，用 200 g 测定其初水分，其余放入大瓷盘中，在 60～65℃恒温干燥箱中干燥供制风干样品用。对豆渣和粉渣等含水较多的样品，在采样过程中应注意避免汁液损失。

（5）块根、块茎和瓜类。这类饲料的特点是含水量大，由不均匀的大体积单位组成。采样时，通过采集多个单独样品来消除个体间的差异。样品个数的多少，根据样品的种类和成熟的均匀与否，以及所需测定的营养成分而定，一般块根、块茎 10～20 个，马铃薯 50 个，胡萝卜 20 个，南瓜 10 个。

采样时，从田间或贮藏窖内随机分点采取原始样品 15 kg，按大、中、小分堆称重求出比例，按比例取 5 kg 次级样品。先用水洗干净，洗涤时注意勿损伤样品的外皮，洗涤后用布拭去表面的水分。然后，从各个块根的顶端至根部纵切具有代表性的对角 1/4，1/8 或 1/16，直至适量的分析样品，迅速切碎后混合均匀，取 300 g 左右测定初水分，其余样品平铺于洁净的瓷盘内或用线串联置于阴凉通风处风干 2～3 d，然后在 60～65℃的恒温干燥箱中烘干备用。

（6）新鲜青绿饲料及水生饲料。新鲜青绿饲料包括天然牧草、蔬菜类、作物的茎叶和藤蔓等。一般取样是在天然牧地或田间，在大面积的牧地上应根据牧地类型划区分点采样。每区选 5 个以上的点，每点为 1 m³ 的范围，在此范围内离地面 3～4 cm 处割取牧草，除去不可食草，将各点原始样品剪碎，混合均匀得原始样品。然后，按四分法取分析样品 500～1 000 g，取 300～500 g 用于测定初水，一部分立即用于测定胡萝卜素等，其余在 60～65℃的恒温干燥箱中烘干备用。

栽培的青绿饲料应视田块的大小，按上述方法等距离分点，每点采 1 至数株，切碎混合后取分析样品。该方法也适用于水生饲料，但注意采样后应晾干样品外表游离水分，然后切碎取分析样品。

（7）青贮饲料。青贮饲料的样品一般在圆形窖、青贮塔或长形壕内采样。取样前应除去覆盖的泥土、秸秆以及发霉变质的青饲料。原始样品质量为 500～1 000 g，长形青贮壕的采样点视青贮壕长度大小分为若干段，每段设采样点分层取样。

（8）粗饲料。这类饲料包括秸秆及干草类。取样方法为在存放秸秆或干草的堆垛中选取 5 个以上不同部位的点采样（即采用几何法取样），每点采样 200 g 左右，采样时应注意由于干草的叶子极易脱落，影响其营养成分的含量，故应尽量避免叶子脱落，采取完整或具有代表性的样品，保持原料中茎叶的比例。然后将采取的原始样品放在纸或塑料布上，剪成 1～2 cm 长度，充分混合后取分析样品约 300 g，粉碎过筛。少量难粉碎的秸秆渣应尽量捶碎弄细，并混入全部分析样品中，充分混合均匀后装入样品瓶中，切记不能丢弃。

2. 分析样品的采集

原始样品充分混匀后，通常再按"四分法"缩小原始样品的数量，直到样品数量剩余 1 kg 左右。

（三）样品的制备

样品的制备指将原始样品或次级样品经过一定的处理成为分析样品的过程。样品制备方法包括烘干、粉碎和混匀，制备成的样品可分为半干样品和风干样品。

1. 风干样品的制备

风干饲料是指自然含水量不高的饲料，一般含水在 15% 以下，如玉米、小麦等作物籽实、糠麸、青干草、配合饲料等。

对不均匀的原始样品如干草、秸秆等，经过一定处理如剪碎或捶碎等混匀，按"四分法"采得次级样品和对均匀的样品如玉米、粉料等，可直接用"四分法"采得次级样品用饲料样品粉碎机粉碎，通过孔径为 1.00～0.25 mm 孔筛即得分析样品。主要分析指标样品粉碎粒度要求见表 1-2。注意的是：不易粉碎的粗饲料如秸秆渣等在粉碎机中会剩留极少量难以通过筛孔，这部分绝不可抛弃，如用剪刀仔细剪碎后一并均匀混入样品中，容易引起分析误差。将粉碎完毕的样品 200～500 g 装入广口瓶内保存备用，并注明样品名称、制样日期和制样人等。

表 1-2　主要分析指标样品粉碎粒度的要求

指标	分析筛规格（目）	筛孔直径（mm）
水、粗蛋白质、粗脂肪、粗灰分、钙、磷、盐	40	0.42
粗纤维、体外胃蛋白酶消化率	18	1.10
氨基酸、微量元素、维生素、脲酶活性、蛋白质溶解度	60	0.25

2. 半干样品的制备

半干样品是由新鲜的青饲料、青贮饲料等制备而成的。这些新鲜样品含水分高，占样品质量的 70%～90%，不易粉碎和保存。除少数指标如胡萝卜素的测定可直接使用新鲜样品外，一般在测定饲料的初水含量后制成半干样品，供其余指标分析备用。

初水是指新鲜样品在 60～65℃ 的恒温干燥箱中烘 8～12 h，除去部分水分，然后回潮使其与周围环境条件的空气湿度保持平衡，在这种条件下所失去的水分称为初水分。去掉初水分之后的样品为半干样品。

半干样品的制备包括烘干、回潮和称恒重 3 个过程。最后，半干样品经粉碎机磨细，通过 1.00～0.25 mm 孔筛，即得分析样品。将分析样品装入磨口广口瓶中，在瓶上贴上标签，注明样品名称、采样地点、采样日期、制样日期、分析日期和制样人，然后保存备用（附：半干样品的制备也是初水分测定）。

3. 初水分的测定步骤

(1) 瓷盘称重。在普通天平上称取瓷盘的质量。

(2) 称样品重。用已知质量的瓷盘在普通天平上称取新鲜样品 200～300 g。

(3) 灭酶。将装有新鲜样品的瓷盘放入 120℃烘箱中烘 10～15 min。目的是使新鲜饲料中存在的各种酶失活，以减少饲料养分分解造成的损失。

(4) 烘干。将瓷盘迅速放在 60～70℃烘箱中烘一定时间，直到样品干燥容易磨碎为止。烘干时间一般为 8～12 h，取决于样品含水量和样品数量。含水低、数量少的样品也可能只需 5～6 h 即可烘干。

(5) 回潮和称重。取出瓷盘，放置在室内自然条件下冷却 24 h，然后用普通天平称重。

(6) 再烘干。将瓷盘再次放入 60～70℃烘箱中烘 2 h。

(7) 再回潮和称重。取出瓷盘，同样在室内自然条件下冷却 24 h，然后用普通天平称重。

如果两次质量之差超过 0.5 g，则将瓷盘再放入烘箱，重复 (6) 和 (7) 步骤，直至两次称重之差不超过 0.5 g 为止。以最低的质量即为半干样品的质量。将半干样品粉碎至一定细度即为分析样品。

(8) 计算公式与结果表示：

$$初水分 = \frac{m_1 - m_2}{m_1} \times 100\%$$

式中，m_1 为新鲜样品，g；m_2 为半干样品，g。

(四) 样品的登记与保管

1. 样品的登记

制备好的风干样品或半干样品均应装在洁净、干燥的磨口广口瓶内作为分析样品备用。瓶外贴有标签，标明样品名称、采样和制样时间、采样和制样人等。此外，分析实验室应有专门的样品登记本，系统的详细记录与样品相关的资料，要求登记的内容如下。

(1) 样品名称 (一般名称、学名和俗名) 和种类 (必要时需注明品种、质量等级)。

(2) 生长期 (成熟程度)、收获期、茬次。

(3) 调制和加工方法及贮存条件。

(4) 外观性状及混杂度。

(5) 采样地点和采集部位。

(6) 生产厂家、批次和出厂日期。

(7) 等级、重量。

(8) 采样人、制样人和分析人的姓名。

2. 样品的保管

样品应避光保存，并尽可能低温保存，并做好防虫措施。

样品保存时间的长短应有严格规定，这主要取决于原料更换的快慢及买卖饲料分析，以及双方谈判情况 (如水分含量过高，蛋白质含量是否合乎要求)。此外，某些饲料在饲喂后能出现问题，故该饲料样品应长期保存，备做复检用。但一般条件下原料样品应保留 2 周，成品样品应保留 1 个月 (与对客户的保险期相同)。有时为了特殊目的饲料样品需保管 1~2 年。对需长期保存的样品可用锡铝纸软包装，经抽真空充氮气后（高纯氮气）密封，在冷库中保存备用。专门从事饲料质量检验监督机构的样品保存期一般为3~6 个月。

饲料样品应由专人采集、登记、粉碎与保管。

三、饲料显微镜检查方法（GB/T 14698－2002）

饲料显微镜检测是以动植物形态学、组织细胞学为基础，将显微镜下所见物质的形态特征、物化特点、物理性状与实际使用的饲料原料应有的特征进行对比分析的一种鉴别方法。常用的显微镜检技术包括体视显微镜检技术和生物显微镜检技术，前者以被检样品的外部形态特征为依据，如表面形状、色泽、粒度、硬度、破碎面形状等；后者以被检样品的组织细胞学特征为依据。由于动植物形态学在整体与局部的特征上具有相对的独立性，各部位组织细胞学上具有特异性，因而，不论饲料加工工艺如何处理，都或多或少地保留一些用于区别诸种饲料的典型特征，这就使饲料显微镜检测结果具有稳定性与准确性。显微镜检的准确程度取决于对原料特征的熟悉程度及应用显微技术的熟练程度。

（一）实训条件

通过实训，了解饲料显微镜检查饲料的方法和原理，并能够进行某饲料的显微检查。本标准规定了饲料原料及配合饲料的显微镜检查方法，适用于饲料原料及配合饲料的显微镜定性检查。引用标准：GB/T 14699.1《饲料采样方法》，SB/T 10274《饲料显微镜检查图谱》。借助显微镜扩展检查者的视觉功能，参照各饲料原料标准样品和杂质样品的外形、色泽、硬度、组织结构、细胞形态及染色特征等，对样品的种类、品质进行鉴别和评价。

1. 仪器

（1）立体显微镜。放大 7~40 倍，可变倍，配照明装置（可用阅读台灯）。

（2）生物显微镜。三位以上换镜旋座，放大 40~500 倍、斜式接目镜、机械载物台，配照明装置（可用阅读台灯）。

（3）放大镜。3 倍。

（4）标准筛。可套在一起的孔径 0.42 mm、0.25 mm、0.177 mm 的筛及底盘。

（5）研钵。

（6）点滴板。黑色和白色。

（7）培养皿、载玻片、盖玻片。

（8）尖头镊子、尖头探针等。

（9）电热干燥箱、电炉、酒精灯及实验室常用仪器。

2. 试剂及溶液

除特殊规定外，本标准所用试剂均为化学纯，水为蒸馏水。

（1）四氯化碳。ρ（密度）为 1.589 g/mL。

（2）丙酮（3+1）。3 体积的丙酮（ρ 为 0.788 g/mL）与 1 体积的水混合。

（3）盐酸溶液（1+1）。1 体积的盐酸（ρ 为 1.18 g/mL）与 1 体积的水混合。

（4）硫酸溶液（1+1）。1 体积硫酸（ρ 为 1.84 g/mL）与 1 体积的水混合。

（5）碘溶液。0.75 g 碘化钾和 0.1 g 碘溶于 30 mL 水中，贮存于棕色瓶内。

（6）茚三酮溶液。溶解 5 g 茚三酮于 100 mL 水中。

（7）硝酸铵溶液。10 g 硝酸铵溶于 100 mL 水中。

（8）钼酸盐溶液。20 g 三氧化钼（MoO₃）溶于 30 mL 氨水与 50 mL 水的混合液中，将此液缓慢倒入 100 mL 硝酸（ρ 为 1.46 g/mL）与 250 mL 水的混合液中，微热溶解，冷却后与 100mL 硝酸铵溶液混合。

（9）悬浮剂Ⅰ。溶解 10 g 水合氯醛于 10 mL 水中，加入 10 mL 甘油，混匀，贮存在棕色瓶中。

（10）悬浮剂Ⅱ。溶解 160 g 水合氯醛于 100 mL 水中，并加入 10 mL 盐酸溶液。

（11）硝酸银溶液。溶解 10 g 硝酸银于 100 mL 水中。

（12）间苯三酚溶液。称取 2 g 间苯三酚溶于 100 mL 95% 的乙醇中。

3. 对照样品

（1）饲料原料样品。按国家有关实物标准执行。

（2）掺杂物样品。搜集木屑、稻谷壳粉、花生荚壳粉等可能的掺假物。

（3）杂草种子。搜集常与谷物混杂的杂草种子，大多可在谷物加工厂清理工序下脚料中找到，储于编号的玻璃瓶中。

（4）可按照 SB/T 10274 中的图谱进行对比。

（二）检查方法步骤

1. 直接感官检查

首先以检查者的视觉、嗅觉、触觉直接检查试样。

将样品摊放于白纸上，在充足的自然光或灯光下对试样进行观察。可利用放大镜，必要时以比照样品在同一光源下对比。观察目的在于识别试样标示物质的特征，注意掺杂物、热损、虫蚀、活昆虫等。检查有无杂草种子及有害微生物感染。

嗅气味时应避免环境中其他气味干扰。嗅觉检查的目的在于判断被检样品标示物质的固有气味。并确定有无腐败、氨臭、焦煳等其他不良气味。手捻试样的目的在于判断样品硬度等手感特征。

2. 试样制备

（1）分样。按 GB/T14699.1 饲料采样方法，混匀试样，用四分法分取到检查所需量，一般 10～15 g 即可。

（2）筛分。根据样品粒度情况，选用适当组筛，将最大孔径筛置最上面，最小孔径筛置下面，最下面是筛底盘。将四分法分取的试样置于套筛上充分振摇后，用小勺从每层筛面及筛底各取部分试样，分别平摊于培养皿中（必要时试样可先经四氯化碳处理再筛分）。

（3）四氯化碳处理。油脂含量高或黏附有大量细小颗粒的试样可先用四氯化碳处理（鱼粉、肉骨粉及大多数家禽饲料和未知饲料最好用此方法处理）。

取约 10 g 试样置 100 mL 高型烧杯中，加入约 90 mL 四氯化碳（在通风柜内），搅拌约 10 s，静置 2 min，待上下分层清楚后，用勺捞出漂浮物过滤，稍挥干后置 70℃ 干燥箱中 20 min，取出冷却至室温后将试样过筛。必要时也可将沉淀物过滤、干燥、筛分。

（4）丙酮处理。因有糖蜜而形成团块结构或模糊不清的试样，可先用此法处理。取约 10g 试样置于 100 mL 高型烧杯中，加入约 70 mL 丙酮搅拌数分钟以溶解糖蜜，静置沉降。小心清洗，用丙酮重复洗涤、沉降，清洗两次。稍挥干后置 60℃ 干燥箱中 20 min，取出于室温下冷却。

（5）颗粒或团粒试样处理。置几粒于研钵中，用研杵碾压使其分散成各组分，但不要再将组分本身研碎。初步研磨后过孔径为 0.42 mm 筛。根据研磨后饲料试样的特征，依照步骤（2）、（3）、（4）进行处理。

3. 立体显微镜检查

将上述摊有试样的培养皿置立体显微镜下观察，光源可采用充足的散射自然光或用阅读台灯（要注意用对照样品在同一光源下对比观察），用台灯时入照光与试样平面以 45° 角为好。

立体显微镜上载物台的衬板选择要考虑试样色泽，一般检查深色颗料时用白色衬板；检查浅色颗粒时用黑色衬板。检查一个试样可先用白色衬板看一遍，再用黑色衬板看。检查时先看粗颗粒，再看细颗粒；先用较低放大倍数，再用较高放大倍数。观察时用尖镊子拨动、翻转，并用探针触探样品颗粒。系统地检查培养皿中的每一组分。

为便于观察可对试样进行木质素染色、淀粉质染色等。在检查过程中以比照样品在相同条件下，与被检试样进行对比观察。

记录观察到的各种成分，对不是试样所标示的物质，若量小称为杂质；若量大，则称为掺杂物。要特别注意有无有害物质。饲料显微镜的基本步骤可用图 1-1 来说明。

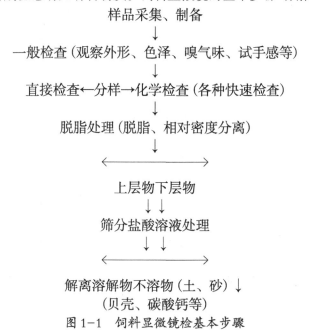

图 1-1　饲料显微镜检基本步骤

4. 生物显微镜检查

将立体显微镜下不能确切鉴定的试样颗粒及试样制备时筛面上及筛底盘中的试样分别取少许，置于载玻片上，加 2 滴悬浮液 I，用探针搅拌分散，浸透均匀，加盖玻片，在生物显微镜下观察，先在较低倍数镜下搜索观察，然后对各目标进一步加大倍数观察，与比照样品进行比较。取下载玻片，揭开盖玻片，加 1 滴碘溶液，搅匀，再加盖玻片，置镜下观察。此时淀粉被染成蓝色到黑色，酵母及其他蛋白质细胞呈黄色至棕色。

如试样粒透明度低不易观察时，可取少量试样，加入约 5 mL 悬浮液 II，煮沸 1 min 冷却，取 1~2 滴底部沉淀物置载玻片上，加盖玻片镜检。

5. 主要无机组分的鉴别

将干燥后的沉淀物置于孔径 0.42 mm、0.25 mm、0.177 mm 筛及底盘的组筛上筛分，将筛分出的四部分分别置于培养皿中，用立体显微镜检查，动物和鱼类的骨、鱼鳞、软体动物的外壳一般是易于识别的。盐通常呈立方体；石灰石中的方解石呈菱形六面体。

6. 鉴别试验

用镊子将未知颗粒放在点滴板上，轻轻压碎，以下工作均在立体显微镜下进行，将颗粒彼此分开，使之相距 2.5 cm，每个颗粒周围滴 1 滴有关试剂，用细玻棒推入液体，并观察界面处的变化。此实验也可在黑色点滴板上进行。

(1) 硝酸银试验。将未知颗粒推入硝酸银溶液中，观察现象。

①如果生成白色晶体，并慢慢变大，说明未知颗粒是氯化物，可能是盐。

②如果生成黄色结晶，并生成黄色针状，说明未知颗粒为磷酸氢二盐或磷酸二氢盐，通常是磷酸二氢钙。

③如果生成能略为溶解的白色针状，说明是硫酸盐。

④如果颗粒慢慢变暗，说明未知颗粒是骨。

(2) 盐酸试验。将未知颗粒推入稀盐酸溶液中，观察现象。

①如果剧烈起泡，说明未知颗粒为碳酸盐（$CaCO_3$）。

②如果慢慢起泡或不起泡，需进行下列试验（钼酸盐试验、硫酸试验）。

(3) 钼酸盐试验。将未知颗粒推入钼酸盐溶液中，观察现象。

如果在接近未知颗粒的地方生成微小黄色结晶，说明未知颗粒为磷酸三钙或磷酸盐、磷矿石或骨（所有磷酸盐均有此反应，但磷酸二氢盐和磷酸氢二盐均已用硝酸银鉴别）。

(4) 硫酸试验。将未知颗粒上滴加盐酸溶液后，再滴入硫酸溶液，如慢慢形成细长的白色针状物，说明未知颗粒为钙盐。

(5) 茚三酮试验。将茚三酮溶液浸润未知颗粒，加热到约 80℃，如未知颗粒显蓝紫色，说明是蛋白质。

(6) 间苯三酚试验。将间苯三酚溶液浸润试样，放置 5 min，滴加盐酸溶液，如试样含有木质素，则显深红色。

(7) 碘试验。在未知颗粒上滴加碘溶液，如试样中含有淀粉，则显蓝紫色。

7. 结果表示

结果表示应包括试样的外观、色泽、气味及显微镜下所见到的物质，并给出所检试样是否与送检名称相符合的判定意见。

四、饲料级氨基酸添加剂真伪鉴别

蛋氨酸和赖氨酸作为第一和第二限制性氨基酸，对提高动物的生产性能起着非常重要的作用。饲料企业为提高产品质量，大多在预混合饲料、浓缩饲料或配合饲料中添加适量蛋氨酸和赖氨酸。但目前市场上时常出现伪劣产品，含量不足，掺假掺杂，给饲料企业造成了很大的经济损失。因此，饲料级氨基酸添加剂真伪鉴别具有重要意义，本节重点介绍饲料级 DL- 蛋氨酸、L- 赖氨酸添加剂真伪鉴别方法。

（一）实训条件

通过实训，了解饲料级氨基酸添加剂真伪鉴别的方法，并能够进行饲料级 DL- 蛋氨酸、L- 赖氨酸添加剂真伪鉴别。本任务介绍了饲料级氨基酸添加剂真伪鉴别的方法，适用于饲料级 DL- 蛋氨酸、L- 赖氨酸添加剂真伪的鉴别。仪器设备：250 mL 三角瓶、瓷坩埚、电炉、高温电炉（可控制温度 550℃）、50 mL 小烧杯、150 mL 具塞碘量瓶、试管。试剂：盐酸溶液（1∶3）、400 g/L 氢氧化钠溶液、饱和硫酸铜溶液、1 g/L 茚三酮溶液、0.1 mol/L 硝酸银溶液、pH 试纸。

（二）鉴别方法

1. 饲料添加剂 DL- 蛋氨酸

（1）外观鉴别。蛋氨酸一般呈白色或淡黄色的结晶性粉末或片状，在正常光线下有反射光发出。市场上假蛋氨酸多呈粉末状，颜色多为淡白色或纯白色，正常光线下没有反射光或只有零星反射光发出。

（2）溶解性。取 1 g 蛋氨酸产品于 250 mL 三角瓶中，加入 50 mL 水，并轻轻搅拌。纯品几乎完全溶解（3.3 g/100 mL 20℃水），且溶液澄清。如溶液混浊或有沉淀多为掺假产品。

（3）烧灼。取瓷坩埚 1 个，加入约 1 g 蛋氨酸，在电炉上炭化至无烟，然后在 550℃高温电炉中灼烧 1 h。纯品蛋氨酸烧灼残渣不超过 0.5%，掺有滑石粉等的伪劣产品则往往高于此值。

（4）分别取 1 g 蛋氨酸置于 2 个 250 mL 三角瓶中，分别加入体积比 1∶3 的盐酸溶液和 400 g/L 氢氧化钠溶液各 50 mL。假冒蛋氨酸不溶或部分溶于上述溶液，下部有白色沉淀，上部溶液混浊，而真蛋氨酸应溶于上述溶液，且溶液澄清。

（5）取 30 mg 蛋氨酸置于 50 mL 小烧杯中，加入饱和硫酸铜溶液 1 mL。假冒蛋氨酸不变色，呈饱和硫酸铜溶液的浅蓝色，而真蛋氨酸呈蓝色。

（6）氨基酸特征反应呈阳性。称取蛋氨酸样品 0.1 g，溶于 100 mL 水中。取此溶液 5 mL，加 1 g/L 茚三酮溶液 1 mL，加热 3 min 后，加水 20 mL，静置 15 min，溶液呈红紫色。

（7）取约 5 mg 蛋氨酸于 150 mL 具塞碘量瓶中，加 50 mL 水溶解，然后加入 400 g/L 氢氧化钠溶液 2 mL，振荡混合，加入 0.1 mol/L.硝酸银溶液 8～10 滴，再振荡混合，然后在 35～40℃下水浴 10 min，随即冷却 2 min，加入体积比 1∶3 的盐酸溶液 2 mL，振荡混合。假冒蛋氨酸不变色，且静置几分钟后底部有沉淀，上部溶液混浊；而真蛋氨酸呈红色。

（8）定氮。蛋氨酸的理论含氮量约为 9.4%。在有条件的情况下，测定其蛋氨酸含量，也可鉴别真伪。

上述几种方法，饲料企业和养殖生产者可根据化验室条件任选一种或几种进行鉴别，但为了准确无误，建议采用上述方法逐项全面进行鉴别。

2. 饲料添加剂 L- 赖氨酸

（1）颜色。正品为白色或淡黄或淡褐色结晶粉末。伪品或掺杂常颜色较暗，呈灰白色粉末。掺假掺杂多用石粉、石膏或淀粉等。

（2）溶解性。正品易溶于水，在 20℃ 100 mL 水中可溶解 64.2 g。加入 50 mL 水，取约 0.5 g 的样品，加入 10 mL 水，摇动，溶液为澄清。伪品则不溶或少量溶解，且溶液混浊。

（3）烧灼。正品产生的气体系碱性，可使湿的 pH 试纸变为蓝色。如掺入淀粉则试纸变红。如果是矿物质则无烟。

正品的灰分含量不超过 0.3%，假的则不论是淀粉或矿物质，都远大于 0.3%。

（4）茚三酮反应。取少量样品置于试管中，加入 1 g/L 茚三酮溶液 1 mL，加水 2mL，摇匀，加热至沸，静置，溶液呈紫红色者为正品，不产生紫红色者为伪品。

（5）定氮。L- 赖氨酸盐酸盐的纯度最低为 98.5%，相应含 L- 赖氨酸 78.8%，理论含氮量为 115.3%。在有条件的情况下，测定其赖氨酸含量，也可鉴别真伪。

赖氨酸真伪的鉴别还可以用灼烧炭化观察其有无残渣来进行，要准确鉴别其真伪最好是将上述各方法结合使用。

五、饲料中水分和其他挥发性物质含量的测量（GB 6435－2006）

饲料中水分含量是衡量饲料营养价值高低的重要指标。不同饲料或化合物水分含量的测定需要采用不同的分析技术，主要根据是否存在挥发性物质、成分变棕色的可能性、需要低温真空、某些化合物是否可起化学变化来测定。本测定方法分为：未做预先处理的样品、经过预处理的样品、经脱脂的高脂肪低水分试样及经脱脂和预干燥的高脂肪高水分试样，其水分及其他挥发性物质含量的测定方法。

（一）实训条件

通过实训，掌握饲料水分的测定原理、方法步骤，并在规定的时间内，测定某饲料水分的含量。本标准规定了饲料中水分和其他挥发性物质含量的测定方法，本方法适用于动物饲料，但用做饲料的奶制品、动物和植物油脂、矿物质、含有保湿剂（如丙二醇）的动物饲料除外。根据样品性质的不同，在 (103 ± 2)℃、大气压特定条件下，对试样进行干燥所损失的质量在试样中所占的比例。

1. 仪器设备

（1）实验室用样品粉碎机或研钵。

（2）分析筛。孔径 0.45 mm（40 目）。

（3）分析天平。感量 1 mg。

（4）电热鼓风干燥箱。温度可控制在 (103 ± 2)℃。

（5）称量瓶。由耐腐蚀金属或玻璃制成，带盖。其表面积能使样品铺开至 0.39 / cm²。

（6）干燥器。用氯化钙（干燥试剂）或变色硅胶作干燥剂。

（7）电热真空干燥箱。温度可控制在 (80 ± 2)℃，真空度可达 13 kPa。

应备有通入干燥空气导入装置或以氧化钙（CaO）为干燥剂的装置（20 个样品需 300 g 氧化钙）。

（8）砂。需经酸洗。

2. 试样的选取和制备

（1）按 GB/T 14699.1 采样。样品应具有代表性，在运输和贮存过程中避免发生损坏和变质。

（2）按 GB/T 20195 制备试样。

(二) 方法步骤

1. 测定步骤

(1) 试样。①液体、黏稠饲料和以油脂为主要成分的饲料：称量瓶内放一薄层砂和一根玻璃棒。将称量瓶及内容物和盖一并放入103℃的干燥箱内干燥 (30±1)min。盖好称量瓶盖，从干燥箱中取出，放在干燥器中冷却至室温。称量其质量，准确至1 mg。称取10 g试样于称量瓶中，准确至1 mg。用玻璃棒将试样与砂充分混合，玻璃棒留在称量瓶中，按"测定"步骤操作。②其他饲料：将称量瓶放入103℃的干燥箱内干燥 (30±1)min后取出，放入干燥器中冷却至室温。称量其质量，准确至1 mg。称取5 g试样于称量瓶中，准确至1 mg，并摊匀。

(2) 测定。将称量瓶盖放在下面或边上与称量瓶一同放入103℃干燥箱中，建议平均每升干燥箱空间最多放一个称量瓶。当干燥箱温度达103℃后，干燥 (4h±0.1)h。将盖盖上，从干燥箱中取出，在干燥器中冷却至室温。称量，准确至1 mg。

以油脂为主要成分的饲料应在103℃干燥箱中再干燥 (30±1)min，两次称量的结果相差不应大于试样质量0.1%，如果大于0.1%，按"检查试验"步骤操作。

(3) 检查试验。为了检查在干燥过程中是否有因化学反应而造成不可接受的质量变化，做如下检查。

在干燥箱中于103℃再次干燥称量瓶和试样，时间为 (2±0.1)h。在干燥器中冷却至室温。称量，准确至1 mg。如果经第二次干燥后质量变化大于试样质量的0.2%，就可能发生了化学反应。在这种情况下按"发生不可接受质量变化的样品"步骤操作。

(4) 发生不可接受质量变化的样品。按"试样"操作步骤取试样。将称量瓶盖放在下面或边上与称量瓶一同放入80%的真空干燥箱中，减压至13 kPa。通入干燥空气或放置干燥剂干燥试样。在放置干燥剂的情况下，当达到设定的压力后断开真空泵。在干燥过程中保持所设定的压力。当干燥箱温度达到80℃后，加热 (4±0.1)h。小心地将干燥箱恢复至常压。打开干燥箱，立即将称量瓶盖盖上，从干燥箱中取出，放入干燥器中冷却至室温称量，准确至1 mg。

将试样再次放入80%的真空干燥箱中干燥 (30±1)min，直至连续两次干燥质量变化之差小于其质量的0.2%。同一试样进行两个平行测定。

2. 测定结果的计算

(1) 未做预先处理的样品计算见下式。未做预先处理的样品，其水分及其他挥发性物质含量的测定方法 W_1 以质量分数表示，按式 (1-1) 计算：

$$W_1 = \frac{m_3 - (m_5 - m_4)}{m_3} \times 100\% \qquad \text{式 (1-1)}$$

式中，m_3 为试样的质量，g；m_4 为称量瓶 (包括盖) 的质量，如使用沙和玻璃棒，也包括沙和玻璃棒的质量，g；m_5 为称量瓶 (包括盖) 和干燥后试样的质量，如使用沙和玻璃棒，也包括沙和玻璃棒的质量，g。

(2) 经过预处理的样品计算见下式。样品水分含量达17%，脂肪含量低于120 g/kg，只需预干燥的样品，其水分及其他挥发性物质含量的测定方法 W_2 以质量分数表示，按式 (1-2) 计算：

$$W_2 = \left[\frac{m_0 - m_1}{m_0} + \frac{m_3 - (m_5 - m_4)}{m_3} \times \frac{m_1}{m_0} \right] \times 100\% \qquad 式（1-2）$$

式中，m_0 为试样空气风干前的质量，g；m_1 为试样空气风干后的质量，g；m_3 为试样的质量，g；m_4 为称量瓶（包括盖）的质量，如使用沙和玻璃棒，也包括沙和玻璃棒的质量，g；m_5 为称量瓶（包括盖）和干燥后试样的质量，如使用沙和玻璃棒也包括沙和玻璃棒的质量，g。

（3）经脱脂的高脂肪低水分试样及经脱脂和预干燥的高脂肪高水分试样，其水分及其他挥发性物质含量的测定方法 W_3 以质量分数表示，按式（1-3）计算：

$$W_3 = \frac{m_0 - m_1 - m_2}{m_0} + \left[\frac{m_3 - (m_5 - m_4)}{m_3} \times \frac{m_1}{m_0} \right] \times 100\% \qquad 式（1-3）$$

式中，m_2 为从试样中提取脂肪的质量，g；其他符号同式（1-2）。

结果表示：取两次平行进行的算术平均值作为结果，两个平行测定结果的绝对值相差不得大于 0.2%，否则重新测定。结果准确至 0.1%。

3. 精密度

（1）重复性。在同一实验室内，由同一操作人员使用相同设备，按照同一测定方法，在短时间内，对同一被测试样相互独立进行测定，获得的两个测定结果之间的绝对差值，超过表 1-3 中所列出的重复性限 r 的情况不大于 5%。

（2）再现性。在不同的实验室内，由不同的操作人员使用不同的设备，按相同的测定方法，对同一被测试样相互独立进行测定，获得两个测定结果之间的绝对差值，超过表 1-3 中列出的再现性限 R 的情况不大于 5%。

表 1-3　重复性限（r）与再现性限（R）

样品	水分及其他挥发性物质含量（%）	重复性限（%）	再现性限（%）
配合饲料	11.43	0.71	1.99
浓缩饲料	10.20	0.55	1.27
糖蜜饲料	7.92	1.49	2.46
干牧草	11.77	0.78	3.00
甜菜渣	86.05	0.95	3.50
苜蓿（紫花苜蓿）	80.30	1.17	2.91

4. 注意事项

（1）如果试样是多汁的鲜样，或无法粉碎时，需进行预先干燥处理，应按下式计算原来样中所含水分总量。

原试样总水分（%）＝干燥减重（%）＋[100－预干燥减重（%）] × 风干试样水分（%）

（2）某些含脂肪高的样品，烘干时间长反而增重，乃脂肪氧化所致，应以增重前那次重为准。

（3）含糖分高的易分解或易焦化试样，应使用减压干燥法（70℃，80 kPa以下，烘干5 h）测定水分。

六、饲料中粗蛋白质的测定（GB/T 6432—1994）

饲料中含氮物质包括蛋白质和非蛋白质含氮化合物如氨基酸、酰胺等，统称为粗蛋白质。测定蛋白质含量的方法很多，有间接法和直接法。本项目主要介绍的凯氏定氮法属间接法，该法根据每种蛋白质的含氮量是恒定的，通过测定样品中含氮量推算蛋白质含量。它是19世纪建立的经典方法，结果可靠，但操作费时，人们在经典法基础上选择催化剂，加快分析速度，改进仪器装置，研制出了定氮仪，如福斯特公司的系列半自动和全自动定氮仪，国产KDN—01型定氮仪等，但测定原理相同。

（一）实训条件

通过实训，熟悉饲料中粗蛋白质测定的方法、原理及注意事项，并在规定的时间内，测定某一饲料粗蛋白质的含量。

本标准参照采用ISO 5983—1979《动物饲料——氮含量的测定和粗蛋白含量计算》。规定了饲料中粗蛋白质含量的测定方法。适用于配合饲料、浓缩饲料和单一饲料。

引用标准：GB601《化学试剂滴定分析（容量分析）用标准溶液的制备》。

测定原理：凯氏法测定试样中的含氮量，即在催化剂作用下，用硫酸破坏有机物，使含氮物转化成硫酸铵。加入强碱进行蒸馏使氨逸出，用硼酸吸收后，再用酸滴定，测出氮含量，将结果乘以换算系数6.25，计算出粗蛋白质含量。

1. 试剂

（1）硫酸（GB 625）。化学纯，含量为98%，无氮。

（2）混合催化剂。0.4 g硫酸铜，5个结晶水（GB 665），6 g硫酸钾（HG 3-920）或硫酸钠（HG-908）。均为化学纯，磨碎混匀。

（3）氢氧化钠（GB 629）。化学纯，40%水溶液（m/V）。

（4）硼酸（GB 628）。化学纯，2%水溶液（m/V）。

（5）混合指示剂。甲基红（HG 3-958）0.1%乙醇溶液，溴甲酚绿（HG 3-1220）0.5%乙醇溶液，两溶液等体积混合，在阴凉处保存期为3个月。

（6）盐酸标准溶液。邻苯二甲酸氢钾法标定，按GB 601制备。

①盐酸标准溶液：C（HCl）＝0.1 mol/L。8.3 mL盐酸（GB 622，分析纯），注入1 000 mL蒸馏水中。

②盐酸标准溶液：C（HCl）＝0.02 mol/L。1.67 mL盐酸（GB 622，分析纯），注入1 000 mL蒸馏水中。

（7）蔗糖（HG 31001）。分析纯。

（8）硫酸铵（GB 1396）。分析纯，干燥。

（9）硼酸吸收液。1%硼酸水溶液1 000 mL，加入0.1%溴甲酚绿乙醇溶液10 mL，0.1%甲基红乙醇溶液7 mL，4%氢氧化钠水溶液0.5 mL，混合，置阴凉处保存期为1个月（全自动程序用）。

2. 仪器设备

（1）实验室用样品粉碎机或研钵。

（2）分样筛。孔径 0.45 mm（40 目）。

（3）分析天平。感量 0.000 1 g。

（4）消煮炉或电炉。

（5）滴定管。酸式，10 mL、25 mL。

（6）凯氏烧瓶。250 mL。

（7）凯氏蒸馏装置。常量直接蒸馏式或半微量水蒸气蒸馏式。

（8）锥形瓶。150 mL、250 mL。

（9）容量瓶。100 mL。

（10）消煮管。250 mL。

（11）定氮仪。以凯氏原理制造的各类型半自动、全自动蛋白质测定仪。

3. 试样的选取和制备

选取具有代表性的试样用四分法缩减至 200 g，粉碎后全部通过 40 目筛，装于密封容器中，防止试样成分的变化。

（二）方法步骤

1. 分析步骤

（1）仲裁法。

①试样的消煮。称取试样 0.5 ~ 1 g（含氮量 5 ~ 80 mg）准确至 0.000 2 g，放入凯氏烧瓶中，加入 6.4 g 混合催化剂，与试样混合均匀，再加入 12 mL 硫酸和 2 粒玻璃珠，将凯氏烧瓶置于电炉上加热，开始小火，待样品焦化，泡沫消失后，再加强火力（360 ~ 410℃）直至呈透明的蓝绿色，然后再继续加热，至少 2 h。

②氨的蒸馏。

a. 常量蒸馏法：将试样消煮液冷却，加入 60 ~ 100 mL 蒸馏水，摇匀，冷却。将蒸馏装置的冷凝管末端浸入装有 25 mL 硼酸吸收液和 2 滴混合指示剂的锥形瓶内。然后小心地向凯氏烧瓶中加入 50 mL 氢氧化钠溶液，轻轻摇动凯氏烧瓶，使溶液混匀后再加热蒸馏，直至流出液体积为 100 mL。降下锥形瓶，使冷凝管末端离开液面，继续蒸馏 1 ~ 2 min，并用蒸馏水冲洗冷凝管末端，洗液均需流入锥形瓶内，然后停止蒸馏。

b. 半微量蒸馏法：将试样消煮液冷却，加入 20 mL 蒸馏水，转入 100 mL 容量瓶中，冷却后用水稀释至刻度，摇匀，作为试样分解液。将半微量蒸馏装置的冷凝管末端浸入装有 20mL 硼酸吸收液和 2 滴混合指示剂的锥形瓶内。蒸汽发生器的水中应加入甲基红指示剂数滴、硫酸数滴，在蒸馏过程中保持此液为橙红色，否则需补加硫酸。准确移取试样分解液 10 ~ 20 mL 注入蒸馏装置的反应室中，用少量蒸馏水冲洗进样入口，塞好入口玻璃塞，再加 10 mL 氢氧化钠溶液，小心提起玻璃塞使之流入反应室，将玻璃塞塞好，且在入口处加水防止漏气。蒸馏 4 min 降下锥形瓶使冷凝管末端离开吸收液面，再蒸馏 1 min，用蒸馏水冲洗冷凝管末端，洗液均流入锥形瓶内，然后停止蒸馏。

注：常量蒸馏法和半微量蒸馏法测定结果相近，可任选一种。

c. 蒸馏步骤的检验：精确称取 0.2 g 硫酸铵，代替试样，按上述两种步骤进行操作，测得硫酸铵含氮量为（21.19 ± 0.22）%，否则应检查加碱、蒸馏和滴定各步骤是否正确。

③滴定。用常量蒸馏法或半微量蒸馏法蒸馏后的吸收液立即用 0.1 mol/L 或 0.02 mol/L 盐酸标准溶液滴定，溶液由蓝绿色变成灰红色为终点。

（2）推荐法。

①试样的消煮。称取0.5～1 g试样（含氮量5～80 mg）准确至0.000 2 g，放入消化管中，加2片消化片（仪器自备）或6.4 g混合催化剂，12 mL硫酸，于420℃下在消煮炉上消化1 h。取出放凉后加入30 mL蒸馏水。

②氨的蒸馏。采用全自动定氮仪时，按仪器本身常量程序进行测定。

采用半自动定氮仪时，将带消化液的管子插在蒸馏装置上，以25 mL硼酸为吸收液，加入2滴混合指示剂，蒸馏装置的冷凝管末端要浸入装有吸收液的锥形瓶内，然后向消煮管中加入50 mL氢氧化钠溶液进行蒸馏。蒸馏时间以吸收液体积达到100 mL时为宜。降下锥形瓶，用蒸馏水冲洗冷凝管末端，洗液均需流入锥形瓶内。

③滴定。用0.1 mol/L的标准盐酸溶液滴定吸收液，溶液由蓝绿色变成灰红色为终点。

2. 空白测定

称取蔗糖0.5 g，代替试样，进行空白测定，消耗0.1 mol/L盐酸标准溶液的体积不得超过0.2 mL。消耗0.02 mol/L盐酸标准溶液体积不得超过0.3 mL。

3. 分析结果的表述

（1）计算见下式。

$$粗蛋白质含量 = \frac{(V_2 - V_1) \times c \times 0.014 \times 6.25}{m \times \dfrac{V'}{V}} \times 100\%$$

式中，V_2为滴定试样时所需标准酸溶液体积，mL；V_1为滴定空白时所需标准酸溶液体积，mL；c为盐酸标准溶液浓度，mol/L；m为试样质量，g；V为试样分解液总体积，mL；V'为试样分解液蒸馏用体积，mL；0.014 0为与1.00 mL盐酸标准溶液 [c（HCl）＝1.000 mol/L] 相当的、以g表示的氮的质量；6.25为氮换算成蛋白质的平均系数。

（2）重复性。每个试样取两个平行样进行测定，以其算术平均值为结果。当粗蛋白质含量在25%以上时，允许相对偏差为1%。当粗蛋白含量在10%～25%时，允许相对偏差为2%。当粗蛋白质含量在10%以下时，允许相对偏差为3%。

4. 注意事项

（1）每次测定样品时必须做试剂空白试验。

（2）凯氏蒸馏在排废液和冲洗反应室时，切断气源的时间不要太长，否则，会造成蒸汽发生器中压力过大，产生不良的后果。

（3）在使用蒸馏器时必须进行检查。检查的方法是：吸取5 mL 0.005 mol/L的硫酸铵标准溶液，放入到反应室中，加饱和氢氧化钠溶液，然后进行蒸馏，过程和样品消化相同。测定硫酸铵蒸馏液所需0.01 mol/L盐酸标准量减去空白样消耗标准盐酸的量是5 mL，这个蒸馏装置才合标准。

（4）消化时如果有黑炭粒不能全部消失，烧瓶冷却后加少量的浓硫酸继续加热，直到溶液澄清为止。

七、饲料中粗脂肪的测定（GB/T 6433-2006）

饲料脂肪的测定，通常是将试样放在特制的仪器中，用脂溶性溶剂（乙醚、石油醚、三氯甲烷等）反复抽提，可把脂肪抽提出来，浸出的物质除脂肪外，还有一部分类脂物质，如游离脂肪酸、磷脂、蜡、色素以及脂溶性维生素等，所以称为粗脂肪。测定粗脂肪的方法常用的有油重法、残余法、浸泡法等，本标准与1994版标准相比增加了水解方法。本标准分为预先提取、试料、水解、提取等分析步骤。

（一）实训条件

通过实训，熟悉饲料粗脂肪的测定方法、原理及注意事项，并在规定时间内，测定某一饲料中粗脂肪的含量。预先提取测定法、无预先提取测定法测定方法。

本标准规定了动物饲料粗脂肪含量的测定方法，本方法适用于油籽和油籽残渣以外的动物饲料。为了本标准的测定效果，将动物饲料分为 A 类和 B 类两类。A 类是指 B 类以外的动物饲料。B 类：纯动物性饲料，包括乳制品；脂肪不经预先水解不能提取的纯植物性饲料，如谷蛋白、酵母、大豆及马铃薯蛋白以及加热处理的饲料；含有一定数量加工产品的配合饲料，其脂肪含量至少有 20% 来自这些加工产品。B 类产品的样品提取前需要水解。

脂肪含量较高的样品（至少 200 g/kg）预先用石油醚提取。B 类样品用盐酸加热水解，水解溶液冷却、过滤，洗涤残渣并干燥后用石油醚提取，蒸馏、干燥除去溶剂，残渣称量。A 类样品用石油醚提取，通过蒸馏和干燥除去溶剂，残渣称量。

1. 试剂

（1）水。GB/T 6682 规定的三级。

（2）硫酸钠，无水。

（3）石油醚，主要由具有 6 个碳原子的碳氢化合物组成，沸点范围为 40～60℃。溴值应低于 1，挥发残渣应小于 20 mg/L。也可以使用挥发残渣低于 20 mg/L 的工业乙烷。

（4）金刚砂或玻璃细珠。

（5）丙酮。

（6）盐酸。$c(HCl) = 3$ mol/L。

（7）滤器辅料。例如硅藻土，在盐酸 [$c(HCl) = 6$ mol/L] 中消煮 30 min，用水洗至中性，然后在 130℃下干燥。

本标准所用试剂，未注明要求时，均指分析纯试剂。

2. 仪器设备

（1）实验室用样品粉碎机或研钵。

（2）分样筛。孔径 0.45 mm。

（3）分析天平。感量 0.000 1 g。

（4）电热恒温水浴锅。室温至 100℃。

（5）干燥箱。温度能保持在 (103 ± 2)℃。

（6）索氏脂肪提取器（带球形冷凝管）。100 mL 或 150 mL。

（7）索氏脂肪提取仪。

（8）滤纸或滤纸筒。中速，脱脂。

（9）干燥器。用氯化钙（干燥级）或变色硅胶为干燥剂。

(10) 电热真空箱。温度能保持在 (80±2)℃，并减压至 13.3 kPa 以下，配有引入干燥空气的装置，或内盛干燥剂，例如氧化钙。

(11) 提取套管，无脂肪和油，用乙醚洗涤。

3. 试样的选取

选取有代表性的试样，用四分法将试样缩减至 500 g，粉碎至 40 目，再用四分缩减至 200 g 于密封容器中保存。按 GB/T 14699.1 采样、GB/T 20195 试样制备。

(二) 方法步骤

1. 分析步骤

(1) 分析步骤的选择。如果试样不易粉碎，或因脂肪含量高（超过 200 g/kg）而不易获得均质的缩减的试样，按"预先提取"步骤处理。在所有其他情况下，则按"试料"步骤处理。

①预先提取：称取至少 20 g 制备的试样，准确至 1 mg，与 10 g 无水硫酸钠混合，转移至一提取套管，并用一小块脱脂棉覆盖。将一些金刚砂转移至一干燥烧瓶，如果随后对脂肪定性，则使用玻璃细珠取代金刚砂。将烧瓶与提取器连接，收集石油醚提取物。将套管置于提取器中，用石油醚提取 2 h。如果使用索氏提取器，则调节加热装置使每小时至少循环 10 次。如果使用一个相当设备，则控制回流速度每秒至少 5 滴（约 10 mL / min）。用 500 mL 石油醚稀释烧瓶中的石油醚提取物，充分混合。对一个盛有金刚砂或玻璃珠的干燥烧瓶进行称量，准确至 1 mg，吸取 50 mL 石油醚溶液移入次烧瓶中。

蒸馏除去溶剂，直至烧瓶中几乎无溶剂，加 2 mL 丙酮至烧瓶中，转动烧瓶并在加热装置上缓慢加温以除去丙酮，吹去痕量丙酮。残渣在 103℃干燥箱内干燥 (10±0.1) min，在干燥器中冷却，称量，准确至 0.1 g。也可以采取下列步骤：蒸馏除去溶剂，烧瓶中残渣在 80℃电热真空箱中干燥 1.5 h，在干燥器中冷却，称量准确至 0.1 mg。

取出套管中提取的残渣在空气中干燥，除去残余的溶剂，干燥残渣称量，准确至 0.1 mg。将残渣粉碎成 1 mm 大小的颗粒，按"试料"步骤处理。

②试料：称取 5 g 制备试样，准确至 1 mg。

对 B 类样品按"水解"步骤处理。

对 A 类样品，将试料移至提取套管并用一小块脱脂棉覆盖，按"提取"步骤处理。

③水解：将试料转移至一个 400 mL 烧杯或一个 300 mL 锥形瓶中，加 100 mL 盐酸和金刚砂，用表面皿覆盖，或将锥形瓶与回流冷凝器连接，在火焰上或电热板上加热混合至微沸，保持 1 h，每 10 min 旋转摇动一次，防止产物黏附于容器壁上。

在环境温度下冷却，加一定量的滤器辅料，放置过滤时脂肪丢失，在布氏漏斗中通过湿润的无脂的双层滤纸抽吸过滤，残渣用冷水洗涤至中性。

小心取出滤器并将含有残渣的双层滤纸放入一个提起套管中，在 80℃电热真空箱中于真空条件下干燥 60 min，从电热真空箱中取出套管并用一小块脱脂棉覆盖。

(2) 提取。将一些金刚砂转移至一个干燥烧瓶，称量，准确至 1 g。如果随后要对脂肪定性，则使用玻璃细珠取代金刚砂。将烧瓶与提取器连接。收集石油醚提取物。

将套管置于提取器中，用石油醚提取 6 h。如果使用索氏提取器，则调节加热装置使每小时至少循环 10 次，如果使用一个相当设备，则控制回流速度每秒至少 5 滴（约 10 mL / min）。

蒸馏除去溶剂，直至烧瓶中几无溶剂，加 2 mL 丙酮至烧瓶中，转动烧瓶并在加热装置上缓慢加温以除去丙酮。残渣在 103℃干燥箱内干燥（10±0.1）min，在干燥器中冷却，称量，准确至 0.1 mg。也可采取下列步骤。

蒸馏除去溶剂，烧瓶中残渣在 80℃电热真空箱中干燥 1.5 h，在干燥器中冷却，称量（m_6）准确至 0.1 mg。

2. 测定结果的计算

（1）预先提取测定法计算公式。试样中脂肪的含量 W_1，见式 (1-4)，单位 g/kg。

$$W_1 = \left[\frac{10(m_2 - m_1)}{m_0} + \frac{(m_6 - m_5)}{m_4} \times \frac{m_3}{m_0} \right] \times f \qquad 式（1-4）$$

式中，m_0 为称取的试样质量，g；m_1 为装有金刚砂的烧瓶的质量，g；m_2 为带有金刚砂的烧瓶和干燥的石油醚提取残渣的质量，g；m_3 为获得的干燥提取残渣的质量，g；m_4 为试样的质量，g；m_5 为使用的盛有金刚砂的烧瓶的质量，g；m_6 为盛有金刚砂的烧瓶和获得的干燥石油醚提取残渣的质量，g；f 为校正因子单位，g/kg，f =1 000 g/kg。

（2）无预先提取测定法计算公式。试样中脂肪的含量 W_2，见式 (1-5)，单位 g/kg。

$$W_2 = \frac{m_6 - m_5}{m_4} \times f \qquad 式（1-5）$$

式中，m_4 为试样的质量，g；m_5 为使用的带有金刚砂的烧瓶的质量，g；m_6 为盛有金刚砂的烧瓶和获得的石油醚提取干燥残渣的质量，g；f 为校正因子单位，g/kg，f =1 000 g/kg。

3. 精密度

（1）重复性。用同一方法，对相同实验材料，在同一实验室内，由同一操作人员使用同一设备，在短时间内获得的两个独立试验结果之间的绝对差值超过表 1-4 中列出的或由表 1-4 得出的重复性限 r 的情况不大于 5%。

（2）再现性。用同一方法，对相同的实验材料，在不同的实验室内，由不同的操作人员使用不同的设备获得的两个独立试验结果之间的绝对差值超过表 1-4 中列出的或由表 1-4 得出的再现性限 R 的情况不大于 5%。

表 1–4　重复性限（r）与再现性限（R）

(g／kg)

样品	重复性限（r）	再现性限（R）
B 类（需要水解）	5.0	12.0[①]
A 类（不需要水解）	2.5	7.7[②]

注：①鱼粉和肉粉除外；②椰子粉除外

4. 注意事项

（1）乙醚易挥发、易燃、易爆，整个操作过程应注意安全，特别是烘干含有醚的样品时，在开始要打开烘箱门防止醚积累过多发生爆炸。整个操作过程室内不能有明火。

（2）样品必须烘干，醚应无水状态，否则，影响测定和准确性。

（3）烘干时防止脂肪氧化而不溶于醚中，最好在惰性气体条件下烘干。

（4）整个操作过程应戴橡胶或白纱手套进行。

（5）估计样本中含脂肪20%以上时浸提时间需16 h；5%~20%需12 h；5%以下时需8 h。

八、饲料中粗纤维的测定（过滤法）(GB/T 6434-2006)

纤维素是植物细胞壁的主要成分，它是高分子化合物，不溶于水和任何有机溶剂。在稀酸或稀碱中也相当稳定，但与硫酸或盐酸共热时可水解为a-葡萄糖。根据纤维素的性质，测定时首先将其与淀粉、蛋白质等物质分离，然后定量。常用的测定方法有：酸碱洗涤法、中性洗涤剂法、酸性洗涤剂法等。本标准采用的是酸碱洗涤法，分为手工操作法分析步骤、半自动操作法分析步骤。

(一) 实训条件

通过实训，熟悉饲料中粗纤维含量的测定方法、原理及注意事项，在规定时间内，独立完成某一饲料粗纤维的测定。

标准规定了粗纤维含量测定的过滤法，描述了手工操作和半自动操作的测定步骤。本方法适用于粗纤维含量大于10 g/kg的饲料。引用标准：GB/T 6682-1992《分析实验室用水规格和试验方法》，GB/T 14699-1-2005《饲料采样》，GB/T 20195-2006《动物饲料试样的制备》。

测定原理：用固定量的酸和碱，在特定条件下消煮样品，再用醚、丙酮除去醚溶物，经高温灼烧扣除矿物质的量，所余量称为粗纤维（试样用沸腾的稀释硫酸处理，过滤分离残渣，洗涤，然后用沸腾的氢氧化钾溶液处理，过滤分离残渣，洗涤，干燥称重，然后灰化。因灰化而失去的质量相当于试样中的粗纤维质量）。它不是一个确切的化学实体，只是在公认强制规定的条件下，测出的概略养分。其中以纤维素为主，还有少量半纤维素和木质素。

1. 试剂

本方法试剂使用分析纯，水至少为GB/T 6682-2008规定的3级水。

（1）盐酸溶液。$c(HCl) = 0.5$ mol/L。

（2）硫酸溶液。$c(H_2SO_4) = (0.13 \pm 0.005)$ mol/L。

（3）氢氧化钾溶液。$c(KOH) = (0.23 \pm 0.005)$ mol/L。

（4）丙酮。

（5）滤器辅料。海砂，或硅藻土，或质量相当的其他材料。使用前，海砂用沸腾盐酸 [$c(HCl) = 4$ mol/L] 处理，用水洗至中性，在 (500 ± 25)℃条件下至少加热1 h。

（6）防泡剂。如正辛醇。

（7）石油醚。沸点范围40~60℃。

2. 仪器设备

（1）实验室用样品粉碎机。

（2）分样筛。孔径1 mm（18目）。

（3）分析天平。感量0.1 mg。

（4）滤埚。石英的、陶瓷的或硬质玻璃的，带有烧结的滤板，滤板孔径 40～100 μm。在初次使用前，将新滤埚小心地逐步加温，温度不超过 525℃，并 (500 ± 25)℃ 下保持数分钟。也可使用具有同样性能特性的不锈钢坩埚，其不锈钢筛板的孔径为 90 μm。

（5）陶瓷筛板。

（6）灰化皿。

（7）烧杯或锥形瓶。容量 500 mL，带有一个适当的冷却装置，如冷却器或一个盘。

（8）干燥箱。用电加热，能通风，能保持温度在 (130 ± 2)℃。

（9）高温炉。用电加热，能通风，温度可调控，在 475～525℃ 条件下，保持滤埚周围温准至 ± 25℃。

（10）干燥器。盛有蓝色硅胶干燥剂，内有厚度为 2～3 mm 的多孔板，最好由铝或不锈钢制成。

（11）冷却装置。附有一个滤埚，一个装有至真空和液体排出孔旋塞的排放管、连接滤埚的连接环。

（12）加热装置（手工操作方法）。带有一个适当的冷却装置，在沸腾时能保持体积恒定。

（13）加热装置（半手工操作方法）。用于酸和碱消煮。附有：一个滤埚支架；一个装有至真空和液体排出孔的旋塞的排放管；一个容积至少 270 mL 的圆筒，供消煮用，带有回流冷凝器；将加热装置与滤埚及消煮圆筒连接的连接环；可选择性地提供压缩空气；使用前，设备用沸水预热 5 min。

3. 试样制备

将样品用四分法缩减至 200 g，粉碎，全部通过 1 mm 筛，充分混匀，放入密封容器。

（二）方法步骤

1. 分析步骤

（1）手工操作法分析步骤。

① 试料：称取约 1 g 制备的试样，准确至 0.1 mg（m_1）。如果试样脂肪含量超过 100 g/kg，或试样中脂肪不能用石油醚直接提取，则将试样装移至一滤埚，并按"预先脱脂"步骤处理。如果试样脂肪含量不超过 100 g/kg，则将试样移至一烧杯。如果其碳酸盐（碳酸钙形式）超过 50 g/kg，按"除去碳酸盐"步骤处理；如果碳酸盐不超过 50 g/kg，则按"酸消煮"步骤处理。

② 预先脱脂：在冷提取装置中，在真空条件下，试样用石油醚脱脂 3 次，每次用石油醚 30 mL，每次洗涤后抽吸干燥残渣，将残渣装移至一烧杯。

③ 除去碳酸盐：将 100 mL 盐酸倾注在试样上，连续振摇 5 min，小心将此混合物倾入一滤埚，滤埚底部覆盖一薄层滤器辅料。用水洗涤两次，每次用水 100 mL，细心操作最终使尽可能少的物质留在滤器上。将滤埚内容物转移至原来的烧杯中并按"酸消煮"步骤处理。

④ 酸消煮：将 150 mL 硫酸倾注在试样上。尽快使其沸腾，并保持沸腾状态（30 ± 1）min。在沸腾开始时，移动烧杯一段时间，如果产生泡沫，则加数滴防泡剂。在沸腾期

间使用一个适当的冷却装置保持体积恒定。

⑤ 第一次过滤：在滤埚中铺一层滤器辅料，其厚度约为滤埚高度的 1/5，滤器辅料上面可盖一滤板以防溅起。当消煮结束时，将液体通过一个搅拌棒滤至滤埚中，用弱真空抽滤，使 150 mL 几乎全部通过。如果滤器堵塞，则用一个搅拌棒小心地移去覆盖在滤器辅料上的粗纤维。残渣用热水洗涤 5 次，每次约用 10 mL 水，要注意使滤埚的过滤板始终有滤器辅料覆盖，使粗纤维不接触滤板。停止抽真空，加一定体积的丙酮，刚好能覆盖残渣，静置数分钟后，慢慢抽滤排出丙酮，连续抽真空，使空气通过残渣，使之干燥。

⑥ 脱脂：在冷提取装置中，在真空条件下，试样用石油醚脱脂 3 次，每次用石油醚 30 mL，每次洗涤后抽吸干燥。

⑦ 碱消煮：将残渣定量转移至酸消煮用的同一烧杯中。加 150 mL 氢氧化钾溶液，尽快使其沸腾保持沸腾状态 $(30 \pm 1) \text{min}$，在沸腾期间用一适当的冷却装置使溶液体积保持恒定。

⑧ 第二次过滤：烧杯内容物通过滤埚过滤，滤埚内铺有一层滤器辅料，其厚度约为滤埚高度的 1/5，上盖一筛板以防溅起。残渣用热水洗至中性。残渣在真空条件下，用丙酮洗涤 3 次，每次用丙酮 30 mL，每次洗涤后抽吸干燥残渣。

⑨ 干燥：将滤埚置于灰化皿中，灰化皿及其内容物在 130℃ 干燥箱中至少干燥 2 h。在灰化或冷却过程中，滤埚的烧结滤板可能有些部分变得松散，从而可能导致分析结果错误，因此将滤埚置于灰化皿中。滤埚和灰化皿在干燥器中冷却，从干燥器中取出后，立即对滤埚和灰化皿进行称量 (m_2)，准确至 0.1 mg。

⑩ 灰化：将滤埚和灰化皿置于高温炉中，其内容物在 (500 ± 25)℃下灰化，直至冷却后连续 2 次称重的差值不超过 2 mg。每次灰化后，让滤埚和灰化皿初步冷却，在尚温热时置于干燥器中，使其完全冷却，然后称重 (m_3)，准确至 0.1 mg。

⑪ 空白测定：用大约相同数量的滤器辅料，按以上步骤进行空白测定，但不加试样。灰化引起的质量损失不应超过 2 mg。

(2) 半自动操作法分析步骤。

① 试料：称取约 1 g 制备的试样准确至 0.1 mg (m_1)。转移至一带有滤器辅料的滤埚中。如果试样脂肪含量超过 100 g/kg，或试样中脂肪不能用石油醚直接提取，则将按"预先脱脂"步骤处理。如果试样脂肪含量不超过 100 g/kg，其碳酸盐（碳酸钙形式）超过 50 g/kg，按"除去碳酸盐"步骤处理；如果碳酸盐不超过 50 g/kg，则按"酸消煮"步骤进行。

② 预先脱脂：将滤埚与冷提取装置连接，试样在真空条件下，试样用石油醚洗涤 3 次，每次用石油醚 30 mL，每次洗涤后抽吸干燥残渣。

③ 除去碳酸盐：将滤埚与加热装置连接，试样用盐酸洗涤 3 次，每次用盐酸 30 mL，在每次加盐酸后在过滤之前停留约 1 min。约用 30 mL 水洗涤一次。按"酸消煮"步骤进行。

④ 酸消煮：将消煮圆筒与滤埚连接，将 150 mL 沸硫酸转移至带有滤埚的圆筒中，如果出现泡沫，则加数滴防泡剂，使硫酸尽快沸腾，并保持剧烈沸腾 $(30 \pm 1) \text{min}$。

⑤ 第一次过滤：停止加热，打开排放管旋塞，在真空条件下通过滤埚将硫酸滤出，残渣用热水至少洗涤 3 次，每次用水 30 mL，洗涤至中性，每次洗涤后抽吸干燥残渣。

如果过滤发生问题，建议小心吹气排出滤器堵塞。如果样品所合脂肪不能用石油醚提取，按"脱脂"步骤进行，否则按"碱消煮"步骤进行。

⑥脱脂：将滤埚与冷提取装置连接，残渣在真空条件下用丙酮洗涤3次，每次用丙酮30 mL，然后，残渣在真空条件下用石油醚洗涤3次，每次用石油醚30 mL，每次洗涤后抽吸干燥残渣。

⑦碱消煮：关闭排出孔旋塞，将150 mL沸腾的氢氧化钾溶液转移至带有滤埚的圆筒，加数滴防泡剂，使溶液尽快沸腾，并保持剧烈沸腾（30±1）min。

⑧第二次过滤：停止加热，打开排放管旋塞，在真空条件下通过滤埚将氢氧化钾溶液滤去，用热水至少洗涤3次，每次约用水30 mL，洗至中性，每次洗涤后抽吸干燥残渣。如果过滤发生问题，建议小心吹气排出滤器堵塞。将滤埚与冷提取装置连接，残渣在真空条件下用丙酮洗涤3次，每次用丙酮30 mL，每次洗涤后抽吸干燥残渣。

⑨干燥：将滤埚置于灰化皿中，灰化皿及其内容物在130℃干燥箱中至少干燥2h。在灰化或冷却过程中，滤埚的烧结滤板可能有些部分变得松散，从而可能导致分析结果错误，因此将滤埚置于灰化皿中。滤埚和灰化皿在干燥器中冷却，从干燥器中取出后，立即对滤埚和灰化皿进行称量（m_2），准确至0.1 mg。

⑩灰化：将滤埚和灰化皿置于高温炉中，其内容物在（500±25）℃下灰化，直至冷却后连续2次称重的差值不超过2 mg。每次灰化后，让滤埚和灰化皿初步冷却，在尚温热时置于干燥器中，使其完全冷却，然后称重（m_3），准确至0.1 mg。

⑪空白测定：用大约相同数量的滤器辅料，按以上步骤进行空白测定，但不加试样。灰化引起的质量损失不应超过2 mg。

2. 测定结果的计算

粗纤维 X，用 g/kg 表示，按下式计算：

$$X = \frac{m_2 - m_3}{m_1}$$

式中，X 为试样中粗纤维的含量，g/kg；确为试料的质量，g；m_2 为灰化盘、滤埚以及在130℃干燥后的残渣的质量，mg；m_3 为灰化盘、滤埚以及在（550±25）℃灰化后获得的残渣的质量，mg。

结果四舍五入，准确至1 g/kg。

注：结果亦可用质量分数（%）表示。

3. 精密度

（1）重复性。用同一方法，对相同实验材料，在同一实验室内，由同一操作人员使用同一设备，在短时间内获得的两个独立试验结果之间的绝对差值超过表1-5中列出的或由表1-5得出的重复性限r的情况不大于5%。

（2）再现性。使用同一方法，对相同的实验材料，在不同的实验室内，由不同的操作人员使用不同的设备获得的两个独立试验结果之间的绝对差值超过表1-5中列出的或由表1-5得出的再现性限R的情况不大于5%。

表 1-5　重复性限（r）与再现性限（R）

(g/kg)

样品	粗纤维含量	r	R
向日葵饼粕粉	223.3	8.4	16.1
棕榈仁饼粕	190.3	19.4	42.5
牛颗粒饲料	115.3	5.3	13.8
玉米谷蛋白饲料	73.3	5.8	9.1
木薯	60.2	5.6	8.8
犬粮	30.0	3.2	8.9
猫粮	22.8	2.7	6.4

4. 注意事项

（1）粗纤维的测定进行酸或碱消煮时需加热蒸馏水保持原来的浓度。

（2）清洗滤布时要用玻璃棒清去残渣，不要动手。

（3）用真空抽气机抽滤时控制好压力，压力过大易造成样损测定失败。

九、饲料中粗灰分的测定（GB/T 6438—2007）

试样经灼烧完全后，余下的残留物质，如氧化物和盐，称为灰分。因灰分中除含有钾、钠、钙、镁等氧化物和可溶性盐外，还含有泥沙和原来存在于动植物组织中经灼烧成的二氧化硅，故称为粗灰分。本标准规定了试样在550℃灼烧后所得残渣，用质量分数表示。

（一）实训条件

通过实训，熟悉饲料粗灰分的测定原理及注意事项，在规定时间内，完成某饲料中粗灰分的测定。本标准规定了动物饲料中粗灰分的测定方法。引用标准：GB/T 14699.1—2005《饲料采样》，GB/T 20195—2006《动物饲料试样的制备》。测定原理是在本规定的条件下，试样中的有机物质经灼烧（550℃灼烧后所得残渣）分解，对所得的灰分称量，用质量分数表示。

1. 仪器与设备

（1）实验室用样品粉碎机或研钵。

（2）分样筛。孔径 0.45 mm（40 目）。

（3）分析天平。感量为 0.001 g。

（4）高温炉。有高温计且可控制炉温在（550 ± 20）℃。

（5）瓷质坩埚。容积 50 mL。

（6）干燥器。用氯化钙（干燥试剂）或变色硅胶作干燥剂。

（7）干燥箱。温度可控制在（103 ± 2）℃。

（8）电热板或煤气喷灯。

（9）煅烧盘。铂或铂合金（如10%铂，90%金）或在实验室条件下不受影响的其他物质（如瓷质材料），表面积约为20 cm²，高约为2.5 cm的长方形容器；对易于膨胀的碳水化合物的样品，灰化盘的表面积约为30 cm²，高约为3.0 cm的容器。

2. 试样的选取和制备

取具有代表性试样，粉碎至40目。用四分法缩减至200 g，装于密封容器。防止试样的成分变化或变质。

（二）方法步骤

1. 测定步骤

将煅烧盘放入高温炉，在（550±20）℃下灼烧30 min，放入干燥器中冷却至室温，称量，准确至0.001 g。称取约5 g试样（精确至0.001 g）于煅烧盘中。

将盛有试样的煅烧盘放在电热板或煤气喷灯上小心加热至试样炭化，转入到预先加热的550℃高温炉中灼烧3 h，观察是否有炭粒，如无炭粒，继续于高温炉中灼烧1 h，如果有炭粒或怀疑有炭粒，将煅烧盘冷却并用蒸馏水润湿，在（103±2）℃干燥箱中仔细蒸发至干，再将煅烧盘置于高温炉中灼烧1 h，取出于干燥器中，冷却至室温迅速称量，准确至0.001 g。对同一试样取两份试料进行平行测定。

2. 分析结果计算

粗灰分含量W，用质量分数（%）表示，按下式计算：

$$W = \frac{m_2 - m_0}{m_1 - m_0} \times 100\%$$

式中，m_1为空煅烧盘质量，g；m_1为装有试样的煅烧盘质量，g；m_2为灰化后粗灰分加煅烧盘的质量，g。

取两次测定的算术平均值作为测定结果，重复性限满足要求，结果表示至0.1%（质量分数）。

3. 精密度

（1）重复性。用同一方法，对相同试验材料，在同一实验室内，由同一操作人员使用同一设备获得的两个独立试验结果之间的绝对差值超过表1-6中列出的或由表1-6得出的重复性限r的情况不大于5%。

（2）再现性。用相同的方法，对同一试验，在不同的实验室内，由不同的操作人员，用不同的设备得到的两个独立试验结果之差的绝对值超过表1-6中列出的或由表1-6导出的再现性限R的情况不大于5%。

表1-6　重复性限（r）与再现性限（R）：

样品	粗灰分	r	R
鱼粉	179.8	2.7	4.4
木薯	59.1	2.4	3.6
肉粉	175.6	2.4	5.6

样品	粗灰分	r	R
仔猪饲料	50.2	2.1	3.3
仔鸡饲料	42.7	0.9	2.2
大麦	20.0	1.0	1.9
糖浆	119.9	3.6	9.1
挤压桐粕	35.8	0.7	1.6

4.注意事项

(1) 取坩埚时必须用坩埚钳。

(2) 坩埚烧热后必须用烧热的坩埚钳才能夹取。

(3) 高温灼烧时取坩埚要待炉温降到200℃以后再夹取。

(4) 用电炉炭化时应小心，以防止炭化过快，试料飞溅。

(5) 灼烧残渣颜色与试样中各元素含量有关，含铁高时为红棕色，含锰高时为淡蓝色。炭化后如果还能观察到炭粒，需加蒸馏水或过氧化氢进行处理。

十、饲料中钙的测定（GB／T 6436—2002）

高锰酸钾法（仲裁法）测定饲料中钙含量的方法是将试样有机物质破坏，钙变成溶于水的离子，并与盐酸反应生成氯化钙，加入草酸铵溶液使钙成为草酸钙白色沉淀，用硫酸溶解草酸钙，再用高锰酸钾标准溶液滴定游离的草酸根离子，根据高锰酸钾标准溶液的用量，计算出试样中钙含量。EDTA法也称快速测定法。两种方法的测定步骤均分为试样分解（干法、湿法）、试样测定。

（一）实训目标

通过实训，熟悉饲料中钙的测定的方法、原理及注意事项，并在规定时间内，测定某饲料中钙的含量。本标准规定了高锰酸钾法和乙二胺四乙酸二钠络合滴定法测定饲料中钙含量的方法。本标准适用于饲料原料和饲料产品。本方法钙的最低限量为150 mg/kg（取试样1g时）。

引用标准：GB/T 6682—1992《分析实验用水规格和实验方法》(neq ISO 3696：1987)，GB/T 601-1988《化学试剂滴定分析（容量分析）用标准溶液的配制》。

（二）测定方法一

高锰酸钾法（仲裁法）：

1.原理

将试样中的有机物破坏，钙变成溶于水的离子，用草酸铵定量滴定，用高锰酸钾法间接测定钙含量。

2.试剂和溶液

实验用水应符合GB/T 6682中三级用水规格，使用试剂除特殊规定外均为分析纯。

(1) 硝酸。

(2) 高氯酸。70% ~ 72%。

(3) 盐酸溶液。1+3。

(4) 硫酸溶液。1+3。

(5) 氨水溶液。1+1。

(6) 草酸铵溶液 (42 g/L)。称取 4.2 g 草酸铵溶于 100 mL 水中。

(7) 高锰酸钾标准溶液 c (1/5 KMnO$_4$) = 0.05 mol/L 的配制按 GB/T 601 规定。

(8) 甲基红指示剂 (1 g/L)。称取 0.1 g 甲基红溶于 100 mL 95% 乙醇中。

3. 仪器和设备

(1) 实验室用样品粉碎机或研钵。

(2) 分析筛。孔径 0.42 mm (40 目)。

(3) 分析天平。感量 0.0001 g。

(4) 高温炉。电加热,可控温度在 (550 ± 20)℃。

(5) 坩埚。瓷质。

(6) 容量瓶。100 mL。

(7) 滴定管。酸式,25 mL 或 50 mL。

(8) 玻璃漏斗。直径 6 cm。

(9) 定量滤纸。中速,7 ~ 9cm。

(10) 移液管。10 mL,20 mL。

(11) 烧杯。200 mL。

(12) 凯氏烧瓶。250 mL。

4. 试样制备

取具有代表性试样至少 2 kg,用四分法缩分至 250 g,粉碎过 0.42 mm 孔筛,混匀,装入样品瓶中,密封,保存备用。

5. 测定步骤

(1) 试样分解方法。

①干法:称取试样 2 ~ 5 g 于坩埚中,精确至 0.002 g,在电炉土小心炭化,放入高温炉于 550℃下灼烧 3 h (或测定粗灰分后连续进行),在盛灰坩埚中加入盐酸溶液 10 mL 和浓硝酸数滴,小心煮沸,将此溶液转入 100 mL 容量瓶中,冷却至室温,用蒸馏水稀释至刻度,摇匀,为试样分解液。

②湿法:称取试样 2 ~ 5 g 于 250 mL 凯氏烧瓶中,精确至 0.000 2 g,加入硝酸 10 mL,加热煮沸,至二氧化氮黄烟逸尽,冷却后加入高氯酸 10 mL,小心煮沸至溶液无色,不得蒸干 (危险);冷却后加蒸馏水 50 mL,且煮沸二氧化氮,冷却后移入 100 mL 容量瓶中用蒸馏水稀释至刻度,摇匀,为试样分解液。

(2) 试样的测定。准确移取试样液 10 ~ 20 mL(含钙量 20 mg 左右)于 200 mL 烧杯中。加蒸馏水 100 mL,甲基红指示剂 2 滴,滴加氨水溶液至溶液呈橙色,若滴加过量,可加盐酸溶液调至橙色,再多加 2 滴使其呈粉红色 (pH 为 2.5 ~ 3.0),小心煮沸,慢慢滴加热草酸铵溶液 10 mL,且不断搅拌,如溶液变橙色,则应加盐酸溶液使其呈红色,煮沸数分钟,放置过夜使沉淀陈化 (或在水浴上加热 2 h)。

用定量滤纸过滤,用 1+50 的氨水溶液洗沉淀 6 ~ 8 次,至无草酸铵根离子 (接滤液数毫升加硫酸溶液数滴，加热到80℃，再加高锰酸钾溶液1滴，呈微红色，且半分钟不褪色）。

将沉淀和滤纸转入原烧杯中，加硫酸溶液1 mL，蒸馏水50 mL，加热至75～80℃，用高锰酸钾标准溶液滴定，溶液呈粉红色且半分钟不褪色为终点。同时进行空白溶液的检测。

6. 测定结果的计算与表示

(1) 结果计算。测定结果按下式计算：

$$X = \frac{(V-V_0) \times C \times 0.02}{m \times \dfrac{V'}{100}} \times 100\% = \frac{(V-V_0) \times C \times 2}{m \times V'} \times 100\%$$

式中，X 为以质量分数表示的钙含量，%；V 为试样消耗高锰酸钾标准溶液的体积，mL；V_0 为空白消耗高锰酸钾标准溶液的体积，mL；C 为高锰酸钾标准溶液的浓度，mol/L；V' 为滴定时移取试样分解液的体积，mL；0.02 为与1.00 mL高锰酸钾标准溶液 [c（1/5 $KMnO_4$）=1.000 mol/L] 相当的钙的质量，g。

(2) 结果表示。每个试样取两个平行样进行测定，以其算术平均值为结果，所得结果应表示至小数点后两位。

允许差，含钙量10%以上，允许相对偏差2%；含钙量在5%～10%时，允许相对偏差3%；含钙量1%～5%时，允许相对偏差5%；含钙量1%以下时，允许相对偏差10%。

(三) 测定方法二

乙二胺四乙酸二钠（EDTA）络合滴定法（快速法）：

1. 原理

将试样中有机物破坏，钙变成溶于水的离子，用三乙醇胺、乙二胺、盐酸羟胺和淀粉溶液消除干扰离子的影响，在碱性溶液中以钙黄绿素为指示剂，用乙二胺四乙酸二钠标准溶液络合滴定钙，可快速测定钙的含量。

2. 试剂和溶液

实验用水应符合GB／T 6682中三级水用水规格，使用试剂除特殊规定外均为分析纯。

(1) 盐酸羟胺。

(2) 三乙醇胺。

(3) 乙二胺。

(4) 盐酸水溶液。1+3。

(5) 氢氧化钾溶液（200 g/L）。称取20 g氢氧化钾溶于100 mL水中。

(6) 淀粉溶液（10 g/L）。称取1 g可溶性淀粉放入200 mL烧杯中，加5 mL水润湿，加95 mL沸水搅拌，煮沸，冷却备用（现用现配）。

(7) 孔雀石绿水溶液（1 g/L）。

(8) 钙黄绿素-甲基百里香草酚蓝指示剂。0.10 g钙黄绿素与0.10 g甲基麝香草酚蓝 0.03 g 百里香酚酞、5 g氯化钾研细混匀，贮存于磨口瓶中备用。

(9) 钙标准溶液（0.001 0 g/mL）。称取2.497 4 g于105～110℃干燥3 h的基准物碳

酸钙溶于 40 mL 盐酸中，加热赶出二氧化碳，冷却，用水移至 1 000 mL 容量瓶中，稀释至刻度。

(10) 乙二胺四乙酸二钠 (EDTA) 标准滴定溶液。称取 3.8 g EDTA 入 200 mL 烧杯中，加 200 mL 水，加热溶解冷却后转至 1 000 mL 容量瓶中，用水稀释至刻度。

① EDTA 标准滴定溶液的标定：准确吸取钙标准溶液 10.0 mL 按试样测定法进行滴定。

② EDTA 滴定溶液对钙的滴定按下式计算：

$$T = \frac{\rho \times V}{V_0}$$

式中，T 为 EDTA 标准滴定溶液对钙的滴定度，g/mL；ρ 为钙标准溶液的质量浓度，g/mL；V 为所取钙标准溶液的体积，mL；V_0 为 EDTA 标准滴定溶液的消耗体积，mL。

所得结果应表达至 0.000 1 g/mL。

3. 仪器和设备

(1) 实验室用样品粉碎机或研钵。

(2) 分析筛。孔径 0.42 mm（40 目）。

(3) 分析天平。感量 0.000 1 g。

(4) 高温炉。电加热，可控温度在 (550 ± 20)℃。

(5) 坩埚。瓷质。

(6) 容量瓶。100 mL。

(7) 滴定管。酸式，25 mL 或 50 mL。

(8) 玻璃漏斗。直径 6 cm。

(9) 定量滤纸。中速，7 ~ 9 cm。

(10) 移液管。10 mL，20 mL。

(11) 烧杯。200 mL。

(12) 凯氏烧瓶。250 mL。

4. 测定步骤

(1) 试样分解。

①干法：称取试样 2 ~ 5 g 置于坩埚中，精确至 0.002 g，在电炉上小心炭化，放入高温炉于 550℃下灼烧 3 h（或测定粗灰分后连续进行），在盛灰坩埚中加入盐酸溶液 10 mL 和浓硝酸数滴，小心煮沸，将此溶液转入 100 mL 容量瓶中，冷却至室温，用蒸馏水稀释至刻度，摇匀，为试样分解液。

②湿法：称取试样 2 ~ 5 g 于 250 mL 凯氏烧瓶中，精确至 0.000 2 g，加入硝酸 10 mL，加热煮沸，至二氧化氮黄烟逸尽，冷却后加入高氯酸 10 mL，小心煮沸至溶液无色，不得蒸干（危险）；冷却后加蒸馏水 50 mL，且煮沸二氧化氮，冷却后移入 100 mL 容量瓶中用蒸馏水稀释至刻度，摇匀，为试样分解液。

(2) 测定。准确移取试样分解液 5 ~ 25 mL（含钙量 2 ~ 25 mg）。加水 50 mL，加淀粉溶液 10 mL、三乙醇胺 2 mL、乙二胺 1 mL、1 滴孔雀石绿，滴加氢氧化钾溶液至无色，再过量 10 mL，加 0.1 g 盐酸羟胺（每加一种试剂都需摇匀），加钙黄绿素少许，在黑色背景下立即用 EDTA 标准溶液滴定至绿色荧光消失呈现紫红色为滴定终点。同时做空白实验。

5. 测定结果的表示与计算

(1) 测定结果按下式计算。

$$X = \frac{T \times V_2 \times V_0}{m \times V_1} \times 100\%$$

式中，X 为以质量分数表示的钙含量，%；T 为 EDTA 标准滴定溶液对钙的滴定度，g/mL；V_0 为试样分解液的总体积，mL；V_1 为分取试样分解液的体积，mL；V_2 为试样实际消耗 EDTA 标准滴定溶液的体积，mL；m 为试样的质量，g。

(2) 结果表示。每个试样取两个平行样进行测定，以其算术平均值为结果，所得结果应表示至小数点后两位。

6. 允许差

含钙量 10% 以上，允许相对偏差 2%；含钙量在 5%~10% 时，允许相对偏差 3%；含钙量 1%~5% 时，允许相对偏差 5%；含钙量 1% 以下时，允许相对偏差 10%。

(四) 注意事项

(1) 高锰酸钾溶液浓度不稳定，应至少每月标定一次。

(2) 每种滤纸的空白值不同，消耗高锰酸钾的体积也不同，所以，至少每盒滤纸应做一次空白测定。

十一、饲料中总磷的测定 (分光光度法)(GB/T 6437-2002)

饲料中总磷的测定分为试样的分解 (干法、湿法、盐酸溶解法)、工作曲线的绘制、试样的测定等步骤。通过实训，熟悉饲料中磷的测定原理及注意事项，并在规定时间内，测定某饲料中总磷量的含量。本标准规定了用钼黄分光光度法测定饲料中总磷量的方法及饲料原料 (除磷酸盐外) 及饲料产品中磷的测定。

下列标准所包含的条文，通过在本标准中引用而构成为标准的条文。本标准出版时，所示版本均为有效。所有标准都会被修改，使用本标准的各方应探讨使用下列标准最新版本的可能性。GB/T 6682-1992《分析实验室用水规格和实验方法》(neq ISO 3696：1987)。将试样中的有机物破坏，使磷元素游离出来，在酸性溶液中，用钒钼酸铵处理，生成黄色的 $(NH_4)_3PO_4NH_4VO_3 \cdot 16MoO_3$ 络合物，在波长 400 nm 下进行比色测定。

(一) 实训条件

1. 试剂

实验室用水应符合 GB/T 6682 中三级水的规格，本标准中所用试剂，除特殊说明外，均为分析纯。

(1) 盐酸溶液。1+1。

(2) 硝酸。

(3) 高氯酸。

(4) 钒钼酸铵显色剂。称取偏钒酸铵 1.25 g，加水 200 mL 加热溶解，冷却后再加入 250 mL 硝酸，另称取钼酸铵 25 g，加水 400 mL 加热溶解，在冷却条件下，将两种溶液混合，用水定容至 1 000 mL，避光保存，若生成沉淀，则不能继续使用。

（5）磷标准溶液。将磷酸二氢钾在 105℃干燥 1 h，在干燥器中冷却后称取 0.219 5 g 溶解于水，定量转入 1 000 mL 容量瓶中，加硝酸 3 mL，用水稀释至刻度，摇匀，即为 50 μg/mL 的磷标准溶液。

2. 仪器和设备

（1）实验室用样品粉碎机或研钵。

（2）分样筛。孔径 0.42 mm（40 目）。

（3）分析天平。感量 0.000 1 g。

（4）分光光度计。可在 400 nm 下测定吸光度。

（5）比色皿。1 m。

（6）高温炉。可控温度在（550 ± 20）℃。

（7）瓷坩埚。50 mL。

（8）容量瓶。50 mL、100 mL、1 000 mL。

（9）移液管。1.0 mL、2.0 mL、5.0 mL、10.0 mL。

（10）三角瓶。250 mL。

（11）凯氏烧瓶。125 mL、250 mL。

（12）可调温电炉。1 000 W。

试样制备，取有代表性试样 2 kg，用四分法将试样缩减至 250 g，粉碎过 0.42 mm 孔筛，装入样品瓶中，密封保存备用。

（二）方法步骤

1. 测定步骤

（1）试样的分解。

①干法：称取试样 2～5 g（精确至 0.000 2 g）于坩埚中，在电炉上小心炭化，再放入高温炉，在 550℃灼烧 3 h（或测粗灰分后继续进行），取出冷却，加入 10 mL 盐酸和硝酸数滴，小心煮沸约 10 min，冷却后转入 100 mL 容量瓶中，用水稀释至刻度，摇匀，为试样分解液。此法不适用于含磷酸二氢钙 [Ca（H$_2$PO$_4$）$_2$] 的饲料。

②湿法：称取试样 0.5～5 g（精确至 0.000 2 g）于凯氏烧瓶中，缓缓加入硝酸 30 mL，小心加热煮沸至黄烟逸尽，稍冷，加入高氯酸 10 mL，继续加热至高氯酸冒白烟（不得蒸干），溶液基本无色，冷却，加水 30 mL，加热煮沸，冷却后，加水转移入 100 mL 容量瓶中并稀释至刻度，摇匀，为试样分解液。

③盐酸溶解法（适用于微量元素预混料）：称取试样 0.2～1 g（精确至 0.000 2 g）于 100 mL 烧瓶中，缓缓加入盐酸 10 mL，使其全部溶解，冷却后转入 100 mL 容量瓶中，用水稀释至刻度，摇匀，为试样分解液。

（2）工作曲线的绘制。准确移取磷标准溶液 0 mL、1.0 mL、2.0 mL、4.0 mL、8.0 mL、16.0 mL 于 50 mL 容量瓶中，各加钒钼酸铵显色剂 10 mL，用水稀释至刻度，摇匀，常温下放置 10 min 以上，以 0 mL 溶液为参比，用 1 cm 比色皿，在 400 nm 波长下用分光光度计测各溶液的吸光度。以磷含量为横坐标，吸光度为纵坐标，绘制工作曲线。

（3）试样的测定。准确移取试样分解液 1.0～10.0 mL（含磷量 50～750 μg）于 50 mL 容量瓶中，加入钒钼酸铵显色剂 10 mL，用水稀释到刻度，摇匀，常温下放置 10

min 以上，用 1 cm 比色皿在 400 nm 波长下测定试样分解液的吸光度，在工作曲线上查得试样分解液的磷含量。

2. 测定结果的计算及表示

(1) 结果计算。测定结果按下式计算：

$$X(\%) = \frac{m_1 \times V}{m \times V_1 \times 10^6} \times 100 = \frac{m_1 \times V}{m \times V_1 \times 10^4}$$

式中，X 为以质量分数表示的磷含量，%；m_1 为由工作曲线查得试样分解液磷含量，μg；V 为试样分解液的总体积，mL；m 为试样的质量，g；V_1 为试样测定时移取试样分解液的体积，mL。

(2) 结果表示。每个试样称取两个平行样进行测定，以其算术平均值为测定结果，所得结果应表示至小数点后两位。

3. 允许差

含磷量 0.5% 以下，允许相对偏差 10%；含磷量 0.5% 以上，允许相对偏差 3%。

十二、饲料中水溶性氯化物的测定（GB/T 6439−2007）

饲料中水溶性氯化物含量的测定分为样品的制备、滴定等步骤。其中样品的制备分为不含有机物试样的制备、含有机物试样的制备、熟化饲料或亚麻饼粉或富含亚麻粉的产品和富含黏性或胶体物质试样试液的制备。通过实训，了解饲料中水溶性氯化物的测定原理，并在规定时间内，测定某饲料中食盐的含量。本标准规定了以氯化钠表示的饲料中水溶性氯化物含量的测定。本标准适用于饲料中水溶性氯化物含量的测定。引用标准：GB 6682—1992《分析实验室用水规格和试验方法》，GB/T 14699.1−2005《饲料采样》，GB/T 20195−2006《动物饲料试样的制备》。测定原理：试样中的氯离子溶解于水溶液中，如果试样含有有机物质，需将溶液澄清，然后用硝酸稍加酸化，并加入硝酸银标准溶液使氯化物形成氯化银沉淀，过量的硝酸银溶液用硫氰酸铵或硫氰酸钾标准溶液滴定。

(一) 实训条件

1. 试剂

所用试剂均为分析纯。实验室用水应符合 GB 6682 中 3 级用水的要求。

(1) 丙酮。

(2) 正己烷。

(3) 硝酸。ρ_{20}（HNO$_3$）—1.38g/mL。

(4) 活性炭。不含有氯离子，也不能吸收氯离子。

(5) 硫酸铁铵饱和溶液：用硫酸铁铵 [NH$_4$Fe（SO$_4$）$_2$ · 12H$_2$O] 制备。

(6) Carrez Ⅰ。称取 10.6 g 亚铁氰化钾 [K$_4$Fe（CN）$_6$ · 3H$_2$O]，溶解并用水定容至 100 mL。

(7) Carrez Ⅱ。称取 21.9 g 乙酸锌 [Zn（CH$_3$COO）$_2$ · 2H$_2$O]，加 3mL 冰醋酸，溶解并用水定至 100mL。

(8) 硫氰酸钾标准溶液。c（KSCN）= 0.1mol/L。

(9) 硫氰酸铵标准溶液。c（NH$_4$SCN）= 0.1mol/L。

(10) 硝酸银标准溶液滴定。c（AgNO₃）= 0.1mol/L。

2. 仪器设备

(1) 实验室用样品粉碎机或研钵。

(2) 分样筛。孔径 0.45 mm（40 目）。

(3) 分析天平。感量 0.000 1 g。

(4) 刻度移液管。10 mL、2 mL。

(5) 移液管。50 mL、25 mL。

(6) 滴定管。酸式，25 mL。

(7) 容量瓶。250 mL、500 mL。

(8) 烧杯。250 mL。

(9) 中速定量滤纸。

(10) 回旋振荡器。35 ~ 40 r/min。

3. 样品的选取和制取

选取有代表性的样品，粉碎至 40 目，用四分法缩减至 200 g，密封保存，以防止样品组分的变化或变质。如样品是固体，则粉碎样品（通常 500 g），使之全部通过 1 mm 的筛孔的样品筛。

（二）方法步骤

1. 测定步骤

(1) 不同样品的制备。

①不含有机物试样的制备：称取不超过 10 g 试样，精确至 0.001 g，试样所含氯化物不超过 3 g，转移至 500 mL 容量瓶中，加入 400 mL 温度约 20℃的水和 50 mL Carrez Ⅰ溶液，搅拌，然后，加入 5 mL Carrez Ⅱ溶液混合，在振荡器中振荡 30 min，用水稀释至刻度，混匀，过滤，滤液供滴定用。

②含有机物试样的制备：称取 5 g 试样（质量 m），精确至 0.001 g，转移至 500 mL 容量瓶中，加入 1 g 活性炭，加入 400 mL 温度约 20℃的水和 5 mL Carrez Ⅰ溶液，搅拌，然后，加入 5 mL Carrez Ⅱ溶液混合，在振荡器中振荡 30 min，用水稀释至刻度（V1），混匀，过滤，滤液供滴定用。

③熟化饲料、亚麻饼粉或富含亚麻粉的产品和富含黏性或胶体物质（例如膨化淀粉）试样试液的制备：称取 5 g 试样，精确至 0.001 g，转移至 500 mL 容量瓶中，加入 1 g 活性炭，加入 400 mL 温度约 20℃的水和 5 mL Carrez Ⅰ溶液，搅拌，然后，加入 5 mL Carrez Ⅱ溶液混合，在振荡器中振荡 30 min，用水稀释至刻度（V1），混匀。

轻轻倒出（必要时离心），用移液管吸取 100 mL 上清液至 200 mL 容量瓶中，加丙酮混合，稀释至刻度，混匀并过滤，滤液供滴定用。

(2) 滴定。用移液管吸取一定体积滤液至三角瓶中，20 ~ 100 mL（V_a），其中氯化物含量不超过 150 mg。

必要时（移取的滤液少于 50 mL），用水稀释到 50 mL 以上，加 50 mL 硝酸、2 mL 硫酸铁铵饱和溶液，并从加满硫氰酸铵或硫氰酸钾标准滴定溶液至刻度的滴定管中滴定 2 滴硫氰酸铵或硫氰酸钾溶液。

注：剩余的硫氰酸铵或硫氰酸钾标准滴定溶液用于滴定过量的硝酸银溶液。

用硝酸银标准溶液滴定直至红棕色消失，再加入 5 mL 过量的硝酸银溶液（V_s1），剧烈摇动使沉淀凝聚，必要时加入 5 mL 正己烷，以助沉淀凝聚。

用硫氰酸铵或硫氰酸钾溶液滴定过量的硝酸银溶液，直至产生红棕色能保持 30s 不褪色，滴定体积为 V_{t1}。

（3）空白试验。空白试验需与测定平行进行，用同样的方法和试剂，但不加试料。

2. 测定结果的计算

试样中水溶性氯化物的含量 W_{wc}（以氯化钠计），数值以百分数表示，按下式进行计算：

$$W_{wc} = \frac{M \times \left[\left(V_{s1} - V_{s0} \right) \times C_s - \left(V_{t1} - V_{t0} \right) \right] \times C_t}{m} \times \frac{V_i}{V_a} \times f \times 100\%$$

式中，M 为氯化钠的摩尔质量，M= 58.44 g/mol；V_{sl} 为测试溶液滴加硝酸银溶液体积，mL；V_{s0} 为空白溶液滴加硝酸银溶液体积，mL；C_s 为硝酸银标准溶液浓度，mol/L；V_{tl} 为测试溶液滴加测硫氰酸铵或硫氰酸钾溶液体积，mL；V_{t0} 为空白溶液滴加测硫氰酸铵或硫氰酸钾溶液体积，mL；C_t 为硫氰酸铵或硫氰酸钾溶液浓度，mol／L；M 为试样质量，g；V_i 为试液的体积，mL；V_a 为移出液的体积，mL；f 为稀释因子，$f = 2$，用于熟化饲料、亚麻饼粉或富含亚麻粉的产品和富含黏性或胶体物质；$f =1$，用于其他饲料。

结果表示为质量分数（%），报告的结果如下：

水溶性氯化物含量小于 1.5%，精确到 0.05%；

水溶性氯化物含量大于或等于 1.5%，精确到 0.10%。

3. 精密度

（1）重复性。在同一实验室由同一操作人员，用同样的方法和仪器设备，在很短的时间间隔内对同一样品测定获得的两次独立测试结果的绝对差值，大于下式：

$$\gamma = 0.314(\overline{W}_{wc})^{0.521}$$

式中，γ 为重复性，%；括弧中符号为二次测定结果的平均值，%。

计算得到的重复性的概率不超过 5%。

（2）再现性。在不同实验室由不同操作人员，用同样的方法和不同的仪器设备，对同一样品测定获得的两次独立测试结果的绝对差值，大于下式：

$$R = 0.552\% + 0.135\overline{W}_{wc}$$

式中，R 为再现性，%；$\overline{W}$ 为二次测定结果的平均值，%。计算得到的再现性的概率不超过 5%。

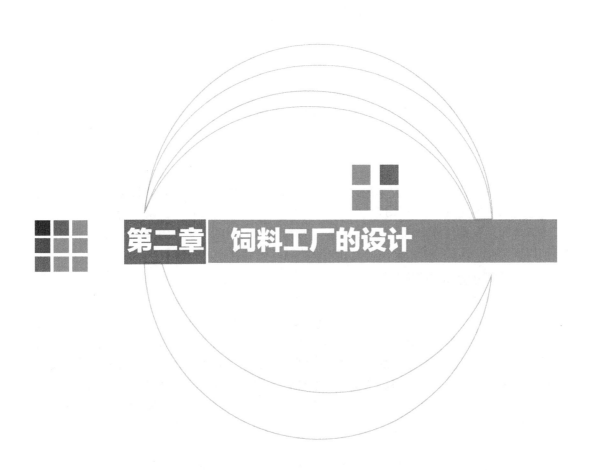

第二章　饲料工厂的设计

饲料厂的主要任务是根据饲料配方和饲养要求，选用合理的加工工艺和设备，生产具有一定营养水平和理化性状、效益好、便于储藏和运输的配合饲料产品。为此，筹建配合饲料厂时必须综合考虑各项技术经济和生产性能指标，如厂房设备投资、生产能力、粉碎粒度、配料精度、混合均匀度、成品率、单位产品电耗、作业人员数量、劳动强度、粉尘浓度、工业噪声、设备使用维护的方便性等，这些都与饲料厂的工艺设计密切相关。

第一节　厂址的选择和工厂总平面设计

一、厂址选择

厂区选择（又称选点）是选择建厂的大致地域范围；建厂地点即饲料厂的具体坐落位置。厂址选择是指在一定范围内选择和确定拟建项目建设的地点和区域，并在该区域具体地点选定项目建设的坐落位置。厂址选择通常包括厂区选择和建厂地点选择两项内容。

厂址选择是可行性研究中的一个重要环节。厂址选择合理与否，将直接影响对项目建成后的经济效益。具体体现在工业布局的合理性、基建投资、饲料厂的生产成本、周边环境和发展条件等方面。总之，厂址选择所涉及的问题很多，因此，在实施过程中必须周详调查，认真分析，全面权衡和科学决策，以确保选址的质量。

（一）厂址选择的原则

厂址选择的原则及要求项目建设并非是建设单位单方面的行为，而是国民经济建设中的一个部分。厂址选择首先应认真遵守国家经济建设的有关方针政策，顾全国家经济建设大局和整体规划，并遵循以下原则：①执行国家有关土地管理规定，顾全国家的行业布局、规划以及城镇的总体规划。②因地制宜、节约用地，不占或少占耕地及林地，尽量提高土地的利用率。③执行国家环境保护法，减少当地环境污染，不破坏生态平衡，保护风景区和名胜古迹。④有利于专业化生产，方便生活，便于施工。⑤注意资源、能源的合理开发和综合利用。⑥深入调查研究，进行多方案的比较和全面综合分析，择优选址。

除此之外，饲料厂建设的厂址选择还要满足以下基本要求。

（1）地形地势。厂地外形尽可能规则，以长方形为宜，地势应尽量平坦，纵向坡度宜在 4% 以下，以减少平整土地的工程量和平整费用。同时，应考虑不受洪水、海潮等自然灾害的影响。选在沿江河堤边时，建筑物和道路的标高应比最高水位高出 0.5 m 以上，并尽量选择地下水位较低的地方。

（2）工程地质、水文地质条件。土壤耐压力要求不低于 20 t/m²，以减少建筑物的基础费用。要避开断层、流沙层、滑坡、矿床以及地震烈度较高的地区。

（3）水源条件、交通运输条件和动力供应条件。应考虑供水、供电和交通运输的方便，尽量减少引水、引电和开路工程的投资。并做到有利于生产，有利于原料和成品的运输。

（4）生活福利设施条件。厂址应尽量选在城镇附近，以便在生活福利设施方面对城镇有所依托，也有利于按城镇规划的要求进行统筹安排。

（5）协作条件。应考虑在设备机修、公用工程、交通运输、仓储及其他设施方面，与所在城镇或相邻企业具有协作的可能性。饲料厂还可考虑与粮食加工厂、现代化饲养场组成联合企业，以达到互利。与饲养场组合时，要充分考虑防疫措施。

（6）排污条件。饲料厂的排污主要是烟尘和废气，因此厂址应有良好的自然通风条件，并位于居住区常年风向的下风侧。同时必须按有关环保的规定，落实"三废"防治措施。

（7）安全防护条件。尽量远离易燃、易爆、生产或使用有毒有害物质的企业。周边环境应达到城镇对生产、防震、消防、安全、卫生等方面的要求。厂址位置还要避开禁区，并尽量做到不拆迁或少拆迁民房。

（二）厂址选择的基本程序

厂址选择的基本程序一般分为四个阶段，即准备阶段、现场勘查和基础资料的收集阶段、方案比较与分析论证阶段以及编写厂址选择报告阶段。

（1）准备阶段主要做的三项工作为组成工作小组、拟定调查提纲与选址指标、选址工作条件的准备等工作。其中选址指标通常包括：土建工程内容及其用地面积、厂址占地总面积；全厂年、月、日运输量（运入和运出）；用水量及对水质的要求；用电量、最高负荷量、负荷等级和供电要求；需要的蒸汽数量；燃料与灰渣堆放的用地面积；对周边企业实行专业协作和社会协作的要求；饲料厂"三废"的处理量等。

（2）现场勘查就是深入实地，按选址要求进行勘查，以考核该物色点中选的可能性。勘查的内容如下。

①现场资料的调查。即水文资料、气象资料、地震资料和疫情资料的调查。②场地测量。主要是测量并绘制现场的地形平面图。该图应有地形标高，还应标明周边的居民点和相邻的企业单位；公路、铁路和河流的分布情况；高压电线、供排水管线和热力管线的走向位置。③地质勘查。此项工作是在厂址确定后，委托勘查部门或承建单位进行。其内容包括测定地层的结构、土壤的抗压强度、地下水位、冻土层的深度等，并绘出地势等高线图。

（3）厂址选择是一个多因素的技术经济分析工作，单凭现场勘查的直观了解是难以做出正确判断的，还必须根据勘查收集到的资料，从技术条件、建设费用、经营费用等方面进行多方案的技术经济比较，经综合分析论证后，才能推荐出较为理想的厂址。

（4）选址报告是选址工作的最终成果。一般而言，选址报告主要包括以下内容。

①选址工作小组名单，有关项目负责人及选址工作情况概述。②选址依据，包括国家有关的方针政策、项目的工艺技术方案、选址的要求与指标、选址过程等。③建厂地区的自然地理、社会、经济基础结构等概况。④厂址建设条件概述，包括原材料、燃料来源，工程地质、水文及气象条件，水源及给排水条件，电源及供电的可靠性，交通运输条件，环境保护要求，施工条件，土地征用及拆迁条件，劳动力来源，建筑材料供应条件等。⑤厂址方案的比较，包括厂址技术条件、建设投资和经营费用等内容。⑥综合

分析论证，提出推荐的最佳厂址方案，并说明推荐理由。⑦当地政府部门及有关建设主管机关对选址的意见。⑧存在的问题及建议。⑨有关的附图及附件。如资源及厂址区域交通位置图；厂址方案规划图；推荐厂址的总平面图；厂址用地意向书；外部运输接轨意向书；原材料供应意向书；供水、供电等协议或意向书；其他意向书；有关领导机关下达的任务、要求及有关指示文件副本。

二、工厂总平面设计

(一) 设计原则和依据

1. 设计原则

饲料厂设计必须严格遵守有关设计原则，以最少的投资、最新的工艺技术选择最合理的方案，达到最佳的经济效益。

(1) 应尽可能采用定型的新设备、先进工艺和技术，使饲料厂不仅能够生产出合格的产品，而且能够取得很好的各项经济技术指标，达到较高的经济效益。

(2) 设计时要考虑到饲料厂的发展，因此在设计中要统筹安排、全面规划，使饲料厂布局合理。

(3) 从厂址选择、工程设计到设备安装的每个环节都必须本着节约原则，少占用地，就地取材，缩短运输距离，降低厂房造价和生产成本的原则。

(4) 设计中要充分考虑到工人的工作环境，加强环保和安全设施，实行劳保项目和建设项目"三同时"(同时设计、同时施工、同时投产)。

(5) 若条件许可，应采用计算机辅助设计或标准设计图纸，以节约经费和时间。

(6) 工艺设计必须与土建、电气、水暖等设计相互配合，使整个设计成为一个有机体，避免各部分设计相互脱节，造成缺陷。

2. 设计依据

饲料厂设计主要依据设计任务书，国家颁布的设计标准、方针、政策、法规以及有关资料等进行。

(1) 设计任务书。经可行性研究后，由设计单位编制，经上级主管部门核准下达有关建设项目、建设投资、建设进度且具有法律效力的基本建设文件，称为设计任务书。它是可行性研究所提方案中决策方案的任务化，是编制设计文件的主要依据。设计任务书内容随建设项目不同而异，一般应包括以下几项。

①建厂的目的和依据。②建厂规模和产品方案。③建厂地点和占地面积。④建厂地区原料情况，水文、地质、供水、供电、运输等情况。⑤建厂投资和主要经济指标。⑥"三废"处理和抗震要求。⑦劳动定员和建设工期。

(2) 设计标准。国家有关部门针对工业企业和粮食饲料工业等制定了各种有关的设计标准，设计单位必须严格按照这些标准进行设计，这有利于设备的选配，有利于工程建设，有利于生产和管理。建厂规模应符合系列标准。土建设计应尽量适应标准化、模数化、工业化的要求。产品的质量和"三废"的排放要符合国家标准。

(3) 有关文件和资料。国家和地方政府有关部门下发的各种与饲料厂设计有关的文件、指令或与饲料厂设计有关的各种资料均可作为设计工作依据。

(二) 设计步骤

在建厂设计任务书和土地征用报告被批准后，建设单位或其主管部门就可委托或指定设计单位，开始设计工作。饲料厂设计工作一般分两个阶段进行，即初步设计和施工图设计。重大项目或特殊项目可增加技术设计，技术设计是对初步设计的修正补充和具体化，内容同于初步设计。

饲料厂各阶段设计均包括工艺设计和土建设计两部分。为保证设计工作的完整性和统一性，两方面设计应协调进行。工艺设计应为土建设计提供必要的技术要求。

1. 初步设计

在设计任务书经有关部门批准后，即可进行厂址的技术勘查工作，经过技术勘查弄清建厂地点的地质、水文、气象、供电、给排水、地震等基本情况后进行总平面设计，而后进行工艺流程设计、单体车间设计，编写设计说明书和概算。

初步设计的内容包括设计说明书、工艺设计及土建设计图纸和概算3部分内容。

(1) 设计说明书。设计说明书应包括以下内容：①设计总论，包括设计依据、设计指导思想、饲料厂规模和产品方案等。②饲料厂总平面设计及说明。③工艺流程设计的特点和设备选用情况。④主要技术经济指标。⑤各工段流量计算、溜管自溜角计算和设备选型计算。⑥风网、动力、照明和传动设计计算。⑦新工艺、新技术的采用，劳动保护、"三废"治理方案、副产品综合利用等情况说明。⑧建设计划、施工安装说明。⑨生产及管理人员编制。⑩经济效益说明。⑪设备规格型号表，动力配备表，溜管倾角表。

设计说明书是初步设计阶段结束时必须提供的重要设计文件。在编写设计说明书时，应遵循下面几点要求：①必须阐明设计主题。说明设计工程项目的名称、任务和要求；简要说明设计的依据，包括批准设计的文件及设计原始资料的摘要；反映设计的指导思想或应遵循的设计原则。②突出阐述设计方案。重点说明设计方案的选择比较，比较要简明，分析要全面，论述要科学有据。③文字要精炼，计算应简明。文字叙述要简明扼要，不用或少用修饰词，实事求是切忌虚夸；文字说明要精练、准确，符合规范，字迹应清楚工整；选择计算要简明，可多采用图表说明。④条理清晰，层次分明。安排好说明书的层次结构，前后层次清楚，逻辑性强。⑤设计说明书是施工图纸的补充，凡施工图中已述清楚的，一般不另作说明。

(2) 工艺设计及土建设计图纸。包括：①饲料厂总平面设计图。②工艺流程图。③主厂房各楼层设备布置平面图。④主厂房设备布置纵剖视图、横剖视图。⑤除尘与气力输送网络图。⑥原料库、成品库和刮料库平面图。

(3) 设计概算。设计概算是初步设计文件的重要组成部分。它是由设计单位根据初步设计或扩大初步设计图纸以及概算定额项目和工程量计算规则，计算出工程量，并结合概算定额中的基价和有关费用定额初步计算编制而成的工程费用文件。编制设计概算的目的是要确定工程建设项目的总投资，实行各项基本建设定额，控制基本建设拨款，考虑设计的经济性和合理性。概算一般包括以下6部分。

①建筑工程费。包括各生产车间、原料库和成品库、办公楼、食堂、宿舍等所有建筑物、构筑物的土建费用以及给水、排水、电气照明、通风采暖等费用。②设备购置费。购买工艺、动力、输送、称重、通风除尘等设备的费用，包括设备运输费、自制设备的材料及制造费。③设备安装费。根据国家有关规定和安装工程具体确定。④仪器及生产

用具购置费。包括化验室仪器、设备、管理用计算机，维修用的工具、器具购置费。⑤其他费用。除上述费用以外的其他费用，如征地费、拆迁费、勘查费、建设和规划等管理部门的管理费。⑥不可预见费。在初步设计概算中，对难以预料的工程和费用可增加不可预见费，一般为上述费用总额的3%～5%。

当总建设项目的每一项单位工程概算完成以后，即可汇总编制该建设项目的总概算。总概算是确定一个建设项目的全部建设费用的总文件。总概算表按原国家建委关于基本建设预算编制办法规定的内容进行编制。

2. 施工图设计

根据已批准的初步设计才可进行施工图设计。施工图设计同样包括设计说明书、施工图纸和施工图预算3部分内容。

(1) 设计说明书。对初步设计中发现的问题进行修正和补充。

(2) 施工图纸。施工图纸除包括修正的初步设计工艺设计图纸外，还应增加以下图纸。

①车间各层楼面及屋顶洞孔图、预埋地脚螺栓图、吊挂螺栓图。②车间各层楼面动力和照明管线布置图。③管网联系图。④自制除尘器、料仓等辅助设备大样图。⑤安全防护设施制造图。

(3) 施工图预算。施工图预算是实行建筑和设备安装工程承包、进行经济核算的依据。它是施工企业依据已批准的施工图设计文件、施工组织设计、现行的工程概预算定额及取费标准、基本建设材料预算价格和其他工程费用定额及规定进行计算和编制的单位工程或单项工程建设费用（即工程造价）的文件。施工图预算应细致、精确。它是实行建筑和设备安装工程定额、进行工程结算、实行经济核算和考核工程成本的依据。它的内容包括修正的初步设计概算和预算编制说明。

(三) 饲料厂设计内容

饲料厂设计的内容包括总平面设计、工艺设计和土建设计3部分。

1. 总平面设计

(1) 根据生产工艺流程、行政管理和生活福利等使用功能要求，结合厂地地形、地质水文等条件进行全厂建筑物的布置。

(2) 根据生产使用要求，合理选择交通方式，做好道路网等布置，设计好厂内外的人流、货运路线。

(3) 结合场地地形、现状，确定场地排水，计算土方工程量，确定建筑物和道路的标高，合理进行厂区竖向布置。

(4) 配合环境保护内容，合理布置厂区，考虑"三废"和综合利用的场地位置。

(5) 对厂区内地上、地下技术工程管线合理布置。

(6) 结合城镇人防工程，统一安排厂内人防、消防设施。

2. 土建设计

根据生产工艺要求，结合建筑结构、施工方法等特点，确定厂房各部分所用的材料、结构尺寸。设计实用、经济、美观的生产场所。

(1) 确定厂房的平面、立面、剖面各部分尺寸。如厂房的平面形状和总长、总宽度，墙、柱的位置、数量及所用材料；门窗的宽、高、类别、数量、形式和位置；屋面、地面、台阶、阳台、生活间等内部布置；各楼层高度、楼梯形式及构造等。

（2）确定厂房的结构。如基础的形式、做法及材料；柱网、柱间支承、联系梁布置；屋面板、屋架及支承系统布置；梁、板、柱的尺寸及内部结构。

（3）给水、排水、电气照明、采暖等系统设计。

（4）建筑材料及工程量计算。

（四）厂区平面布局

1. 总平面图设计

厂址确定后，即可进行饲料厂总平面图设计。总平面图（图2-1）是将厂区范围内各项建筑物布置在水平面上的投影图。根据饲料厂的生产性质、规模和生产工艺流程等要求，所有厂区所设置的一定数量的生产车间、辅助设施和生活用房等建筑物、道路、绿化的布置情况，以及相邻地区街道交通联系等进行科学的全面布局，这个过程称为饲料厂总平面图的设计。

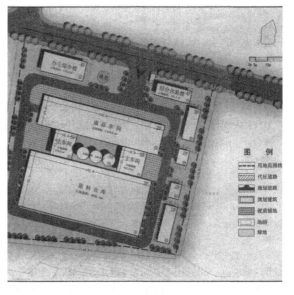

建筑物一览表
主要技术经济指标
总用地面积：23 741.4m²
代征道路面积：1 596.5m²
净用地面积：22 144.6m²
总建筑面积：2 4671.4m²
容积率：1.11
建筑占地面积：9 754.1m²
建筑密度：44.05%
绿地率：18.73%
辅助用房建筑密度：3.82%

建筑物名称	占地面积	总建筑面积	楼层
1. 办公楼	558.0m²	2 332.0m²	4F
2. 门卫	32.0m²	32.0m²	1F
3. 综合化验楼	291.1m²	1 164.4m²	4F
4. 成品车间	2 448.0m²	4 896.0m²	2F
5. 主车间	378.0m²	1 890.0m²	5F
6. 筒仓	240.0m²	1 200.0m²	5F
7. 主车间	441.0m²	2 205.0m²	5F
8. 原料仓库	4 550.0m²	9 180.0m²	2F
9. 深加工车间	250.0m²	840.0m²	3F
10. 锅炉房	108.0m²	216.0m²	2F
11. 锅炉房	108.0m²	216.0m²	2F
12. 预混料车间	300.0m²	600.0m²	2F
共计	9 754.1m²	2 671.4m²	

图2-1　武汉天龙饲料有限公司年产20万t总平面规划设计

图2-1中厂区平面布置涉及厂区划分、建筑物的平面布置及其间距的确定、厂内外运输方式的选择、厂内运输系统的布置以及人流和货流组织。厂区绿化、美化涉及厂区面貌和环境卫生。

2. 总平面设计要求

在总平面设计时，可将厂区规划成生产区、辅助生产区、行政区和生活区等几个区域。每个区域的分布应既有联系又适当分隔，达到既联系方便，又互不干扰。对各种建筑物和设施的布置，应符合生产管理、建筑布局、生活管理、安全卫生、厂区道路和管线布置要求。

第一，生产管理要求。

（1）原料接收点。一般设置在原料库附近或布置在码头、铁路专线附近。

（2）原料库、副料库、成品库。应靠近主车间，如有可能加以合并，使原料、成品运输短、无交叉、无回路和迂回，以减少动力消耗和不必要的货流阻塞；各种库室内外高差应不小于 0.3 m，站台型房式包装料库应高出地面 1.05 ~ 1.25 m。

（3）辅助车间（机修、器材库）。应布置在与之联系密切的生产车间附近或直接配置在主车间的适当楼层内。

（4）配电房。一般布置在主车间动力比较集中的一端附近或主车间一楼，以节约低压线，并减少电压线路的电力消耗。

（5）办公楼。通常布置在厂区大门与车间之间的地段，以便内外联系，主车间必要时可配置车间办公室，以便及时解决生产上的问题。

（6）化验室。应在厂区较安静、清洁的地方，但不需靠近主车间，当化验室面积不大时，也可与办公楼合并。

（7）传达室、公厕。传达室一般在大门附近背风一侧；工人比较集中的车间附近应有公厕，高层建筑厂房，厕所一般设厂房内。

（8）生产、行政等建筑。底层地面应高出室外地面 0.3 m。

第二，建筑布局要求。

（1）尽量减少建筑物的占地面积。对于在生产上联系较密切的主、辅车间，凡能组合在一厂房内的应尽量合并。

（2）尽量提高建筑系数和场地利用系数。在符合国家防火和卫生要求的前提下，要缩短建筑物间的间距。

（3）各建筑物排列要整齐、美观，造型要符合各自的需要，保证各建筑物能自然采光和自然通风。高层库房、生产车间的布局应避免形成高压风带和风口。

（4）办公室、化验室、医务室、宿舍及文化保健设施，应在主车间和原料接收点的上风位置。在可能的条件下，应使纵轴与主要风向的夹角在 0° ~ 45°，以利于厂区通风。

（5）要适当考虑发展的可能性，对于可能扩建的建筑物应进行统一规划，在总平面上留有余地。

（6）厂区地面坡度不应小于 0.3%，大于 8% 时应设置分层台地，台地连接处应有挡土墙和护坡。

（7）合理布置厂区各类建筑和道路附近的绿化带、庭院美化及建筑小品。绿化面积应占厂区占地面积的 10% ~ 15%。作业区不宜绿化的地面应铺置预制水泥块或水泥表面。

（8）在炎热地区，在地形有条件时，尽可能以筒仓建筑或绿化乔木带合理布置在主车间西侧以遮挡日射。

第三，生活管理要求。

（1）生活区必须与生产区严格分开，并有一定距离，以保证生产人员有良好的休息环境。最好两区各设出入口，以便人流与货流分开。

（2）食堂、浴室、文化娱乐设施应靠近职工集中点，并设在上风处，以符合卫生要求。

(3) 锅炉房应设在食堂和浴室附近，并设置在下风处，但离主车间不宜过远。

第四，安全与卫生要求。

(1) 各生产车间厂房的防火间距为 15 ~ 20 m，最小间距不小于 12 m；车间与民用建筑的防火间距不小于 25 m，距重要公共建筑不小于 50 m。

(2) 厂区内应设置消防栓，各消防栓的间距不得大于 100 m，消防栓距路边不应大于 2 m，房屋外墙不应小于 5 m。最好在十字路口附近布置消防栓。

(3) 容易产生灰尘的原料接收点、锅炉房、露天燃料堆场和煤渣堆场，带有排污设施的建筑和设施，应布置在主车间、化验室和成品仓的下风方向。

(4) 各区应有垃圾集中点，设在偏僻地方为宜，最好采用封闭式的垃圾箱。

(5) 各建筑物间距不能影响自然通风和通光，日照间距应符合有关规定。

第五，厂区道路要求。

(1) 厂区道路的布置须满足生产工艺的要求，使厂内交通运输畅通。主要运输线路应避免迂回交叉，最好采用循环线。

(2) 在厂区道路上合理组织人流与货流。最合理的人流组织应是线路短捷并与货流交叉最少。厂区运输和消防通道应有两个以上的安全出入口。

(3) 在满足运输的条件下，应尽量减少道路的铺设面积。道路两旁应有排水沟。

(4) 道路宽度主要取决于饲料厂生产规模和运输量的大小，以及运输车辆的通行允许宽度。一般主干道 8 ~ 10 m，双行车道 6 ~ 8 m，单行车道 3 ~ 3.5 m，人行道 1.5 m，交叉路口的道路半径不小于 20 m。

(5) 道路边缘距建筑物和围墙最小距离 1.5 m，距树木 0.7 ~ 1.0 m，距照明电杆 1.0 m，对距有出入口但无汽车道路的建筑物 3.0 m，距有出入口且有汽车道的建筑物 8 m（单车道时）和 6 m（双车道时）。

(6) 长度超过 35 m 的尽端式车道，应设回车场或转盘池，其回转半径应大于 9m。

(7) 在原料与成品装卸地点，应留有一定的停车场地，以保证通行安全和避免车辆堵塞。

(8) 厂区大门宽度应能并排通过两辆汽车，采用双车道，其宽度应大于 7 m。消防车通路宽度应大于 3.5 m。生活区所用侧门宽度以 3.5 ~ 4.0 m 为宜。大门两侧应设行人通行小门，其宽度为 1.5 ~ 2.0 m。

(9) 厂区车道的纵坡不应小于 0.3 %，不大于 8%，横坡应为 1.5% ~ 2.5%。

(10) 消防车库和汽车库应配置在主要通道附近，以便车辆出入方便迅速。

(11) 大型饲料厂，年运输量大于 5 万 t 时，应考虑铺设铁路专用线。铁路支线的长度和数目，应根据每次来料和成品出厂的车厢数、火车运料周转率和接收发送装置的类型来确定。一般接收 10 个车厢约需轨长 150 m。铺设两条铁路时，其中心距离可设计为 5 m。装卸货站台一般宽 3 ~ 5 m。铁路线进入厂区时与厂区纵向的夹角越小越好，最大不超过 60°。

第六，厂区内管线布置要求。

饲料厂内工程管线主要包括给排水管道、电缆和电线、热力管道（蒸汽和热水管道）、压缩空气和气力输送管道等。对工程管线布置要求如下。

(1) 管线宜直线铺设，并与道路和建筑物的轴线相平行。主要管线宜布置在靠近需用单位和支线较多的一边。

（2）尽量减少管线之间及管线与铁路、道路之间的交叉。当交叉时宜成直角交叉。下水道与自来水管交叉时，水管应设置在下水道上方。所有管线均应绘在管线综合布置图上（包括平面和竖向布置图）。

（3）各种管线敷设深度可参考以下标准。地下电缆深 0.5 m，蒸汽管道 0.8～1.2 m，自来水管 1.5 m。北方蒸汽管道和自来水管铺设深度应在结冻层以下。架空管线与铁路交叉时，应高于 5.5 m，与公路交叉时应高于 4.2 m。

（4）地下水位较高时，可采用架空式铺设热力管。架空管线尽可能采用共架或共杆布置。地下电缆尽可能在同一地槽铺设，以便安装与维修。

（5）地面水沟和下水道可直接通向城市排水系统或厂外沟、渠、池塘和河流等。

（6）地下管线不宜重叠铺设，且应尽量避开填土较深和土质不良地段，也应避开露天堆场和拟扩建的预留场地。

第二节　饲料厂工艺设计

一、饲料厂的设计前提

（一）饲料厂的类型

广义的饲料厂产品种类多样，根据生产的饲料品种可将饲料厂分为以下类型。

（1）饲料原料厂，提供饲料生产中广泛使用的各种动物性、植物性及其他的蛋白质饲料，如鱼粉、肉骨粉、血粉、羽毛粉、松针粉、草粉、单细胞蛋白等。

（2）饲料添加剂厂，生产营养性添加剂（如维生素、微量元素、氨基酸等）和非营养性添加剂（如激素、抗生素、驱虫剂、抗氧化剂等）。此类产品不能直接饲喂动物。

（3）预混合饲料厂，采用相应载体或稀释剂，与各类添加剂进行混合，制成粉状饲料半成品。产品有单组分（单项）添加剂预混合料和多组分（复合）添加剂预混合料，都不能直接饲喂动物。

（4）浓缩饲料厂，生产以蛋白质饲料原料、矿物质和添加剂预混合料组成的粉状饲料半成品也不能直接饲喂动物。

（5）全价配合饲料厂，生产营养成分全面的饲料产品，成品为颗粒料、粉料、破碎料、膨化料等，可直接饲喂动物。有的配合饲料厂配有预混合饲料车间（工段）或浓缩饲料车间（工段）；有的配合饲料厂可能由于原料或市场等因素，将配合饲料生产线转为生产主要含有蛋白质饲料和能量饲料的混合饲料。

目前国内的饲料厂生产线规模有 2.5 t/h、5 t/h、10 t/h、20 t/h，即年单班生产力相应为 5 000 t、10 000 t、20 000 t、40 000 t。小型饲料加工机组生产能力多为 0.3 t/h、0.5 t/h、1.0 t/h、1.5 t/h、2.0 t/h。

（二）饲料厂设计总原则

工厂设计质量不仅影响到基本建设投资费用，而且直接影响投产后的各项技术经济指标，因此必须遵守以下设计总原则：

（1）节约用地，新建厂从厂址选择、工程设计到施工的每个环节都必须贯彻节约用地原则；老企业的改建和扩建应充分利用原有场地，不应任意扩大用地面积。

（2）采用新工艺、新技术、新设备新建、改建、扩建、老厂技术改造，都应尽量采用新工艺、新技术、新设备，使工厂在投产后能获得较好的技术经济指标和较高的经济效益。

（3）减少设备建设，投资在保证产品质量的前提下，应尽量减少原材料消耗、节约设备费用、缩短施工周期，减少基本建设投资。

（4）缩短设计时间，条件允许的情况下，尽量采用通用设计和标准图纸，以简化设计工作，缩短设计时间。

（5）充分考虑环保问题，设计中要充分考虑工人的劳动环境和安全保护问题。车间的粉尘、噪声、防震和防火等设施要符合国家有关标准和规范。

（6）各项设计相互配合工艺设计必须同土建、动力、给排水等设计相互配合进行，"三废"治理设施与主体工程同时设计，使整个设计成为一个整体，避免因互相脱节而造成设计缺陷，影响投产后的产品质量、经济效益和生产管理。

（三）工艺设计的内容

工艺设计是一项综合性较强的工作，不仅有技术性、经济性，同时还是一项艺术性的工作。工艺设计范围主要包括主车间、各种库房（筒库、副料库、成品库）等直接或间接生产部分，主要内容有：工艺规范的选择、工序的确定、工艺参数的计算、工艺设备的选型及布置，生产作业线、蒸汽系统、通风除尘系统、动力系统以及压缩空气系统设计，工艺流程图、设备纵横剖面图及网络系统图的绘制，工序岗位操作人员安排、工艺操作程序的制定和程序控制方法的确定，以及设备、动力材料所需经费的概算。在施工图设计阶段中，还需绘制楼层板洞眼图和预埋螺栓图。

工艺设计涉及的相关文件通常包括以下设计概述和图表：①产品种类和产量的概述；②主、副原料种类、质量和年用量说明；③各生产部门联系的说明；④工艺流程说明并附详细工艺流程图；⑤生产车间、主副原料库工艺设备的选择计算；⑥主副原料、液体原料、水、电、汽等的需要量计算；⑦生产车间、立筒库、副料库机器设备的平面布置图、剖面图以及预埋螺栓、洞孔图；⑧通风除尘系统图；⑨生产用汽、气、液体添加系统图；⑩工厂及车间、库房劳动组织和工作制度概述。

（四）工艺设计的原则

（1）保证达到产品质量和产量要求，充分考虑生产效率、经济效益、最初建设投资，以及对原料的适应性、配方更换的灵活性和扩大生产能力，增加产品品种等多方面综合因素。

（2）工艺流程应流畅、完整而简单，不得出现工序重复。除一般生产配合粉料的工艺过程外，根据需要，当生产特种饲料或预混合料时，应相应增加制粒、挤压膨化、液体添加、压片、压块、前处理等工艺过程。

（3）选择技术先进、经济合理的新工艺、新设备，采用合理的设备定额，以提高生产效率，保证产量、质量，节约能耗，降低生产成本和劳动强度。

（4）设备选择时，尽可能采用适用、成熟、经济、系列化、标准化、零部件通用化和技术先进的设备。设备布置应紧凑，按工艺流程顺序进行，尽量利用建筑物的高度，使物料自流输送，减少提升次数，节约能源，减少占地面积，但又要有足够的操作空间，以便操作、维修和管理。

（5）设计中应充分考虑建立对工作人员有利的工作环境，减轻劳动强度，采取有效的除尘、降噪、防火、防爆、防震措施，达到劳动保护、安全生产的目的。

（6）设备布置不仅需要考虑建筑面积大小，除保证安装、操作及维护的方便，还要考虑单位面积的造价，应充分利用楼层的有效空间，在此前提下尽量减少建筑面积，并注意设备的整体性。

（7）为保证投产后的生产能力，设计的工艺生产能力应比实际生产能力大15%～20%。

（五）工艺设计的基本资料与依据

工艺设计之前需要通过调查当地相关行业状况和国内外的工艺技术资料，分析掌握以下内容：①拟建规模、投资额、产品品种、规格；②常用原料的品种、来源、质量规格、价格；③原料接收与成品发放形式；④同等规模厂家的工艺流程、设备布置、建筑面积、动力配备、技术水平和投资情况；⑤加工设备的技术水平、性能、价格；⑥拟建工艺的具体指标，如对清理、粉碎、混合、成形的工艺要求；⑦电气控制方式和自动化程度；⑧人员素质。

总体而言，工艺设计应确保产品质量符合要求，单机设备效率最高，单位生产成本最低，符合环保要求，在此前提下力求工艺实用、可靠，并尽可能简化，以节约设备投资和运行费用，以便建成经济效益高、社会效益好的饲料厂。

（六）工艺设计的方法

工艺设计方法不是千篇一律的，但有以下共同点。

（1）工艺流程设计时，应以混合机为设计核心，先确定其生产能力和型号规格，再分别计算混合机前后的工段生产能力，通常要根据原料的粒料和粉料之比、饲料成品中粉料与颗粒之比来计算各工段的生产能力。

（2）在工艺流程布置时，一般以配料仓为核心，先确定其所在楼层，然后再根据配置原则，合理布置加工设备和输送设备，某些功能相同的设备可布置在同一层楼内，以便统一管理和操作方便（布置在同一层楼内不等于在同一水平面上）。

（3）为保证工艺流程的连续性，相邻设备间没有缓冲设备（仓）时，后续设备生产能力应比前序设备生产能力大10%～15%。

此外，在工艺设计中还要注意以下具体事项：不需粉碎的物料不要进粉碎机；粉碎机出料应采用负压—机械吸送；饼块状料先用碎饼机粗粉碎，然后再进行二次粉碎；分批混合时，在混合机前后均应设置缓冲仓；粉碎、制粒、膨化等重要设备前段设置磁选装置；尽量减少物料提升次数，缩减各种输送设备的运输距离和提升高度；采用粉碎机回风管，以降低除尘器的阻力。

（七）工艺设计的步骤

饲料加工的工艺类型繁多，尚无设计程序规范，可大致按以下步骤进行。

（1）拟定工艺流程，绘制工艺流程草图。根据拟建生产规模、产品情况进行流程的组织和主要设备的选择计算，比较不同方案加以择优。

（2）选择并计算所需工艺的作业设备（包括作业机械、输送设备及各种料仓）和辅助设备（包括传动系统、风网、管网、蒸汽系统、压缩空气系统、供电系统等）的性能参数、型号、规格和数量，并确定配置方式。

（3）车间设备布置。按照选定的工艺流程草图，将设备制成小样图进行排布，确定配置全部设备所需生产车间的面积、楼层及高度，并绘制各层的设备安装平面布置图和纵、横剖视图。

（4）绘制正式工艺流程图。根据工艺生产过程的顺序，将所有设备联系成生产系统，采用国家标准规定的图形符号绘制。

（5）编写设计说明书。

二、工艺流程设计

工艺流程由单个设备和装置按一定的生产程序和技术要求排列组合而成。饲料产品的原料种类、成品类型、饲喂对象多种多样，且设备种类规格繁多，因此各个设备与装置之间有多种不同的排列组合形式。设备选择的主要依据是生产能力、匹配功率和结构参数，也考虑安装、使用、维修等方面的要求，可用最小费用法和盈亏平衡分析法进行选优。在工艺流程设计时，应综合考虑多种因素（如产品类型、生产能力、投资限额等），确定最佳方案。

(一) 原料接收工段

接收工段是饲料厂生产的第一道工序，原料品种多，进料瞬时流量大，因此接收段工艺流程应具备承载进料高峰量的能力。根据原料的种类、包装形式和运输工具的不同，需要采用不同的接收工艺流程。饲料原料在加工、运输及储藏过程中，不可避免地会夹带部分杂质，必须去除杂质以保证饲料成品含杂不过量，以减少设备磨损，确保安全生产。原料在接收线通常经过三道清理工序：首先是带吸风的下料坑栅筛，可清理大石块、长麻袋绳、麻袋片及玉米芯等杂质；其次是筛选设备，可筛除大杂质；最后为磁选装置，去除原料中的磁性杂质。

饲料厂原料分为主原料和副原料两大类。主原料指谷物，副原料指谷物以外的其他原料。原料又有散装和包装两种形式。根据原料之间物理性状差异，包装形式的不同，以及饲料厂规模大小的不同，原料由以下不同工艺方式进行接收。

1. 大型饲料厂粒状原料的接收工艺流程

大型饲料厂产量大，原料用量多，在厂区内均建有立筒仓来贮藏常用大宗原料，如玉米、饼粕类等。因为散装原料易于机械化作业且可节约包装材料费用，因此大宗原料应尽可能采用散装运输。如图 2-2 所示，对于散装原料，其接收工艺流程为：原料由自卸火车、自卸汽车运输到厂区，经地中衡称重后，卸到下料坑内，提升至工作塔顶层，再经初清、磁选、计量后送入立筒仓内储藏。对于包装原料，通常采用皮带输送机或叉车运输，进入厂内后经人工拆包，倒入下料坑内，提升后，再经初清、磁选、计量后送入立筒仓内储藏。

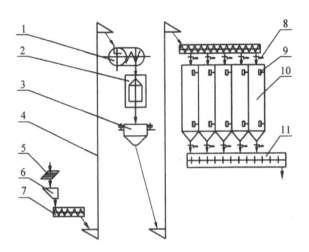

1.圆筒初清筛；2.永磁筒；3.电子秤；4.斗式提升机；5.栅筛；6.下料坑；7.螺旋输送机；8.自动机；9.料位器；10.立筒仓；11.刮板输送机

图2-2 散装粒料接收工艺流程

2. 中小型饲料厂粒状原料的接收工艺流程

中小型饲料厂原料多采用包装的形式运输，原料一般存放在房式仓内。原料由汽车运输到厂区后，由人工用手推车或者是用皮带输送机、叉车运到房式仓内存放，再由人工拆包，倒入下料坑内，经初清磁选后进入待粉碎仓（图2-3）。

3. 粉状原料的接收工艺流程

粉状原料一般不需要粉碎，用量相对主原料而言要少，故常采用包装的形式运输、房式仓储藏。如图2-4所示，其接收工艺流程为：原料由汽车运输到厂区后，由人工用手推车或者是用皮带输送机、叉车运到房式仓内存放，再由人工拆包，倒入下料坑内，经初清磁选后进入配料仓。简单表示为：

粉状原料→下料坑→提升→初清→磁选→分配器→配料仓

    ↓ ↓

大杂铁杂

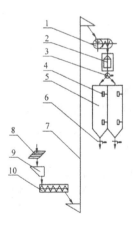

1.圆筒初清筛；2.永磁筒；3.电动三通；4.料位器；5.待粉碎仓；6.电动闸门；7.斗式提升机；8.栅筛自动闸门；9.下料坑；10.螺旋输送机

图2-3 袋装粒料接收工艺流程

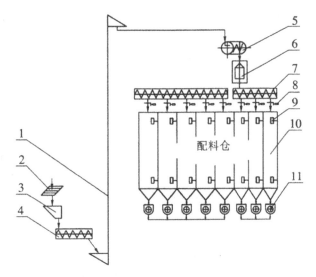

1. 斗式提升机；2. 栅筛；3. 下料坑；4. 螺旋输送机；5. 圆筒初清筛；6. 永磁筒；7. 螺旋输送机；8. 自动闸门；9. 料位器；10. 配料仓；11. 给料器

图 2-4 粉料接收工艺流程

4. 原料的气力输送接收工艺流程

气力输送可从汽车、火车和船舶等各种运输工具接收散装原料，一般大型饲料厂采用固定式气力输送机，小型饲料厂多采用移动式气力输送机。图 2-5 所示为采用吸送式气力输送从船舶上接收散装原料的工艺流程。

5. 液态原料的接收工艺流程

液态原料接收采用离心泵或齿轮泵（适用于长距离输送黏性大的液体）输送，用流量计进行计量。寒冷气候条件下，液体原料储罐必须进行保暖，并配备加热装置用于升温、降低黏度，以便于输送。液体原料接收工艺方式如图 2-6。

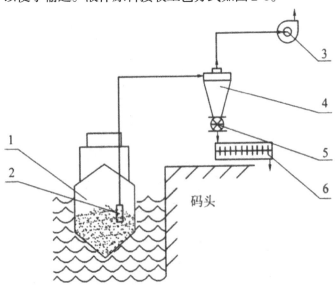

1. 液体运输罐车；2. 接收泵；3. 贮液罐；4. 加热蛇管；5. 输出泵；6. 刮板输送机

图 2-5　气力输送接收工艺流程

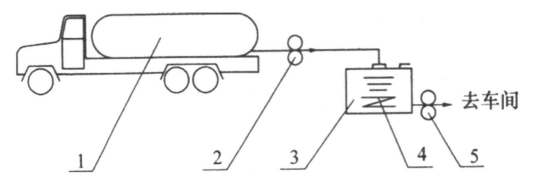

1. 船舱 2. 吸嘴 3. 风机 4. 离心式卸料机 5. 叶轮式闭风器

图2-6　液体原料接收工艺流程

总之，无论采用何种接收工艺，接收及清理设备的生产能力通常为车间生产能力的2~3倍，主要取决于原料供应情况、运输工具和条件、调度均衡性等因素。大型饲料厂通常设置3条接收线，分别用于玉米、饼粕原料和粉状料；中型饲料厂可设置主料、副料接收线各一条；小型饲料厂的主、副料可共用一条接收线。

(二) 原料粉碎工段

饲料厂物料的粉碎有饼类粗碎、普通粉碎和微粉碎3种形式。粉碎工段的工艺流程可采用一次粉碎工艺或二次粉碎工艺。

1. 一次粉碎工艺

一次粉碎工艺所需设备简单，投资小，操作方便，但粉碎粒度均匀性差，且效率低、电耗高 (图2-7)。一般对于时产10 t以下的饲料厂宜采用一次粉碎工艺。

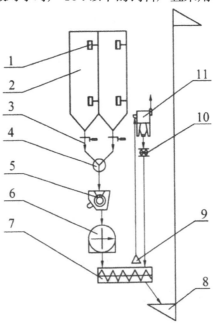

1.料位器；2.待粉碎仓；3.气动闸板；4.三通；5.磁选叶轮喂料器；6.锤片式粉碎机；7.螺旋输送机；8.斗式提升机；9.吸风口；10.叶轮关风器；11.脉冲布筒除尘器

图2-7　一次粉碎工艺

2. 二次粉碎工艺

二次粉碎工艺是弥补一次粉碎工艺的不足。在第一次粉碎后，将粉碎物进行筛分，对粗粒再进行一次粉碎的工艺。其不足是要增加分级筛、提升机、粉碎机等，使建厂投资增加。二次粉碎工艺又可分为单一循环粉碎工艺、阶段粉碎工艺和组合粉碎工艺。

（1）单一循环粉碎工艺。如图 2-8 所示，单一循环粉碎工艺是用一台粉碎机将物料粉碎后进行筛分，将筛出的粗粒再送回粉碎机进行粉碎的工艺。经试验表明，该工艺与一次粉碎工艺比较，粉碎电耗节省 30% ~ 40%，粉碎机单产提高 30% ~ 60%。因粉碎机采用大筛孔的筛片，重复过度粉碎减少，产量高、电耗小、设备投资也较省，适合我国年单班产 1×10^4 t 的饲料厂采用。

（2）二次粉碎工艺。如图 2-9 所示，二次粉碎工艺就是将物料经第一台粉碎机（配 ϕ 6 mm 筛孔的筛片粉碎后，送入孔径分别为 ϕ 4 mm、ϕ 3.15 mm、ϕ 2.5 mm 的多层分级筛筛理，筛出符合粒度要求的物料进入混合机或配料仓，其余的筛上物全部进入第二台粉碎机（配 ϕ 3mm 筛孔的筛片）进行第二次粉碎（占总量的 50% ~ 80%），粉碎后全部进入混合机或配料仓。这种粉碎工劳在欧洲一些国家得到推广。

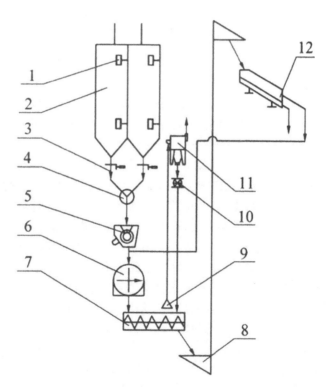

1. 料位器；2. 待粉碎仓；3. 气动闸板；4. 三通；5. 磁选叶轮喂料器；6. 锤片式粉碎机；7. 螺旋输送机；8. 斗式提升机；9. 吸风口；10. 叶轮关风器；11. 脉冲布筒除尘器；12. 分级筛

图 2-8　单一循环粉碎工艺

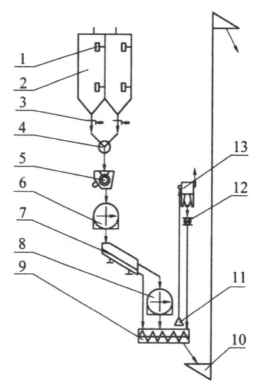

1. 料位器；2. 待粉碎仓；3. 气动闸板；4. 三通；5. 磁选叶轮喂料器；6. 锤片式粉碎机；7. 分级筛；8. 锤片式粉碎机；9. 螺旋输送机；10. 斗式提升机；11. 吸风口；12. 叶轮关风器；13. 脉冲布筒除尘器

图 2-9　阶段粉碎工艺

（3）组合二次粉碎工艺。如图 2-10 所示，组合二次粉碎工艺就是用辊式粉碎机进行第一次粉碎，经分级筛筛理后，筛上物进入锤片式粉碎机进行第二次粉碎。第二次粉碎采用锤片式粉碎机的原因是辊式粉碎机对纤维含量高的物料，如燕麦、小麦皮等粉碎效果不好，而锤片式粉碎机对这些物料都容易粉碎。辊式粉碎机具有粉碎时间短、温升低、产量大、能耗省的优点，它与锤片式粉碎机配合使用能得到很好效果。

总之，设计粉碎工段工艺流程时，都应注意以下几点。

①应设待粉碎仓，容量保证粉碎机连续工作 2～4 h 以上。为保证调换原料满足配料工序的要求，如工艺采用一台粉碎机，待粉碎仓不宜少于 2 个；如果有多台粉碎机，待粉碎仓数量不少于粉碎机台数。

②一般性综合饲料厂粉碎机产量可取生产能力的 1～1.2 倍；鱼虾饵料厂粉碎机产量应为工厂生产能力的 1.2 倍以上；如有微粉碎工段，其产量要专门考虑。

③原料粉碎前必须经过磁选处理，以免磁性金属杂质损坏粉碎设备。

④粉碎后的物料机械输送应进行辅助吸风，可提高粉碎机产量 15%～20%；经微粉碎的物料通常采用气力输送。

⑤粉碎机因为功率大、震动大，尽可能布置在底层或地下室。为解决粉碎机产生的噪音，也可将它布置在单独的隔音间内。

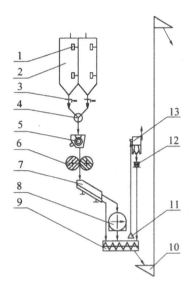

1. 料位器；2. 待粉碎仓；3. 气动闸板；4. 三通；5. 磁选叶轮喂料器；6. 辊式粉碎机；7. 分级筛；8. 锤片式粉碎机；9. 螺旋输送机；10. 斗式提升机；11. 吸风口；12. 叶轮关风器；13. 脉冲布筒除尘器

图 2-10　组合粉碎工艺

3. 粉碎与配料工段

饲料粉碎工艺与配料工艺密切相关。在工艺组合形式上，有先粉碎后配料工艺和先配料后粉碎工艺，常规畜禽饲料加工多采用先粉后配工艺，部分水产饲料生产采用先配后粉工艺。

（1）先粉碎后配料工艺流程。该工艺是指将粒状原料先进行粉碎，然后进入配料仓进行配料（图 2-11）。这种工艺主要用于加工谷物含量高的配合饲料，国内外饲料厂多采用此生产工艺。其优点如下。

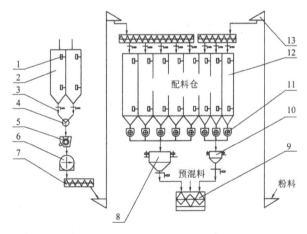

1. 料位器；2. 待粉碎仓；3. 气动闸板；4. 三通；5. 磁选叶轮喂料器；6. 锤片式粉碎机；7. 螺旋输送机；8. 大称量配料秤；9. 卧式螺旋混合机；10. 小称量配料秤；11. 给料器；12. 配料仓；13. 斗式提升机

图 2-11　先粉碎后配料工艺流程

①因粉碎物料的品种单一，粉碎机工作负荷满、稳定，使粉碎机处于良好的利用特性和最佳的粉碎效率。

②粉碎后物料进入配料仓，一般饲料厂配备许多配料仓，可在生产过程中起着缓冲作用，故粉碎系统因检修停运时不会影响生产线正常生产。

③采用先粉碎后配料工艺可根据需要选用不同的粉碎工艺，采用二次粉碎等以适应不同的粉碎要求。如采用辊式粉碎机与锤片式粉碎机配合使用，以充分发挥各机的特性，降低能耗，提高产品质量和经济效果；采用单一循环粉碎来降低能耗。

④控制粉碎成品粒度方便，在粉碎单一原料时，只需通过更换筛板就可实现。

该工艺的缺点是配料仓数量多，建厂时设备的投资增加和以后的维修费用增高；更换配方受到配料仓数量的限制；由于粉碎后的粉料进配料仓存放，增加了物料在料仓内结拱的可能性，从而会增加配料仓管理上的困难。

（2）先配料后粉碎工艺。如图2-12所示，该工艺是将所有参加配料的各种原料，按照一定比例通过配料秤称重后混合在一起，后进入粉碎机粉碎。该工艺的优点为：①对原料品种变化的适应性较强，故生产过程中更换饲料配方极为方便；②不需要大量的配料仓，从而缩小车间占地面积，还可节省建厂投资；③对于配料中谷物原料含量少时，采用先配后粉工艺（粉碎量少，多为粉料直接加入混合机），其优点更为突出。这种工艺适用于小型饲料厂或饲料加工机组。但西方少数大型饲料厂也有采用此工艺的。

该工艺的缺点是：①装机容量要比先粉碎后配料增加20%以上，其能耗增高5%以上；②粉碎机的工作情况直接影响全厂的生产进程；③被粉碎原料（原料不同）特性不稳定，造成粉碎机负荷不稳定；④对原料清理设备要求高，对输送、计量都会带来不便。

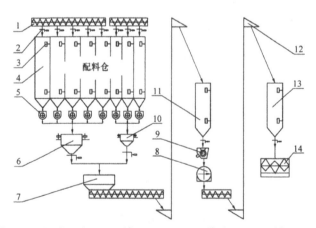

1. 螺旋输送机；2. 气动闸板；3. 料位器；4. 配料仓；5. 给料器；6. 大称量配料秤；7. 缓冲仓；8. 锤片式粉碎机；9. 磁选叶轮喂料器；10. 小称量配料秤；11. 混合机缓冲仓；12. 斗式提升机；13. 待粉碎仓；14. 卧式螺旋混合机

图2-12　先配料后粉碎工艺流程

为使先配后粉工艺克服上述缺点，发挥其优势可采取以下措施：①在配料工段采用二台配料秤，将粒料、粉料分别称重，粒料进入粉碎机，粉料直接送往混合，则可大大减少粉碎能耗；或采用一台配料秤与分级筛配合使用，将配好的料，用分级筛筛出需要粉碎的部分，筛出的粉料直接进入混合机。②在粉碎机前添加一台混合机，将各种物料混合均匀后加入粉碎机，以减少粉碎机负荷波动，又能保证产品的粒度质量。

4.配料与混合工艺

目前具备一定规模的饲料厂通常采用电子配料秤配料，常用的配料工艺主要有多料一秤和多料数秤的配料工艺。

（1）多料一秤配料工艺。多料一秤配料工艺是指所有的饲料原料均用一台电子秤进行称量，其特点是工艺流程简单、计量设备少，设备的调节、维修及管理较方便，易于实现自动化控制。其缺点是配料周期相对较长，累计称量误差大，从而导致配料精度不稳定。该工艺常用于小型厂和饲料车间。工艺流程见图2-13。

（2）多料数秤配料工艺。多料数秤配料工艺就是将各种原料按照它们的特性差异及在配方中的比例而采用不同规格的电子秤分批称量，从而经济、精确地完成配料过程。该工艺是目前大、中型饲料厂应用最为广泛的配料形式。图2-14所示为一种多料三秤的配料工艺流程，分别采用大秤、小秤及微量组分秤称量。一般大配比组分即在配方中占原料总量的5%~10%的原料，在主配料秤（大秤）中称量；小配比组分指占原料总量的1%~10%的原料，用最大称量为大秤的1/4~1/5的小秤称量；配料量在1%（或0.5%）以下的微量添加组分，则用微量多组分秤单独配成预混料（图中未画出）。多料数秤配料工艺较好地解决了多料一秤配料工艺形式存在的问题，配料绝对误差小，但增加了饲料厂建厂时的一次性投资和以后的维修管理费用。

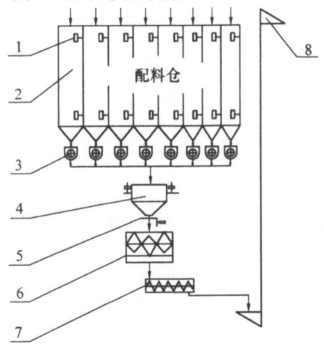

1.料位器；2.配料仓；3.螺旋喂料器；4.电子配料秤；5.自动闸板；6.卧式螺带式混合机；7.螺旋输送机；8.斗式提升机

图2-13　多料一秤配料工艺流程

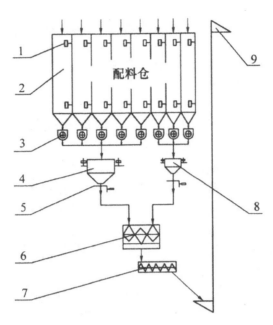

1. 料位器；2. 配料仓；3. 螺旋喂料器；4、8. 电子配料秤；5. 自动闸板；6. 卧式螺带式混合机；7. 螺旋输送机；9. 斗式提升机

图2-14　多料数秤配料工艺流程

配料仓容量因工艺设计不同可能有差异，个数也随生产规模不同而变化。通常仓容宜满足配料秤连续8 h生产，过大则占据较多的建筑空间。一般而言，小型饲料厂配料仓个数为8~10个；大中型饲料厂则采用2台或2台以上配料秤，配料仓个数为16~24个（微量添加剂配料秤上的仓数另计）。配料秤上喂料器数量与配料仓相同，产量必须满足配料秤的生产要求。

配合饲料加工必须有混合工序，严禁以粉碎或输送工序代替。大中型饲料厂可将混合工序分为预混合、主混合两级。混合机生产能力等于或略大于饲料厂的生产能力，并与配料秤相匹配。混合机下方必须设缓冲斗，容积为存放混合机一批次的物料量，以防后续输送设备超载。混合成品的水平输送应选用刮板式输送机，可防止物料分级、减少交叉污染。有预混合工段时还应考虑载体的加工、储藏、称量等工序，添加剂可采用人工称量。

5. 制粒工艺

制粒工艺是将粉状饲料原料或成品制成颗粒的过程，主要由原料预处理、制粒成形和后处理三个阶段组成。在具体配置上，根据不同饲料的生产要求而有所区别。通用的制粒工艺包括磁选、调质、模压、冷却干燥、破碎、分级等环节。在设计制粒工艺需要注意以下几点：①设置容量满足制粒机连续工作1~4 h的待制粒仓，数量不少于2个，以便更换制粒品种。②物料进入制粒机前必须经过磁选处理。③综合性饲料厂制粒机的生产能力不应低于粉状产品产能的50%，通常与粉料产能一致。④冷却器产量与颗粒粒径呈反比，必须保证冷却时间。目前饲料厂多选用立式逆流式冷却器。⑤碎粒机置于冷却器下方，并设置旁路供不需破碎的物料通过。碎粒机长度较长时，可配备匀料装置。⑥颗粒分级筛宜设置在顶层，便于成品入仓或油脂喷涂等后续工艺的布置，细粉返回待制粒仓经特设的回流通道优先进入制粒机喂料器。⑦蒸汽系统应保证提供适宜压力的干饱和蒸汽。⑧生产鱼虾用硬颗粒饲料需要强化调质。可在制粒机前增加专用调质器或调质罐，提高淀粉糊化或熟化程度，并促使蛋白质变性、纤维素软化。或在制粒完成、冷却器前方配备后熟化设备，提高养分熟化度及颗粒的水中稳定性。

制粒的主要工艺流程如图 2-15。根据不同的原料预处理、成形颗粒的后处理工艺，又可分为畜禽饲料制粒工艺和水产饲料制粒工艺；根据不同的组合方式又有多种类型工艺派生。因此，制粒工艺不是一成不变的，而是在基本工艺的基础上根据饲喂对象、客户要求和科技发达程度有所不同。

硬颗粒饲料具有较高的硬度和密度，其制粒工艺根据预处理的不同一般分为常规单级调质制粒工艺、长时间调质制粒工艺和二次制粒工艺。

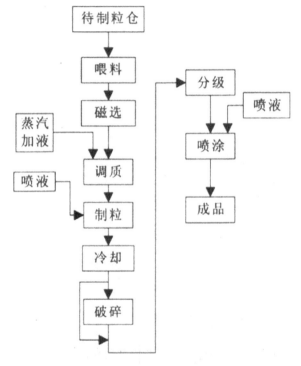

图 2-15　制粒工艺流程框（引自曹康，2003）

（1）常规单级调质制粒工艺。此工艺是饲料工业中最常见的制粒工艺，适用于猪、禽饲料的生产。待制粒粉状物料进入待制粒仓后，进入调质器（调质可以单级、双级或双体等多种形式），经过颗粒机制粒成形后通过冷却器冷却，冷却后的颗粒由斗式提升机提升至破碎机（或旁通）进入成品仓、液体也可以在颗粒机环模出口外表面喷涂（图2-16）。

（2）长时间调质制粒工艺（双级调质，中间配熟化器）。制粒前的调质质量直接影响制粒的产量、品质和环模压辊的使用寿命。长时间调质制粒工艺和常规单级调质制粒工艺差别在于增加了长时间熟化器和一组调质器。原料由原料仓，经过喂料调质器，进入熟化器，再由桨叶调质器将物料送入制粒机压制成形，成形颗粒由冷却器冷却后进入和常规制粒工艺相同的后道工艺（图2-17）。

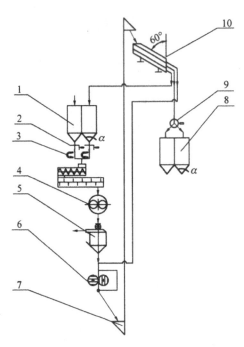

1. 待制粒仓；2. 自动闸板（电动式）；3. 磁钢（铁）；4. 制粒器；5. 冷却器；6. 破碎机；7. 斗提机；8. 成品仓；9. 自动三通蝶阀（电动式）；10. 振动分级筛

图 2-16 常规单级调质制粒工艺流程（引自饶应昌，1996）

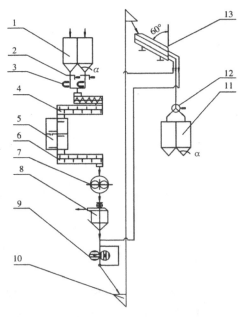

1. 待制粒仓；2. 自动闸板（电动式）；3. 磁钢（铁；4. 喂料调质器；5. 熟化罐；6. 桨叶式调质器；7. 制粒器；8. 冷却器；9. 破碎机；10. 斗提机；11. 成品仓；12. 自动三通蝶阀（电动式）；13. 振动分级筛

图 2-17 长时间调质制粒工艺流程（引自饶应昌，1996）

长时间调质的优点在于各种配方均能生产出含粉率低、质量高的颗粒饲料；能够提高液体，特别是糖蜜和脂肪的添加量；不依赖黏合剂，能使用低成本原料（特别是非符物类原料），配方设计范围大；环模的孔径可适当放大，而粉化率不会上升；能延长环校、压辊的使用寿命；颗粒机的负荷下降，能减少 10% ~ 20% 的能耗，提高颗粒机生产能力；使用简单、操作方便，熟化器及配套装置的投资成本一般一年之内就能收回。缺点是新设计的工艺需要更高的工艺布置空间，厂房高度增加；饲料厂改造空间受限制；颗粒机自身节电，但熟化器和调制器的能耗增加。

（3）二次制粒工艺。二次制粒工艺和常规单级调质制粒工艺的主要差别在于工艺中配有两台颗粒机。调质后的粉状原料经过第一级粗制粒后再进行第二次精制粒，其实质也是强化制粒的调质，以改善最终颗粒的质量。

原料由料仓经过调质器，进入颗粒机 1 进行第一次制粒，通常孔径比第二级制粒大50%（或者使用第二级磨损的旧环模，重新修正后利用）；再进入颗粒机 2 进行第二次制粒。制粒后的工艺过程同常规制粒工艺基本一致。

二次制粒已在欧洲一些饲料企业得到应用。它提供了强化调质的一种方法，能满足添加液体渗透原料所必需的压力、温度和时间等主要条件。水分在二次制粒前已被基本吸收，可生产出高品质的颗粒饲料。在具体工艺配置时有两种方式。

第一种是如图 2-18 所示的直接串联式，使用效果较好，投资成本较低。

第二种是在第一级制粒后加带式熟化槽，在第二级制粒前加调质器，冷却器改为四层冷却器。其工作原理是：在第一级调质器中加入蒸汽外的所有液体添加物，初制颗粒质量很低。然后在熟化器内，由冷却器通过热交换器输入的热干风使物料保持温度，确保物料得到充分调质（该制粒方式投资成本高于第一种）；在第二级调质器再加蒸汽，使物料进一步升温，同时保持物料表面湿润，在饲料第二次通过压模时起润滑作用。卧式四层冷却器既可以为熟化器提供湿热空气，又可以提高冷却效果。

二次制粒的第二种方式能大批量添加糖蜜、油脂，工艺容易控制，改善质量明显，尤其适用于牛饲料和草食动物饲料的加工，但投资费用高，运行成本高。

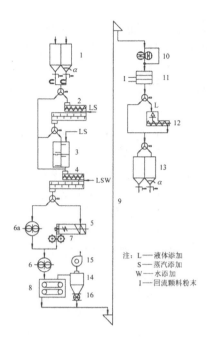

1. 待制粒仓；2. 液体添加调质器；3. 熟化器；4. 调质器；5. 膨胀器；6. 和 6a. 颗粒压制机；7. 松料机；8. 冷却器；9. 斗式提升机；10. 破碎机；11. 分级筛；12. 液体喷涂机；13. 成品仓；14. 旋风除尘器；15. 风机；16. 关风器

图 2-18　直接串联式二次制粒工艺流程（引自曹康，2003）

6. 挤压膨化制粒工艺

挤压膨化工艺与制粒工艺基本相同，但饲料膨化成形后需要先干燥后再冷却，从而降低饲料中的水分含量，提高了在水中稳定性。在膨化机前增设调质器和熟化罐，可以提高膨化机的工艺效果。生产不同的膨化颗粒饲料，其加工工艺过程的某些工段可能不尽相同，但大体上都要经过物料粉碎、筛分、配料、混合、调质、挤压膨化、切段、干燥、冷却、微量元素喷涂、油脂喷涂和成品分装等阶段。膨化成形饲料加工工艺流程如图 2-19。

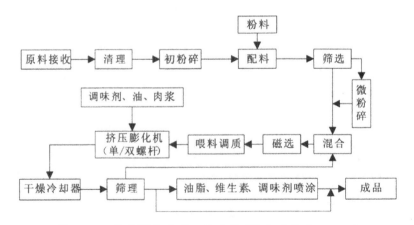

图 2-19　挤压膨化生产工艺流程（引自李德发，1997）

要使物料在膨化机内获得充分的膨化和均匀一致的组织结构，避免夹生，防止模孔堵塞，首先必须将谷物及饼粕等基础原料粉碎。采用筛板孔径为 1.5 ~ 2 mm 的锤片式粉碎机进行粉碎，其粉料的粒度应控制在 16 目筛 (孔目直径约等于 1 mm) 上低于 9% 为宜。对不含粉料的小颗粒原料或模板孔径较小 (例如小于 3 mm) 时，则原料应通过 20 目筛 (孔目直径为 0.83 mm)。

膨化颗粒饲料所含的各种组分根据饲料品种和营养水平的不同可以灵活地进行配方。一般，谷物类富含淀粉的组分应占总原料量的 30% 以上。对鱼虾饵料，蛋白质的含量可达 40% 以上。图 2-20 为螺杆挤压膨化机生产鱼虾膨化颗粒饲料的工艺流程。

各种干粉料经配料混合后，即可送入调质器调湿、调温。在调质器内回转桨叶的搅拌混合作用下，使物料各部分的温度和湿度均匀一致。调质的温度和湿度视原料的性质、产品类型、糊化机的型号及运行操作参数等多种因素而定。对于干膨化饲料，物料经调质后的实际含水量为 20% ~ 30%，常用的实际含水量为 25% ~ 28%，温度在 60 ~ 90℃为宜。实际生产中，要经过试验来寻求优化的温度和湿度等操作参数，以便使产品符合质量要求且操作费用最低。

调质过程除了上述主要目的外，还可将调味剂、色素以及油脂、肉浆等一类液体添加料加入调质器中。特别是生产鱼虾饵料时，作为能量组分，添加油脂比添加碳水化合物更为有效。故在这个阶段可加入少量油脂，物料中含有一定量的油脂可起到润滑剂的作用，有利于物料在膨化机内的流动。但油脂过多会降低产品的膨化程度，对于油脂总含量超过 5% 以上的一类饲料，其余的油脂应在干燥、冷却后的颗粒产品上进行喷涂补加。

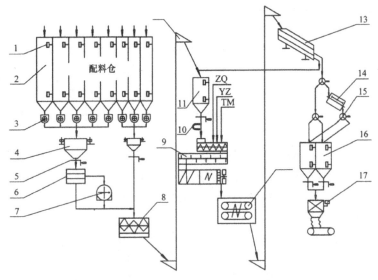

1. 料位器；2. 配料仓；3. 螺旋喂料器；4. 电子配料秤；5. 自动闸板；6. 平面回转筛；7. 锤片式粉碎机；8. 卧式螺带式混合机；9. 湿法挤压膨化机；10. 磁钢；11. 待制粒仓；12. 斗式提升机；13. 振动分级筛；14. 滚筒式喷涂机；15. 自动三通；16. 成品仓；17. 自动打包秤

图 2-20 螺杆挤压膨化机生产鱼虾膨化颗粒饲料的工艺流程 (引自饶应昌，1996)

调质后，物料被送入螺杆挤压腔。挤压腔是一个良好的高温短时反应器，物料在旋转螺杆的推动下，受到了很大的剪切力和摩擦力，温度和压强越来越高，正是由于这一高温、高压的混合作用，使淀粉质熔融糊化、体积膨胀。另外，很多致病菌等微生物得以杀灭或抑制，一些存于原料中的抗营养因子和毒素也得以脱除。

挤压膨化机的运行操作参数有螺杆转速、加料器转速、原料物性、预调质后物料的状态、物料输送量和夹套加热温度等，它们都是一些相互关联的变量。与调质操作参数的选取一样，需对特定的机型和产品进行试验，从中获取优化的操作参数，以达到最经济的加工费用。挤压膨化机内的温度可达 120～200℃，压强可达数十个大气压。须注意，物料在挤压腔的高温区段不宜停留过长（应小于 20s），以免一些热敏性的营养组分遭到破坏，在确定操作参数时也应考虑这一个重要因素。

物料通过成型模板后，压强骤降，存于物料中的水分迅速蒸发逸散，温度降低。熔融的糊状物形成凝胶状体并在其中留下许多空洞，将这种多孔状的膨化产品切段成粒后送入干燥、冷却系统。

挤出模孔后的物料，虽然伴随着蒸发和其后的带式输送过程可以除去部分水分，但其实际含水量仍然较高（常高于 20%）。物料应干燥到什么程度才适宜储藏，这取决于储藏环境常年的相对湿度。干膨化饲料产品的实际含水量应低于 12%，可见挤出的膨化物料中尚有大量水分有待去除。目前，普遍采用连续输送式干燥机来烘干物料。加热介质为热风，当热风穿过输送带上连续输送的料层时，物料被加热，使其中水汽向加热介质扩散传递而失水，而加热介质携带大量水汽排出干燥器外。

热风的温度和流量应根据物料衡算和热量衡算的过程来求取。经验上，常取干燥的热风温度在 90～200℃为宜。

热风干燥过程使物料的温度随之升高，通常接近热风排出干燥机时的温度。然而，后续的油脂喷涂工段要求温度在 30～38℃为好。为使生产连续进行，干燥过后有必要采用强制冷却的措施。这个阶段主要目的是将原料进行调质，目前多采用通风冷却的方法。从提高热能利用率的角度出发，普遍采用干燥、冷却组合装置来完成干燥和冷却操作。空气在该机组中循环，冷风（或常温空气）通过料层在冷却阶段使物料降温的同时，自身获得所交换的热量而升温，将其部分送回至干燥段作为补充的加热介质，从而降低了干燥段所需的能耗。

为了避免部分细小粉粒被干燥冷却机组排出的废气带走，造成损失和环境污染，应在废气排出端安装旋风分离器，分离收回的细小粉粒送回调质器再行加工。由于膨化后的物料在干燥、冷却机组的滞留时间比较长（20～30 min），干燥冷却机组多采用连续输送的结构，以便节省机组的占地面积。

干燥冷却后的膨化颗粒料需经过筛理、将其筛下的细小颗粒送回膨化机再加工，筛上符合规格的颗粒送至喷涂机进行油脂、维生素、香味剂及色素的喷涂添加。喷涂机在前面已介绍。油脂在喷涂前的缓冲罐中应加热到 60℃，采用定量泵控制油脂及其他添加剂的添加量。为使颗粒料涂布均匀，防止黏结和油脂在筒壁上固化，喷涂机旋转筒体后应设加热装置。经过喷涂，不仅补充了必要的饲料成分，其表面感观质量亦有明显提高，对鱼虾饵料也提高了抗水稳定性。喷涂后的膨化饲料成品再经称量包装即可入库储藏。

7. 成品包装与输送工艺

成品处理工艺分为散装和包装两部分。

散装工艺为：散装成品仓→散装车→称量→发放。

自动秤包装工艺为：待打包仓→包装秤计量→灌仓机→缝口→输送设备→成品仓→发放。

采用人工操作时：套袋→放料称重→缝口。

散装成品仓容由散装成品占总产量的比例确定，待打包仓容量不少于生产线 1 h 的生产量，打包机的生产能力应略大于生产线的产能。

第三节　饲料厂安全卫生与防治技术

饲料厂的安全与卫生是指饲料厂生产过程中发生的对生产、环境、人和动物的健康存在的潜在危险或有害因素。本节详细介绍了饲料厂噪声、粉尘、霉菌毒素及有害生物等在产生过程对饲料厂人员及产品的危害，以及饲料厂安全卫生的防治技术与措施。本节重点为饲料厂安全卫生的防治，从生产上采取措施，以提高饲料的卫生质量，保障饲料生产安全与饲养动物健康。

饲料厂安全卫生是饲料生产过程中需要控制的重要环节，饲料生产中产生的噪声、粉尘不仅污染环境，而且粉尘还会对机械造成严重磨损，导致生产成本增加。据统计，随着工业的发展，噪声问题在国际上日益严重，美国全国总人口的 40% 受到噪声的严重干扰，20% 人口处于听觉受损害的强噪声威胁之下，故有人把噪声视为一种新的致人死亡的慢性毒药。而粉尘积累到一定程度时则存在爆炸性的威胁，资料显示，饲料厂是容易发生粉尘爆炸的重要生产场所之一，特别是配合饲料生产厂。此外，饲料安全还与原料卫生（微生物、霉菌毒素）有关。本节主要从以下 3 个方面对饲料卫生中存在的安全问题进行了讨论：①霉菌及其毒素；②细菌及其毒素；③仓库害虫及其有害产物。

一、噪声

(一) 噪声的危害及来源

在《中华人民共和国环境噪声污染防治法》中，环境噪声是指在生产、建筑施工、交通运输和社会生活中所产生的影响周围生活环境的声音。噪音可以用声压计测量。我国颁布的《工业企业噪声卫生标准》规定，工业企业生产车间和作业场所的噪声标准为85 dB（分贝），现有企业经过努力暂时达不到该标准时，可放宽到 90 dB。而在饲料厂中，许多设备和装置，如饲料粉碎机、高压离心风机、初清筛、分级筛等，工作时产生的噪声都超过 90 dB，有的甚至超过了 100 dB。如果人长时间工作在噪声环境下，会使人感到刺耳难受，久之使人听觉迟钝，甚至导致噪声性耳聋，并引起多种疾病，降低劳动生产率。

噪声污染有两个特点：一是影响范围广，一个很大的噪声源会严重干扰周围居民生活；二是没有后效，噪声源消除了，污染立即消失。

(二) 饲料厂的噪声防治

饲料厂的噪声主要来源于风机、粉碎机和筛选设备。以离心式风机为例，噪声的大小主要与风机的叶轮圆周速度（即转速）和叶轮直径的大小有关。转速增加或叶轮增大，噪音也随之增加。另外，风机的叶轮的叶片形式，风机各部件的加工精度和安装的质量对噪音的影响也很大。

噪声控制包括3个基本因素，即噪声源、传播途径和接收者。只有对这三个因素进行全面考虑，才能制订出既经济又能满足降低噪音要求的措施。当然，控制噪声最根本、积极的办法是从声源上着手，如设计制造较低噪声的新型设备等。如果由于技术上或经济上的某些原因，目前尚难以从声源上解决噪声，或经过努力仍达不到噪声的允许值时，就要采取控制噪声传播途径的方法来减少它向周围的辐射。机械设备的噪声通常有两种形式：空气噪声和固体噪声。它们均可用隔声和吸声等措施达到降噪目的。合理配置噪声源也是一项重要措施。其原则是：安静区与噪声区分开；高噪声与低噪声的设备分开；把噪声极强的设备安置在地下或较偏僻的地方，尽可能地减少噪声的污染。另外，还可采取戴耳塞或防噪声头盔的办法，减少噪声对接收者的危害。

1. 消声器

消声器是利用对声音的吸收、反射、干涉等措施达到消声目的的装置。消声器只对空气噪声有效。对消声器的要求是：消声量大、空气动力性能好（阻力小）、体积小、耐用、价廉。消声器一般可分为3类：阻性消声器、抗性消声器和阻抗复合消声器。

2. 隔振和阻尼

隔振是把传来的振动波通过反射等措施使其改变方向或减弱。隔振装置有隔振橡胶、弹簧、空气垫、缓冲器等。饲料厂通常采用橡胶减振器来减弱机器对基础的振动。风机尽可能安装在较重的基础上，并用空气层与周围的地基隔开，在风机与基础以及基础之下都要安装减振器。在饲料厂，除振动的机械设备外，还有一些送风系统和除尘系统的管道是传递振动的导体。为了减弱固体噪声，可将刚性连接改为柔性连接，如采用帆布、人造革或橡胶等制成的短管连接。当管道穿过楼板和墙壁时，要用弹性隔振材料（如沥青毛毡、泡沫塑料等）垫衬包裹其周边的缝隙，以减少空气噪声的透过。凡固定管道用的吊钩、支架等也应采用弹性隔振措施，以减少噪声的传递。

阻尼是指把振动产生的机械能转化为热能而被吸收，使振动受到限制，这种振动能量的损耗作用称为阻尼。阻尼材料包括沥青、橡胶以及一些高分子涂料等各种材料，它们具有内摩擦、内损耗大的特性，适宜于防治由鼓风机、气力输送管道等各种装置的薄板外壳辐射出的固体噪声。为取得满意的减振效果，阻尼涂料的涂敷厚度一般应为金属薄板厚度的两倍以上。

3. 吸声

室内的噪声由两部分组成，一部分是机器通过空气媒质传来的直达声，另一部分是从各个壁面反射回来的混响声。因此，室内噪声级比同样噪声源放在室外所产生的噪声级要高出10 dB左右。采用吸声处理，就是依靠吸声材料或吸声结构来吸收混响声（对直达声无效果），这种吸声减噪的方法，是控制工业噪声的主要措施之一。

吸声材料一般装饰在房间的内表面上，也可把吸声材料做成空间吸声体的形式，悬挂在屋顶下。据资料显示，当空间吸声体的面积占室内地坪面积40%左右时，即可取得与满铺吸声饰面相近的效果。但采用悬挂法时，不应影响设备的布局和采光照明。材料吸声的能力，用吸收声能与入射声能的比值，即吸声系数仅表示。吸声材料的 d 值要求在0.2以上。可供选用的吸声材料和吸声结构的种类很多，根据其吸声原理和结构，可分为三大类（表2-1）。

表 2-1　饲料厂吸声材料和吸声结构的分类

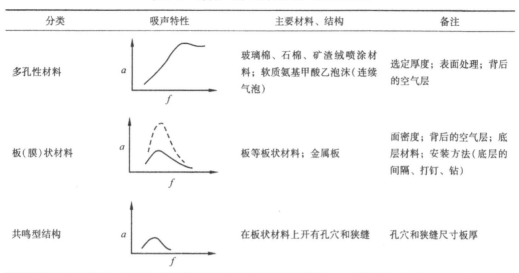

分类	吸声特性	主要材料、结构	备注
多孔性材料		玻璃棉、石棉、矿渣绒喷涂材料；软质氨基甲酸乙泡沫(连续气泡)	选定厚度；表面处理；背后的空气层
板(膜)状材料		板等板状材料；金属板	面密度；背后的空气层；底层材料；安装方法(底层的间隔、打钉、钻)
共鸣型结构		在板状材料上开有孔穴和狭缝	孔穴和狭缝尺寸板厚

引自饲料工业职业培训系列教材编审委员会，1998

4.隔声

用壁面把声波遮住和反射回去，把噪声源与接收者分隔开来的措施称为隔声。隔声是依靠材料的密实性，利用声能的反射而隔声。坚实厚重的壁面对噪声的隔离效果较好。隔声的办法一般是用隔声罩把噪声源密闭。但有时为了维修方便或有利于机器设备的散热通风，也可用声屏障将噪声屏蔽起来，使噪声源向声屏障后面辐射的声能降低。或者在最吵闹的车间建立控制用的隔声间，保护操作者不受噪声干扰。隔声结构的种类很多，有单层墙、双层空气墙或充填吸声材料的双层墙等，可根据隔声要求而定。对于饲料厂的粉碎机组、高压离心风机等噪声源，一般选用单层密实均匀的隔声结构件已能满足要求。有空气层的双层墙壁的隔声量与同样重量的单层墙壁相比，可改善 5～10 dB。对同一隔声量，双层墙比单层墙重量减少 2/3～3/4，一般两壁之间的空气层以 10 cm 左右为宜。为了提高双层墙的隔声效果，应避免墙与墙的刚性连接。用多孔材料填充的双层壁，可以改善空气层双层壁降低低频区的共鸣透射的不足。

在实际中，防治噪声要采取综合措施。既要采用吸声、隔声、消声的办法，又要采取隔板、阻尼的措施，有时还要与建筑结合起来，如运用改变声源方向(如背离住宅)、合理布局、拉开距离等措施，就可取得较好的效果。

二、粉尘

粉尘问题是饲料厂环保工作的重点。粉尘易使环境污染，影响人的身体健康。人体吸入过多的粉尘，会引起鼻腔、咽头、眼睛、气管和支气管的黏膜发炎。粉尘越细，在空中停留的时间越长，被吸入的机会越多，对肺组织的致纤维化作用也明显，是造成尘肺、矽肺等疾病的直接原因。粉尘还能加速机械的磨损，影响生产设备的寿命。粉尘落到电气设备上，有可能破坏绝缘或阻碍散热，易造成事故。灰尘排至厂外，影响周围环境卫生。在条件具备的情况下，粉尘还会出现燃烧或爆炸事故，具有很大的破坏性。如美国饲料厂发生粉尘爆炸事故频繁，1980年一年中就发生26起立筒仓粉尘爆炸事故，造成7人受伤，损失很大；1993年哈尔滨粮库玉米烘干车间发生一起粉尘爆炸事故，导致整个烘干车间及外围清理车间、烘干塔主楼、锅炉房等被炸裂、坍塌和烧毁，造成8人受重伤，车间生产严重瘫痪。

(一) 饲料厂粉尘的性质

实践表明，通风除尘系统的设计和运行与粉尘的许多性质密切相关，如粉尘密度、比表面积、磨损性、光学特性、黏性、电性、爆炸性等。恰到好处地利用这些性质，可以大大提高通风除尘的效果，并保证设备的可靠运行。这里重点介绍粉尘的物理、化学性质，以及由原物料变成粉尘后出现的一些新特性。

1. 密度

粉尘的密度有两种，即容积密度和真密度。自然堆积状态下的粉尘的颗粒间存在着空隙，即呈松散状态，此种状态下单位体积粉尘的质量称为粉尘的容积密度，以 ρ_v 表示。

$$\rho_v = \frac{纯粉尘质量＋空气质量}{纯粉尘空气＋空气隙空气}$$

式中，ρ_v ——容积密度，kg/m^3。

如果设法将粉尘体积内部的空气排出 (即在抽真空情况下)，此时测出的单位体积粉尘的质量为真密度，以 ρ_p 表示。

$$\rho_p = \frac{纯粉尘质量}{尘真体积 (无隙)}$$

式中，ρ ——真密度，kg/m^3。

一般来说，粉尘的容积密度 ρ_v 要比粉尘的真密度 ρ 小，两种密度对选择除尘器、灰斗等均有实际意义。

2. 比表面积

比表面积是指单位质量粉尘的表面积，以 S_{ss} 表示。

$$S_{ss} = \frac{A}{m}$$

式中，S_{ss}——比表面积，m^2/kg;
A——粉尘的表面积，m^2;
m——粉尘的质量，kg。
比表面积与粉尘的粒径呈反比，是衡量粉尘粗细程度的标志。

3. 堆积角与滑动角 (自流角)

粉尘自漏斗连续落到水平板上，此时粉尘堆积成圆锥体，圆锥体的母线与水平板面的夹角呈 α 角，称为堆积角，见图2-21。滑动角系指在光滑平板面撒上粉尘，当平板倾斜到一定角度 β 角时，粉尘开始滑动，此时的 β 角称为粉尘的滑动角 (图2-22)。

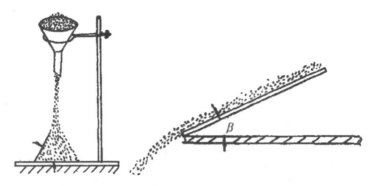

图 2-21　堆积角（引自常华，1989）　　　图 2-22　滑动角（引自常华，1989）

4. 磨损

磨损性指粉尘在通风除尘管路中流动时对管壁的冲刷程度，这取决于粉尘的硬度、颗粒形状大小、粉尘密度等，同时也与含尘气流的速度有关。磨损性与速度的 2 ~ 3 次方呈正比，即含尘气流速度大的粉尘对管壁的磨损严重。

5. 浸润性

液体滴在固体表面有两种情况，一是液体沿其表面流展开来（图 2-23a），二是液滴在固体表面呈球状（2-23b），前者说明液体对固体发生浸润作用，后者为不浸润。粉尘颗粒与液体接触时会发生上述第一种情况，这就是浸润性。

浸润性与液体表面的张力有关，当粉尘颗粒落在水面时，如图 2-23 所示，图中虚线为水、气、尘三相的交界线，$\sigma_{2.3}$ 为气与尘的交界面的表面张力，$\sigma_{1.2}$ 为气与水的表面张力，$\sigma_{1.3}$ 为水与固的交界面的表面张力，在上述 3 种力的作用下，可能出现图中两种情况，这里 $\sigma_{1.3}$ 和 $\sigma_{2.3}$ 作用于尘粒表面的平面内，$\sigma_{1.2}$ 作用于接触点的切线上，切线与尘粒表面夹角 p 称为湿润角或边界角，该角可由 0° ~ 80°，可作为粉尘浸润性的指标，θ 角越小越好，据 θ 的大小判断粉尘的浸润性。

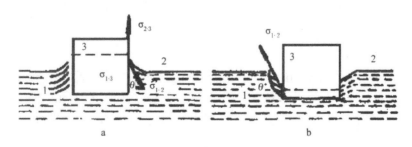

图 2-23　粉尘的浸润性（引自常华，1989）

6. 光学特性

粉尘作为物质对光同样具有反射、吸收、透射等特性。在通风除尘技术中，可以利用粉尘的光学特性来测定粉尘浓度、分散度及尘粒的运动速度等。例如用激光可以测定尘粒的运动速度等。

7. 黏性及凝聚

粉尘的黏性是指尘粒之间，或尘粒与固体壁表面之间具有吸附力的表现。由于黏性的存在，粉尘颗粒之间的相互碰撞会导致尘粒的凝聚。粉尘的凝聚有利于各种除尘器对粉尘的捕集。

8. 荷电性

自然界的粉尘或生产过程中有可能带电（正电性或负电性）。使粉尘带电的原因很多，如辐射、摩擦、碰撞、带电粒子的吸附等。粉尘带电对除尘是有利的，利用其荷电性可以使细尘凝聚成粗粒，也可以直接利用，如电除尘器就是利用粉尘的荷电性将其捕集。

9. 自燃性和爆炸性

当物料被破碎成粉状颗粒时，总表面积增加，整个物系的表面自由能增加，从而提高了粉状料的化学活性（即不稳定性增加），特别是粉料被氧化的可能性大大增加。如果粉料被氧化得越剧烈，这就形成了燃烧（因为燃烧就是剧烈的氧化过程）。如果粉尘与空气中的氧发生反应，且是放热反应，若其反应热又来不及排出，则整个物系温度就会升高，一旦温度达到粉尘燃料的燃点，粉料将自动燃烧起来，这就是粉尘的自燃性。

各种粉尘的自燃温度相差很大。根据不同的自燃温度可将自燃性粉尘分成两类。第一类粉尘的自燃温度高于周围环境温度，只能在加热时才能引起燃烧。第二类粉尘的自燃温度低于周围环境温度，以致在不加热时也可能燃烧。因而第二类粉尘造成的火灾危险性更大。

根据粉尘爆炸性及火灾危险性可以将粉尘分成四类：

Ⅰ类——爆炸危险性下限浓度小于 15 g/m^3，有砂糖、泥煤、胶木粉、硫及松香等；

Ⅱ类——有爆炸危险性的粉尘，爆炸下限浓度为 16 ~ 65 g/m^3，有铝粉、亚麻、面粉、淀粉等；

Ⅲ类——火灾危险最大的粉尘，自燃温度低于 250%，有烟草粉等；

Ⅳ类——有火灾危险性的粉尘，自燃温度高于 250%，有锯末等；

其中，Ⅲ类和Ⅳ类粉尘的发生火灾的下限浓度为 65 g/m^3。

粉尘分散度对爆炸性有很大影响。粉尘颗粒大，不可能爆炸。湿度同样对粉尘的爆炸性有影响，湿度大会促进微粒粉尘的凝并，因而降低了粉尘的总表面积，使其稳定性增加。

对于有爆炸危险和火灾危险的粉尘在设计通风除尘系统时要给予充分注意，采取必要的措施。

(二) 粉尘的来源

在饲料生产过程中所使用的原料、辅助材料以及成品、半成品、副产品的生产过程中会散发出大量的微细的固体颗粒，并飘浮在空气中，这种气体与固体颗粒的混合物称为气溶胶（即气体作为分散系，微粒作为固态分散相——粉尘）。治理悬浮于空气中的粉尘是通风除尘的主要任务。

粉尘主要来源于以下几个方面：①固体物料的机械粉碎过程，如破碎机、球磨机等加工物料的过程；②粉状料的混合、筛分、包装运输等过程；③物质的燃烧过程，如煤在燃烧时会有大量的微细炭粉散发出来；④固体表面的加工过程，如制粒、打磨、抛光等工艺过程；⑤物质被加热时发生氧化、升华、蒸发与凝结等，在其过程中产生并散发出固体微粒。

(三) 粉尘的危害

1. 对人体健康的影响

粉尘对人体的危害程度取决于粉尘的化学性质、空气含尘浓度以及粉尘的分散度等。有些金属性粉尘，如铬尘、锰尘、铅尘等，由于其化学性质的作用，进入人体后会直接引起中毒或发生病变，严重时可能导致死亡。铬尘会引起鼻溃疡或穿孔，甚至导致肺癌；铅尘使人贫血，损坏人的神经及肾脏等。空气中粉尘浓度分散度越大，对人体危害程度就越严重。因为粉尘浓度大，即空气中粉尘含量多，被人们吸入体内的机会增多；分散度大即粉尘粒径小，容易通过呼吸道进入肺部，以至在肺泡内沉积，久而久之，导致"尘肺"，由粉尘引起的矽肺等。所以特别需要注意空气中浓度大、分散度也大的粉尘的防治。

另外，粉尘在空气中也会吸附细菌或病毒，进入人体内会由于细菌或病毒使人发病，这样粉尘就成了传播疾病的媒介，这就是粉尘对人体的间接危害。

2. 粉尘对仪器设备以及产品的危害

在粉尘环境中工作的仪器设备，粉尘沉降在其运转部位上，尘粒成了研磨膏，使运转部件磨损，从而降低其精度，缩短使用寿命；粉尘降落在生产产品上，将直接影响产品的质量，改变产品的性能，甚至使其报废。有时粉尘浓度超标还可能酿成重大事故（如粉尘爆炸）。

（四）粉尘的防治

要减少饲料厂粉尘污染和爆炸的可能性，就须采用必要的防尘措施和除尘设备。主要防尘措施有如下几方面。

①设计合理的吸尘装置（合理通风量、管道风速、进风和出风速度、静压及吸尘点处捕尘风速等），合理安装和布置吸尘系统，在使用中加强管理和维修（如定期清除积尘，防止堵塞和漏风，每日监测袋式除尘器分压变化等）。

②密闭除尘设备和设施，防止粉尘外溢。

③简化物料流动（特别是添加剂预混料和配合饲料），减少物料自由落入料仓（或其他容器）的次数和落差，以减少粉尘形成的机会。在保证要求物料粒度（包括微量组分）条件下，避免物料过度粉碎，以达到降低物料尘化和抑尘的目的。

④提高除尘设备的效率，以免使已收集的粉尘扩散。

⑤确保所有设备接地良好，并在粉料中喷入液体（如添加的油脂），以减少或避免静电蓄积而导致微量组分尘化和分离。除密相输送外，尽量减少气力输送，多选用其他输送设备。

⑥通过成型或液体降尘剂，防止成品在一切操作过程再度出现粉尘和分离。

⑦用吸尘器等经常封闭式清理已沉积在地面、机器上的粉尘，防止二次尘化。

防治粉尘在室内扩散的最有效方法是直接在尘源处进行收集，经除尘器净化后收集或排除。这种通风除尘方法称为局部排（吸）风。该网络主要由吸尘装置、风管、除尘装置和风机等设备组成，如图2-24所示。一般在车间内采用全面通风换气的方法。

采用通风除尘网络，要做到"密闭为主，吸风为辅"。这有两层意思：一是把产生粉尘的机器设备尽可能进行密闭，然后根据需要合理地安装吸尘装置，以便控制气流和吸除粉尘；二是如果吸风过大，会在室内形成真空，产生负压，造成从真空度比房间小的设备部分排出大量粉尘。

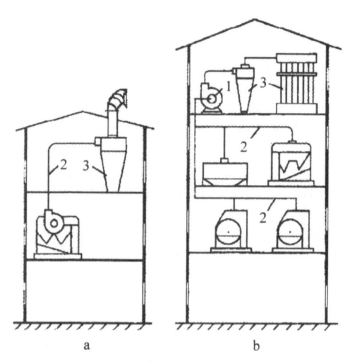

a 独立风网 b. 集中风网

图 2-24 通风除尘网络

(引自周曼玲，2006)

(五) 通风除尘网络

饲料厂的通风除尘网络由吸尘装置、风管、除尘装置和风机组成，主要用来吸除粉尘，有时也用来完成某些工艺任务，如降温、吸湿和分离杂质等。

1. 吸尘设备

(1) 设计、选用吸尘装置的原则

①吸尘设备应尽可能使尘源密闭，并缩小尘源的污染范围。密闭装置要避免连接在振动或往复运动的设备上。

②吸尘装置的吸口应正对或靠近灰尘产生最多的地方，吸风方向应尽可能与含尘空气运动方向一致，但为了避免过多的物 (粉) 料被抽出，吸口不宜设在物料处在搅动状态的区域附近 (如流槽入口) 或粉料的气流中心。吸风罩的收缩角一般不大于60°，保证罩内气流均匀。

③吸尘装置的形式不应妨碍操作和维修。对于密闭装置可开设一些观察窗和检修孔，但数量和面积应尽量小，接缝要严密，并躲开正压较高的部位。与吸尘罩相连的一段管道最好垂直铺设，以防物料堵塞管道。

④为防止吸走物料，吸口面积应有足够尺寸，使吸风速度降低。吸风口速度：谷粒 3~5 m/s，粉料 0.5~1.5 m/s。

⑤高浓度微量组分宜用独立风网，它的吸风沉降物料不宜直接加入配合饲料内，应稀释后或采用小比例 (1%~2%) 加入。

对从大容积密闭室或存仓吸风时，可不设吸风罩，将风管直接插入即可。

⑥所需风量在满足控制灰尘的条件下尽量减少，以节约能耗，并防止房间形成真空。

（2）吸尘装置。通风除尘网络中的吸尘装置主要是指吸风罩，吸风罩主要有密闭式和敞口式两种形式。

①密闭式是防尘密闭罩与吸风罩相连，其特点是把尘源的局部或整体完全密闭，将粉尘限制在一个有限的空间内。如斗式提升机，它的粉尘主要产生于底座。一方面畚斗畚取物料时与其发生摩擦、翻动；另一方面通过溜管和提升机流入大量的诱导空气，使座内空气压力升高，造成粉尘从缝隙中逸出。为了防尘，可安装吸尘装置（图2-25）。其结构是在两管之间的底盖上装设吸口和吸风管。为了减少诱导空气，可在溜管中装设一个自由悬挂的活门，它能根据物料的多少而自动启闭。

②敞口式由于工艺条件等各方面的限制和要求，机器设备无法密闭时，就只能把吸风罩设于尘源附近（上部、下部或侧面），依靠负压吸走含尘空气。如主、副料的投料口则无法密封，则可做成图2-26所示的敞口式的吸风罩。

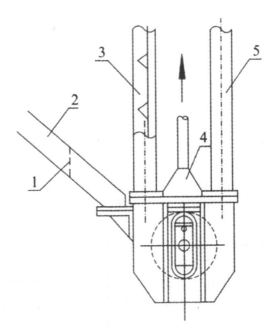

1. 活门；2. 溜管；3. 上行管；4. 吸罩；5. 下行管

图2-25　斗提机的吸尘装置

（引自饲料工业职业培训系列教材编审委员会，1998）

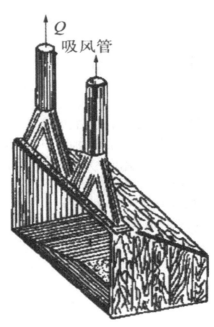

图 2-26　下料坑吸尘装置
(引自饲料工业职业培训系列教材编审委员会，1998)

2. 除尘装置

所谓除尘装置就是除尘器。按照作用力的不同，除尘装置可分为重力除尘、惯性力除尘、离心力除尘、过滤除尘、声波除尘等多种类型。饲料厂目前采用最多的是离心式除尘器和袋式除尘器。

(1) 离心式除尘器。离心式除尘器又称离心分离筒、集料筒、旋风式除尘器、沙克龙，是利用离心力将高速混合气流中的粉粒与空气进行分离的，结构简单的，本身无运动部件的装置。它分离 $5 \sim 10 \mu m$ 的粉尘效率较高，但处理 $1.0 \mu m$ 以下的粉尘的除尘效率低。通常用作料气混合流的集料装置或在除尘效率要求高的除尘系统中，用作第一级除尘设备。工作时，含尘气流以 $10.25 \, m/s$ 的流速由入口切向进入分离筒，气流将由直线运动变为圆周旋转运动，旋转气流将绕着圆筒呈螺旋向下，含尘气流在旋转过程中产生离心力，粉尘在其离心力的作用下，被甩向筒壁，粉粒便失去惯性力，在重力作用下沿筒壁面滑落至锥体底部，经卸料装置排出。

表 2-2　离心式除尘器的参数

型号	下旋					外旋
	55	55-1	60	60-1	38	45
处理量 Q（m_3min）	0.5 ~ 55.8	2.0 ~ 46.7	3.7 ~ 61.5	2.1 ~ 34.1	1.8 ~ 22	3.0 ~ 37
外径 D（mm）	0.103VD	0117VD	0.102VD	0.317VD	0.149VD	0.115VD
内筒直径 d（mm）	0.55D	0.55D	0.60D	0.60D	0.38D	0.45D
外圆筒高 H_1（mm）	0.60D	0.60D	2.17D	0.85D	0.80D	0.80D

型号	下旋					外旋
	55	55-1	60	60-1	38	45
锥筒高 H_2(mm)	2.50D	2.00D	2.00D	1.10D	2.30D	2.00D
入口高 a（mm）	0.45D	0.45D	0.58D	0.37D	0.25D	0.35D
入口宽 b（mm）	(D-d)/2	(D-d)/2	(D-d)/2	(D-d)/2	0.25D	0.30D
阻力系数 ζ（以 m 计）	$0.019/D^3$	$0.019/D^3$	$0.0058/D^4$	$0.0116/D^4$	20D	25D
进口风速（m/s）	10~17	10~17	12~18	12~18	10~14	10~14
理论分离效率（%）	96~99	96~99	96~99	96~99	99	99

引自饲料工业职业培训系列教材编审委员会编，1998

①离心式除尘器的性能参数一般进口气流速度为 10~25 m/s，最大不得超过 35 m/s；压力损失一般为 0.98~1.96 kPa；除尘效率外旋型和下旋型在 96%~99% 范围内，如表 2-2 所示，表中 Q 为进气口风量，y 为进气口气流速度。

②选用离心式除尘器时，必须首先了解粉尘的特性、浓度及除尘的要求等，以便选定分离筒的类型，选用步骤：首先，按经验确定某种型号的分离筒；其次，根据所需处理的风量 Q 和选用的进气口气流速度 V，由表 2-2 求得圆筒外径 D；最后，据所查找的（或计算的）D，按表中分离筒各部分与 D 的尺寸比例关系，即可计算出分离筒各部分尺寸。

③影响离心式除尘器除尘性能的因素理论上，可以认为离心除尘器对大于某一粒径的粉尘，其除尘效率为 100%，小于此粒径的效率为 5μm；实际上，由于反弹、涡流、夹带等作用，对小粒径也有些除尘的可能性，但捕集小于 5 单位的微细粉尘效率较低。影响除尘性能的因素有：第一，进风口结构和风速。按进风的方向可分为轴向进风和切向进风。轴向进风口的断面多为圆形，切向进风口的断面多为长方形。切向进风口断面的高宽比（直接进风口为 2~5，涡壳进风口为 1~2）。进风口的最佳风速一般在 12~20 m/s 范围内，最好通过实验获得。若风口风速超过 20~25 m/s 时，反而使除尘效率降低，还会使除尘器阻力和能耗增大。第二，底部排尘装置。除尘器分离出来的灰尘必须及时排出。排尘装置分为中心排尘和周边排尘两类。中心排尘可采用定期出灰的简单灰斗或卸灰阀。周边排尘多用于扩散式除尘器。排尘口的大小及结构对除尘效率有直接影响，其直径一般取 1~1.2 d，由于排尘口处于负压较大的部位，故漏风 1%，除尘效率降低 5%~10%；漏风 5%，降低一半；漏风 10%~15%，效率降至零。如果底部做得大而深，并保持严密，将有利于除尘。第三，离心除尘器是否串、并联使用。

④离心式除尘器的使用离心除尘器常用于对除尘效率要求不高的场合，用来除去粗大尘粒；当空气含尘浓度很高时，可与其他高效除尘器（如袋式除尘器）串联使用。离心除尘器常常并联使用，其主要原因是：第一，由于同一种离心除尘器小尺寸的除尘效率高，为了满足必须处理的空气量，常把若干个小直径的除尘器并联使用；第二，如果空气量的波动较大，在负荷减小时，可切断部分除尘器，既保持原来的除尘效率而又经

济;第三,可以轮换对除尘器进行维修,而不影响网路的运行。

(2)袋式除尘器

袋式除尘器主要采用滤料(织物或无纺布)对含尘气体进行过滤,将粉尘阻挡在滤料上,以达到除尘的目的。过滤过程分为两个阶段:首先是含尘气体通过清洁滤料,这时起过滤作用的主要是纤维;其次,当阻留的粉尘量不断增加,一部分嵌入滤料内部,一部分覆盖在滤料表面,而形成粉尘层,此时含尘气体的过滤主要依靠粉尘层进行的。这两个阶段的效率和阻力有所不同。对饲料工业用的袋式除尘器,其除尘过程主要在第二阶段进行。

①袋式除尘器的结构袋式除尘器主要由滤袋和清灰机构组成。

滤袋为提高滤尘性能,需选择适合滤袋材料,如工业涤纶绒布、毛毡以及新材料聚四乙烯(滤膜)等是很好的滤袋材料。滤袋一般占设备费用的10%~15%,需定期更换。

滤袋的除尘效率还与过滤风速有关,过大过小都不利,通常在0.9~6.0 m/min范围内选用。在运行中要保持滤袋完整,否则,在一个滤袋上出现小孔,除尘效率将急剧下降。为解决静电荷积聚问题,可在滤料中掺入导电纤维。据资料显示,滤料中只要有2%~5%的这种纤维,就能防止静电积聚。滤袋通常做成圆形,袋径为120~300 mm,长为200~3500 mm,袋间间距不小于50 mm。

清灰装置对滤袋进行清灰的振打装置有机械振动式、反吹风式和脉冲式等多种。现代饲料厂多采用脉冲式。脉冲式滤袋除尘器是利用高压气流对滤袋进行脉冲喷吹,使滤袋积尘得到清理。其工作原理是:含尘空气由进气口进入中部箱体,空气由袋外进入袋内,粉尘被阻留在滤袋的外表面,净化空气经设在滤袋上部的文氏管进入上箱体,然后由排气口排出。每排滤袋上部均有喷吹管,管上的小孔直径为6.4 mm。为保证除尘器的正常工作,喷吹管每隔一定时间就以极高的速度喷吹一次压缩空气,每次喷射都带着比滤袋体积大数倍的诱导空气进入滤袋,使之急剧膨胀引起冲击振动,同时在瞬间内产生由内向外的逆向气流,使粉尘脱落,最后经泄灰阀排出。若滤尘采用外滤式,为防止过滤时滤袋可能被吸瘪,每条滤袋内设有支撑框架。每次清灰时间极短,且每分钟将有多排滤袋受到喷吹清理。清灰一次为一个脉冲,一次清灰时间称为脉冲时间;两次脉冲之间称为脉冲间隔。每分钟的脉冲数称为脉冲频率;全部滤袋完成一次清灰的时间称为脉冲周期。

袋式除尘器的主要优点有:除尘效率高,特别是对细微粉尘(5单位)以下也有较高效率,一般在99%以上;经除尘后的空气含尘浓度常小于0.1 mg/m³,可以回到车间再循环;工作稳定,便于回收干料;一般不会被腐蚀。

其缺点是:滤袋中的粉尘浓度可达到爆炸的浓度,此时若有明火进入,易发生爆炸事故;体积大,占地面积大,设备投资高;换袋的劳动条件差;不宜处理湿粉尘。

目前我国设计的脉冲袋式除尘器形式、规格甚多,选用时可查阅有关资料和手册。

②袋式脉冲除尘器与旋风除尘器除尘性能的比较以两者同样处理9 000 m³含尘空气为例,袋式脉冲除尘器比旋风除尘器购价高3倍;前者结构复杂,维修费远高于后者;前者比后者所占面积大一倍;两者除尘效率接近,但除尘粒度范围不同;后者电耗稍高,但前者购价高。

可见,旋风除尘器对细小粉尘仍有较高的除尘效率,总效率可达99%以上,处理风量为3 000 m³/h、6 000 m³/h、9 000 m³/h、12 000 m³/h,阻力为3 500 Pa左右造价低且使用方便，是较理想的除尘设备。在饲料工业中，常以旋风除尘器作为唯一（如冷却器吸风除尘）或第一道除尘设备（将布袋脉冲除尘器作为与之配合的第二道除尘设备），以完成饲料厂的通风除尘任务。

（六）粉尘爆炸的防止

饲料厂是比较容易发生粉尘爆炸的部门之一。据粉尘爆炸次数的情况统计，配合饲料厂占48%。在饲料厂中，筒仓和料仓、斗式提升机吸风系统的次数占75%，其相应比例各为40%、20%和15%。爆炸原因多数是由于电焊、气焊或其他明火作业引起的。为防止粉尘燃烧爆炸，饲料厂需要采取相应的防护措施。

（1）建筑布局。饲料厂建筑布局要求做到：①饲料厂的生产区、生活区要分开，在生产设置专门的吸烟室；②生产性房间尽量做成小车间，并在它们之间安置保护通道；③为防止从机动车辆中排出的气体成为燃烧源，在装卸散装饲料点（易产生大量粉尘）建造斜平台（图2-27），车辆可以不启动发动机而顺坡离开。

（2）建筑结构。①每个生产性房间安装易脱落的保护结构，易脱落件的面积和房间体积之比不小于0.03 m^2/m^3，覆盖易脱落件的重量不大于120 kg/m^2；门和窗户做成易向外打开的形式，以在不被破坏时，可以作为易脱件的补充；②在楼梯间和升降机中装设泄爆孔，泄爆孔需布置均匀。在生产性房间，不应设计上面可能沉积粉尘的突出建筑结构；③料仓、楼板以及房中墙的表面、梁、柱等要做光滑，建筑结构中的结合点要做平整，墙与墙之间的夹角做圆滑，不留下沉积粉尘的空穴。房间内表面最好染上与粉尘的色泽有区别的色调。

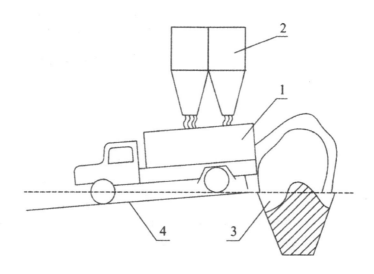

1.卸料斗；2.汽车料斗；3.粉尘空气混合区；4.倾斜平台

图2-27　倾斜平台的使用

（引自饲料工业职业培训系列教材编审委员会，1998）

（3）工艺、设备的防爆要求。由于设备运动机件的摩擦和发热，当管理、维修不善或运动机件有毛病时，可能很快过热，为此要采取相应措施。例如，在斗提机和胶带输送机的被动轮上安装速度传感器等自动控制的连锁装置，防止传动带打滑、摩擦造成胶带发热起火。

为防止原料内的金属及其他异物进入设备中因碰撞摩擦而发生火花，在饲料加工工艺中必须安装初清筛和磁选机。

由于悬浮在空气中的易燃粉尘产生的静电电压可达到 3 000 V 以上，在一定条件下，静电放电会点燃粉尘，引起爆炸。因此，对于绝缘材料的橡胶织物的输送带、塑料制造的风管、气力输送管等，要安装金属防护网等措施，并保证各种机器设备安装在地上。

在工艺设备中，合理使用泄爆保护装置 (图 2-28) 是安全措施之一。泄爆管与机器或机组的专门洞眼连接，它不小于保护设备的内部体积。泄爆管的孔用易破坏的隔膜 (如牛皮纸) 密封。当发生爆炸时，隔膜破坏泄压，从而保护了设备。泄爆管一般用有弹性的、紧固的、不易燃烧的、厚度不大于 0.04 mm 的铝片或铜片制成，泄爆管尽可能短而直，弯管弯的角度不大于 15°，以减少其阻力，因为泄爆管的阻力越小，爆炸时机器内部压力增长越小。不允许把几根泄爆管连接在一个集流管中，以免一台机器发生爆炸而传播到其他机器中。

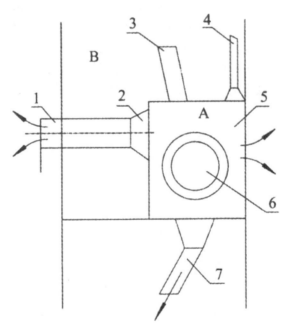

A.机器；B.房间；1.泄爆管；2.泄爆管薄膜；3、7.溜管；4.吸风管；5.房间通向室外出口的薄膜；6.作业机械组成部分

图 2-28　安装防爆管保护设备

(引自饲料工业职业培训系列教材编审委员会，1998)

机器设备一般涂上不燃烧的油漆，在离心除尘器、料仓、风管、斗提机的进料口处等要装设挡火器，防止火势蔓延。

(4) 电器的防爆要求。电气设备、电气通风系统符合安全规范，都必须选用防爆型和接地装置，防止电机过热，电线漏电和短路而起火，高大建筑物安装避雷针。

由于普通照明电器上易沉积粉尘，造成灯泡温度升高可能形成火源。因此，要采用有保护的照明装置，保护罩和垫圈一起安装。对于可携带光源，应具有不传播爆炸的性能，其玻璃罩应用金属网保护。

（5）火的作业的防爆要求。在饲料加工企业中，几乎1/3粉尘爆炸是违反规范而进行明火的作业发生的。因此，许多国家都禁止在筒仓、配合饲料厂等地方进行明火作业。但有的情况下又不得不进行明火作业，如在生产性房间内修理不可能搬出的设备时。在此情况下进行明火作业前，应做到以下4点：第一，操作人员要有在生产性房间进行明火作业的许可；第二，完全停止全部机器的工作；第三，仔细清除房间中的粉尘，包括墙、天花板、机械设备和管道内外的粉尘；第四，关闭风管、通风井以及设备的检查孔和洞眼。

加强对工作人员的培训，是防爆的根本措施。全体工作人员应熟悉除尘的办法、可能着火的火源、爆炸保护和挡火装置、疏散办法等，应遵守安全管理的规章制度，才能有效地防止粉尘爆炸。

三、环境

饲料厂的环境与工作人员的身心健康、企业的安全生产、饲料的质量有着密切的关系。

(一) 环境卫生

1. 清洁卫生

在饲料厂中，打扫清洁是防止饲料交叉污染，保护工作人员的身体，防止粉尘爆炸的主要措施之一。澳大利亚近30年来没有发生一次破坏性的粉尘爆炸事故，很大程度归功于他们制订了严格的清扫制度，规定了每天、每周、每月及每年清扫的范围及要求，并认真执行。生产车间的工作人员除了认真清理机器上的粉尘，打扫自己工作区范围地板上的粉尘外，还必须每年对整个房间进行数次打扫。打扫周期取决于粉尘积累的厚度以及更换饲料品种的情况而定。有的国家规定房间内堆积的粉尘层不应超过0.5mm。打扫时，不应扫集粉尘，要用吸尘器或用湿抹布来收集。在有条件的地方，可利用集中的气力风网打扫清理粉尘。

2. 饲料卫生

饲料通过畜禽而进入人类的食物链。因此，饲料卫生的状况不仅关系到畜禽动物的健康及生产率，而且影响到人类的健康。饲料厂的污染按性质分主要有物理、化学和生物污染三大类。

（1）物理污染。饲料中若混杂着大量泥沙或金属碎片等，均会对畜禽动物造成机械性损伤。特别是混有碎金属、玻璃的饲料，容易造成畜禽动物消化道创伤而感染发炎或内出血而死亡。

（2）化学污染。它包括有些饲料在一定条件下会产生有毒物质，如饲料中残留的农药以及添加剂使用过量等。常见污染饲料造成畜禽动物中毒的农药有有机氯制剂（如DDT），有机磷制剂（如1605，1059），有机汞制剂和砷制剂等。对于长期储藏喷有杀虫剂、熏蒸剂的饲料，也须考虑污染问题。最主要的是畜产品中的药物残留和耐药菌株的产生已成为公共卫生问题。此外，在一定条件下会产生有毒物质的饲料（主要指青饲料），富含的氰苷甙和一定量的硝酸盐，在适宜的条件下，会产生游离的氢氰酸或亚硝酸盐，造成家畜的中毒甚至死亡。

（3）生物污染是指饲料受到细菌、霉菌和它们产生的毒素以及寄生虫卵、仓虫、老鼠等生物的危害而造成的污染。它不仅降低了饲料的营养价值，还会引起牲畜中毒、患传染病和寄生虫病等问题。

3. 饲料厂卫生要求

要做好饲养的防疫工作，就必须注重饲料的质量和卫生，对饲料厂卫生一般有如下要求。

（1）把好原料验收关，防止含有大量杂质和霉变的原料混入。

（2）注意配料计量设备的选择及其准确度，严格配料尤其是微量添加成分的配料。要求有两人专门负责，每天对微量添加剂要盘存核订；每3个月至少要校正一次配料秤。微量添加剂要单独存放，专人保管，防止因添加不当对畜禽造成的危害。

（3）配合饲料的混合均匀度是一个极重要的质量指标。要保证混合时间，尽可能减少或免除混合后的输送，每隔一段时间（如半年）对混合机进行一次检查。

（4）严格操作规程，定期打扫机器设备及厂房的清洁卫生，防止残留物对饲料的污染。尤其在更换饲料的品种时，更要进行认真清理。

（5）饲料厂内不得饲养畜禽。如因试验等工作需要不得不饲养，畜禽棚舍与生产车间要有一定距离，并应设在水流和盛行风向的下游以及地势最低的地方，并做好消毒和防疫工作，防止病原体和寄生虫卵等病菌带入饲料生产区。

（6）加强对成品的抽查和检验，保证配合饲料达到规定的营养标准和饲养卫生标准，防止有害化学元素和药剂超过规定要求。产品出厂时要检验，不合格者不能出厂。

（7）做好饲料的储藏和保管工作。在储藏期间，应及时掌握饲料的水分、湿度、温度和虫害的发生情况，防止饲料生虫生霉和氧化变质。成品一般要定期取样送检（1～3个月），记录备案。同时，应当保留平行样品半年以上，以备用户提出异议时仲裁分析。

要贯彻"饲料标签"标准，标明饲料名称、营养成分、分析保证值、净重、生产日期、保质期、厂名、厂址和产品标准代号等。

（二）环境绿化

工厂绿化不仅能美化环境，而且能保护环境。绿化植物除了具有调节气候，保持水土等作用外，还具有净化空气、净化污水和降低噪声等功能。

（1）减少空气中的灰尘。绿化植物能够阻挡、过滤和吸附空气中的灰尘。据测定，一个位于绿化良好地区的城镇，其降尘量只有缺乏树木的城镇的1/9～1/8。像刺楸、榆树、刺槐、臭椿、女贞、泡桐等都是比较好的防尘树种。草地也有显著的吸尘作用，如有草皮的足球场比无草皮的上空的含尘量少2/3～5/6。

（2）减少空气中的细菌。绿化植物的作用一方面由于树木可以减少灰尘，从而减少了附着在灰尘上的细菌，另一方面由于一些植物能分泌挥发性物质，具有杀菌或抑制菌的能力。如在一个城市绿化差的街道上每立方米空气中所含的细菌数目，比同一城市绿化好的街道上高1～2倍以上，比同一城市树木茂盛的植物园中高40～50倍。悬铃木、松柏属、柏木、白皮松、柳杉、雪松、柠檬等树木具有较高的杀菌能力。

（3）降低噪声。声波传到树木后，能被浓密的枝叶不定向反射或吸收，因此，可以利用林带、绿篱、树丛来阻挡噪声。绿化植物应尽量靠近声源而不要靠近受声区，且以乔木、灌木和草地相结合，形成一个立体、密集的障碍带。比较好的隔声树种有雪松、圆柏、悬铃木、梧桐、臭椿、樟树、柳、杉、海桐、桂花、女贞等。

事物都是一分为二的，如果污染超过了绿化植物所能忍受和缓冲的限度，它们的生长和繁殖就会受到影响。所以，要在减少污染的基础上再来发挥绿化植物的有效功能。

四、有害生物

饲料中可能存在着另一大类有害物质，即有害生物及其毒素。饲料中的有害生物主要包括3个方面：一是霉菌及其毒素；二是细菌及其毒素；三是仓库害虫及其有害产物。有害生物污染饲料后，可以从3个方面对养殖业产生不良影响：其一是有害生物的有毒代谢产物使动物中毒；其二是这些有害生物可以使动物致病；其三是有害生物的生活、繁殖等活动造成饲粮营养价值或商品价值降低甚至使饲粮彻底损毁。

(一) 昆虫

在配合饲料原料和成品储藏中有许多种类的害虫发生，这些害虫会对饲料造成一定的危害，主要包括直接消耗饲料，以及虫尸、排泄物、缀丝、皮蜕及代谢产物造成饲料的污染，从而降低饲料的营养价值和商品价值。在昆虫生长过程中又会产生热和水分，使饲料的温度、湿度升高，进而导致饲料发霉变质，降低饲用价值。

1. 饲料害虫的种类

饲料储藏中的害虫按其危害特性可分为饲料粮粒内部发育害虫和饲料粮粒外部发育的害虫。粮粒内部发育害虫是由雌虫将卵产入粮粒（如象鼻虫）或是将卵产入粮粒外部，幼虫孵化出后，蛀蚀粮粒进入粮粒内部，靠粮粒内的营养供其生长发育。如象鼻虫中的谷象、米象、玉米象、谷蠹和麦蛾等。粮粒外部发育的害虫是从粮粒外部咬食粮粒，如杂拟谷盗、赤拟谷盗、锯谷盗、扁谷盗、大谷盗、印度谷蛾、螨类。

2. 饲料害虫的防治方法

"以防为主，综合防治"是害虫防治的基本原则。饲料储存期间有害昆虫的防治途径和方法主要有检疫防治、清洁卫生防治、物理机械防治和化学防治。

（1）检疫防治。检疫防治是按照国家颁布的检疫法或条例，对输入或输出的饲料粮及其附属包装物品等进行严格的检查和检验。如果发现有检疫对象，为阻止其传播或蔓延，以强制的手段将其有害虫的饲料粮或其他饲料原料及其附属物（包括运输工具）集中在指定的区域，及时采用治理措施加以消灭。如对外检疫的对象（禁止入境的危险性饲料相关产品的害虫）有谷斑皮蠹、大谷蠹、菜豆象、巴西豆象、鹰嘴豆象、灰豆象。

（2）清洁卫生。防治做好清洁卫生工作，是防治害虫的基础。害虫一般喜欢生活在潮湿、肮脏、阴暗的空隙或角落里。针对这一情况，要经常对一切饲料储存场所、工具、器材、物料进行清洁除虫并做好隔离工作，以创造不利于害虫生存的环境条件，使其不适于生存而死亡。防治害虫的方法有以下两种。

第一，清洁除虫。饲料仓库、工具中应建立和健全清洁卫生制度，经常扫除仓房、场地、车间内外的杂质、垃圾、污水等。要清除所有仓房角落、缝隙中的残留饲料、灰尘和隐藏的害虫以及虫茧、虫巢等，并将其堵死、填平，使害虫无藏身之地。所用的设备、工具应经常清扫，做到清洁无虫。

第二，隔离防虫。饲料原料仓场和工具、器材等在清洁后应做好隔离工作，防止害虫的再度污染。对清除出的垃圾、尘土、杂物、虫巢等应立即深埋或烧毁。在粮仓周围喷洒药剂防虫线。有虫的原料和无虫料分开储存。

（3）物理和机械防治。每一种类的害虫的生存，必须依赖生态因子，如温度、湿度、水分和氧气。采取一定的措施破坏害虫生存的生态因子，达到防虫、除虫的目的。

一定的温度是饲料害虫赖以生存、繁殖的必要条件之一。在适宜的温度之内，害虫的发育和繁殖都较快，而且随着温度的升高其发育繁殖加快，而在低于适宜的温度或高于适宜的温度的环境下，对于害虫有抑制和杀灭作用。多数害虫的适宜温度在21~34℃，在此范围内，温度升高，虫害危害加重。当温度升至35℃时，对多数害虫繁殖不利。当温度达到45℃左右时，害虫处于热昏迷状态，经过一定时间可以致死。当温度高达48~52℃时，会迅速死亡。因此，谷物原料等在夏季高温日晒有一定的杀虫作用。

由于多数害虫一般不冬眠，它们未形成对低温的抵抗能力。一般在温度低于8℃时，害虫的生命活动减弱，新陈代谢低，会出现冷昏迷现象，到-4℃以下便为害虫的致死低温区。因此，采用低温的方法防治害虫也是一种行之有效的方法。但要注意的是用低温储存时，低温必须保持一定的时间才有较好的杀虫效果。

控制饲料的水分含量。水分是饲料害虫生长的重要条件。在一定的水分范围内（11.5%~14.5%）可以促进昆虫数目的迅速增长。当谷物、豆类以及饼粕中含量低于9%时，米象、玉米象和谷象不能繁殖，它们的成虫在干燥饲料中不久即将死亡。所以，饲料贮藏过程中一般要求谷物饲料水分含量不超过13.0%，饼粕类饲料不超过12.0%，成品饲料北方不超过14.0%，南方不超过12.5%。

风筛除虫是利用风力和筛选设备，把粮食中混杂的害虫与杂质分离开来。风力除虫是利用害虫与饲料粮粒的密度不同，当它们通过风动设备的空气气流散落时，轻于粮粒的害虫、杂质等被气流吹到较远的地方，而较重的粮粒落在较近的地方，使粮粒与害虫、杂质分离。对于虫体等于或重于粮粒的，不宜采用风力除虫，可采用筛选除虫。

筛选除虫主要利用害虫与粮粒的大小不同，通过筛孔进行分离。影响筛选效果的因素主要是筛孔大小、物料流量与筛面的倾角、振幅等。风筛除虫宜在春、冬采用，此时虫种少，活动不旺，除虫效果较好。但风筛除虫仅对除治裸露性的（在粮粒外活动的）害虫有效，而对在粮粒内部活动的害虫尤其是幼虫无效。

（4）化学防治法。利用化学药剂破坏害虫的生理机能，从而毒杀害虫的方法称为化学剂防治。化学药剂防治既能大量歼灭害虫，又能预防害虫感染。化学药剂毒杀害虫的方式，有触杀、胃杀和熏蒸。触杀作用是药剂直接触及害虫，透过体壁进入虫体，使害虫中毒死亡。胃杀作用是指药剂从害虫的口经消化道进入害虫的体内，使害虫中毒死亡。熏蒸作用是指药剂气化成为有毒气体，通过害虫的气门，呼吸道进入虫体，使害虫中毒死亡。常用的化学药剂有敌百虫、敌敌畏、磷化氢。在立筒仓的熏蒸作业中通常用磷化氢熏蒸。对于成品饲料，若储存期较长时，可采取对人和动物低毒的防虫剂或保护剂进行保藏。

一种理想的熏蒸剂应具备以下条件：单位有效剂量费用少；对害虫有剧毒，但对人和动物没有太大危害；挥发性强，渗透性强，但粮食又不吸收；有警戒性，易于检查；无腐蚀性，不易燃，在现场条件下不爆炸，保存期限长；不与储藏物品发生反应而产生残留气体及无损于饲料品质；易散气，且不易残留；见效快且操作简便。对熏蒸后的饲料，要切记只有当其中有害残留物符合饲料饲用要求时，才能进行加工或销售、饲喂动物。在施药过程中，要严格按照施药规程进行，确保人身安全。

(二) 鼠类

在饲料储藏中，鼠类是不可轻视的。老鼠是啮齿动物，繁殖力很强。环境适宜，一年中都可繁殖，新生的幼鼠经 2～3 个月又可成熟繁殖后代，寿命一般在 2 年半左右。老鼠食性复杂，机警狡猾、嗅觉、触觉和听觉都很灵敏，门齿生长很快，经常啃磨。所以，老鼠的危害在于咬食大量的饲料、包装器材和建筑物，其粪便、尿、残食会污染饲料。此外，老鼠身上带有多种危险性的病原体会污染饲料。它能转播鼠疫、流行性出血热、钩端螺旋体等疾病。

我国发现的家鼠和野鼠 80 多种，常见的有黄胸鼠、小家鼠和黑线姬鼠等，其生态特征各异。老鼠的防治方法基本上有预防法、捕杀法和毒杀法等几种。

1. 预防法

预防措施有：①做好清洁卫生防治，即清扫仓房内外和场地的杂草、垃圾，随时整理包装材料和散落粮食，减少老鼠的隐蔽场所和取食；②堵塞鼠洞及利用各种措施切断鼠路，如装防鼠门、挡鼠门。

2. 捕杀法

捕杀老鼠主要用鼠夹、鼠笼和粘鼠板等捕鼠器械进行。为了提高捕鼠的效率，应先摸清鼠迹，采用先诱后捕的方式，即开始前上食不上钩，出其不意，将其捕获。诱饵也应恰当选择，经常更换，保持新鲜。

3. 毒杀法

毒杀法是将化学药剂加入诱饵，让老鼠取食后将其毒死。常用的药剂有抗血凝剂、磷化锌等。使用药剂时也应采用先诱后杀的方法，即先放无毒食物 3～4 d，让老鼠自由采食，然后再用毒饵。采用药剂杀鼠时注意安全管理，杀鼠场所闲人禁止入内，工作时戴风镜、口罩及乳胶手套，工作完毕应清理工具、手，残余毒饵和死鼠应深埋或集中烧毁。

(三) 微生物

1. 饲料中微生物的来源

(1) 土壤中的微生物。土壤中的微生物在作物生长过程中已定居作物中，也可以通过昆虫活动和人类的操作等途径将微生物带到正在成熟或已收获的饲料作物上，其种类主要为细菌，其次为放线菌及真菌，还有一些藻类及原生动物。

(2) 空气中传播的微生物。土表、大气、水面及各种干燥腐败的动植物体上都存在微生物。这些种类的微生物都可以借风力被带到空中，在空气中停留短时间后便会随降水或附着在灰尘上降落至地表，然后再污染饲料作物。

(3) 储藏过程中感染的微生物。从田间收获的粮食作物一般经过一定时间的储藏后才用于饲料生产中，即需要经过一段时间后才被动物饲用。在储藏的过程中，由于各种条件所限，有可能感染害虫和螨类，而害虫和螨类身体表面常常带有大量的霉菌孢子，这些害虫侵染饲料后传播大量的微生物。

(4) 动物源性饲料中的微生物。配合饲料除了植物源性饲料外，使用部分动物源性饲料，如鱼粉、羽毛粉、血粉、骨粉、肉骨粉等。由于它们在各自原料、加工、贮运等过程中可能感染大量的微生物，使用后可能被带入配合饲料中。

(5) 加工过程中感染的微生物。在粮食加工及饲料加工中，各种设备的缝隙、边角等由于存在长时间积聚的灰尘、杂质和饲料碎屑，滋生大量的微生物，这些地方也是饲料污染源。

（6）人为加入的微生物。饲料生产中为了提高动物消化道中有益微生物的数量，而加入活菌制剂。但由于某些产品在菌种、原料、生产工艺过程或生产技术达不到要求而感染其他有害微生物，导致在生产配合饲料时人为加入。

2. 饲料原料微生物区系

饲料原料微生物区系是指在一定的生态条件下，出现在饲料上的微生物群体。由于受饲料种类多、来源广、加工环境复杂等因素的影响，微生物区系相当复杂，但基本菌群都类似。如新收获后，稻谷、小麦、玉米、高粱，以附生细菌和田间真菌最多，而储藏真菌最少；入库半年后，谷粒内部和外部的附生细菌和田间真菌减少，储藏真菌有所增加。由于霉菌菌丝一般只侵入到稻谷的糠层和小麦皮层下，所以米糠和麸皮中含有大量的霉菌孢子和菌丝。玉米的外部和内部主要是镰刀菌、黄曲霉、黑曲霉、青霉。花生的主要优势菌为曲霉和青霉。豆类的主要优势菌为干生性霉菌。油菜籽外部以细交链孢霉、顶孢头孢霉、植生芽枝霉及镰刀菌分布广且数量多，其次为黄曲霉。鱼粉中主要以细菌为主。这些微生物只要水、温度适合生长繁殖，便会首先发展起来，并为后继的微生物创造有利的生长繁殖条件，导致饲料逐渐发生霉变，甚至产生毒素。

饲料中的霉菌感染饲料从田间种植、收获贮存到加工处理及饲养前的贮存都有与霉菌接触的机会。而配合饲料的成分、质地对霉菌来说都是很好的培养基，一旦达到霉菌生长需要的环境温度、湿度（37℃，水分活度 0.8 ~ 0.9），霉菌可能大量的繁殖。而饲料在生产、加工、利用等环节中均不可能对霉菌的生长条件进行控制，所以在我国生产的每种饲料或每个厂家的饲料中均存在有一定数量的霉菌。因霉菌污染饲料而造成动物中毒常常发生，严重地影响我国畜牧业生产。大部分霉菌毒素可残留在动物性食品中，进而威胁人类健康。因此，各国饲料法规都对一些重要的霉菌毒素的允许量进行限制，以减少因饲料霉变而造成的危害。

霉菌污染饲料的危害主要有如下几点。

①消耗饲料中营养成分饲料被霉菌污染后，由于霉菌不断生长繁殖，就不断消耗饲料中的营养物质。营养物质量降低的多少取决于饲料被污染的程度和时间，发霉严重时饲料的营养价值可能为零，饲料失去饲用价值。不同的霉菌对饲料中的营养成分的影响是不同的，总的来说是各种营养成分的绝对量减小，且适口性、消化率也降低。

②霉菌污染饲料后，因霉菌在生长过程中形成的菌丝可引起饲料结块、变色。由于其中脂肪的分解氧化产生各种低分子的醛、酮、酸等酸败产物，可产生刺激性的气味。无论是饲料原料或成品饲料被霉菌污染后其商品价值将大幅度的降低。

③霉变饲料对动物的危害不是其本身种类和数量的多少，主要是霉菌在生长、繁殖过程中产生的霉菌毒素，引起动物霉菌毒素中毒。

（四）鸟类

与鼠类一样，鸟类也能吃掉大量的谷物和饲料产品。但鸟类对饲料厂最大的危害是它能造成饲料产品的污染。

麻雀所造成的损失最大，它们一般会在饲料厂内易吃到食物的地方（如在接货区和发货区）栖息或筑巢。如果工厂没有在厂房或库房的门、窗等入口处安装屏障，鸟类很容易进入厂房和库房，并在内占据位置，其粪便对饲料产品会造成污染。鸟的粪便不仅对工厂的外貌和产品包装产生不良影响，而且能够成为动物和人类疾病的来源。鸟巢还会滋生害虫，影响饲料原料和产品品质。

预防鸟类进入饲料厂的最好办法是安装各种有形的屏障，将现有的门保持关闭状态，或者在建筑物周围设置专门的金属屏障，以阻止鸟类进入厂房；也可运用其他装置防止鸟类的危害，这些装置有旋转灯、电子网等，各种装置的有效程度不尽相同。

(五) 控制有害生物的综合措施

饲料厂的卫生和有害生物的控制是全部经营活动中十分重要和不可分割的部分，同时也是一项复杂的工作。用于有害生物控制的方法大致可分为四类：检验、内务管理、物理和机械方法、化学方法等。

1. 检验

检验本身并不能控制有害生物，但能提供鉴别有害生物问题的系统方法。检验可用来鉴别存在的问题，如鼠类的活动群体大小，谷物受侵害及原料被微生物污染的情况等；或者用来鉴别潜在的问题，如工厂外围能为鼠类提供栖息条件的杂草高度及散落物料的多少，能为昆虫提供繁殖场所的设备死角里的存料堆积量等。检验的重点应放在辨明潜在的问题方面，以便能在问题发生前予以纠正。检验工作和检验记录还为考核现有卫生和有害生物防治计划提供依据。

2. 内务管理

简单地说，内务管理就是保持厂区清洁和秩序井然。它包括保持工厂外围、内部和外部的清洁，不给昆虫、鼠类、微生物和鸟类提供栖息、繁衍的场所和食物，如散落谷物及其制品的堆积；用适当的方法定期清扫厂区及设备的内外部位；对设备、原料和成品进行妥善保管和储存。内务管理是控制有害生物最有效的方法，通过良好的监督和管理才能达到效果。内务管理也是防止粉尘爆炸的根本措施。一个自身内务管理良好的工厂，也是一个安全、生产力高的工厂。

3. 物理和机械方法

控制有害生物的物理方法有温度调节、湿度调节和驱除有害生物等。用通风的方法将储存谷物的温度降低到不利于昆虫发育的程度，是防止由昆虫造成损失的一种实用方法。要控制谷物及饲料中霉菌生长，可将含水量降低至霉菌不适合生长水平。某些饲料加工作业能杀灭通过该系统的活昆虫。锤片式粉碎机和其他粉碎机的冲击能消灭活昆虫。制粒机内的温度和压力也可以杀死昆虫，并能减少被污染原料的细菌数。

4. 化学方法

根据不同情况，定期单独或联合使用接触性杀虫剂 (用作谷物保护剂、表面喷洒剂、雾剂等)、熏蒸剂、灭鼠剂、杀鸟剂 (包括毒药和驱赶药) 等药物，达到防止有害生物的效果。

第四节　大、中、小型饲料加工厂设备配置与选型

饲料加工工艺流程都是单个设备和装置按一定的生产程序和技术要求排列组合而成。由于饲喂对象和饲料产品类型的不同，饲料原料又多种多样，饲料加工机械设备种

类规格繁多，所以每个设备之间和设备与装置之间可以安排各种不同的排列组合形式。在工艺流程设计时，应综合考虑多种因素（如产品类型、生产能力、投资限额等），确定最佳方案。

合理的工艺流程需要先进的饲料加工机械设备才能实现。饲料加工工艺是机械设备的前提。而机械设备是工艺的保证，两者相辅相成，互相促进。合理的工艺可以促进新型机械设备的研究开发，同时，新型机械设备的出现为合理工艺的制定提供了更多的选择。在饲料工业的生产中工艺的最终实现是通过机械设备完成的，了解机械设备有利于制定出更为合理的工艺。饲料加工机械设备包括各种作业机械、输送设备、料仓及附属设备。

一、设备选择原则

（1）设备生产能力应适应工艺要求，其性能要满足配方的需要，单位产品电耗少，噪声粉尘不超过国家标准，工作可靠，使用维修方便，经久耐用，价格合适。

（2）应采用适用、成熟、经济、标准化和技术先进的设备。

（3）设备主要规格参数应符合国家标准《优先数和优先数系》（GB 321—80）要求。清理、打包、输送可借用粮食行业中适用的定型设备。

（4）设备选择的主要依据是生产能力、匹配功率和结构参数，另外也考虑安装、使用、维修等方面的要求。可用最小费用法和盈亏平衡分析法对所选设备方案进行优选。

二、工艺设备的选择

(一) 清理设备

清理工序应有筛选和磁选设备，清理设备可采用粮食行业定型设备和饲料工业专用产品。筛选设备主要有圆筒和圆锥形两种，以筛筒直径为主要规格，粉料清理选圆锥形，粒料选用圆筒形。最好选用双层圆筒清理筛，磁选设备形式较多，可根据实际要求选用，多用永磁筒式磁选器。在饲料生产重要工序（粉碎、制粒等）前必须安置磁选设备。

(二) 粉碎机械

一般选用台数少而单机产量大的粉碎机，比选用台数多而单机产量小的粉碎机方案更经济、合理。常用的饲料粉碎设备有锤片式粉碎机、对辊式粉碎机和爪式粉碎机，多用水滴形锤片式粉碎机。近些年来，许多厂家生产的高效、低耗能、多种规格型号的粉碎机，分别适合粗粉碎和细粉碎。

(三) 配料计量设备

饲料厂的配料秤以每批配料最大称量为主要规格，按优先数系 R10/3 安排。一般采用多仓数秤工艺流程，配置称量大小不同的电子配料秤。

(四) 混合机

当前配合饲料厂和预混合饲料厂多采用分批卧式双轴桨叶高效混合机或单轴桨叶式混合机。

(五) 成形设备

(1) 制粒机。目前国内生产的饲料制粒机主要有卧式环模和立式平模两类，饲料厂多用卧式环模制粒机。

(2) 挤压膨化机。根据需要膨化的原料或饲料产品不同，选择干法或湿法膨化机。

(3) 冷却器。冷却器主要有立式和卧式两种，多采用立式逆流冷却器。

(4) 碎粒机。该机以轧辊长度为主要规格，具有旁路，多用于小颗粒饲料生产。

(5) 颗粒分级筛。颗粒分级筛一般是两层或三层筛，以筛面宽度为主要规格。常用的有回转筛和振动筛两种。

(六) 计量包装设备

(1) 地磅 (汽车衡)。地磅常用于原料和成品进出厂时的计量。目前多用电子式。

(2) 电子配料秤。该秤可按配料要求，自动控制多种物料的配料量的配料计量装置。

(3) 饲料称重打包缝口机 (包装组合机)。该机是饲料厂包装工段主要设备，用于成品粉料、颗粒料的自动定量称重、打包缝口并输送，除人工套袋、扶袋外，全部操作机械化和自动化，减轻劳动强度，称量精度高 (± 0.3%)。

(4) 机器人码垛机。为了减轻劳动消耗，饲料厂使用机器人码垛机成为趋势。目前多采用四自由度圆柱坐标型机器人码垛机。

第五节　饲料厂工艺流程实例

按照国家新的饲料管理条例规定，配合饲料厂的规模最小为 10 t/h。

一、10 t/h 配合饲料厂

国内贸易部武汉科学研究设计院设计的 10 t/h 饲料生产工艺是我国大型饲料生产工艺之一，其工艺流程见图 2-29。

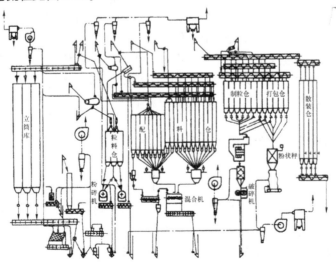

图 2-29　10t/h 级配合饲料厂工艺流程

该厂采用先回流粉碎、后配料混合的工艺。配有大小各 1 台电脑控制的电子配料秤，以适应浓缩饲料和配合饲料的生产。全厂共有机械设备 200 余台（套），主要设备选用国内定型产品。总装机容量 425 kW。

（1）原料接收与贮存。袋装或散装粒状原料经过计量后卸入卸料坑，经清理除杂可直接送入立筒仓贮存或进入待粉碎仓待粉碎。3 个立筒仓总容量 750 t。

粕类、糠麸等副料经计量后贮存于副料库内。不需粉碎的副料经输送、清理后直接进入配料仓参加配料。

鱼粉、骨粉、食盐、钙、磷等原料在副料库中分开贮存，经输送线直接参加预混合配料。

（2）粉碎系统。采用单一循环二次粉碎工艺，以便提高粉碎机效率，降低能耗。为保证粉碎机连续生产和便于粉碎不同品种原料的周转，粉碎机上面设有总容量 27 m³ 的三个待粉碎仓。原料进仓前经磁选装置去铁杂质。确保粉碎机安全运行。经清理除杂的物料由振动喂料器喂入粉碎机粉碎。粉碎后的物料采用螺旋输送机输送，并配以负压吸风系统，这样既节约能耗，还能防止粉尘外溢、降低料温和提高粉碎效率。粉碎物料经筛分后，筛上物返回原机进行第二次粉碎，筛下物入配料仓贮存。

（3）预混合系统。鱼粉、骨粉等配比较小的物料及载体，用最大称量 250 kg 小秤进行预混合工段的计量配料。微量元素由人工添加，用小混合机混合成预混合料进入配料仓参加配料，也可作为成品进行人工称重打包出厂。

（4）配料混合系统。采用电子秤重量计量、多仓二秤的分批配料、分批混合的工艺。配料仓 20 个，总容量为 184 m³。采用批量为 1 000 kg 大秤。每次配 12 种，配料周期超过 6 min。大小秤通过同步控制，使各种物料按预定配比加入 HJJ-112 型混合机混合。混合周期为 6 min。

（5）制粒系统。制粒机主机动力 75/90 kW。生产率相应为 3～18 t/h。

（6）控制系统。工艺流程内控制室模拟屏显示，由微机集中控制，指挥生产，提高了自动化程度。

（7）供气、除尘系统。采用水冷式空压机 1 台，通过 2 个贮气罐（压力为 0.7 kPa）向气动阀门和脉冲除尘器供气。生产车间共安排由旋风分离器（除尘器）、布袋式脉冲除尘器组成的 5 个除尘系统，完成吸风除尘工作。

（8）成品计量和包装系统。成品包装有两种形式：袋装和散装。袋装设有 2 条袋装生产线，每条生产线生产能力为 9 t/h。粉料经称量、装袋、缝包、再由皮带输送机输入成品库待出厂。散装配有 4 个成品仓，通过螺旋输送机将成品粉料输出，装入散装饲料车过磅出厂。

该厂经过技术改造（配料秤、自动控制、制粒系统等），投入全面正常生产。

二、20 t/h 配合饲料厂

图 2-30 所示为时产 20 t 配合饲料厂工艺流程。该流程采用"先粉碎后配料"工艺类型，由原料接收、原料投料清理、粉碎、配料、混合、制粒和成品打包等工段组成，主要适用于畜禽及低档鱼用各种粉状及颗粒状饲料的生产。

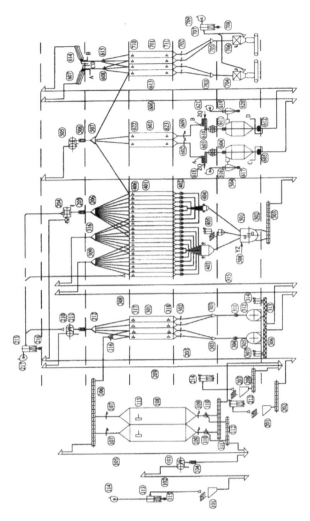

图 2-30　20t/h 配合饲料厂工艺流程 (李建文 .2008. 饲料厂设计原理)

　　散装或袋装的谷实类原料，经卸料坑、斗式提升机提升后，通过初清筛、永磁筒的初步清理后，进入立筒库贮存，或利用 106 号刮板输送机输送至车间内的待粉碎仓。立筒库接收系统除可通过 111 号刮板输送机给车间供料外，也可通过 112 号刮板输送机实现立筒库的倒仓功能。

　　原料投料清理，设置了两条相对独立的投料线，其中一条主要负责玉米等谷物类原料的投料及清理，清理选用了圆筒初清筛和永磁筒，分别清理原料中的大杂及磁性杂质。另一条承担其他物料的投料及清理，清理设备选用了粉料圆锥初清筛和永磁筒。清理后的物料送入配料仓直接参与配料。

　　为了提高生产效率，平行配置了两台锤片式粉碎机。其中一台主要承担谷实类原料的粉碎任务，而另一台粉碎机则承担其他需要粉碎的物料 (多为各种饼粕料) 的粉碎。每台锤片式粉碎机均配置了独立的辅助引风系统。

　　配料仓仓数为 20 个。其中大仓 12 个，小仓 8 个，分别贮存比例较大和比例较小的物料。配置了两台配料秤，最大称量值分别为 2 000 kg 和 500 kg。不宜进仓及极小比例原料则通过人工配料，由投料机人工直接加入混合机。

选用双轴桨叶式混合机，缩短了混合周期。油脂添加量低于3%时，可全部通过油脂添加系统直接添加到混合机内。如果需要添加的液体原料比较多，则可用液体配料秤按照一定配比混合后再向混合机添加。混合机下配置有容积不小于混合机容积的缓冲斗，保证了后续输送过程的连续、均匀进行。混合后的物料选用U形刮板输送机送到斗式提升机中，降低了自动分级产生的可能性，减小了物料残留及交叉污染。

制粒工段设置了两个待制粒仓，方便了生产过程中配方更换。为了保证制粒机的正常工作，在待制粒仓前，设置了永磁筒。环模制粒机配置了普通桨叶式调质器，可满足畜禽饲料生产的调质要求，工艺简单，投资较小，但适用面相对有限。冷却器则选用了应用较普遍的逆流式冷却器，可保证良好的冷却效果。颗粒破碎机用于各类碎屑饲料的生产，不需破碎的颗粒饲料，可借助旁路通道而绕过；分级筛主要分离不合格的大颗粒与细粉屑，以满足产品粒度均匀的要求。打包工段配置了两台自动打包机。

整套工艺较完整，有一定的适应性，能满足各种畜禽饲料的生产需要，也可生产一些低档水产饲料。在粉尘控制方面，本生产工艺采用了多组通风除尘系统。除冷却风网选用旋风除尘器外，除尘器均选用布袋式除尘器，保证了粉尘排放浓度符合国家排尘标准的要求。

三、4t/h高档对虾饲料厂

根据水产饲料品种多、原料变化大、粉碎细度要求高、物料流动性差以及加工工艺的差别大等特点，该厂采用一次粉碎、一次配料混合的传统工艺完成对各种生产原料的预处理，采用二次粉碎与二次配料混合来完成成品后处理，从而有效地保障不同成品的高品质产出，见图2-31。

在电器控制上对所有设备采用可编程逻辑控制器（PLC）进行顺序连锁控制，能很好地使各工序有机组合在一起，确保高产、稳产和安全生产。极大地提高了生产的自动化程度，充分发挥设备效率，提高产量，降低成本。

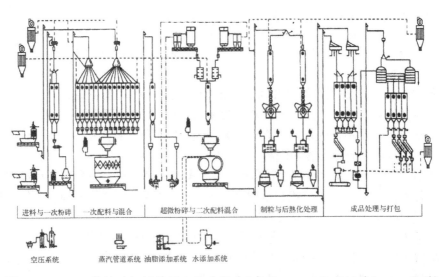

图2-31　4t/h高档对虾饲料厂工艺流程（王春维 .2002. 水产饲料加工工艺学）

　　(1) 原料清理与一次粗粉碎。由于水产饲料以粕类原料和粉料为主，根据不同的物料性质在原料库设置两条独立投料线：一条投料线主要用于接收不需经过粗粉碎的原料，原料经自清式刮板输送机、斗式提升机进入清理设备进行去杂磁选处理，然后经10工位分配器直接进入配料仓；另一条投料线主要用于接收需要经过粗粉碎的原料，原料经自清式刮板输送机、斗式提升机进入清理设备进行去杂磁选处理后进入待粉碎仓，对于个别原料 (如虾壳等) 可选择旁通不经过初清筛而直接通过磁选后进入待粉碎仓。为减少原料的交叉污染，投料门分别采用独立的除尘系统。

　　一次粗粉碎担负高档水产饲料生产中超微粉碎工序的物料前处理任务，以减小物料的粒度差别及变异范围，改善超微粉碎机工作状况，提高粉碎机的工作效率和保证产品质量的稳定。一次粗粉碎工段设有两个待粉碎仓。总仓容为 30 m^3。粗粉碎系统配有一套独立的粉碎机组，主机动力为 55 kW，配筛孔 2.5 mm。这样可充分发挥该粉碎机的工作效率，该机粉碎后的原料经 8 工位分配器进入配料仓。

　　在本工段对粉碎机配置了带式磁选喂料器和全自动负荷控制仪。带式磁选喂料器一方面可使物料中所夹杂的铁磁性杂质被连续清理连续排出机外，不需做定期的停机人工清杂，减少停机时间，降低劳动强度；另一方面可使物料作全宽度、无脉动、连续均匀喂入粉碎室，从而保证粉碎机工作电流波动小，而运转平稳高效。全自动负荷控制仪则自动跟踪监测粉碎机电机的电流，并将信息反馈到带式磁选喂料器上，从而可以将主机的工作电流始终稳定在设定的最佳工作状态值上，不需人工干预和操作。

　　(2) 一次配料与混合配料。一次配料与混合配料仓共设 14 个，总仓容为 120 m^3，考虑到高档水产饲料原料的特殊性 (容重小、自流性差等)。配料仓配备了特殊的仓底活化技术来有效地防止粉料的结拱现象。根据不同配方要求进行配料过程全部由电脑控制自动实现，考虑到水产饲料加工中生产调度的复杂性，对一次混合机的配置大大提高了其产能的盈余系数，单批容量为 1 t，即理论上 1 h 的混合能力可达到 10 t 以上，排除品种更换过程耽搁的时间，也可有效地保证后道设备的满负荷工作。为了增强饲料生产的灵活性，使整个系统在特殊情况下也可生产高档硬颗粒鱼饲料，在一次混合机上也设置了添加剂人工投料装置。经一次混合后的物料经刮板机、提升机送入待粉碎仓。

　　(3) 二次粉碎 (超微粉碎) 与二次配料混合。水产动物摄食量低、消化道短、消化能力差，所以水产饲料往往要求饲料粉碎得很细，以增大饲料表面积，增大水产动物消化液与之接触的面积，提高其消化率，提高饲料报酬；同时，按水产动物摄食量低的特点。要求饲料的混合均匀度在更微小的范围内体现，这也要求更细的粒度。如对虾饲料要求全部通过 40 目分级筛，60 目筛筛上物小于 5%。该超微粉碎工段设有一只待粉碎仓，待粉碎仓的物料经两工位叶轮式分流器可分别同时进入两台超微粉碎机。此处粉碎工艺的设计采用连续粉碎的方式。避免了加料伊始加速段和空仓时待料段的时间等候，可大大提高粉碎效率。并且，两台粉碎机同时对同一物料进行集中粉碎，可大大缩短同等重量物料的粉碎时间，从而减少后道工序设备空载等料的运行时间，提高设备的利用效率，降低生产成本。超微粉碎机与强力风选设备配套组合。并配置了行之有效的分级方筛来清除粗纤维在粉碎过程中形成的细微小绒毛，确保产品的优良品质。

　　由于进入二次混合仓的原料细度都在 60 目以上，且密度较小，如果仓体结构设计不合理，就很容易在仓内形成结拱现象，为了彻底杜绝这种现象的发生，一方面在仓底结构上采用偏心二次扩大设计，另一方面所有经过超微粉碎后的原料出仓机均采用叶轮式喂料器，它不仅设有破拱机构，而且可灵活调节各自的流量大小，各种原料经二次电脑配料后进入二次混合机。

对参与二次混合的添加剂，则在二次混合机上方设置了一套人工投料口，配有独立集尘回收装置，粉尘可直接混入二次混合料。二次混合过程将各种物料充分混合，混合均匀度达到93%以上。该工段是保证饲料质量的关键工段。本工段采用双轴桨叶高效混合机，每批次为1 t。

同时在混合机上设置了两个液体添加门：一个专门用于水的添加，水经不锈钢的泵体和流量计送入添液口；另一个口专门用于油性液体混合物的添加。主要是鱼油或卵磷脂，它们分别通过泵体和流量计送入添液口。油脂的贮油罐设有加热搅拌装置，在混合过程中，通过微电脑控制液体添加的流量和添加的最佳时间，保证液态原料与固态原料混合充分均匀，经二次混合的粉状虾饲料经提升、磁选后进入待制粒仓。

（4）制粒成型与后熟化处理。本工段共设有两个待制粒仓，下设两台SDPM520制粒机。由于经过二次混合后物料湿度和黏度都比较高，很容易在仓底形成结拱现象，所以工艺设计上在制粒机缓冲斗上增设了破拱装置，以保证物料连续、均匀地喂入制粒机。物料经调质压制成颗粒后，进入后熟化、干燥组合机。物料在高温高湿环境下进一步熟化，使其性状充分转变，这一过程相当于帮助消化能力差的水产动物进行"体外预消化"。熟化后的高湿度物料必须通过干燥机进行降水。物料的冷却采用液压翻板的逆流式冷却器。采用这种工艺处理后的物料不但可以提高淀粉的糊化程度，增大蛋白原料的水解度，以利于水产动物的消化吸收，同时还可以增强颗粒饲料耐水性，延长喂食时间，减少水质污染的隐患。

（5）成品处理与打包。成品处理与打包冷却后的物料经提升后进入平面回转分级筛，平面回转分级筛配置为三层筛，分别为4目、12目和30目。4目筛上物为大杂，12目筛上物为成品或半成品，30目筛下物为细粉。虾饲料的成品仓为4个，成品料可直接从仓内放出，再经过一次成品打包前的粉料清理筛筛理后进入成品电脑打包称量装袋；制粒后的成品仓又相当于待破碎仓，在此仓可贮存较大容量的颗粒料，让后道的破碎机来逐步完成破碎工作。破碎机上方设有匀料器，采用变频无级调速，这样可控制物料以合适的喂料量在整个破碎辊长度上均匀喂入，提高破碎机的产能。

经过破碎后的物料被均匀分配到两个旋转振动筛进行筛理分级。旋转振动筛配筛为10目、16目、20目和30目，筛上物回流到提升机进待破碎仓重新破碎。16目、20目和30目的筛上物分别作为成品料进入破碎料成品仓。30目筛下物作为废料集中收集，以后作为小宗原料搭配使用。

本工艺对虾硬颗粒饲料成品要求做到装袋无粉尘，在颗粒料装袋前采用保险分级筛对颗粒料中的不合格碎粒及粉料进行控制，最大限度地减少碎粒及粉料所带来的浪费，控制水质的污染。

由于破碎料的袋装规格较小（5 kg / 包），产量又不是很大，所以此处设为人工称量包装封口装袋。

（6）电气控制所有设备。电机采用电脑和可编程逻辑控制器（PLC）结合起来实行集中控制，配料系统由电脑控制配料秤自动完成配料任务。设置逼真的模拟控制屏，在模拟屏上可以监视所有设备的运行状况。为方便设备的检修与现场操作，对某些设备同时设有现场控制柜。车间内电线、电缆均以桥架铺设，便于检修。集中控制室设在第二层。

　　该厂车间采用全钢结构的 5 层建筑，建筑面积约 1 060 m²，总高约 25 m。车间底层占地面积为 18 m × 13.5 m。全厂共有机械设备 244 台 (套)，全部选用国内定型产品，总的装机容量为 957.60 kW。

第三章　饲料原料的处理与加工

　　配合饲料生产所用的原料种类繁多，物理化学性质和加工特性各异，因此，必须采用与原料特点相适应的处理与加工。生产一个质优价廉的饲料产品，要选用优质稳定的原料，并根据原料的实际情况和主要矿物元素等养分的含量来通过合理的加工工艺，才能达到预期的目标。本章就衡量配合饲料原料的处理与加工等一些影响加工质量的主要因素来进行叙述。

第一节　饲料原料的接收

　　饲料厂规模较小时，常用汽车运输原料和成品。具有一定规模并有水运和铁路的条件，则应充分利用船舶和火车运输物料，以便降低运输费用。

　　原料的接收主要有各类输送设备（如刮板输送机、带式输送机、螺旋输送机、斗式提升机、气力输送机）以及一些附属设备和设施（如地中衡、储存仓及卸货台、卸料坑设施等）。接收设备应根据原料的特性、数量、输送距离、能耗等来选用。

一、原料的分类及特征

(一) 原料分类

按加工特性可将饲料原料分为以下几大类。

(1) 颗粒状原料简称粒料，需要进行粉碎处理，如玉米、小麦等谷物。

(2) 粉状原料简称粉料，如油料饼（粕）、米糠、麸皮、次粉、鱼粉、石粉、磷酸氢钙等。

(3) 液体原料如油脂、糖蜜、氨基酸、酶制剂、维生素等。

(4) 饲料添加剂，这类原料品种繁多，价格昂贵，有的对人体有害，贮存及加工过程应严格按规章制度进行操作，避免混杂。

(二) 原料特性

饲料生产设备选择及产品的加工、贮藏等与原料的流动性、密度和粒度等性质密切相关。

(1) 流动性，粒状和粉状物料统称粉粒体，其流动性常用静止角表示，即粉粒体自然堆积的自由表面与水平面所形成的最大倾斜角。理想粉粒体的静止角等于内摩擦角，流动性不良的粉粒体其静止角大于内摩擦角。

(2) 摩擦因数，粉粒体颗粒之间的摩擦为内摩擦，内摩擦力的大小由内摩擦角表示；粉粒体与各种固体材料表面之间的摩擦为外摩擦，外摩擦力的大小用外摩擦角表示，也叫自流角，即粉粒体沿倾斜固体材料表面能匀速滑动时，该表面与水平商所形成的最小角度；内、外摩擦因数分别为相应摩擦角的正切函数值。

(3) 体积质量，粉粒体自然堆积时单位体积的质量称为体积质量，与物料颗粒尺寸大小、表面光滑程度和水分等因素有关，对设计计算饲料加工、贮存所需的设备容积、仓容有重要影响。

(4) 孔隙度，物料堆中孔隙总体积占总体积的百分数称为孔隙度，物料堆孔隙度大，空气流通性好，孔隙度小，空气流动性差，物料堆内部湿热不易散发而易发生霉变；粉粒体颗粒的粒度愈不均匀，则料堆的孔隙度愈小。

（5）粉粒体的平均粒径和粒度分布称为粒度，常用筛分法进行测定。

（6）分级，由于物料颗粒的相对密度、粒径及表面形状不同，在受震动或移动时，会按各自特性重新积聚到某一区域，这种现象叫自动分级。一般来说，大而轻的颗粒位于料堆上部或边缘，小而重的则在下部；当移动距离长、速度快时，自动分级严重。原料只是希望可以产生自动分级，而对混合后的粉状饲料及预混合饲料则尽可能地自动分级。

二、原料的接收

原料接收是饲料生产工艺的第一道工序，任务是将饲料厂所需的各种原料用一定运输设备运送到厂内，包括检验、计量、初清（或不清理）、输送入库存放或直接投入使用等作业单元，也是连续生产和产品质量的重要保证。原料供给不及时，则无法进行连续生产；原料不合格，将不能生产出优质产品。原料接收能力必须满足饲料厂的生产需要，并采用适用、先进的工艺和设备，以便及时接收原料，减轻工人的劳动强度、节约能耗、降低生产成本、保护环境。饲料厂原料接收和成品输出的吞吐量大，特别瞬时接收量大，所以饲料厂接收设备的接收能力应该大，一般为饲料厂生产能力的 3~5 倍。此外，原料形态繁多（粒状、粉状、块状和液态等），包装形式各异（散装、袋装、瓶装、罐装等），这给原料接收工作带来复杂性。因此，必须根据原料的品种、数量、性状、包装方式、供应情况、运输工具和调度均衡性等不同情况采取适当的接收、储存方式。

（一）原料接收注意事项

为了做好原料接收，应注意以下几点。

（1）原料接收，入厂前检验内容包括含水量、容重、含杂率、营养成分含量、有毒有害成分（如玉米黄曲霉毒素、重金属）含量等，以保证原料质量符合生产要求。

（2）计数称重，常用地中衡进行称重，以便掌握库存量和准确进行成本核算。

（3）打杂清理和粉尘控制，原料接收地坑（或下料斗）内应装设钢制栅网，以清除石块、袋片、长绳、玉米芯等大杂物，这样有利于防止设备堵塞、缠绕等事故发生。投料处粉尘较大，应设置风力较强的吸风装置，以改善工人的劳动条件。

（4）降低工人劳动强度，原料入仓应尽量采用机械化作业，大型饲料厂的大宗散装粉粒状原料入仓则最好采用自动控制系统。

（5）加强管理，各立筒仓应设料位器，液料罐应设液位指示器，筒仓应配备倒仓设备（防止物料过热变质）、料温显示器和报警装置。大型立筒仓须配备熏蒸设备和吸风设备，以防止结露。

总之，原料接收能力必须满足饲料厂的生产需要，并采用适用、先进的工艺和设备，以便及时接收原料，减轻工人的劳动强度，节约能耗、降低成本、保护环境。

（二）原料接收工艺

饲料原料有包装和散装两种形式。散装原料具有节省包装材料及费用、易于机械化作业等优点，因此，能散装运输的原料应尽量采用散装。原料运输方式和设备主要决定于饲料厂所处位置的交通条件和生产规模，饲料厂规模较小时，常用汽车运输原料和产品，汽车运输机动方便，但相对于水运和铁路运输成本要高。具有水运和铁路运输条件的饲料厂，应充分利用船舶和火车运输物料，以便降低运输费用。

（1）卡车散装原料，接收卡车散装原料可直接卸入卸料坑，由斗提机提升进入初清筛和永磁筒进行清理，经自动秤计量后再由斗提机提升，经仓顶水平输送机可进入任一筒仓（图 3-1）

（2）船舶散装来料接收，该系统的卸料设备多采用吸料机。（图 3-2）和悬吊式斗提机，吸料机生产能力有 30 t/h、50 t/h、100 t/h 等规格。

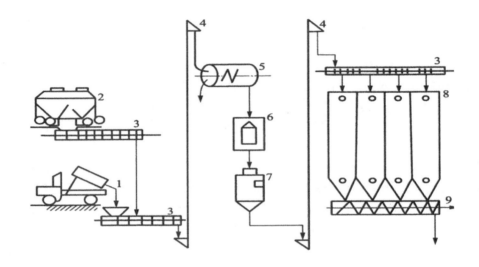

1. 自动卸车；2. 铁路罐车；3. 刮板输送机；4. 斗式提升机；5. 初清筛；6. 永磁筒；7. 自动秤；8. 立筒仓；9. 螺旋输送机

图 3-1　散装原料陆路接收线（庞声海等，1989）

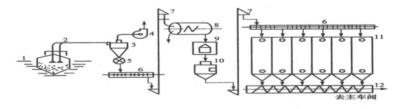

1. 货船；2. 吸料管；3. 卸料器；4. 风机；5. 关风器；6. 刮板输拱机；7. 提升机；8. 初清筛；9. 永磁筒；10. 自动秤；11. 立筒仓；12. 螺旋输送机

图 3-2　散装原料水路接收线（气力运输）（庞声海等，1989）

（3）专用火车散装来料接收系统，散装料车常用 K20 粮食漏斗车，铁轨下为卸料斗，斗下设水平输送机，车厢内的原料卸下后由水平输送机输送进入斗式提升机进行接收。

（4）液体原料，有油脂、糖蜜及含水氯化胆碱，主要是油脂。配合饲料添加油脂，除能增加饲料能量外，还可以在加工过程中防止粉尘产生和物料分级，提高颗粒饲料生产产量和质量，降低电耗，延长制粒机模辊的使用寿命等。添加糖蜜除有与添加油脂同样的效果外，还可以改善粉状和颗粒状饲料的适口性，增加颗粒饲料的硬度。液体原料的接收和储存方式主要有桶装和罐装，桶装液体原料可直接堆放，罐装液体原料采用泵输入专用储罐备用。

(三) 原料接收设备

原料接收设备主要有称量设备、输送设备及一些附属设备，饲料厂应根据原料的特性、输送距离、能耗和输送设备的特点来选定相应的设备。

1. 称量设备接收工序的称量设备

(1) 地中衡，常用于原料和产品的计量，包括汽车载重、包重或运输载重小车；电子式地中衡的称量允许误值为 1/2 000，目前多采用浅坑秤或无坑秤，由安装在地板上的电子负荷传感器进行称重，具有节省施工费用、容易改装、称量快、计量准确、可远距离操作管理等许多优点。地中衡的布置很重要，合理的布置可减少称量时间，增加车辆的通过能力。

(2) 自动秤，由存料箱、给料装置、给料控制机构、称量计数器和秤体等组成，用于散装物料称重，物料进入料斗之后静止称重，能精确地称出物料的重量。该系统一般需要两个料斗，以保证整个进料周期流量始终均匀。

(3) 电子计量秤，电子计量秤用于散装原料的称量，称量能力可达 20~60 t/h，精度为 0.2%。

2. 卸料坑原料由运输工具卸出

进入散装原料仓或者生产车间均需卸料坑，卸料坑分为深卸料坑和浅卸料坑，应根据当地地下水位、运输工具外形尺寸、卸料方式、物料体积质量和卸料量等进行设计确定，地下水位高的地区应考虑采用浅卸料坑。卸料坑壁面倾角要大于物料与坑壁的摩擦角，以便物料自流到坑底，其大小根据物料特性和坑壁光滑程度不同而异，粉料坑要求不小于 65°，粒料坑不小于 45°；卸料坑必须设置栅栏，它既可以保护人身安全，又可除去较大的杂质；栅栏要有足够强度，间隙约为 40mm；卸料坑需配置吸风罩控制粉尘。

汽车、火车接收区是饲料厂的主要粉尘扩散源，必须采取防尘设施。可采取接料区全封闭或局部封闭的方法。采用全封闭，能保证在任何条件下均可有效控制粉尘；在风速有限或风小的地区，局部封闭也是可行的。

(四) 输送设备

饲料生产过程中，从原料进厂到成品出厂以及各工序间的物料输送，都需要各种输送设备来完成，常用的有刮板输送机、螺旋输送机和斗式提升机等。合理、安全地选择、使用这些输送设备，对保证生产连续性、提高生产率和减轻劳动强度等都有着重要意义 (参见第六章第四节)。

(五) 料仓

原料及成品的贮存、加工过程中物料的暂存关系到生产的正常进行和经济效益。合理设计选择料仓必须综合考虑物料的特性、地区特点、产量、原料及成品品种、管理要求等多种因素，由此确定合适的仓型及仓容。根据在工艺流程中的作用，饲料厂的料仓可分为原料仓、配料仓、缓冲仓和成品仓四种。

1. 料仓类型

原料仓具有对散料进行接收、贮存、卸出、倒仓等功能，起着平衡生产过程、保证连续生产、节省人力、提高机械化程度、防止物料病虫害和变质等作用。原料仓有立筒仓和房式仓（库）两种形式，实际生产中，袋装粉状原料与桶装液体原料一般在房式仓仓中分区存放，而大宗谷物类粒状原料则多以散装形式存于立筒仓中，小型饲料厂一般不设立筒仓，其各种原料均以袋装形式存于房式仓中。立筒仓常采用钢板和钢筋混凝土制作，钢板仓占地面积小、储存量大、自重轻、施工工期短、造价低，应用越来越广泛。仓筒截面形状有圆形、四方形、多边形（六边、八边）、圆弧与直线组合型等，大型钢板仓多采用圆形，发展最快的是镀锌波纹钢板仓。配料仓和缓冲仓等一般采用热轧钢板制成，成品仓主要采用房式仓。

2. 料仓容量

计算确定料仓容量的大小主要根据生产规模和工艺要求确定，合理确定仓容对确保饲料生产、节省投资意义极大。

原料仓容量取决于饲料生产规模、原料来源和运输条件等。一般主原料仓要考虑 15～30 d 的生产用量，辅料仓可考虑 30 d 左右的生产用量。由车间生产能力 Q（t/h）、某种原料的配方比例 P_1（%）和储存时间 T（一般为 15～30 d），可求得某种原料所需总仓容量 V 总仓为：

$$V_{总仓} = \frac{Q \times P_1 \times n \times T!}{K \times r}$$

式中，n 为每天作业时间，h/d；

r 为物料容重，t/m³；

K 为仓的有效容积系数，一般取 0.85～0.95。

房式仓仓容量 E 为：

$$E = TQ$$

式中，T 为库存时间，d；

Q 为饲料厂每天生产能力，t/d。

配料仓的仓容量可按 4～8 h 生产用量考虑，数量由配料品种多少决定，并考虑一定数量的备用仓，为确保布置整齐、美观，施工方便，配料仓的规格尺寸应保持一致，外形以方形为主。

缓冲仓分别有待粉碎仓、待制粒仓和混合机下方的缓冲仓等。一般待粉碎仓和待制粒仓容量按 1～2 h 的生产用量计算，混合机缓冲仓容量通常为混合机的一批混合量。

3. 料仓内物料的流动状态

根据粉粒体的流动特性，物料在仓内卸料时有几种不同的状态：物料流动性好、料仓结构合理则可能形成整体料流或称"先进先出"式，但在实际生产中常是漏斗状卸料，是"先进后出"式，粉状物料常会在卸料口发生结拱现象。

4. 料仓结构

料仓由仓体、料斗及卸料口组成，料斗与卸料口形状及位置的合理确定对防止结拱、促使物料形成整体流动起主要作用。料斗有多种形式（图3-3），考虑到制造的方便性及应用效果，国内应用较多的为对称料斗、非对称料斗和二次料斗。

5. 料仓防拱与破拱措施

料仓的排料主要受物料特性、料仓结构及操作条件等因素影响，物料颗粒小、水分含量高、黏性大、料斗结构不合理等均会造成物料堵塞出料口，造成结拱，影响生产的正常进行。防止结拱和消除结拱的措施如下。

（1）采用合适的料斗形式，适当增大出料口的几何尺寸，增大料斗棱角，采用偏心出料口或二次料斗。

（2）料仓内设置的改流体料斗形式（图3-4）。

（3）采用助流装置卸料，如气动助流、振动器助流等，此外，还可在仓壁靠近出口处开一孔，结拱时用木棒等器具人工助流。

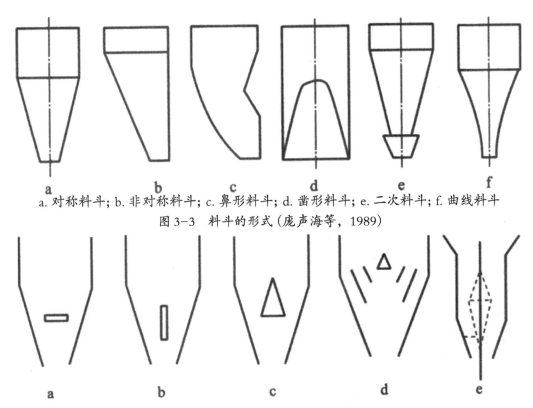

a.对称料斗；b.非对称料斗；c.鼻形料斗；d.凿形料斗；e.二次料斗；f.曲线料斗

图3-3　料斗的形式（庞声海等，1989）

a.水平挡板；b.垂直挡板；c.椎体改流体；d.倾斜挡板；e.双椎体改流体

图3-4　改流体的形式（庞声海等，1989）

6.料仓辅助设备检测

粉仓内物料容量的装置称为料位指示器，简称料位器，其作用是显示料仓的充满程度，包括满仓、空仓和某一高度的料位。料位器有阻旋式、薄膜式、叶轮式、电容式及电阻式等，薄膜式初期使用时性能可靠（图3-5），但由于使用一段时间后薄膜材料老化，容易造成错误信号；使用较广泛的是阻旋式料位器（图3-6）。

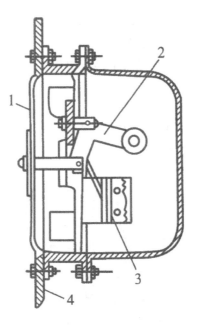

1.薄膜；2.杠杆；3.微动开关；4.料仓壁

图3-5 薄膜式料位器（庞声海等，1989）

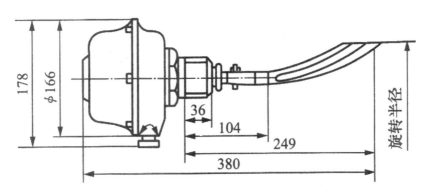

图3-6 阻旋式料位器（单位：mm）（庞声海等，1989）

旋转分配器是一种自动调位、定位并利用物料自流输入到预定部位的装置，主要用于原料立筒仓和配料仓的进料，由进料口、旋转料管、出料器、定位器、限位机构等构成。物料输送前，旋转分配器上的旋转料管转动，对准出料口，由进料口进入的物料自流至预定的料仓中，由此，可将物料按需要送入不同的料仓。

以计重的原料必须经过检查和抽样方能卸料和存入适当的仓位。采集有代表性的原料样本，送化验室作进一步分析。为了对原料的缺陷能够提出索赔，以及保证购进优质的原料，上述步骤必须严格遵循。原料接收工序最重要的检查是由接收中心操作人员（一般指原料库管员或原料质检员）进行感官检查。忽视对原料质量的要求，必将造成原料品质的下降和产品质量低劣的后果。饲料原料检验后，如果发现饲料原料存在缺陷必须采取有效的处置措施。

饲料原料接收所需的占地面积、场地设施和设备选型等取决于原料的种类和数量，需在饲料厂建厂过程中采用合理地规划和建设。

　　饲料原料接收管理计划是饲料厂物流管理日常工作的重要组成部分，任何饲料厂都要针对饲料原料的接收管理制定出工作计划。从事饲料原料接收管理与操作人员必须在工作中牢记工作计划，当生产条件和人员工作职责发生变化时，应该及时调整计划。生产条件下制定饲料原料接收调度与管理计划时应考虑下列因素：①接收饲料原料的种类；②饲料原料的类型和特性；③每天进厂并接收饲料原料的数量；④饲料原料的运输方式和运输规模；⑤饲料原料从订货到交货的时间间隔；⑥原料的预计用量等。制订有效的工作计划还需要考虑其他许多因素，计划中必须包含对原料的预测、订货和调度。饲料接收管理人员的职责是向原料采购员提供有关每日饲料原料的用量信息或一段时间后库存量的信息。这些信息可以通过定期的盘点库存或根据饲料产品配方分类统计，以及保持原料固定库存来完成。其中，配方分类的统计和保持固定库存可通过人工分类统计或计算机配料系统的分类统计而实现。

　　原料接收的质量检验原料验收人员必须了解饲料厂所需各种饲料原料的品质规格、质量标准，并依据品质检验项目要求通过身临现场的看、闻和用手接触刚进厂的饲料原料（即感官检验），实现观察结果与所需品质标准之间的感官检验；饲料原料验收人员必须自我管理及决定这些原料是否合格，并立即做出判决。因而，要求验收人员必须掌握工厂所需要购进的各种饲料原料的品质、决定能否接收的标准、针对不同等级所采取的应对措施和处置方法等。

　　原料质量验收的标准对原料质量有异议时，必须提出依据。最普通的方法是用实验室分析结果和感官检查结果作为依据。取样时进行感官检查可发现原料的大部分问题（如组织结构、气味等与要求不符、发霉、虫蛀与杂质）。对所有质量上的不足之处要迅速通知供应商，并马上要求提高原料等级，以保证今后的供货全面符合质量保证。什么情况下可以索赔，应当确定准则。在许多情况下，这些准则以众多的国家标准、行业标准、地方标准、双方均认可的合同内容或企业标准来规定。某些大型企业还有各种原料的企业内控标准。原料包装上附有产品标签，标明其质量标准，也可以作为验收时的质量标准。

　　饲料原料样品采集饲料原料的质量直接决定了各类饲料产品的质量，进厂饲料原料的检验对饲料产品质量至关重要。为保证接收原料的质量，已称重的原料必须经过抽样检查，合格后才能卸料和存入适当的仓位。样品采集是实现感官检查和实验室分析的第一步，也是最关键的操作工序。饲料原料接收过程中，对每一批进厂原料的取样目的是获取具有代表性的待检饲料样品，如果取样方法不正确，那么原料的检测结果就不可能正确，不规范的采样方法、样品不正确的处理方式以及随后实验室检测分析的失误都会导致错误的检验结果。接收原料的错误检验结果，对成品饲料质量和生产造成的危害程度比不做抽样检验的影响还大。所以，了解和掌握取样技术和程序是最终制定正确饲料产品配方的必要保障。原料的取样品生产实际情况密切相关，原料的类型和装运方式不同，取样的方法和程序亦相应不同。样品必须具有充分的代表性，化验的数据才具有可靠性。下文是几种样品的采样。

　　（1）大批量散装原料的采样。

　　①取样量至少为 1.5 ~ 2.5 kg；②全部样品必须随机地从原料储运卡车或大货仓的几个中心部位采集，即几何法采样；③为度量变异程度，建议重复测定样品。

（2）袋装原料的采样。

①用取样器取样，每次取样 0.5 kg；②如果每批原料中只有 1～10 袋，应从每一袋原料中取样；③如果每批原料中的袋数超过 11 袋，随机从其中 10 袋中取样；④至少检测来自 3 袋的样品并计算平均值。

（3）糖蜜和油脂等液体原料的采样。在糖蜜和油脂流经管道的固定部位连续取样，或用液体取样器从储运容器的核心部位取样。

原料接收时质量检验的内容进厂原料质量检验是饲料加工厂质量控制起点，是确保饲料产品品质的关键环节，进厂的每一批原料都要经过由专人负责的感官质量检验和实验室分析化验。

感官检验原料质量检测的第一步是查验原料感官指标，如水分、颜色、异味、杂质、特征与一致性，受热情况，生物污染破坏程度等。主要从以下几个方面检验：①色泽，应该是鲜明的典型颜色；②味道，一种独特清新的味道，无发霉或不佳的气味；③湿度，颗粒可以自由流动，无黏性和湿性的斑点，水分不超过有关质量标准；④温度，无明显的发热；⑤质地，适合生产需要的颗粒大小，无颗粒黏成一块的现象；⑥均匀性，颜色、质地和全面的外表等均匀一致；⑦杂质少，不含泥沙、黏质、金属物及其他不宜物质；⑧污染物，没有鸟类、兔、鼠或昆虫污染物；⑨标签，原料需与标签和货单上名称一样；⑩包装良好，没有破损，破裂袋子的数目必须极少。

分析检测指标感官检查质量之后，依据不同种类的原料确定具体的检测指标并进行实验室检测分析工作。化验分析分为常规分析和专项分析两种。目前饲料厂的常规分析有：水分、粗蛋白、粗脂肪、粗灰分、食盐及钙磷含量等项目。专项分析有测定微生物含量、微量元素含量及药物含量等，有些专项分析还需要借助专门的检测部门。对于细菌类、微生物类的化验，一般采用细菌培养和分离培养、生化试验、血清学鉴定等方式进行。如对饲料中沙门氏菌的检验，是评价饲料产品质量优劣的重要指标。化学检验还能测定鱼粉的质量，通过测定粗蛋白质、真蛋白质、粗脂肪、粗纤维、粗灰分和淀粉等指标来识别鱼粉是否掺假。谷物类原料一般要检验水分含量、等级、粒度、气味、颜色等项目；蛋白质类饲料要化验蛋白质、水分、粗脂肪、粗纤维、钙、磷和食盐的含量；糖蜜要测定糖度；脂肪要测定脂肪酸含量、酸价等。有条件的企业还要对抗营养物质进行测定，如测定大豆饼粕中的脲酶活力；矿物质中的铅、汞、氟等含量。原料检验报告应立即送交采购、质量保证等有关部门，并留存一定数量的样品，以备纠纷的仲裁。

原料接收的程序原料接收过程中的实际工作通常由一个人或几个人完成，他们的职责是保证所接收的饲料原料得到最安全、最有效的处理。

散装原料的接收程序饲料原料接收员必须了解和掌握仓储存散装料种类，每个仓的容量大小，熟悉各种具体操作，将卡车或火车运来的散装料输入到合适的仓位。日常工作中，原料接收员每天必须了解每个仓装料的品种和装料量，了解到货和卸料计划，检查机械设备和安全装置的工作状态。

卡车散装饲料原料接收程序如下。

①称毛重，如有地磅，让卡车过磅。②移车，将卡车开到卸料区，若进入限制区或人身危险区，则用警告装置。③定位，用模块固定卡车轮并制动。④取样，观察卡车有无泄漏，取样以化验质量。⑤打开卸料门，采用适当而安全的方法开门。⑥执行安全卸料程序，了解和熟练掌握如何操作设备，卡车提升前关紧车门；监视原料高度，上下车

使用安全梯。⑦清理，清扫卡车，并清扫卸料区。⑧结料，空车过磅，计算核实原料净重。⑨填写原料入库单据，完成各类项目的填写。

火车散装饲料原料接收程序如下。

①称毛重，如有轨道衡，过磅。②移车，将车厢安全地移至卸料坑。检查拖车器和缆绳的情况。如使用拖车器，则要响警钟，确认有人操作制动器，将车厢固定位置，在车厢上插一面蓝旗以提醒铁路员工警觉。③原料泄漏，检查泄漏迹象。④取样，取样以备化验质量。⑤执行安全卸料程序，用合适的工具开启漏斗闸门或箱车门。通过可靠的措施在箱车中固定卸料斜台；监视原料高度；正确操作卸料设备。⑥清理，检查箱车中衬垫后面有无原料。将散落物扫进料坑，清扫周围场地。⑦结料。空车过磅、放行，计算卸料净重。⑧填写原料入库单据，完成各类项目的填写。

袋装饲料原料接收程序如下。

虽然有外国专家认为袋装料已不再是发展方向，但仍在饲料厂原料运输中广泛采用，特别是在中国各地。接收袋装料最普遍的方法是用叉车和木质或铁质货盘卸货。但在机械化程度较低的情况下，仍用手推车接收袋装料，甚至有的饲料工厂人工扛包卸料。

不管采用什么形式卸货，饲料原料接收人员应遵循下列程序。其中包括以下几点。

①称毛重，如有地磅，让卡车过磅。②移车，将卡车开到卸料平台，若进入限制区或人身危险区，则用警告装置。③验货，根据运货清单核实所订货物的品种和数量。④执行安全卸料程序，通过可靠的措施固定卸料跳板；用模块固定站台上的卡车，采用合适的提升方式；如果用叉车或手推车，要注意危险。⑤收货，签署货单前应核实数量，拒收破损或损坏的原料。⑥清理，清扫卸料区。⑦结料，如有地磅则空车过磅，结算净重。⑧填写原料入库单据，完成各类项目的填写。

在饲料原料的接收系统，必须对接收的所有原料登记记录。这些记录由接收操作人员保存。记录应提供的信息包括如下几点。

①货物和车辆的标识；②质量；③供货人姓名；④收货日期；⑤接收或拒收理由；⑥收货人签字；⑦对药物和维生素预混料，要记录制造厂的批号和有效期；⑧接收原料的存放仓号或储存区域；⑨卸货的时间和顺序。

第二节　饲料原料的清理

一、原料清理的目的

饲料原料在收获、加工、运输、贮存等过程中不可避免地要夹带部分杂质，为保证饲料成品中含杂不过量，减少设备磨损，确保安全生产，改善加工时的环境卫生条件，必须去除原料中的杂质。

饲料厂常用的清理方法有以下几种：①筛选法，根据物料尺寸的大小筛除大于及小于饲料的泥沙、秸秆等大小杂质；②磁选法，根据物料磁性的不同除去各种磁性杂质；③根据物料空气动力学特性设计的风选法。

二、原料清理的筛选除杂

(一) 栅筛和筛面

设于下 (投) 料口处的栅筛是清理原料的第一道防线,可以初步清理原料中的大杂质,保护后续设备和工人的安全。栅筛间隙根据物料几何尺寸而定,玉米等谷物原料为30 mm 左右,油料饼 (粕) 为40 mm 左右,同时应保证有一定强度,通常用厚2~3 mm、宽6~20 mm 的扁钢或直径10 mm 的圆钢焊制而成,将其固定在下 (投) 料斗口上,并保证有 8°~ 10° 的倾角,以便于物料倾出。在工作过程中,应及时清理栅筛清出的杂质。

冲孔筛通常是在薄钢板或镀锌板上冲出筛孔,筛孔有圆形、圆长形和三角形等形状,具有坚固耐磨、不易变形等优点。

编制筛面由金属丝或化学合成丝等编织而成,筛孔形状有长方形、方形两种。其造价较低、制造方便、开孔率大,但易损坏。

筛面的筛理能力由其有效筛理面积及开孔率决定,开孔率越大,筛理效率越高。筛孔合理的排列形式有利于提高开孔率,增大筛孔总面积。

(二) 圆筒初清筛

圆筒初清筛主要用于粒状原料的除杂,由冲孔圆形 (或方形) 筛筒、清理刷、进料口及吸风部分组成 (图 3-7)。工作时,物料从进料口经进料斗落入旋转筛筒时,穿过筛孔的筛下物从出口流出,通不过筛孔的大杂,借助筒内壁的导向螺旋被引至进口通道下方,从大杂出口排出机外;清理刷可以清理筛筒,防止筛孔堵塞;吸风口可与吸风系统连接,防止粉尘外扬。圆筒初清筛具有结构简单、造价低、单位面积处理量大、占地面积小、易于维修、调换筛筒方便等特点,根据物料的性质选配适宜筛孔的筛筒,即可达到产量要求和分离效果。SCY 系列圆筒初清筛有 50、63、80、100 和 125 等几种型号,相应的产量分别为 10 ~ 20t/h、20 ~ 40t/h、40 ~ 60t/h、60 ~ 80t/h 和 100 ~ 120 t/h。

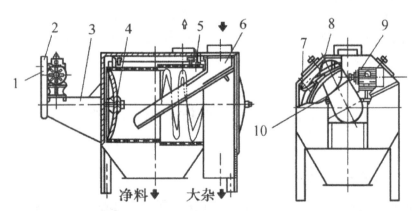

净料 大杂

1. 涡轮减速器; 2. 链壳; 3. 支撑板; 4. 轴; 5. 筛筒; 6. 进料斗; 7. 操作门; 8. 清理刷; 9. 电动机; 10. 联轴器

图 3-7 圆筒初清筛 (徐斌等, 1998)

(三) 圆锥清理筛

圆锥清理筛广泛应用于粉状原料的清理,如米糠、麸皮等,主要由筛体、转子、筛筒和传动部件等组成 (图 3-8)。筛体包括进料斗、筛箱、操作门、出料口和端盖等。原料从进料口进入圆锥筛小头内，通过筛孔由底部出料口排出，大杂由筛筒大头排出。

(四) 振动筛

振动筛主要用于颗粒饲料分级，也可用来除杂 (图 3-9)。

(五) 回转振动分级

筛回转振动分级筛用于饲料原料的清理，亦可用于粉状物料或颗粒饲料的筛选和分级，具有振动小、噪声小、筛分效率高、产量大等优点 (图 3-10)。

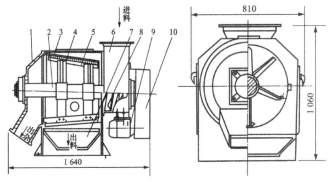

1. 出料端盖；2. 转子；3. 筛筒；4. 刷子；5. 打板；6. 进料口；7. 出料口；8. 喂料螺旋；9. 电动机；10. 防护罩

图 3-8　SCQZ 型圆锥粉料清理筛 (单位：mm)(谷文英等，1999)

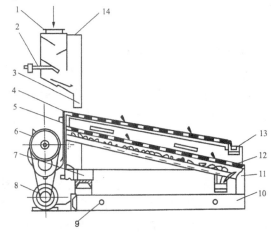

1. 进料口；2. 进料压力门；3. 吸风道；4. 第一层筛面；5. 第二层筛面；6. 自动振动器；7. 弹簧减震器；8. 电动机；9. 吊装孔；10. 机架；11. 小杂溜管；12. 橡皮球清理装置；13. 大杂溜管；14. 吸风口

图 3-9　往复振动筛 (谷文英等，1999)

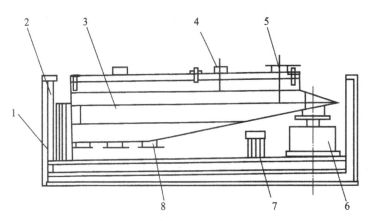

1.机座；2.尾部支撑机构；3.筛体；4.观察口；5.进料口；6.传动筛；7.电动机；8.出料口

图 3-10　回转振动分级筛（谷文英等，1999）

三、原料的磁选设备

在原料收获、贮运和加工过程中，易混入铁钉、螺丝、垫圈、钢珠和铁块等金属杂质，这些金属杂质如随原料进入高速运转设备（粉碎机、制粒机），将造成设备损坏，危害极大，必须予以清除。磁选器的主要工作元件是磁体，每个磁体有两个磁极，在磁极周围存在着磁场。任何导磁物质在磁场内都会受到磁场的作用磁化并被磁选器吸住，而非导磁的饲料则自由通过磁选器而使两者分离。磁选器有电磁选器和永久磁选器两种，饲料行业主要使用永久磁选设备。根据磁选设备结构的不同，饲料厂常用的磁选设备有简易磁选器、永磁筒和永磁滚筒。

（一）简易磁选器有篦式磁选器和永磁溜管

篦式磁选器常安装在粉碎机、制粒机喂料器和料斗的进料口处，磁铁呈栅状排列，磁场相互叠加，强度高。磁铁栅上面设置导流栅，起保护磁铁作用。当物料通过磁铁栅时，物料中的磁性金属杂质被吸住，从而可保护设备。该设备结构简单，但需要人工及时清理。

（二）溜管磁选器

它是将磁体或永磁盒安装在一段溜管上，物料通过溜管时铁杂质被磁体吸住。为了便于人工清理吸住的铁杂质，要安装便于开启的窗口并防止漏风。磁体安装时要求溜管有一定倾斜角和物料层厚度，最小倾斜角对谷物为 25°～30°，粉料为 55°～60°；物料层厚度对谷物为 10～12 mm，粉料 5～7 mm 物料通过速度为 0.10～0.12 m/s。

（三）永磁筒磁选器

永磁筒主要由内筒和外筒两部分组成，外筒通过上下法兰连接在输料管上，内筒即磁体，用钢带固定在外筒门上。物料经入口在永磁体四周形成较均匀的环形料层，其中的磁性金属杂质因被磁场磁化而吸附在永磁体周围表面上，物料则从磁场区通过由下端出口流出机外，从而达到清除磁性杂质的目的。清杂时，拉开筒门，将永磁体转至筒外，人工清理磁体表面吸附物。永磁筒磁选器具有结构简单、操作方便、安装灵活、除铁效率高（99% 以上）、在饲料厂应用最为广泛。国产 TCXT 系列永磁筒有 20、25、30 和 40 等几种型号，产量分别为 10 ~ 15t/h、20 ~ 30t/h、35 ~ 50t/h、55 ~ 75t/h 和 80 ~ 100 t/h。

（四）永磁滚筒磁选器

永磁滚筒的结构，由进料盛、压力门、滚筒、磁铁、机壳、出料口、铁杂出口和传动部分组成。工作时，物料从进料口进入，经压力门均匀地流经滚筒，铁杂被磁芯所对滚筒外表面吸住，并随外筒转动而被带到无磁区，由于该区磁力消失，铁杂自动落下，从铁杂出口排出，清理的物料则从出料口排出。永磁滚筒具有结构合理、体积小、除铁效率高、不需人工清除铁杂等优点，但价格较贵，与永磁筒相比，应用较少。

四、原料的清理工艺

按原料的清理工艺布置的场合，饲料厂的清理工艺可分为接收清理工艺和车间清理工艺。

（一）接收清理工艺

接收清理工艺是指在原料接收的同时对原料进行清理的工艺，一般用于立筒库原料进仓前的清理，以清理玉米为主。原料卸入卸料坑由栅筛对原料进行初步筛理，经斗式提升机提升后，由圆筒初清筛进行清理，清除大杂质。然后，由自动秤对原料进行计量并由输送设备送至立筒库贮存或直接进入主车间，立筒库中的原料在需要时可由立筒库下方的刮板输送机送入主车间参与生产。在接收清理工艺中，可不设磁选设备，因为原料中的细小磁性杂质进入立筒库没有多大危害，进入主车间后还会经过一道磁选。接收清理工艺生产能力大，要在短时间内处理大批量进厂的原料，各种设备均要满足这一要求，其生产能力不能局限于饲料厂的生产规模，而应比车间各生产设备的能力大得多，具体生产能力视饲料厂原料供应状况及一次进料数量而定。

（二）车间清理工艺

车间清理工艺布置在加工车间内，其作用是对投入生产流程的原料进行清理，有粒料清理线和粉料清理线。需要粉碎的粒状原料由人工（或机械）投入粒料斗，栅筛对原料进行初步清理，清除大杂。斗式提升机将粒料提升并卸入圆筒初清筛，清理杂质后的原料流经永磁筒清除磁性杂质，原料进入待粉碎仓。不需要粉碎的粉状原料由人工投入粉料斗（或从原料库由输送设备送来），同样，栅筛也对原料进行初步清理，斗式提升机将粉料提升后卸入圆锥粉料筛，大杂清除后的原料在去配料仓途中由磁盒进行磁选，清除磁性杂质。

第三节　饲料原料的粉碎

粉碎是固体物料在外力作用下，克服内聚力，从而使粒的尺寸减小、颗粒数增多、比表面积增大的过程。粉碎是饲料厂最重要的工序之一，它直接影响饲料厂的生产规模、能耗、饲料加工成本以及产品质量。粉碎可增大饲料的表面积，增加消化酶对饲料的作用面积，提高动物对饲料的消化速度和剩精率，减少动物采食过程的咀嚼能耗；粉碎可改善配料、混合、制粒等后续工序的质量，提高这些工序的工作效率。

从应用效果来看，动物对饲料的消化率并非随粒度变细而相应提高，若粉碎过细则会引起畜禽呼吸系统、消化系统障碍；此外，粉碎过细，能耗大，成本高。因此，应根据不同的饲养对象和产品种类来确定合理的粉碎粒度。以使粉碎粒度达到合理的营养效果。

一、原料粉碎的方法和原理

（一）粉碎方法和原理

饲料粉碎是利用粉碎工具使物料破碎的过程，这种过程一般只是几何形状的变化。根据对物料施力情况不同，粉碎可分为击碎、磨碎、压碎和切碎等四种方法。

1. 击碎

击碎是利用安装在粉碎室内的工作部件（如锤片、冲击锤、齿爪等）高速运转，对物料进行打击碰撞，依靠工作部件对物料的冲击力使物料颗粒碎裂的方法。其适用性好、生产效率高、可以达到较细、均匀的产品粒度，但工作部件速度较快，能量浪费较大。锤片粉碎机、爪式粉碎机均利用这种方法工作。

2. 磨碎

磨碎利用两个带齿槽的坚硬表面对物料进行切削和摩擦而使物料破碎，即靠磨盘的正压力和两个磨盘相对运动的摩擦力使物料颗粒破碎。适用于加工干燥且不含油的物料，可根据需要将物料颗粒磨成各种粒度的产品，但含粉末较多，升温较高，这种方法目前在配合饲料加工中应用很少。

3. 压碎

压碎是利用两个表面光滑的压辊以相同的转速相对转动，依靠两压辊对物料颗粒的正压力和摩擦力，对夹在两压辊之间的物料颗粒进行挤压而使其破碎的方法。粉碎物料不够充分，在配合饲料加工中应用较少，主要用于饲料压片，如压扁燕麦作马的饲料。

4. 切碎

切碎是利用两个表面有锐利齿的压辊以不同的转速相对转动，对物料颗粒进行锯切而使其破裂的方法，特别适用于粉碎谷物饲料，可以获得各种不同粒度的成品，而且粉末量也较少，但不适于加工含油饲料或含水量大于18%的饲料。主要有对辊式粉碎机和辊式碎饼机。

实际粉碎过程中很少是一种方法单独存在，一台粉碎机粉碎物料往往是几种粉碎方法联合作用的结果，只不过某种方法起主要作用。选择粉碎方法时，首先要考虑被粉碎物料的物理特性，对于特别坚硬的物料，击碎和压碎方法很有效；对韧性物料用研磨为佳，对胶性物料以锯切和劈裂为宜。谷物饲料粉碎以击碎及锯切碎为佳，对含纤维的物料（如奢糠）以盘式磨为好。总之，根据物料的物理特性正确选择粉碎方法对提高粉碎效率、节省能耗、改善产品质量等具有实际意义。

（二）原料粒度测定及其表示方法

饲料粒度以平均粒径和粒度分布表征，是评价饲料粉碎质量的基本指标之一，主要采用筛分法进行测定，微量组分要求的粒度很小，需要用显微镜法测定。

筛分法是将按一定要求选择的一组筛子，从上到下按筛孔由大到小排列成筛组，将称好的一定量物料置于最上层筛上，摇动筛组进行筛分，当各层筛的筛上物不再变化时，称取每层筛的筛上物重量，在此基础上计算所测物料的粒度。用筛分法测定物料粒度，筛孔大小是关键，通常用"目"表示筛孔大小，"目"是指每英寸。长度组成筛孔的编织丝的根数，"目"数越高的筛子其筛孔越小。为了使用方便，将"目"圆整成相近的整数为筛号。

目前，我国饲料产品粒度测定应用最多的是三层筛法，科研中有时用十五层筛法。

1. 三层筛法

三层筛法是中华人民共和国国家标准《配合饲料粉碎粒度测定法》(GB 5917—1986)中规定的一种粒度测定方法。三层筛法使用的仪器有：按相应标准选定的三层编织筛（含底筛）、统一型号的电动摇筛机和感量为 0.01 g 的天平。三层筛法测定物料粉碎粒度，使用含底筛在内的三层筛，饲料的饲养对象不同，选用的筛号亦有所不同。综合了 GB 5915—1993 和 GB 5916—1993 两个标准对配合饲料粉碎粒度的要求。

2. 十五层筛法

我国的国家标准《饲料粉碎机试验方法》(GB 6971—1986) 规定粉碎产品粒度测定采用此法。用 RO—Tap 振筛机筛分，套筛是直径 204 mm 的钢丝标准筛。十五层筛的筛号依次为 4、6、8、12、16、20、30、40、50、70、100、140、200、270 和底盘。筛分时，取试样 100 g，放在最上层筛子筛面上，然后开动振筛机，先筛分 10 min，以后每隔 5 min 检查称重一次，直到最小筛孔的筛上物重量稳定 2（前后称重的变化为试样重的 0.2% 以下），即认为筛分完毕。十五层筛法的概率统计理论基础，是假定被测粉料的质量分布是对数正态分布。粒度大小以质量几何平均直径 D_{gw} 表示，粒度分布状况以质量几何标准差 S_{gw} 表示。

二、原料的粉碎工艺

粉碎工艺与配料工艺有着密切的关系，按其组合形式可分为先粉碎后配料和先配料后粉碎两种工艺；按原料粉碎次数又可分为一次粉碎工艺和二次粉碎工艺。采用哪种工艺流程取决于主要原料供应和生产规模。我国除小型机组外，多采用先粉碎后配料工艺流程。先粉碎后配料和先配料后粉碎均为一次粉碎工艺，所谓一次粉碎工艺就是采用一台粉碎机（用较小筛孔）将粒料一次性粉碎成配合用的粉料，该工艺简单、设备少，但成品粒度不够均匀、电耗高，前已介绍。为了弥补一次粉碎工艺之不足，可采用二次粉碎工艺，即在第一次粉碎后（采用较大筛孔的筛片）将粉碎物料进行筛分，对筛出的粗粒再进行一次粉碎，这种工艺的成品粒度均匀、产量高、能耗低，但要增加分级筛、提升机和粉碎机等设备，设备投资增加。二次粉碎工艺又可分为单一循环粉碎工艺、阶段粉碎工艺和组合粉碎工艺，在此重点介绍。

(一) 循环粉碎工艺

循环粉碎工艺采用大筛孔筛片的粉碎机将原料粉碎后进行筛分，达到粒度要求的粉料直接进入下道工序，而留在筛上的粗粒再送回粉碎机进行二次粉碎，物料在粉碎系统内形成循环体系。与一次粉碎工艺比较，粉碎电耗较节省，因粉碎机采用大筛孔的筛片，重复过度粉碎减少，产量高、能耗少，设备投资也不高，仅需增加分级筛。

(二) 阶段二次粉碎工艺

物料经分级筛筛理，满足粒度要求的筛下物直接进入混合机，筛上物进入第二台粉碎机，这样可减轻第一台粉碎机的负荷。经配有大筛孔的第一台粉碎机粉碎的物料进入多层分级筛筛理，筛出符合粒度要求的物料入混合机，其余的筛上物全进入第二台粉碎机进行第二次粉碎，粉碎后全部进入混合机。既减轻了第一台粉碎机的负荷，又兼有循环粉碎工艺的优点，大大提高了粉碎工序的工作效率。但增加设备较多，适合大型饲料厂。

（三）组合二次粉碎工艺

先用对辊粉碎机进行第一次粉碎，经分级筛筛分后，筛上物进入锤片粉碎机进行第二次粉碎（图3-11）。第一次粉碎用对辊粉碎机可利用其具有粉碎时间短、温升低、产量高、能耗低的优点；第二次采用锤片粉碎可利用它对纤维粉碎效果好的优点，克服对辊粉碎机粉碎纤维物料效果不佳的弱点，两者配合使用各发挥其长处，获得良好的效果。

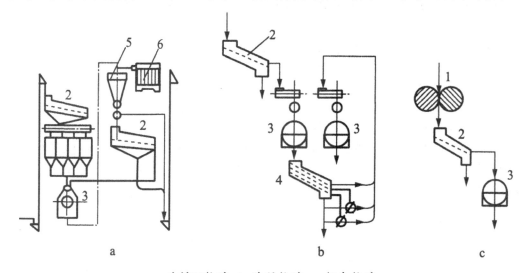

a. 乱循环粉碎；b. 阶段粉碎；c. 组合粉碎

1. 对辊粉碎机；2. 分级筛；3. 锤片粉碎机；4. 多层分级筛；5. 旋风分离器；6. 袋式除尘器

图 3-11　二次粉碎工艺（饶应昌等，1996）

三、粉碎设备

粉碎设备按机械结构特征的不同，可分为锤片粉碎机、爪式粉碎机、盘式粉碎机、辊式粉碎机、压扁式粉碎机和破饼机等几类。

（一）对粉碎机的要求

（1）粉碎成品的粒度可根据需要方便调节，适应性好。

（2）粉碎成品的粒度均匀，粉末少，粉碎后的饲料不产生高热。

（3）可方便地连续进料及出料。

（4）单位成品能耗低。

（5）工作部件耐磨，更换迅速，维修方便，标准化程度高。

（6）配有吸铁装置等安全措施，避免发生事故。

（7）作业时粉尘少，噪声小，不超过环境卫生标准。

(二) 锤片粉碎机

锤片粉碎机结构简单、通用性好、适应性强、效率高、使用安全，在饲料行业中得到普遍应用，对含油脂较高的饼 (粕)、含纤维多的果谷壳、含蛋白质高的塑性物料等都能粉碎，可以一机多用。

1. 结构锤片式粉碎机

结构锤片式粉碎机由供料口、机体、转子、齿板、筛片和操作门等组成。锤架板和锤片等构成的转子由轴承支承在机体内，机体安装有齿板和筛片，齿板和筛片呈圆形包围转子，与粉碎机侧壁一起构成粉碎室。锤片用销轴连在锤架板的四周，锤片之间安有隔套 (或垫片)，使锤片之间彼此错开，按一定规律均匀沿轴向分布。更换筛片或锤片时须开启操作门，筛片靠操作门压紧，或采用独立压紧机构。粉碎机工作时操作门通过某种装置被锁住，保证转子工作时操作门不能被开启，以防止发生事故。

2. 工作过程

粉碎机工作时，物料在供料装置作用下进入粉碎室，受高速回转锤片的打击而破裂，并以较高的速度飞向齿板和筛片，与齿板和筛片撞击进一步破碎，通过如此反复打击，物料被粉碎成小碎粒。在打击、撞击的同时，物料还受到锤片端部及筛面的摩擦、搓擦作用而进一步粉碎。在此期间，较细颗粒由筛片的筛孔漏出，留在筛面上的较大颗粒，再次受到粉碎，直到从筛孔漏出，最后从底座出料口排出。

锤片粉碎机的工作过程主要由锤片对物料的冲击作用和锤片与物料、筛片 (或齿板) 与物料以及物料相互之间的摩擦、搓擦作用构成。谷物、矿物等脆性物料，主要依靠冲击作用而粉碎。牧草、秸秆和藤蔓类等韧性物料则主要依靠摩擦作用及剪切作用等而粉碎。但不管哪种物料的粉碎，都是多种粉碎方式联合作用的结果，不存在只有单一粉碎方式的粉碎过程。

3. 锤片粉碎机分类

按粉碎机转子轴的布置位置可分为卧式和立式，通常锤片粉碎机为卧式，新研制出的立轴式锤片粉碎机具有很大的优越性，将可能取代现有卧式锤片粉碎机。

按物料进入粉碎室的方向，锤片粉碎机可分为切向式、轴向式和径向式三种；按某些部位的变异，又有各种特殊形式，如水滴式粉碎机和无筛粉碎机等。

(1) 切向式粉碎机沿粉碎室的切线方向喂入物料，上机体安有齿板，筛片包角一般为180°，可粉碎谷物、饼 (粕)、秸秆等各种饲料，是一种通用型粉碎机，广泛应用于农村及小型饲料加工企业中。

(2) 轴向式粉碎机依靠安装在转子上的叶片起风机作用将物料吸入粉碎室，转子周围一般为包角360°的筛片 (环筛或水滴形筛)。

(3) 径向式粉碎机整个机体左右对称，物料沿粉碎室径向从顶部进入粉碎室，转子可正反转工作，这样，当锤片的一侧磨损后，通过改变位于粉碎室正上方的导料机构方向可改变物料进入粉碎室的方向，且转子的运转方向也发生改变，不必拆卸锤片即可实现锤片工作角转换，大大简化了操作过程，筛片包角大多为300°左右，有利于排料。

(4) 水滴式粉碎机由于粉碎室形似水滴而得名，是轴向式粉碎机的一种变形，其筛片做成水滴形状，目的是破坏物料环流层，也可以提高粉碎效率、降低能耗。

(5) 无筛式粉碎机内没有筛片，粉碎产品的粒度控制通过其他途径完成。

4. 锤片粉碎机的型号

标准锤片粉碎机的规格主要以转子直径 D 和粉碎室宽度来表示。目前，国产锤片粉碎机型号的标注方法有两类。

一是原农机部的规定，如 9FQ—60 型，9 表示畜牧机械类的代号，F 表示粉碎机，Q 指粉碎机切向进料，60 表示转子直径（以厘米为单位）；另一类是原商业部标准《粮油饲料机械产品型号编制方法》SB/T 10253—1995，如 SFSP112×30 型饲料粉碎机，第一个字母 S 表示专业名称为饲料加工机械设备，FS 为品种代号，规定用两个字母组成，选用品种名称中能反映特征的顺序二字的第一个字母，FS 表示"粉碎"，P 为型号代号，此处表示锤片，112×30 表示转子直径 × 粉碎室宽度（单位为厘米）(图 3-12)。

5. 锤片

锤片是粉碎机最重要也是最易磨损的工作部件，其形状、尺寸、排列方法、制造质量等对粉碎效率和产品质量有很大影响。

（1）锤片的形状和尺寸。目前应用的锤片形状很多（图 3-13），使用最广泛的是板状矩形锤片，它形状简单、易制造、通用性好，有两个销轴孔，其中一孔串在销轴上，可轮换使用四个角来工作。图 3-13 中 b、c、d 为工作边涂焊、堆焊碳化钨或焊上一块特殊的耐磨合金，以延长使用寿命，但制造成本较高。图 3-13 中 e、f、g 将四角制成梯形、棱角和尖角，提高其对牧草纤维饲料原料的粉碎效果，但耐磨性差。图 3-12 环形锤片只有一个销孔，工作中自动变换工作角，因此磨损均匀，使用寿命较长。但结构复杂。图 3-13 复合钢矩形锤片是由轧钢厂提供的两表层硬度大、中间夹层韧性好的钢板，制造简单、成本低。

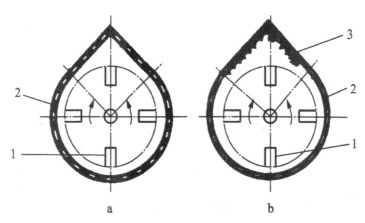

a. 全水滴筛式；b. 部分齿板式；
1. 锤片；2. 筛片；3. 齿板
图 3-12　水滴式粉碎机（徐斌等，1998）

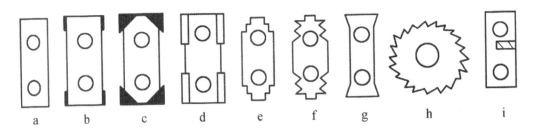

图 3-13 锤片的种类 (饶应昌等，1996)

(2) 锤片制造质量。主要体现在其材料、热处理以及加工精度上。目前国内使用的锤片材料主要有低碳钢、中碳钢、特种铸铁等，热处理和表面硬化能很好地改善锤片耐磨性能、延长使用寿命。锤片是高速运转部件，制造精度对粉碎机转子的平衡性影响很大，要求转子上任意两组锤片之间的质量差不能超过 5 g。锤片出厂应以一套为单位，每次安装或更换锤片时应采用成套的锤片，不允许套与套之间随意交换。

(3) 锤片的数量与排列。粉碎机转子上锤片的数量与排列方式，影响转子的平衡、物料在粉碎室内的分布、锤片磨损的均匀程度以及粉碎机的工作效率。

锤片的数量用单位转子宽度上锤片的数量 (锤片密度) 衡量，密度过大则转子启动转矩大、物料受打击次数多；密度过小则粉碎机的产量受影响。

(4) 锤片线速度越高，对饲料颗粒的冲击力越大，粉碎能力越强。因此，在一定范围内提高锤片线速度可以提高粉碎机的粉碎能力。但速度过高，会增加粉碎机的空载电耗，并使粉碎粒度过细，增加电耗；且影响转子的平衡性能。所以，锤片的最佳线速度要根据具体情况而定，目前国内粉碎机锤片的线速度一般取 80～90 m/s。

6. 齿板和筛片齿板

齿板和筛片齿板的作用是阻碍环流层的运动，降低物料在粉碎室内的运动速度，增强对物料碰撞、搓擦和摩擦的作用，对粉碎效率有一定影响，尤其对纤维多、韧性大、湿度高的物料作用更明显。筛片是控制粉碎产品粒度的主要部件，也是锤片粉碎机的易损件之一，其种类、形状、包角以及开孔率对粉碎和筛分效能都有重要影响，圆柱形冲孔筛结构简单、制造方便，应用最广；筛片的开孔率越高，粉碎机的生产能力越大；筛片面积大，粉碎后的物料能及时排出筛外，从而能提高粉碎效率；包角愈大，粉碎效率愈高，目前粉碎机筛片包角有180°、270°、300° 等多种，粉碎机在使用孔径较小的筛片时，应尽量采用较大的筛片包角，从而提高度电产量和产品粒度均匀性。

7. 粉碎室结构形式和状态

(1) 锤筛间隙。它指转子运转时锤片顶端到筛片内表面的距离，是影响粉碎效率的重要因素之一。锤筛间隙过大，外层粗粒受锤片打击机会减少，内层小粒受到重复打击，增加电耗；锤筛间隙过小，将使环流层速度增大，降低锤片对物料的打击力，且使物料粉碎后不易通过筛孔，微粉增加，电耗增加，效率降低，锤片磨损加快。我国推荐的最佳锤筛间隙 (以 ΔR 表示) 为：谷物 ΔR =4~8 mm，秸秆 ΔR =10~14 mm，通用型 ΔR =12 mm。

(2) 粉碎室内的气流状态。粉碎室内的气流状态对筛子的筛分能力有较大影响，可通过改变粉碎室结构、破坏环流层和选配适合的吸风系统来改善粉碎室内的气流状态。

8. 排料装置

排料装置必须及时把粉碎后符合粒度要求的物料排出并输送走，粉碎室产生一定负压，有利于排料和改善粉碎机的工作性能。排料方式主要有自重落料、气力输送出料、机械（加吸风）出料三种，饲料厂多采用机械出料，并增设单独风网，效果较好。

9. 常用的锤片粉碎机饲料

行业使用最多的是 9FQ 和 FSP（现改进为 SFSP）两大系列，特别是后者。现将几种主要的锤片粉碎机介绍如下。

（1）9FQ—60 型粉碎机。该机是 9FQ 系列五种粉碎机的最大机型（图 3-14），用于年生产 5 000 t、10 000 t 的饲料厂。外壳为箱式结构，转子的锤片有 4 组共 32 片，对称平衡排列，顶部进料，进料口安有磁铁，机体内有安全装置，转子可正反转，减少了更换锤片次数，使用维护方便。工作时，物料经顶部料斗喂入粉碎室后，受到高速旋转的锤片、侧向齿板和筛片的打击、碰撞、摩擦等而粉碎。粉碎后的物料在离心力和负压的作用下穿过筛孔，从出料口排出。该机曾是国内使用较多的机型，但有占地面积大、噪声高、过载能力不强等缺点，应用逐渐减少。

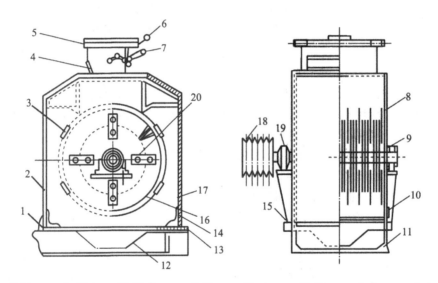

1. 座板；2. 左门；3. 筛架卡；4. 磁铁；5. 料斗；6. 插板；7. 手柄；8. 齿板；9. 转子；10. 安全孔罩盖；11. 机架；12. 出料口；13. 减振垫；14. 封闭板；15. 侧壁；16. 筛架；17. 右门；18. 三角皮带；19. 轴承座；20. 销轴孔罩盖

图 3-14　9FQ-60 型粉碎机（饶应昌等，1996）

（2）FSP56×36（40）型粉碎机。可粉碎各种谷物饲料原料，为中型粉碎设备，适合于年产万吨级饲料厂使用。转子直径 560 mm，FSP56×36 型共有 4 组 20 块锤片，FSP56×40 型共有 4 组 24 块锤片，均采用对称排列方式，换向方便，减少了锤片换向的次数，转子平衡性能好，运转平稳，噪声相对较低。FSP 系列粉碎机技术参数。

（3）SFSP 系列粉碎机。SFSP 系列粉碎机是在 FSP 系列改进机型（图 3-15），图 3-16 结构合理、坚固耐用、安全可靠、安装容易、操作方便、振动小、生产率高。需粉碎的物料通过自动控制给料器由顶部进料口喂入，经进料导向板导向从左边或右边进入粉碎室，在高速旋转的锤片打击和筛片摩擦作用下物料逐渐被粉碎，并在离心力和气流作用下穿过筛孔从底座出料口排出。

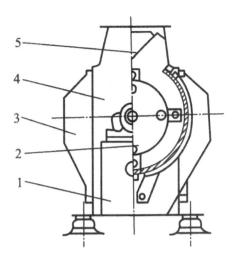

1.机座；2.转子；3.操作门；4.上机壳；5.进料导向机构

图3-15　SFSP系列粉碎机结构示意(徐斌等，1998)

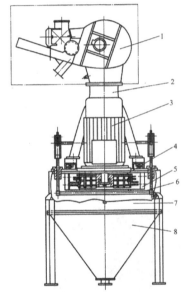

1.自动控制料器(选附件)；2.进料分流机构；3.电动机；4.转子；5.筛框；6.筛框压紧机构；7.机体；8.出料斗

图3-16　立轴锤片粉碎机结构(徐斌等，1998)

(三) 其他粉碎机

1.爪式粉碎机

爪式粉碎机又称齿爪式粉碎机，利用击碎原理进行工作，由于转速高，故又称为高速粉碎机。其功耗和噪声较大，产品粒度细，适应性广，最适合粉碎脆性物料，机型较小，多为专业户或小型机组采用，也可用作二次粉碎工艺的第二级粉碎机，或配置气流分级装置用作矿物的微粉碎机。爪式粉碎机正向多功能发展，亦用来粉碎秸秆、谷壳、中药材、焦炭、陶土、矿物、化工原料等。在预混合饲料前处理工段中，可用无筛网爪式粉碎机来粉碎矿物盐类的原料。

该机主要由机体、喂料斗、动齿盘、定齿盘、环筛、传动部分等组成（图3-17）。动齿盘上固定有3~4圈齿爪，定齿盘有2~3圈齿爪，各齿爪错开排列。工作时，物料借自重和负压进入粉碎室中央，受离心力和气流的作用，自内圈向外圈运动，同时受到动、定齿爪和筛片的冲击、剪切和搓擦、摩擦作用而粉碎，合格的粉粒通过筛孔排出机外；粗粒继续受到打击等作用，直到通过筛孔为止。我国爪式粉碎机已实行标准化，现有转子外径270mm、310mm、330mm、370mm及450 mm五种型号，其部分型号技术参数见表3-1。

表3-1　技术参数

项目	型号	6FC-308	红旗-330	FFC-45	FFC-45A
转子外径（mm）		308	330	450	450
主轴转速（r/min）		4 600	5 000	3 000~3 500	3 000~3 500
配套动力（kW）		5.5	7	10	10
外形尺寸（mm×mm×mm）		1 050×865×1 204 185	420×570×1 100 130	740×740×950 175	740×740×950 170
产量（kg/h）	玉米筛孔（mm）	150 0.8	525 1.2	300 1.2	550 1.2
	腾杆筛孔（mm）	80 2.0	200~250 3.0	300 3.5	290 3.5

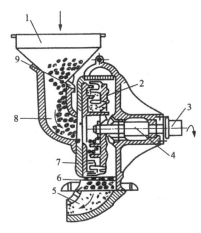

1.料斗；2.动齿盘；3.皮带轮；4.主轴；5.出料口；6.筛片；7.定齿盘；8.入料口；9.插板

图3-17　爪式粉碎机（饶应昌等，1996）

2. 辊式粉碎机

辊式粉碎机又称为对辊粉碎机（图3-18）。在饲料生产中用于谷物（多用于二次粉碎工艺的第一道粉碎工序）和饼（粕）粉碎、燕麦的压扁或压片以及颗粒饲料破碎等。辊式粉碎机由机架、喂入辊、两个磨辊、清洁刷及其调节机构、传动机构等组成，上辊为快辊，下辊为慢辊，同清洁刷调节机构相连，其轴承可移动以调节两辊间隙 (轧距)；并装有减震器，以保证轧距的稳定。辊可根据用途制成各种齿辊 (含光辊)，辊径、辊长、齿形及其尺寸对粉碎机工作性能有很大影响，由粉碎工艺要求而定。原料经喂入辊形成薄层导入磨辊工作间隙，经碾压、剪切等而粉碎，粉碎后的物料落入下方排出。辊式粉碎机具有生产率高、能耗低、粉尘少、粒度较均匀、温升低、水分损失少、噪声小、调节和管理方便等优点，与锤片粉碎机配合作为二次粉碎工艺的第一道粉碎工序，使用日趋广泛。

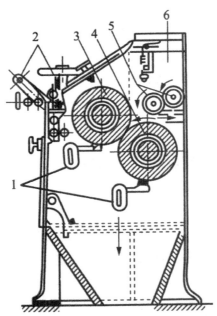

1.清洁刷；2.刷的调节机构；3.上辊；4.下辊；5.喂入辊；6.喂入斗
图 3-18　辊式粉碎机结构 (饶应昌等，1996)

3.碎饼机

碎饼机用于破 (粉) 碎油饼，常用的有锤片式和辊式饼类粉碎机两类，目前多采用辊式粉碎机将饼料破碎成小块，再用锤片粉碎机粉碎成所要求的粒度。但随着制油工艺技术的发展，生产的油料饼越来越少了，碎饼机在饲料工业中的应用已不多见。辊式碎饼机有单辊和双辊两种类型。

(1) 单辊碎饼机。由喂入板、轧碎辊、齿板、击碎辊、圆孔筛片等组成 (图3-19)，饼块从喂入板进入轧碎室，受到轧辊上单螺旋排列的刀齿切割、挤压而破成小块，随后在击碎室内由击碎辊以更高的速度进一步击碎，通过筛孔排出。

(2) 双辊碎饼机。工作部件是一对异步反向的齿辊 (图3-20)，由许多星形刀盘和间隔套交替地套在方轴上，使一辊的刀盘恰好对着另一辊的间隔套。工作时，饼块从顶部喂入，受到有转速差的对辊盘的剪切、打击、挤压而碎成小于 60 mm 的碎块。

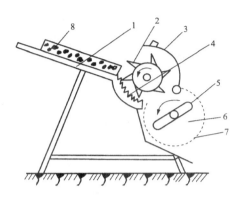

1. 喂入板；2. 轧碎辊；3. 轧碎室；4. 齿板；5. 击磅；6. 击碎室；7. 圆孔筛片；8. 饼块

图 3-19　单辊碎饼机 (饶应昌等，1996)

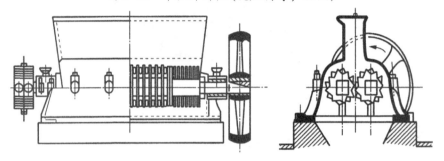

图 3-20　双辊碎饼机 (饶应昌等，1996)

4. 微粉碎和超微粉碎

微粉碎和超微粉碎机预混合饲料生产对物料粒度要求更细，载体粒度需在 30～80 目，稀释剂为 30～200 目，矿物微量元素则要求在 125～325 目，水产饲料也要求有较细的粉碎粒度。因此，需要采用微粉碎机和超微粉碎机来达到目的。

微粉碎和超微粉碎实质包括粉碎和分级两道工序，粉碎前已叙述，分级和分离是将符合粒度要求的粉碎物料及时分离出来。微粉碎机和超微粉碎机常采用分级机来分级，有多种组合方式，可以是粉碎 (磨碎) 机与分级器设计成一整体，也可由两种设备组成一个系统。

(1) 分级机。主要由给料管、调节管、中部机体、斜管、环形体以及叶轮等构成 (图 3-21)。工作时，物料由微粉碎机进入机内，经过锥形体进入分级物料出口区。调节叶轮转速可调节分级粒度。细粒物料随气流经过叶片之间的间隙向上，经细粒物料排出口排出，粗粒物料被叶轮阻留，沿中部机体的内壁向下运动，经环形体和斜管从粗粒物料排出口排出。上升气流经气流入口进入机内，遇到从环形体下落的粗粒物料时，将其中夹杂的细粒物料分离出，向上排送，以提高分级效率。微细分级机分级范围广。纤维状、薄片状、近似球状、块状、管状等物料均可进行分级，分级精度较高。

(2) SFSP 系列锤片微粉碎机。其结构和工作原理与 SFSP 系列锤片粉碎机基本相同，主要应用于粒料的微粉碎加工，适用于鱼用水产饲料厂和预混合饲料厂的载体微粉碎，其压筛机构独特、简单，可快速更换筛片，供料量、风量和成品粒度可调，调节方式可变，适应性广。可采用直径 0.6mm、0.8mm、1.0mm、1.2mm 和 1.5 mm 孔径的筛片，与 XSWF 系列微细分级机配套使用，物料细度在 60～200 目可调。

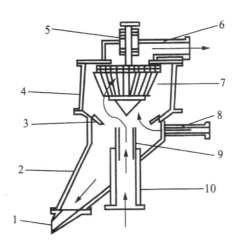

1.粗粒物料出口；2.斜管；3.环形体；4.中部机体；5.轴；6.细粒物料出口；7.叶轮；8.气流入口；9.调节管；10.给料管

图3-21　微细分级机（徐斌等，1998）

（3）DWWF2000型低温升微粉碎机组。该机由销棒式风选微粉碎机、供料装置、分级器、刹克龙、布袋过滤器、电控柜等组成（图3-22）。原料经螺旋供料器喂入微粉碎室内进行粉碎，粉碎物料风运至分级器分成粗细两级；粗粒自分级器回落至螺旋供料器中重新进入粉碎机内粉碎，细粒从分级器进入刹克龙沉降排出即为合格成品。该机粉碎时物料温升低、供料量、风量和成品粒度可调，调节方便可靠，适应性广，分级准确。

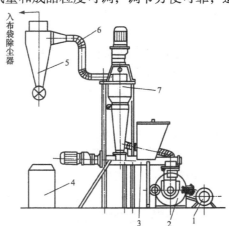

1.主电动机；2.微粉碎机；3.供料装置；4.电控柜；5.刹克龙；6.输送管；7.分级器

图3-22　低温升微粉碎机组（饶应昌等，1996）

（4）球磨机。主要工作部分为一个回转的圆筒，靠筒内研磨介质（如钢球）的冲击与研磨作用而使物料粉碎、研磨，其生产工艺流程见（图3-23）。球磨机适应性强，粉碎比可达300以上，产品粒度调整方便，结构简单坚固，但笨重、效率低、噪声大。在矿物饲料原料生产中，也采用小型球磨机，小型球磨机为分批式，称间磨，每次向磨机内加入一定数量的物料就开动磨机，约经1 h研磨，停机并卸出磨好的物料，再重新开始下一批物料研磨，间歇球磨机设备投资少，操作维护简便，但产量低、能耗高、耗工费时，粉尘也较大。

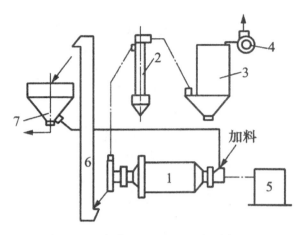

1. 球磨机；2. 旋风除尘器；3. 袋式除尘器；4. 屯风机；5. 燃烧室；6. 斗式提升机；7. 存粉仓

图 3-23　球磨机生产工艺流程（徐斌等，1998）

（5）雷蒙磨又称辊磨。物料从机体侧面由给料器、溜槽喂入机内，在辊子与磨环之间受到碾磨。气流从返回风箱、固定磨盘下部以切线方向吹入，经辊子与磨盘间的研磨区，夹杂粉尘及粗粒向上吹动，排入置于雷蒙磨上的分级器中。分级使用叶轮型分级机（选粉机），叶轮可使上升气流做旋转运动，将粗粒甩至舱层，而后落至研磨区重新磨碎，整个系统在负压下工作。雷蒙磨粉碎分级系统不仅具有粉碎作用，对于密度、硬度不同的矿物杂质还有一定的分选作用。雷蒙磨具有性能稳定、操作方便、能耗较低、产品粒度调节范围大等优点。

（6）卧轴超微粉碎机。在粉碎同时实现物料分级，并具有清除杂质的作用。用来粉碎的原料应粗碎至 5 mm 以下，物料进入粉碎室后，在粉碎Ⅰ室形成风压产生的循环气流作用下，与物料一起旋转，物料颗粒之间、物料与机体内壁产生冲击、碰撞，并伴随有剪切、摩擦；面粉碎Ⅱ室由于有气流阻力，旋转的物气混合体发生变化，物料在继续细化的同时伴有分级；最有效的粉碎出现在两个粉碎室之间的滞流区。超微粉碎机广泛用于颜料、涂料、农药、非金属矿及化工原料等的微粉碎。

（7）循环管式气流磨。它是依据冲击原理、利用高速气流进行物料粉碎及自动分级的一种粉碎装置，其下部是粉碎区，上部为分级区。粉碎区内的气流喷嘴保证气流轴线与粉碎室中心线相切，工作时，物料经给料斗进入粉碎区，气流经喷嘴高速射入粉碎室，使物料颗粒加速，形成相互间的冲击、碰撞；气流旋流夹带被粉碎的颗粒沿上升循环区进入分级区，使颗粒料流分层，内层的细颗粒经排料口排出，外层的粗颗粒重新返回粉碎区，与新进入的物料一起参与下一循环的微粉碎。

第四节　饲料原料的制粒与膨化

一、原料的制粒原理及分类

利用机械将粉状配合饲料挤压成粒状饲料的过程称为制粒。与粉状饲料相比，颗粒饲料具有营养全面、易消化吸收、动物不易挑食、采食时间短、易于贮存和运输、不会自动分级、改善适口性等显著优点，并可减少饲料中的抗营养因子和杀灭饲料中的有害微生物；但制粒湿热，高温过程也会使饲料中的热敏性物质 (如酶制剂、维生素等) 活性部分丧失。一个完整的制粒成型工序包括粉料调质、制粒、制粒后产品稳定熟化。冷却 (有时需要干燥)、破碎、分级、液体后喷涂等。实际生产中，应根据饲料品种、加工要求进行不同的组合，设计出合理的加工工艺和选用相应的设备，使颗粒饲料的外观品质和产品质量均符合要求。

(一) 制粒原理

型压式制粒机是依靠一对回转方向相反、转速相同、带塑孔 (穴) 的压辊对物料进行压缩而成形。

挤压式这种制粒机是用通孔的压模或模板、压辊 (或螺杆) 将调质后的物料挤出模孔，依靠模、辊间和模孔壁的挤压力和摩擦力而使物料压制成形。目前应用最广泛的环模、平模和螺杆式制粒机都是依据此原理进行设计的。

自凝式主要利用液体的媒介作用，颗粒自行凝聚而成。常用于加工鱼虾饲料微粒产品。

冲压式利用往复直线运动的冲头 (活塞) 将粉料在密闭的槽内压实而成型。适用于牛、羊用的块状饲料。

(二) 颗粒饲料分类

根据加工方法与加工设备的不同，颗粒饲料可以分为以下几类。

(1) 硬颗粒。应用最为广泛，饲料大多为圆柱体或不规则体，用挤压方法加工，由于配方和压制条件的不同，硬颗粒饲料的比重在 1.1～1.4 内变化。

(2) 软颗粒。指水分含量在 20%～30% 的颗粒料，需要用特殊的方法才能保存。目前主要用于养殖场的现场加工后直接投喂。

(3) 块状物。用挤压方法将纤维含量较高的牧草制成块状物，或者用特定的模型将一些物质制成块状物，如用于反刍动物的食盐舔砖。

(4) 团状物。用混合均匀的粉末饲料加液体进行调制而成的团状物，含水率在 30% 左右，一般现场加工后直接使用，主要用于特种水产饲料。

(5) 微颗粒。饲料粒度在 1.0 mm 以下，在水产养殖业中应用较多。一般是通过破碎方法来获得，但生产效率极低，产品营养成分与配方产生差异，同时粒度不规则。开发营养均一的微细颗粒生产技术，是现代水产饲料加工技术发展的一个新热点。

(三) 制粒机分类

制粒机根据压模形式可分为环模制粒机和平模制粒机。环模制粒机的粉状物料不受制粒机结构限制，理论上制粒机产量和环模可以无限大；而平模制粒机的粉状物料受离心力的影响，压模的直径不能过大，产量受到限制。从设备的主轴设置方式可分为立式制粒机和卧式制粒机，平模制粒机大部分为立式，而环模制粒机大部分为卧式。从辊模运动特性可分为动辊式和动模式制粒机，环模制粒机大部分为动模式，而立式制粒机多为动辊式。

二、颗粒饲料生产工艺

颗粒饲料生产工艺由预处理、制粒及后处理3部分组成。其工艺流程见图3-24。粉料经过调质后进入制粒机成型，饲料颗粒经冷却器冷却；若不需要破碎，则直接进入分级筛，分级后合格的成品进行液体喷涂、打包，而粉料部分则重新回到制粒机再进行制粒；如需要破碎，则经破碎机破碎后再进行分级，分级后合格成品和粉料处理方法与上述相同，粗大颗粒则再进行破碎处理。在设计制粒工艺时，必须注意配置磁选设备，以保护制粒机。待制粒粉料仓至少应设置两个，以免换料时停机。

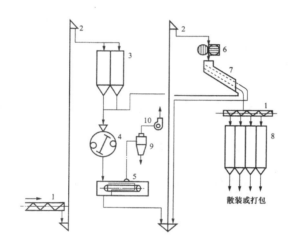

1. 绞龙输送机；2. 提升机；3. 待制粒料仓；4. 制粒机；5. 冷却器；6. 颗粒破碎机；7. 分级筛；8. 成品仓；9. 旋风除尘器；10. 风机

图3-24　制粒流程 (谷文英等，1999)

三、饲料的制粒设备

制粒设备系统包括喂料器、调质器和制粒机。

(一) 喂料器

喂料器的作用是将从料仓来的粉料均匀地供入调质器，其结构为螺旋式。在一定的范围以内，螺旋喂料器可进行无级调速，以调节粉料的输入量，调速范围为17~150 r/min，一般为100 r/min左右。

(二) 调质器

调质有制粒前调质和制粒后调质 (稳定化) 两种，调质设备有多道调质器、熟化罐、差速双轴桨叶式调质器、膨胀调质器、颗粒稳定器 (颗粒熟化器，是一种制粒后熟化调质) 等。

1. 调质的作用

制粒前对粉状饲料进行水热处理称为调质。调质具有以下作用：使原料中的淀粉熟化，蛋白质受热变性，提高饲料可消化性，提高颗粒耐水性，破坏原料中的抗营养因子和杀灭致病菌，降低制粒能耗，延长模、辊寿命。

2. 调质要求

调质是饲料制粒前后进行水热处理的一个过程，它综合应用了水、热和时间关系，是一个组合效应，其关键是蒸汽质量和调质时间。为提高调质粉料的温度，加入的蒸汽最好是饱和蒸汽；调质时间根据颗粒加工要求确定，要达到充分调质，必须选择相应的调质设备。

3. 调质设备

调质器的作用是将待制粒粉料进行水热处理和添加液体原料，同时具有混合和输送作用。目前，已研发了多种新型调质器，简介如下。

（1）单轴桨叶式调质器。它是国内外饲料加工中使用最早、最广的调质器。粉料在调质器内吸收蒸汽，并在桨叶搅动下进行绕轴转动和沿轴向前推移两种运动。目前，单轴桨叶式调质器有效调质长度一般为 2~3m，物料调质时间 10~30s，调质作用力相对较弱。

（2）多道调质。这种调质方法主要是通过延长调质时间来提高调质效果，即采用 2 个或 3 个双层夹套调质器有序组合（图 3-25），使粉料在调质器内的调质时间延长，同时在夹套内通入蒸汽，对粉料进行加热，提高粉料的温度，使粉料的淀粉糊化率和蛋白变性程度提高，颗粒内部的黏结力加强，既提高了颗粒在水中的稳定性。又提高了饲料的消化率。大多数水产饲料厂采用这种方法。

（3）双轴桨叶式调质器。它是一种新型调质器，其结构形式有 3 种类型，即不同直径上下布置调质器、同直径水平布置调质器和不同直径水平布置差速调质器。在调质过程中物料可以大部分相互渗透混合，从而延长调质时间，提高液体、油脂的吸收量和淀粉糊化程度，平均滞留时间可达 45 s，淀粉糊化度为 200A~25N。搅拌桨叶反向旋转、同向推进，转速相同（转速 >100 r/min），其主要结构见图 3-26。

图 3-25　三道桨叶式调质器（牧羊产品资料样本）

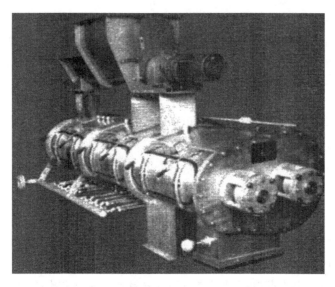

图 3-26　双轴差式桨叶式调质器（牧羊产品资料样本）

（4）熟化调质器。原料进入熟化调质器后，在里面停留 20～30 min，一般情况下，蒸汽和液体在前道桨叶式调质器中添加，由于物料在熟化调质器内停留的时间较长，因此，液体成分能有充足的时间渗透到物料中去，在这种系统中可添加糖蜜最高达 25%、脂肪最高达 12%，最高调质温度可达 100℃。同时在调质器的底部通入冷水或热空气，可起到冷却和干燥的作用。

（5）颗粒稳定器。颗粒饲料后熟化调质器是置于颗粒制粒机成型后的一种后熟化设备（图 3-27），又被称为滞留器、后熟化器、颗粒稳定器等。其主要功能是：在生产特种水产颗粒饲料时（尤其是虾饲料），为了延长颗粒饲料在水中的稳定性和提高饲料的消化率，利用颗粒饲料出模时的热量，再通过添加有限量的雾化蒸汽增湿，将颗粒在容器内保温稳定一定的时间，使颗粒饲料中的淀粉进一步糊化，达到热量渗透和平衡，使颗粒的毛细孔缩小，表面更为光洁，从而达到熟化调质的目的。主要结构是带蒸汽盘管加热夹套保温的方形料仓，仓内顶部设有蒸汽喷雾环。

（三）环模制粒机

环模制粒机应用最为广泛。不同类型的环模制粒机，尽管其传动方式和压辊数量不同，但成型的工作原理是一样的。粉料在温度、水分、作用时间、摩擦力和挤压力等综合因素的。作用下，使粉粒体之间的空隙缩小，形成具有一定密度和强度的颗粒。

1.结构环模制粒机

结构环模制粒机由料斗、喂料器、保安磁铁、调质器、斜槽、门盖、压制室、主传动系统、过载保护装置及电器控制系统等几个部分所组成（图 3-28 和图 3-29）。

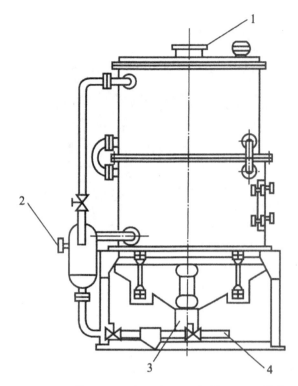

1. 进料门；2. 进气口；3. 出料口；4. 排水口

图 3-27　SWDF 颗粒稳定器（谷文英等，1999）

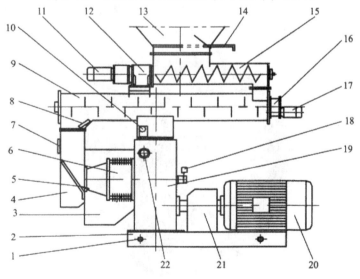

1. 起吊襻；2. 机座；3. 门盖；4. 下料斜槽；5. 斜槽；6. 压制室；7. 观察窗；8. 保安磁铁；9. 搅拌器；10. 起吊器；11. 调速电机；12/16. 减速器；13. 存料斗；14. 下料门；15. 喂料绞龙；17. 搅拌电机；18. 行程开关；19. 主传动箱；20. 主电动机；21. 联轴器；22. 切刃调节手轮

图 3-28　制粒机结构（郝波等，1998）

图 3-29　CPM 环模制粒机部分剖切（CPM 公司产品样本）

2. 压模

压模是制粒机将粉状物料压制成型的主要部件之一（图 3-30），其作用是将粉料强烈挤压通过模孔而成为颗粒，压模必须具有较高的强度与耐磨性。

（1）模孔直径典型的制粒机，压模的模孔直径范围为 1.5～19.0 mm，模孔直径的选择应根据养殖动物对饲料的粒径要求而定。模孔直径大，产品成型容易，质地较软，产量大而动力单耗小；反之，模孔直径越小，挤压产品越困难，颗粒硬度与动力消耗就越大。由于机械加工技术因素的限制，目前用于水产颗粒饲料生产的压模最小孔径为 1.0mm，考虑生产成本和产量，低于 1.5 mm 的颗粒通常用破碎方式或特殊生产工艺来完成。

图 3-30　压模与压辊（VAN AARSEN 公司产品样本）

（2）压模厚度和有效工作长度颗粒饲料加工中对饲料起实际作用的压模厚度和有效工作长度越长，则物料在模孔中受恒压作用时间越长，物料压实紧密，产品物理质量好，但生产量会变小，生产耗电量增加；厚度大的压模，其强度高。刚性大，同时，压模厚度又与压模的孔径有关。模孔有效工作长度与模孔直径之比称为长径比，成形时需选择最佳的长径比。长径比确定根据饲料配方和原料品质不同有所不同，尤其应注意饲料中添加油脂的含量，一般比值范围为 (8~22) : 1，常用值 10 : 1、14 : 1、16 : 1、18 : 1、22 : 1 等。

（3）压模开孔率是压模的关键指标，开孔面积越大，颗粒机的生产率越高，压模的开孔率与压模的材质和强度、模孔直径大小、开孔技术等密切相关。为了使压模有更高的强度，开孔率应适度。

（4）压模材料与使用寿命、生产量、产品质量和生产成本密切相关，压模材料选择主要考虑耐磨性、耐腐蚀性和韧性。环模材料分中碳合金钢和不锈钢两大类，中碳合金钢刚度和韧性都比较好，具有良好的耐磨性，使用寿命较长。合金钢压模较不锈钢和高铬钢压模便宜，节约生产成本。压模的质量除了材质之外，还与热处理的方法有关，其热处理方法有真空淬火、渗碳硬化等方法。

（5）压模转速为了获得较高的生产率，应尽可能地提高制粒机的压模速度。制粒机压模转速受多个方面因素的限制，包括颗粒的大小、颗粒出来后的冲击速度和产品品种等。

（6）压模与压辊的间隙制粒是通过压模与压辊的配合完成的，辊模间隙是很重要的参数，可由操作人员依靠经验完成。间隙过小，会加剧辊模的机械磨损；间隙过大，易造成物料在辊模间打滑，影响制粒产量与质量。辊模间隙一般为 0.1~0.3 mm。

（7）压辊是与压模配合，将调质后的物料挤压入模孔，在模孔中受压成形。压辊应有适当的密封结构，防止外物进入轴承；环模压粒机内的压辊大多数是被动的，其传动是压模与压辊间物料的摩擦力，压辊表面应能提供最大的摩擦力，才能防止压辊"打滑"和进行有效的工作。常用的压辊摩擦表面见图 3-31。

（8）切刀可将模孔挤出的颗粒截割成所要求的长度。每个压辊配备一把切刀，固定的方法有两种：小型制粒机多固定在压模罩壳上，大型制粒机参固定在机座上，方便切刀的调整。切刀与压模外表面的间距，可根据产品要求的长度进行调节。

 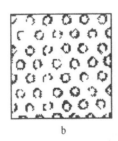  

a. 拉丝辊面；b. 凹穴辊面；c. 槽沟辊面；d. 碳化钨辊面

图 3-31　压辊表面的基本形式（谷文英等，1999）

（9）安全装置制粒机属于价值较高的设备，为保护操作人员和设备运行的安全，在制粒机设计时应考虑安全装置，主要有保护性磁铁、过载保护和压制室门盖限位开关。当粉料中混有磁性金属时，会对制粒机的压辊和压模造成损害。挥调质室与下料槽之间安装保护性磁铁，可减少磁性杂质的破坏。安全销固定在原静避的釜轴与机座上，当压辊与压模之间有异物进入时，压模在外界的动力作用下带动压辊旋转；从而折断安全销，触动行程开关切断主电机电源。摩擦式安全离合器的工作原理是当环模与压辊间进入异物出现超负荷状态时，则主轴带动内摩擦片，克服其额定摩擦力转动，同时与主轴连接的压盖径向凹槽触动行程开关，切断主电机电源。上述两种装置的应用能保证制粒机其他零部件不受损坏，起到了过载保护作用。制粒机压模在旋转时，如打开压制室门盖，有可能发生人身伤亡事故，为保证制粒工的安全或维修工维修时不发生事故，在支座与门盖的结合处装上限位行程开关，当门盖打开时，则制粒机的全部控制线路断开，制粒机无法启动，保证工作人员人身安全。

（10）传动装置制粒机的主传动采用电动机连接齿轮的单速传动，或采用皮带传动。

（四）平模制粒机

平模制粒机与环模制粒机挤压成形的原理相似，其区别是：平模制粒机的主轴为立式、压模形式为平模，压辊个数较多（4～5个）。受结构限制，单台制粒机的生产量不大。平模制粒机的类型有动辊式、动模式以及动辊动模式（辊模的转速不一样），目前生产上主要应用动辊式平模制粒机（图3-32和图3-33）。

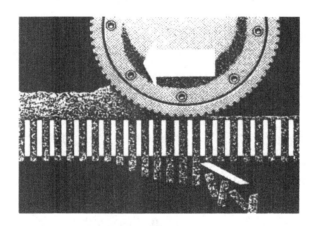

图3-32　平模制粒机颗粒压制过程图（阿曼都斯·卡尔·纳赫夫公司产品样本）

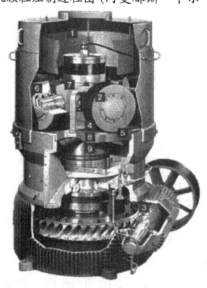

图3-33　平模制粒机剖切（阿曼都斯·卡尔·纳赫夫公司产品样本）

平模制粒机结构简单，设备投资低，压辊个数多，调节压辊方便，可以采用大直径压辊，压模的强度与刚性较好，有利于挤压成形，挤压过程中具有碾磨性，原料粒度适用范围广，压模的利用程度高，可以双面使用。但物料容易产生"走边"的现象，造成物料在压模上均匀分布较为困难，目前主要在小型饲料厂应用。

微小颗粒加工系统低温挤压过程是用低剪切力（挤压温度40°~60℃）将粉状混合物调质（水分28%~32%、油脂添加量可达18%）、挤压成股状物，然后这些股状物进入球形化机（一个可精确剪切的同轴波纹旋转盘），将其破碎为大小合适的凝聚物，通过流化干燥、冷却、过筛为成品（成品率达95%）。用这种方法可制成高质量水产开食饵料。

四、饲料制粒后处理设备

刚制粒成型的颗粒饲料温度高、水分高、含有部分粉料，需经后熟化、冷却、破碎、分级、后喷涂等一系列后处理工序才能成为合格产品。

为保证颗粒饲料的后续输送和贮存，必须对热颗粒进行冷却，去除颗粒中部分水分和热量，对于水分含量较大的颗粒饲料，有时还需要进行干燥处理。颗粒冷却器是保证颗粒质量的重要设备，与颗粒冷却效果相关的有原料配方、颗粒直径、冷却器的结构、环境条件和冷却器运行参数的选择等因素，尤其是冷却器参数的选择更为重要。目前在颗粒饲料生产中应用的冷却器主要为立式逆流冷却器和卧式冷却器。

颗粒冷却要求将颗粒温度降至比室温略高的程度（不高于室温6℃），水分降至12%~12.5%，应正确地掌握冷却速度，不能急速冷却颗粒表面，而要保证整个颗粒均匀冷却。如颗粒饲料中油脂含量高，应相应延长冷却时间或加大冷却器生产量。

影响颗粒饲料冷却效果的因素如下。

（1）环境温度颗粒。从冷却器出来的最终温度受到冷却空气初始温度的限制。

（2）颗粒中的脂肪含量。颗粒中的脂肪含量越高，越难冷却。包在颗粒表面的脂肪会使颗粒中的液体难于排出，冷却时间需加长。若将颗粒急速冷却，会造成裂纹或碎裂。干燥、凉爽的空气比潮湿的空气能从颗粒中带走更多的水分。

立式逆流式冷却器冷却过程中，物料与空气逆向流动进行湿热交换，有较好的冷却效果（图3-34）。从制粒机出来的湿热颗粒进入冷却器箱体，并在匀料器作用下均布于整个冷却箱体的截面上，冷却空气从栅格底部吸入，首先接触经过冷却的颗粒，当冷空气穿过热颗粒时，空气逐渐被加热，承载的水分增加，而热颗粒向下移动时，也逐渐被空气冷却，失去部分水分。空气与颗粒间温差比较小，不会使热颗粒产生急速冷却，保证了冷却的均匀性，颗粒冷却质量明显提高。当颗粒堆积至上料位器位置时，振动卸料斗开始工作，开启卸料门排料；当冷却箱体内颗粒下降到下料位器位置时，卸料门关闭，停止排料。

卧式冷却器有翻板型和履带型两种，其中履带型冷却器适应性强，能冷却不同直径和形状的颗粒料和膨化料，而且产量高、冷却效果好，目前主要在特种水产生产中应用较多。履带式卧式冷却器，是传统双层尊卧式冷却器的改进型，将传统侧面进风改为底部进风，确保进风冷却更均匀，避免风量的短路问题，同时将网式改为履带型，降低了加工成本。高温、高湿的颗粒料从冷却器进料口进入，经进料匀料装置使颗粒料均匀地平铺在传动链装置的链板上，传动链装置共有上、下两层，运动方向相反，下层速度快。颗粒料在上层格板上由机头输送到机尾，再落入下层格板上，经下层格板再由机尾输送到机头下部出料口。当颗粒料进入冷却器由上层至下层输送的同时，自然空气由冷却器底部格板缝隙进入，并通过格板经料层由顶部吸风道及吸风管排出，同时带走物料的热量与水分，起到对物料进行冷却和减低水分的作用。图3-35为典型双层卧式冷却器。

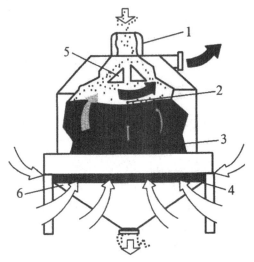

1.进料关风器；2.上料位；3.下料位；4.排料栅格；5.颗粒布料器；6.集料斗

图3-34 逆流式冷却器工作原理（曹康等，2003）

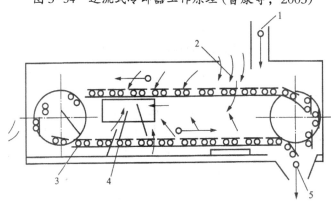

1.进料门；2.进风口；3.链板；4.出风口；5.出料口

图3-35 双层卧式冷却器（饶应昌等，1996）

水产颗粒饲料水分含量较高时，必须进行干燥处理。颗粒饲料干燥器是在普通冷却器的基础上，提供干热空气介质，使干燥空气介质与湿热颗粒中热量和水分充分交换，起到均衡降水目的。干燥可降低水分含量，提高饲料的稳定性、延长产品保质期，改善物理性能，降低物料黏性，防止微生物生长和产生毒素。传统的颗粒饲料干燥器大多是卧式干燥器，分为单层和多层的结构形式，水产与宠物饲料加工中最常用的干燥器为双层结构。也有将干燥与冷却组合器用于水产颗粒饲料生产，SGLB系列是干燥冷却组合机（图3-36），其主要特点是：集干燥、冷却于一体，结构紧凑、自动化程度高，操作维护方便。

图 3-36　SGLB 系列干燥冷却组合机(江苏正昌集团产品样本)

颗粒破碎机颗粒破碎是加工幼小畜禽颗粒饲料常用的方法，在水产饲料生产中，也常采用破碎方法来解决小颗粒生产问题。颗粒破碎机是用来将大直径颗粒饲料破碎成小碎粒，以满足动物的饲养需要。采用破碎方法，既可以节省能量消耗，同时避免了生产细小颗粒饲料的难度。畜禽饲料生产中，进行破碎加工颗粒饲料时，最为常用、最经济的颗粒直径为 4.5 ~ 6.0 mm。水产颗粒饲料的破碎应选用水产饲料专用破碎机。颗粒破碎机主要工作部件是一对轧辊，在轧辊上进行拉丝处理，快辊表面为纵向拉丝，慢辊表面为周向拉丝，快、慢辊的速比为 1.5：1 或 1.25：1。拉丝目的是增加纵向与周向的剪切作用，减少挤压，使产品粒径更均匀，提高碎粒的成品率，减少细粉。调节轧距的间隙大小可获得所需要的产品粒径，当颗粒不需破碎时，可将轧辊的轧距调大，使其直接通过；或利用进料处备有的旁路装置，让颗粒从轧辊外侧流过(图 3-37)。

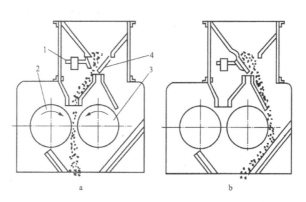

a. 破碎状态；b. 旁流状态；1. 压力门；2. 快辊；3. 慢辊；4. 翻板

图 3-37　颗粒破碎机(饶应昌等，1996)

颗粒分级筛颗粒分级是将冷却和破碎后的颗粒物料分级，筛出粒度合格的产品送入后道作业工序，不合格的大颗粒和细粉回流加工。常用的颗粒分级筛有适用于颗粒饲料直径大于 1.0 mm 的颗粒饲料和破碎饲料分级以及适用于颗粒饲料直径小于 1.0 mm 的破碎颗粒饲料分级两种。

　　液体外涂机制粒对酶制剂、维生素及生物制品等热敏性原料破坏很大，为保证这些热敏性原料不受制粒的影响，通常的方法是在制粒后进行液体后喷涂，从而最大限度保证热敏原料的活性不受破坏。同时，为保证粉料在制粒机的压模内成型，制粒之前的油脂添加量不应超过3%，但配方中油脂添加量较大时，超过3%的部分油脂需要在制粒后采用喷涂技术添加，以保证颗粒的物理质量。喷涂时要使液体尽量雾化，雾化的液滴越小，液体在颗粒中的分布越均匀。液体的雾化方式有压力雾化、气流雾化和离心雾化3种，常用的是压力雾化，主要利用油泵产生的液压来提供雾化能量，从喷头喷出高压液流与大气进行撞击而破碎，形成雾滴。液体喷涂有两种形式，一种是直接在制粒机上进行喷涂，另一种是在颗粒分级后进行喷涂，活性组分的喷涂最好在颗粒分级后进行，以保护其活性。

　　油脂喷涂机有卧式滚动式、转盘式和真空式（图3-38和图3-39）。卧式滚动式油脂喷涂机的工作过程：颗粒料经流量平衡器和导流管进入倾斜滚筒，由于滚筒的转动，在颗粒料翻转并前移的同时喷嘴向颗粒料喷油，涂油的颗粒料从出料口排出，喷油量根据颗粒料流量按比例自动添加。转盘式油脂喷涂机是颗粒饲料进入喷涂室内的转动圆盘上，在离心力的作用下，饲料向四周散布落下，同时油脂也在离心力的作用下，向四周喷洒，与撒落的颗粒饲料接触。刚与油脂接触时，颗粒表面的油脂并不均匀，在混合输送机内，颗粒表面互相接触、摩擦，有利于油脂在颗粒饲料表面的分散。

　　真空喷涂能使颗粒对油脂有较快的吸收，同时能在颗粒饲料中添加更多的油脂，是液体添加的一项新技术。该技术保证了液体喷涂的准确性和均匀性，在不影响产品质量的前提下，液体的添加量可达到10%～15%。颗粒进入真空喷涂机后，颗粒内部的空气亦排出，使颗粒内部留有空隙，使液体添加量增加。

　　SYPM酶制剂添加机是目前广泛应用的微量液体添加外涂系统（图3-40）。液体酶的添加比例广，适应不同添加比例的酶添加，SYPM塑酶制剂添加机的添加比例为0.02～1 L/t，喷涂均匀率为80%，计量精确，精度达到0.8%，颗粒料的计量精度达到0.5%；稳定可靠，便于维修，可同时添加3种不同类型的液体组分。

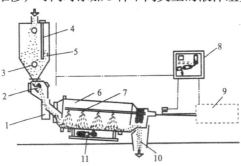

1.导流管；2.流量平衡器；3.料位器；4.料位连续显示器；5.缓冲仓；6.滚筒；7.喷管和喷嘴；8.电控柜；9.供油系统；10.出料口；11.电机

图3-38　滚筒式油脂喷涂机（饶应昌等，1996）

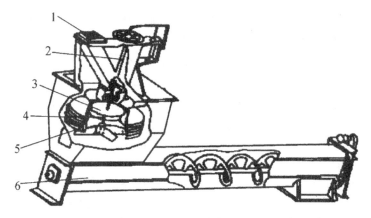

1. 饲料入口；2. 油脂输送管；3. 颗粒分料盘；4. 油脂喷洒盘；5. 蒸汽加热盘管；6. 混合输送机

图 3-39 转盘式油脂喷涂机 (郝波等，1998)

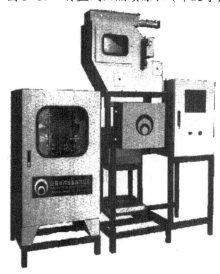

图 3-40 SYPM 酶制剂添加机 (江苏正昌集团产品样本)

五、影响颗粒饲料质量的因素

影响制粒的质量因素有原料的选择、配方和前道加工处理 (原料粉碎粒度和混合均匀度)、设备的选择与布置、设备操作参数的确定、调质与蒸汽的晶质和冷却等。

(一) 原料性质对制粒的影响

原料性质主要有原料成分和物理特性，对制粒物理质量有较大的影响。

1. 原料成分

(1) 蛋白质，蛋白质在制粒过程中受热后容易变性塑化，产生黏性，有利于制粒。

(2) 脂肪，脂肪有利于提高制粒产量，减少压模磨损，但当脂肪含量超过 5%~6% 时，则不利于颗粒成型。

(3) 纤维饲料原料中有两类纤维：一类是多筋类，如紫苜蓿、甜菜茎和柑橘茎等；另一类是带壳类，如燕麦壳、花生壳和棉籽壳等。少量多筋类纤维有利于颗粒的粘连，但两种类型的纤维都不利于制粒，会降低产量，加快压模磨损。比较而言，多筋类纤维能吸收较多的蒸汽并软化，能起一定的黏结作用而提高颗粒硬度；而带壳类纤维不能吸收蒸汽，在颗粒中起离散作用，会严重降低颗粒产量和质量。

（4）淀粉，淀粉在成型前通过蒸汽调质能够糊化，起到很好的黏结作用，有利于成型，小麦、大麦淀粉的黏结性优于玉米和高粱。但淀粉比例太多时也会影响产量，如配方中小麦添加量较高时，制粒就较困难。

（5）其他，贝壳粉等无机质不利于制粒，还会加快压模的磨损，降低产量，并会造成模孔堵塞；饲料中添加糖蜜时，添加比例在3%以下时有利于制粒，能降低粉化率；但添加量过大时反而使颗粒松散。原料水分含量对颗粒的产量和质量都有明显的影响，压制过程中，水分可在物料微粒表面形成水膜，使之容易通过模孔，延长压模的使用寿命；另外，它能水化天然黏结剂，改善颗粒质量。水分太低，颗粒易破碎，易产生较多的细粉；水分太多反而难于制粒。脱脂奶粉、蔗糖及葡萄糖等，通过加热调质，可明显提高颗粒的黏性和硬度，添加比例过大时也易造成模孔堵塞。

2. 原料物理特性

（1）密度。制粒效率与原料密度有很大的关系。通常密度大的饲料制粒产量高，而密度小的饲料则产量低。例如，用制粒机压制密度为270 kg/m³的苜蓿粉每小时产量为4 000 kg，而在同样条件下压制密度为640 kg/m³的棉粕时产量可达16 000 kg。但对于高密度的矿物质则是例外，它不同于一般的饲料原料，因为它既无黏性，又对模孔具有严重的磨损性。

（2）粒度。原料粒度与颗粒成品的硬度和粉化率也有一定关系。粒度越粗，颗粒成品的硬度越小，颗粒就容易开裂，粉化率也越大，不同粒度的物料通过模孔的能力也不同。细粒有较好的通过能力，能减少压辊与模孔之间的磨损，同时也能提高制粒产量和质量，降低能耗，延长压模寿命。

（3）原料。制粒特性因数。原料的制粒特性可用品质因数、能耗因数、摩擦因数三个参数来表示，在进行饲料配方设计时可事先对某一配方的制粒特性有一个大致的了解，当然，计算结果仅是一个参考值。

品质因数：此因数数值越大，表示用该原料制造出来的颗粒品质越好。

能耗因数：此因数数值越高，表示用该原料的生产能耗越高。

摩擦因数：表示原料的摩擦特性，摩擦因数越高，对压模的磨损越厉害，压模使用寿命短。

（4）杂质。原料中含沙石、金属类杂质时会加大阻力，降低产量，影响设备使用寿命。

（二）调质对制粒的影响

蒸汽的品质与添加量、调质时间都是影响制粒的重要因素。进入调质器的蒸汽不应带有冷凝水，应是干饱和蒸汽，蒸汽压力要保持基本稳定，不同的原料和配方应选择不同的蒸汽压力；在选定合适的蒸汽压力和保证经过有效冷却后成品水分不超标的前提下，调质时加大蒸汽添加量有利于提高产量和质量。合适的调质时间可使淀粉达到合适的糊化程度，但又不致过多地损害维生素等成分。一般来说，因为饲料要求有较长的耐水时间，要求淀粉能充分糊化，因此，调质时间最长，鱼饲料次之，畜禽饲料则较短。制粒后利用颗粒本身的温度与水分，进行一段时间保温，可提高颗粒质量，这一过程称为后熟化(或后调质),鱼虾饲料生产中常应用这一工艺。

(三) 压模及压辊的影响

压模模孔的有效长度越长,挤压阻力越大,压制出的颗粒越坚硬,同时产量也越低。模孔粗糙度越低,生产率越高,且成型颗粒表面越光滑,颗粒质量越好。压模孔径确定后,模孔间的间距越小,则开孔率越大,越有利于提高生产率。均匀的模孔间距对颗粒质量和产量都有利。压模的耐磨性不仅影响压模本身的寿命,也影响颗粒的质量和产量。

压辊压辊转速过高,可能使物料形成断层,不能连续制粒。

六、制粒对饲料养分中的影响

在饲料制粒过程中因调质、压制产生的湿热、高温及摩擦作用,将导致物料温度迅速升高,从而引起饲料的物理性状和养分的化学特性发生变化。

(一) 制粒过程对饲料养分影响的因素

饲料在制粒过程中,需经调质、压辊及压模的挤压后才能成形。在调质过程中,一般采用 0.2 ~ 0.4 MPa 的蒸汽进行加工处理,蒸汽的温度可达 120 ~ 142℃,在蒸汽的作用下,使饲料温度升高至 80 ~ 93℃,水分达 16% ~ 18%,从而导致饲料中的养分在高温湿热条件下发生变化。此外,新型膨胀调质器虽作用时间短,但升温更迅速,可使物料在数秒钟内达到 100 ~ 2 000℃,对饲料养分的影响更大。

制粒机是依靠压模与压辊将调质好的饲料挤压出模孔而制成颗粒产品,这一过程中存在着模孔对物料的摩擦阻力,需要较大的压力以克服阻力挤出模孔,摩擦使物料温度进一步升高,对养分产生影响。此外,巨大的压力对饲料成分也有影响。

(二) 制粒过程中养分的变化

淀粉的变化在水分和温度作用下,淀粉颗粒吸水膨胀直至破裂,成为黏性很大的糊状物,这种现象称为淀粉糊化。淀粉糊化后有利于颗粒内部的相互黏结,改善了制粒加工质量。制粒后饲料中淀粉的糊化度为 20% ~ 50%。对水产饲料来说,通过制粒前的多道调质,使加热时间延长,可使淀粉糊化度达 45% ~ 65%,制粒后熟化处理可使淀粉糊化度达 50% ~ 70%。一般,淀粉糊化度随热处理时间延长而提高,提高淀粉糊化度,可改善动物对淀粉的消化吸收率。

蛋白质变性受热使蛋白质的氢键和其他次级键遭到破坏,引起蛋白质空间构象发生变化,使蛋白质变性。蛋白质的热变性与温度和时间呈正相关。

饲料制粒过程对脂肪产生的影响方面的研究甚少,一般认为,适度的热处理可使饲料中存在的解脂酶和氧化酶失活,从而提高脂肪的稳定性,但过度的热处理易造成脂肪酸败,降低脂肪的营养价值。

制粒处理对纤维素的影响甚微,加热和摩擦作用可使饲料纤维素的结构部分破坏而提高其利用率。

部分维生素因热稳定性较差,在制粒过程中极易损失。增加调质时间和提高温度对维生素的存留极为不利,特别是维生素 A、维生素 E、盐酸硫胺素、维生素 C 等,随温度的升高和时间的延长活性显著下降。因此,颗粒饲料中应选用稳定化处理的维生素产品,尤其是对需经后熟化处理的水产饲料更为关键。

对饲料添加剂的影响酶制剂、益菌剂及其他的生物活性物质均对高温敏感，制粒过程为高温、高湿和压力的综合作用，对生物制剂的活性影响较大。

对饲用酶制剂的影响在饲料中应用的酶主要有淀粉酶、蛋白酶、葡聚糖酶、木聚糖酶和植酸酶等。当制粒温度低于 80℃ 时，纤维素酶、淀粉酶和戊聚糖酶活性损失不大，但当温度达 90℃ 时，纤维素酶、真菌类淀粉酶和戊聚糖酶活性损失率达 90% 以上，细菌类淀粉酶损失为 20% 左右。当制粒温度超过 80℃，植酸酶活性损失率达 87.5%。摩擦力增加，使植酸酶活性损失率提高，模孔孔径为 2 mm 的压模制粒时，植酸酶的损失率大于孔径为 4 mm 的压模。由此可见，高温对酶制剂活性的影响极大，为提高颗粒饲料中酶制剂的活性，现多采用制粒后喷涂液体酶制剂的方法添加，固体酶制剂也多采用包被等稳定化处理。

对益菌剂的影响饲料中应用的益菌剂主要有乳酸杆菌、芽孢杆菌和酵母等，除芽孢杆菌外，其他的微生物对高温较敏感，当制粒温度为 85℃ 时，可使酵母菌等大部分微生物全部失活。提高益菌剂的耐热性是在饲料中推广应用的关键所在。

对饲料中有害物质的影响制粒湿热处理可使饲料中的抗营养因子和有害微生物失活，经制粒处理后，大豆中的胰蛋白酶抑制因子由 27.36 mg/g 降至 14.30 mg/g，失活率达 47.7%。制粒过程的湿热作用可有效灭活饲料中的各种有害微生物，采用巴氏灭菌调质处理后制粒可使大肠杆菌、非乳酸发酵菌全部失活。

七、挤压膨化原理及其主要设备

饲料挤压膨化技术发展十分迅速，特别是在饲料原料加工处理、宠物饲料和水产饲料生产中应用十分广泛，可用来生产挤压膨化大豆、玉米、羽毛粉等饲料原料，浮性、慢沉性、沉性水产饲料等饲料产品。

(一) 挤压膨化的原理和特点

饲料挤压膨化是将粉状饲料置于螺旋挤压腔内，挤压腔从进口到出口的有效空间越来越小，形成一定的体积递减梯度，在螺杆的向前推力和挤压作用下，物料通过挤压腔，受到强烈的挤压力和剪切力，并发生混合、搅拌、摩擦，部分机械能在此期间转换为热能，再辅以必要的外源热能，使物料迅速升温，达到较高的温度，当从特定形状的模孔中被很大的压力挤出进入大气时，突然释放至常温、常压，温度和压力骤然降低，使物料中的水分迅速蒸发，饲料体积迅速膨胀，形成多孔结构，然后用切刀切断，使物料成为所需的形状。在此过程中饲料的理化性质发生了较大的变化，淀粉糊化、蛋白质变性，并具有杀菌作用。设计特定的模孔可获得所需的形状，以达到成品的设定要求。挤压腔内的温度一般为 120 ~ 200℃，压力 0.5 ~ 1.0 MPa。膨化饲料除具有颗粒饲料的一般优点外，还具有以下显著优点。

1. 消化率更高

原料经过膨化过程中的高温、高压处理，使其中淀粉糊化、蛋白质组织化，有利于动物消化吸收，提高了饲料的消化率和利用率，如鱼类膨化料可提高消化率 10% ~ 35%。

2. 形状多样

膨化料可得到质地疏松、多孔的水浮颗粒料，适合上层鱼类采食；模板可制成不同形状的模孔，因此可压制出不同形状、动物所喜爱的膨化颗粒料。

3. 更加卫生

原料经高温、高压膨化后可杀死多种病原菌，能预防动物消化道疾病，可更有效地脱除饲料中的毒素和抗营养因子。

4. 适口性更好

膨化饲料松脆、香味浓。挤压膨化对维生素和氨基酸等有一定破坏作用，且电耗大、产量低，但一般可从提高饲料报酬中得到回报。

(二) 饲料的挤压膨化工艺

物料经清理、粉碎、配料和混合后进入膨化机的调质器中，经调质至水分20%～30%，进入挤压机挤压，经切刀切割，烘干冷却后即为成品；也可根据需要再经破碎、喷涂油脂等处理后生产出成品。图3-41为典型的挤压膨化工艺流程。

(三) 挤压膨化机的分类

挤压机是目前使用最广泛的膨化设备。技术种类很多，但主要有以下两种方法。

1. 挤压膨化机分类

(1) 干法挤压指不用外源加热也不添加水分，单纯依靠物料与挤压机筒壁及螺杆之间相互摩擦产热而进行挤压的方式。操作简单，设备成本低，但挤压温度不易控制，营养成分破坏大，动力消耗大。

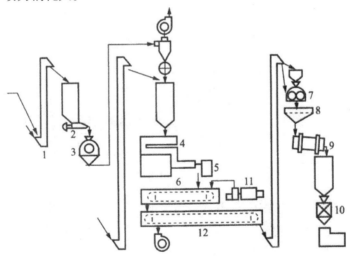

1. 斗式提升机；2. 给料器；3. 粉碎机；4. 挤压膨化机；5. 切割机；6. 干燥机；7. 破碎机；8. 分级机；9. 外涂机；10. 打包秤；11. 热风机；12. 冷却器

图3-41　挤压膨化饲料工艺流程 (谷文英等，1999)

(2) 湿法挤压指在挤压过程中添加水分 (水或蒸汽)，并辅以外源加热 (蒸汽或电) 而进行挤压的方式。湿法挤压由于含水分较高，因此挤压温度比干法低，也较容易控制，可确保物料成分不受损失或少受损失，但设备相对复杂，成本也较高。

2. 按螺杆数量分类

(1) 单螺杆挤压机，在挤压腔内只安装一根螺杆的挤压机，物料向前输送主要依靠摩擦力。单螺杆挤压机的形式较多，可根据其适应物料的干湿度、结构上的可分离装配性、剪切力的大小、热量的来源再进行分类。

（2）双螺杆挤压机，在其挤压腔内平行安装两根螺杆，机腔横截面呈 8 字形，物料向前输送主要靠两根螺杆的啮合作用。双螺杆挤压机根据螺杆旋转方向和啮合状况可再次分类。

（四）挤压膨化过程

挤压膨化的工作过程是将饲料粉状原料置于膨化挤压腔内，从喂料区向压缩糅合区、最终熟化区不断推进，物料温度和压力不断升高，当达到一定温度和压力后，从模孔突然释放至常温、常压，并被切刀切成所需形状和长度的产品。

（五）挤压膨化机的结构

挤压膨化机主要由喂料器、调质器、传动、挤压、加热与冷却、成形、切割、控制等部件组成，其结构见图 3-42。

（1）喂料装置，常用的喂料装置为螺旋喂料器，由一根或两根以上螺旋组成，把配制混合好的物料均匀而连续地喂入螺旋挤压机的喂料段，通过控制螺旋的转速，即可对物料进行容积计量，也可在喂料器上方配置减重式称量装置计量。

（2）调质器与制粒调质器基本相同。

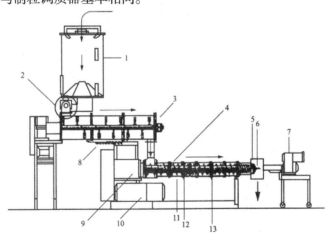

1.料斗；2.减重式称量喂料器；3.调质器；4.螺旋、螺杆挤压装置；5.成型模；
6.切割装置；7.切刀传动装置；8.蒸汽及其液体添加；9.主机传动系统；10.主电机；
11.机镗；12.螺杆；13.剪切锁（wenger 产品样本）

图 3-42　螺旋挤压成型设备及其结构

（3）传动装置。传动方法一般采用电机齿轮减速箱和电机皮带轮组合两种传动方式。

（4）螺旋挤压装置由螺杆和机镗组成，它是挤压机的核心。

（5）为使饲料原料始终能在其加工工艺所要求的温度范围内挤压，通常采用蒸汽夹套加热或电感应加热和水冷却装置来调节机镗的温度。

（6）成形装置。它又称挤压成形模板，它配有能使物料从挤压机流出时成形的模孔。模孔的形状可根据产品形状要求而改变，最简单的是一个或多个孔眼，环行孔、十字孔、窄槽孔也经常使用。为了改进所挤压产品的均匀性，常把模板进料端做成流线型开口。

（7）切割装置。常用的切割装置为端面切割器，切割刀具旋转平面与模板端面平行。通过调整切割刀具的旋转速度和模板端面之间的间隙大小来获得所需挤压产品的长度。

（8）控制装置。挤压加工系统控制装置主要有：手动控制、单回路控制、整合自动控制、带物料和能量控制的整合自动控制，通过建立工艺过程模型进行准封闭回路控制和封闭回路控制等。其主要作用是：保证各部分协调地运行；控制主机转速、挤压温度及压力和产品质量等；实现整个挤压加工系统的自动控制。

（六）主要挤压膨化机简介

1. 单螺杆挤压机

单螺杆挤压机结构简单、制作成本低、操作方便，是饲料和食品工业中应用最为普遍的挤压设备。单螺杆挤压机主要由喂料装置、调质或预处理装置、挤压机机筒装置、模头（模板）和切刀装置等组成。最重要的是机筒和螺杆的布置形式，决定了挤压机的性能、结构和用途。通过控制加工参数可达到不同的效果，如装配高剪切螺杆和剪切螺栓，直接通入蒸汽或用循环蒸汽或热油加热机筒，提高主轴转速以及限制模板开孔面积等，能使机筒内蒸煮温度达到 $80 \sim 200℃$；控制主轴转速能改变物料在机筒内的滞留时间，滞留时间范围为 $15 \sim 300 \, s$。一般来说，单螺杆挤压机的混合能力较低，因此，需要物料预混合或使用预调质装置对物料进行适当混合。

2. 双螺杆挤压机

双螺杆挤压机结构与单螺杆挤压机基本一致，也是由机镗、螺杆、加热器、机头连接器、传动装置、加料装置和机座等部件组成，但在机镗内并排安装了两根螺杆。与单螺杆挤压机相比，双螺杆挤压机可处理黏性、油滑和高水分的物料及产品，设备部件磨损较小，具有非脉冲进料特征，适用于较宽的颗粒范围（从细粉状到粒状）；具有自净功能，清理简便；机头可通入两种不同的蒸汽；容易将试验设备按比例放大，扩大生产规模；工艺操作方便。双螺杆挤压机用途广泛。

（七）挤压膨化对饲料营养成分的影响

挤压膨化是一种高温、短时（HTST）加工过程，其温度高、压力大，对物料的作用强。挤压膨化过程中饲料成分的变化饲料中的各种成分在挤压膨化过程中将发生一系列的物理化学变化。

1. 蛋白质的变化

挤压膨化过程中，在高温和剪切力的作用下，蛋白质稳定的三级和四级结构被破坏，使蛋白质变性，蛋白质分子伸展，包藏的氨基酸残基暴露出来，可与糖类和其他成分发生反应；同时，疏水基团的暴露，降低了蛋白质在水中的溶解性。这样，有利于酶对蛋白质的作用，从而提高蛋白质的消化率。但在挤压过程中蛋白质的变性常伴随着某些氨基酸的变化，如赖氨酸与糖类发生褐变反应而降低其利用率。此外，氨基酸之间也存在交联反应，如赖氨酸和谷氨酸之间的交联反应等，都将降低氨基酸的利用率。挤压温度越高，美拉德反应速度越快，这种影响可通过提高挤压物料的水分含量而抵消。

2. 淀粉的变化

挤压膨化的高温湿热条件有利于淀粉的糊化，通过膨化，淀粉的糊化度可达 $60\% \sim 80\%$。淀粉糊化后增加了与消化酶的接触机会，因此，糊化可提高淀粉的消化率。

3. 对纤维素的影响

挤压膨化可破坏纤维素的大颗粒结构，使水溶性纤维含量提高，从而提高纤维素的消化率。但膨化操作条件不同，对纤维素的影响亦不相同，温度低于120℃时则难以改善纤维素的利用率，高温、高水分膨化将有利于改善纤维素的利用率。

4. 对脂肪的影响

在挤压膨化过程中，随温度的升高，脂类的稳定性下降，随挤压时间的延长和水分的增加，脂肪氧化程度升高。但在挤压过程中，脂肪能与淀粉和蛋白质形成复合物，脂肪复合物的形成使其氧化的敏感性下降。在适宜的温度范围内，升高温度，复合物生成量有所上升，而在高温条件下，则随温度升高，复合物生成量反而明显下降。一般来说，谷物经挤压后，游离脂肪的含量有所下降，而使膨化产品发生氧化酸败的主要是游离脂肪。此外，经膨化后可使饲料中的脂肪酶类完全失活，有利于提高饲料的贮藏稳定性。

5. 维生素的损失

维生素在挤压膨化过程中所受的温度、压力、水分和摩擦等作用比制粒过程更高、更大、更强，维生素损失量随上述因素作用的加强而增加。维生素 A、维生素 K、维生素 B_1 和维生素 C 在149℃挤压0.5 min 时，分别损失12%、50%、13% 和43%；当挤压温度为200℃时，维生素 A 的损失达62%，维生素 E 的损失高达近90%。物料水分的增加，亦会提高维生素的损失。因此，采用挤压膨化加工时，必须采取有效的措施，减少维生素的损失，如微胶囊化维生素 D、维生素 E 醋酸酯、维生素 C 磷酸酯较稳定，损失较少，膨化后可存留85%。此外，可采用后喷涂添加等方法。

6. 对饲料添加剂的影响

挤压对抗生素、酶制剂、益菌剂等饲料添加剂的影响报道甚少。由于其操作条件比制粒更为强烈，因而对这类饲料添加剂的影响远大于制粒。目前，许多饲料添加剂均采用膨化后喷涂的方法添加。

7. 饲料的物理性状变化

饲料经挤压膨化后，除养分发生一系列的化学变化外，通过改变挤压机的模板，可生产出各种形状和特性要求的产品，产品特性主要由密度、水分含量、强度、质地、色泽、大小和感官性状等物理指标构成，最主要的是密度、水分和质地。改变挤压机操作条件，可分别生产出密度为 0.32～0.40 kg/m^3 的浮性水产饲料和 0.45～0.55 kg/m^3 的沉性水产饲料。一般而言，经挤压膨化后的饲料，由于膨胀失水作用，多具有多孔性的结构，质地较为松脆。此外，对一些宠物饲料可根据要求生产出骨头形状、波纹状、条状和棒状等外形。不同的配方和养分含量可产生不同的膨化率。

挤压膨化对饲料中有害物质的影响，许多研究表明，膨化能有效地消除饲料中的有害物质。

膨化能显著地消除大豆中的各种抗营养因子和有害物质。水分为20%、149℃下膨化 1.25 min，可使98% 的大豆胰蛋白酶抑制因子失活；湿法膨化可使大豆中的抗营养因子含量大幅度下降，使抗原活性全部丧失；膨化能全部破坏豆类中的血球凝集素活性。可以脱除原料大豆中存在的不良风味成分。

膨化能显著地降低棉仁及棉粕中的游离棉酚含量，可使菜粕中的芥子酶失活，使芥子苷不易分解为有毒的噁唑烷硫酮（OZT）和异硫氰酸酯（ITC）；将蓖麻籽饼（粕）与化学试剂混合均匀后再进行膨化处理，经高温、高剪切力作用，能充分破坏蓖麻中的毒蛋白和常规方法不易失活的抗营养因子。

有关挤压膨化加工对饲料中有害微生物的影响鲜见报道，但一般认为，膨化可杀死全部有害微生物，如大肠杆菌、沙门氏菌和霉菌，饲料经125℃的膨化即可完全杀死所有有害菌。

第五节　有益霉菌的加工工艺及改良技术

一、常见霉菌的加工工艺及特性

(一)根霉

根霉在分类学上属于藻状菌纲毛霉目根霉属（Rhizopus）。根霉属于单细胞生物，菌丝无分隔，分布于土壤、空气中，常见于淀粉食品上，可引起霉腐变质和水果、蔬菜的腐烂。根霉因有假根（rhizoid）而得名（假根的功能是在培养基上固着，并吸收营养），很多特征与毛霉相似，菌丝为白色，属于无隔多核的单细胞真菌，多呈絮状，与毛霉的主要区别在于根霉有假根和匍匐枝，与假根相对处向上生出孢子囊梗。孢子囊梗与囊轴相连处有囊托，无囊领。

根霉能产生一些酶类，如淀粉酶、果胶酶、脂肪酶等，是生产这些酶类的菌种；在酿酒工业上常用做糖化菌；有些根霉还能产生乳酸、延胡索酸等有机酸；有的也可用于甾体转化。随着生产需求的增加，对根霉发酵所需最佳条件的研究（韩玲玲和潘道东，2010）以及通过多种菌种复合发酵对饲料原料脱毒效果和营养价值影响的研究（夏新成等，2010；徐娟娟，2010）也在不断深入。常见的根霉有米根霉（Rhizopus oryzae）、黑根霉（Rhizopus nigrican）等。

1. 米根霉

米根霉是经美国食品和药物管理局（FDA）认证的安全菌株，在发酵和酿酒工业中得到广泛应用（Oda 等，2003）。

酒药是我国普遍采用的糖化发酵剂，其中起主要作用的微生物是根霉菌，酿酒过程中酒药中的根霉边繁殖生长边产生糖化酶。要想提高酒药的质量，最根本的是设法提高酒药中根霉菌丝体的性能和含量，因此酒药中根霉的性能和菌丝体的数量是生产酒药的关键。酒曲质量是影响米酒质量的关键因素，蔡丽等（2010）筛选出制备米酒质量最好的酒曲样品，并从中分离得到13株根霉，测定结果表明，其中6株为米根霉，7株为华根霉。刘桂香和李金生（2010）研究表明液体深层培养根霉不但可以获得大量的菌丝体，极大地提高生产产率，且菌丝体粗壮，活力强，酿出的酒口感鲜甜，酿液清亮，糖化力等各项指标均优于传统酒药，且环境条件好，不易遭受杂菌的污染，质量有保障，是一种真正意义上的纯根霉酒曲。

米根霉是目前发酵生产 L- 乳酸的重要菌株，生产成本低，菌丝体大，可以直接利用淀粉转化为 L- 乳酸。根霉所产的乳酸光学纯度好，但是产酸量低，需氧，耗能。目前主要通过筛选高产菌株和利用基因工程技术的方法来获得高产米根霉菌株（Hakkiand Akkaya，2001；Patel 等，2004；Skory，2000；Timbuntam，2006）。近几年对米根霉发酵产 L- 乳酸的发酵工艺研究主要集中在发酵原料的选择、菌体形态和发酵条件的优化等方面（郭洋等，2010；李鑫等，2011；张燕等，2011）。米根霉发酵获得的粗乳酸溶液，可直接作为青贮料添加剂，用以调节动物肠道的 pH，提高饲料吸收率（董涛，2006），乳酸钙作为饲料添加剂，可以增加牛奶产量，降低鸡蛋破壳率，促进幼畜生长。

2. 黑根霉

黑根霉分布广泛，在一切生霉的材料上都有黑根霉的足迹，食品的生霉、瓜果蔬菜等的腐烂以及甘薯的软腐都与其有关。黑根霉菌落初为白色，成熟后呈灰褐色或黑色。假根非常发达，根状，褐色，孢囊梗直立，通常 2～4 株成束，较少单生或 5～7 株成束，不分枝，孢子囊呈球形或近似球形，老熟后呈黑色。大囊托明显，楔形。菌丝上一般不形成厚垣孢子，接合孢子球形，有粗糙的突起，直径 150～220 μm。最适生长温度为 30℃，37℃不能生长，有极微弱的乙醇发酵力，能产生反丁烯二酸及果胶酶，常引起果实腐烂和甘薯的软腐。能催化甾体化合物进行羟基化反应，是微生物转化甾体化合物的重要真菌之一。黑根霉因其转化稳定、不产生色素等优点在工业中被广泛应用。黑根霉具有甾体 C11a- 羟基化能力，是微生物甾体 C11a- 羟基化转化反应中最常用的菌种（万金营，2009）。少量添加某些有机溶剂到培养基中可以增加黑根霉菌体酶的活性，进而提高转化率（周浩力等，2008）。黑根霉发酵还能产生酸性蛋白酶（张美香等，2011）、白芸豆多肽（肖云等，2009）、Δ6- 脂肪酸脱饱和酶（陆合等，2008）、饲用木聚糖酶（吴萍等，2007）等多种物质。

黑根霉是食用菌中的主要杂菌之一（卢东升等，2007），力克霜、甲基托布津、多菌灵 1 000 倍在拌料时加药，可有效地防治杂菌侵染，且对菌丝生长影响较小，是有效的防治药剂（要海兰等，2009）。纳他霉素能有效抑制黑根霉，研究表明霉菌总数为 500 个 /mL 时，纳他霉素对黑根霉的最低抑菌浓度为 400 mg/L，霉菌总数为 50 个 /mL 时，最低抑菌浓度为 200mg/L（姚勇芳等，2008）。

（二）毛霉

毛霉（mucor）在分类学上属于藻状菌纲毛霉目毛霉属。单细胞，菌丝无隔，多核。菌丝有分枝，主要有两个类型：单轴式、假轴式。毛霉广泛分布于土壤、空气中，也常见于水果、蔬菜、各类淀粉食物、谷物上，引起霉腐变质。毛霉菌丝发达、繁密；白色无隔多核，为单细胞真菌；毛霉的孢子囊梗有单生的，也有分枝的；分枝有单轴、假轴两种类型；菌丝多为白色，孢子囊黑色或褐色，孢子囊孢子大部分无色或浅蓝色，因种而异。毛霉能产生蛋白酶，具有很强的蛋白质分解能力，多用于制作腐乳、豆豉；有的可产生淀粉酶，把淀粉转化为糖，在工业上常用作糖化菌或生产淀粉酶；有些毛霉还能产生柠檬酸、草酸等有机酸，有的也可用于甾体转化。常见的毛霉有高大毛霉（Mucor mucedo）、总状毛霉（Mucor racemosus）、鲁氏毛霉（Mucor rouxii）等。

1. 高大毛霉

高大毛霉属于藻状菌纲毛霉目毛霉科毛霉属，是我国当前腐乳生产应用中的优良菌种之一。

高大毛霉是优良的高温生产菌种，具有很好的抗杂菌能力和优良的发酵性能，该菌株固体发酵现已应用于一些大型腐乳生产企业。国内外对毛霉的研究主要集中在菌种选育及固体培养条件下生理特征等方面，目前有关液体培养毛霉菌种应用于腐乳生产的研究相对较少。越来越多的研究用来优化对高大毛霉的培养基和培养条件，提高高大毛霉的生产能力，为微生物工业化生产提供更多的选择。有研究表明经过优化之后，高大毛霉发酵产 γ- 亚麻酸的含量可以达到30% 以上，与传统菌种相比具有广泛的应用前景 (章银良，2003)。章银良等 (2004) 利用双酶法对产 γ- 亚麻酸的高大毛霉进行原生质体制备与诱变，结果表明：当纤维素酶为 2.0%，牛酶为 0.5%，处理培养 10 h 的菌丝，酶解时间 3 h，原生质体形成率大于 89.23%；将所获得的原生质体直接进行紫外线诱变，得到的突变株经发酵培养，获得一高产菌株，其油脂产率为 7%， γ- 亚麻酸质量分数可达 41.5%， γ- 亚麻酸产量比原始菌株提高了 31.3%。龙菊等 (2008) 对高大毛霉 (MHC-7) 液体发酵过程中菌株的生长曲线、营养需求及产酶的种类进行正交实验分析，确定了高大毛霉 (MHC-7) 最佳发酵培养基组成为：黄豆粉 3%、可溶性淀粉 0.4%、硫酸镁 0.2%、磷酸二氢钾 0.2%、蔗糖 0.3% 和黄泔水。通过对 MHC-7 胞内蛋白酶、a- 淀粉酶、a- 半乳糖苷酶、谷氨酰胺酶、纤维素酶、脂肪酶活力测定，结果表明产蛋白酶、a- 淀粉酶、a- 半乳糖苷酶和谷氨酰胺酶的峰值时间分别是 36 h、48 h、42 h、48 h，纤维素酶和脂肪酶在 72 h 内酶活力一直呈上升趋势。顾红艳等 (2002) 对高大毛霉制取果胶酶的发酵条件和酶的基本性质进行了研究，确定发酵培养基组成为 (g/L)：小麦麸皮 50，葵盘粉 30，$(NH_4)SO_4$ 30，KH_2PO_4 2.5，$MgSO_4 \cdot 7H_2O$ 0.5，$NaNO_3$ 0.2，$FeSO_4 \cdot 7H_2O$ 0.01。在培养温度 30℃、初始 pH 5.7、转速 240r/min 条件下摇瓶培养 3 d，酶活力达到 275U/mL。林华娟等 (2009) 研究表明培养基水分含量在 40% ~ 70% 范围内时，高大毛霉可以利用菠萝渣产生果胶酶，但是效果不如黑曲霉强。尚继峰和蔡静平 (2007) 研究发现丁香提取液能够有效抑制包括高大毛霉在内的多种霉菌，用于高水分粮的短期储藏防霉有很好的效果。

2. 总状毛霉

总状毛霉属于藻状菌纲毛霉科，霉菌细胞中有与高等动物相似的线粒体和核糖体，毛霉菌丝体发达，呈棉絮状，有许多分支的菌丝构成，菌丝无隔膜，有多个细胞核，为单细胞真菌。

白娟等 (2010) 通过紫外扫描图和高效液相色谱鉴定，证实总状毛霉中含有辅酶 Q10 通过 PDA 平板培养，冷冻固化平板培养基法获得纯菌丝体，并确定了纯菌丝质量与辅酶 Q10 含量关系图，相关系数为 0.999 71。对该菌固体发酵培养基、发酵条件、菌体生长与产辅酶 Q10 的关系进一步的研究表明培养基的原料配比 m (麸皮):m (豆粕) 为 8：2，培养基的料水比为 0.90 mL/g，初始 pH 在 5.5 附近；无机盐投加量为每克干培养基投加 3 mg $MgSO_4 \cdot 7H_2O$、0.3 mg $FeSO_4 \cdot 7H_2O$、0.25 mg $MnSO_4 \cdot 7H_2O$；天然物的投加量为每克干培养基 0.10 mL 胡萝卜汁、0.05 mL 番茄汁、0.4 mL 大豆油；最佳培养温度为 29℃，发酵时间为 82 h 时，辅酶 Q10 产量达到 0.652 g/g 干培养基。白娟 (2010) 对菌体的生长过程和产辅酶 Q10 的关系进行了研究，结果是，在总状毛霉固体发酵过程中，辅酶 Q10 的合成和菌体的生长是偶联的，随着发酵时间的延长，菌体生物量和辅酶 Q10 产量增加呈现一致性。当发酵至 82 h 时，菌体生物量和辅酶 Q10 的含量达到最大。用硅胶柱对总状毛霉粗提液进行较大量分离提纯研究。展开剂中石油醚与乙醚的体积比为 20：3；当柱直径为 2 cm，加样量为 3.5 mL，回收率为 75.0%；另外，随着柱直径的增大，回收率缓慢增长。陆合等 (2011) 研究发现用毛霉发酵豆豉生产 GLA 是可行的，最佳的接种量为每 10 g 煮熟的大豆接种 5.3×10^7 个孢子，发酵最适温度 26℃，最佳豆豉曲发酵时间为 72 ~ 96 h，豆豉曲发酵 8 d 时获得含量比较平稳的了 γ - 亚麻酸。在研究的最佳条件下发酵豆豉，能获得 3 倍于传统发酵豆豉的 GLA。

壳聚糖是已发现的天然多糖中唯一大量存在的碱性氨基多糖，具有一系列特殊功能性质，广泛应用于食品、生物医用材料、纺织、环保等行业领域，市场前景非常可观。通过优化培养基和培养条件，确定最优培养条件：接种量（5%）、蔗糖（64 g/L）、酵母膏（3 g/L）、硝酸钠（3.5 g/L）、磷酸氢二钾（1.5 g/L）、硫酸镁（0.1 g/L）、硫酸铁（0.1 g/L）、温度（28℃）、转速（140 r/min）、培养时间（43 h），依据最优条件通过验证实验得壳聚糖产量为 1.43 g/L。这表明用总状毛霉为原料发酵法制备壳聚糖是可行的，是一种无毒害、无污染、提取工艺简单、便于生产的好方法，大有发展前途。吴建国和王岚（2011a）采用超声波方法从总状毛霉中提取壳聚糖，在考察超声波功率、超声波提取时间、料液体积比单因素对壳聚糖得率影响的基础上，通过单因素和正交试验，确定利用超声波从总状毛霉中提取壳聚糖条件：碱液浓度 0.8 mol/L，菌丝体和碱液体积比 1∶30（W/V），超声波功率 400 W，超声时间 50 min。吴建国和王岚（2011b）将超声波方法提取壳聚糖与常用碱液法提取壳聚糖进行了比较，超声提取壳聚糖的得率明显高于碱液提取。

高产总状毛霉在发酵领域应用广泛，某些表达产物具有许多特殊功能，如总状毛霉发酵产生的甲壳素脱乙酰酶能够催化甲壳素分子中 N- 乙酰氨基葡萄糖单元的乙酰氨基基团的水解，产物为聚氨基葡萄糖，蒋霞云等（2011）利用基因工程技术方法，采用快速扩增 cDNA 末端（RACE）克隆技术，通过设计甲壳素脱乙酰酶简并引物，从总状毛霉菌丝体中克隆了 CDA2 的基因（EF468349）及其全长 cDNA（DQ678929）序列，通过原核表达体系成功表达出重组蛋白 CDA2，分子质量约为 46kb，表达形式以包涵体为主，纯化获得的重组蛋白 CDA2 具有甲壳素脱乙酰酶催化活性。

（三）曲霉

曲霉属于子囊菌纲曲霉属（Aspergillus），为多细胞霉菌，菌丝有分隔。营养菌丝大多匍匐生长，无假根。广泛分布于土壤、空气和谷物上，可引起食物、谷物和果蔬的霉腐变质，有的可产生致癌性，如黄曲霉毒素（aflatoxin）。曲霉的菌丝、孢子常呈现各种颜色（黑色、棕色、绿色、黄色、橙色、褐色等），菌种不同，颜色各异。曲霉是制酱、酿酒、制醋的主要菌种，也是生产酶制剂（蛋白酶、淀粉酶、果胶酶）的重要菌种，还能产生有机酸（如柠檬酸、葡萄糖酸等），农业上是用作生产糖化饲料的菌种。常见的曲霉主要包括米曲霉（Aspergillus oryzae）、黑曲霉（Aspergillus niger）、黄曲霉（Aspergillus flavus）等。

1. 米曲霉

米曲霉属于半知菌亚门丝孢纲丝孢目从梗孢科，是曲霉属真菌中常见的一种。米曲霉菌丝一般呈黄绿色，后为黄褐色，分生孢子梗生长在厚壁的足细胞上，分生孢子头呈放射形，顶囊球形或瓶形，小梗一般为单层，分生孢子球形平滑，少数有刺，培养适温为 37℃。米曲霉的菌丝由多细胞组成，是一类产复合酶的菌株，除产蛋白酶外，还可产淀粉酶、糖化酶、纤维素酶、植酸酶、果胶酶、曲酸等。淀粉酶能将原料中的直链淀粉、支链淀粉降解为糊精及各种低分子糖类，如麦芽糖、葡萄糖等；蛋白酶能将不易消化的大分子蛋白质降解为蛋白胨、多肽及各种氨基酸，而且可以降解辅料中的粗纤维、植酸等难吸收的物质，提高营养价值、保健功效和消化率，广泛应用于食品、饲料、生产曲酸、酿酒等发酵工业（赵龙飞和徐亚军，2006）。此外，米曲霉能引起农业原料的霉变。

　　利用米曲霉酿造豆豉在我国拥有长久的历史。成曲以米曲霉为主，兼有其他霉菌、酵母和细菌等稳定的群体。经过人们的努力研究，相继出现了改良的多菌制曲和无盐固态发酵工艺，并已经在工业生产中产生了良好的效果。目前，米曲霉已经成为许多酶的重要来源，如糖化酶、a-淀粉酶和蛋白酶等（Machida 等，2008）。米曲霉还能够高量表达异源蛋白，如 1988 年诺和诺德公司就用米曲霉来商业化生产洗涤剂用的重组脂肪酶（Barbesgaard 等 1992）。米曲霉和它的发酵产物还可以当作益生素和饲料添加剂用于饲养家畜（Lee 等，2006）。

　　近年来，我国饲料工业发展迅速，产量不断提高，但是相应的饲料资源（尤其是蛋白质资源）的紧缺问题也越来越突出。豆粕是应用最为广泛的植物蛋白质原料，其粗蛋白质含量可达 43% ~ 48%，并具有较平衡的氨基酸组成，营养价值很高，但是由于豆粕本身存在抗营养因子，一定程度上限制了豆粕的应用（Li 等，1990）。因此，用微生物发酵的方法来提高豆粕的饲喂价值越来越普遍。豆粕经过微生物发酵之后，蛋白质品质能得到明显提高，有利于实现豆粕的高效利用，在蛋白质资源相对不足的条件下，对我国养殖业可持续发展有着重要意义（Hong 等，2004；Refstie，2005）。研究表明，米曲霉发酵豆粕不影响豆粕总氮量，能提高豆粕粗蛋白质相对量，降低其真蛋白质绝对量，但米曲霉菌体蛋白并不是影响发酵底物蛋白质质量的主要因素；会消耗和改造豆粕中的碳水化合物含量，导致发酵底物量和能量有一定的损失；能提高豆粕的抗氧化力，而抗氧化力的提高与游离大豆异黄酮和总酚含量的增加有关；还能改变豆粕中大豆蛋白的结构和分子质量，降低大分子蛋白质水平，提高小肽和游离氨基酸的水平，有效去除抗原蛋白的抗原性和抗营养因子（陈中平，2010；陈中平等，2011；尹慧君，2010）。考虑到实际应用中的成本问题，固态发酵相对于液态发酵成本较低，因此近年来，用固态发酵法生产蛋白质饲料越来越受到关注（李斌等，2010）。黄永锋（2010）用米曲霉固态发酵豆粕产生中性蛋白酶进行优化，豆粕 8.8%，麸皮 35.2%，水 55%，KH_2PO_4 1.0%。接种量为 11%，在 30℃培养 108 h，测得中性蛋白酶平均酶活力为 5 863.5 U/g；获得的中性蛋白酶的基本酶学和影响酶学活力因素的信息表明，该酶可以作为外源酶在动物体内极大限度地发挥相应活性；对固态发酵饲料工艺进行研究获得的中性蛋白酶类饲料质量参数为：平均酶活力 4 523.5 U/g，水解度 23.1%，还原糖 6.5%。该产品中富含较高活力的蛋白酶和利于吸收的大豆肽，且生产成本低，清洁环保，经济价值较高，有望在畜牧产业中推广应用。Gao 等（2011）通过优化豆粕米曲霉固体发酵条件，使豆粕中的植酸降解到最低水平且发酵菌种的生物量达到最大值，同时了解植酸降解和发酵菌种生物量增长的相关性，实验结果表明，米曲霉固体发酵豆粕时植酸降解的最佳条件为：料水比 0.5 : 1.0，接种量 4%，发酵时间 120 h；固体发酵时米曲霉生长所需的最佳条件为：料水比 0.5 : 1.0，接种量 12%，发酵时间 120 h；米曲霉是一种高效的植酸降解菌种，具有应用于大规模豆粕发酵的潜力。单达聪等（2010）研究了固态发酵工艺对豆粕蛋白质降解度影响，结果发现米曲霉能较好地提高豆粕蛋白质的水解度，并且由于酸溶蛋白和游离氨基酸含量与蛋白质水解度具有高度的一致性，所以可以使用蛋白质水解度作为蛋白质降解度的评价指标。袁凯红等（2011）通过对发酵培养基的组成和发酵条件的优化，获得了一条高产优质蛋白质饲料的生产工艺。其工艺条件为：最佳原料配方为血粉 30%、棉粕 26%、羽毛粉 4%、麸皮 35%、玉米粉 5%，硫酸铵最适添加量为 1%；最佳发酵条件：初始 pH 为 6、固液比为 1.0∶1.0、接种量为 2%、装瓶量为 209/250mL；最佳收获时间为 60h。在此工艺条件下：发酵产品中的可溶性蛋白质的含量达到 173.72 mg/g，比空白提高 82.68%，并且占总蛋白质含量的 35.67%，氨基氮的含量比空白提高 379.97%，粗蛋白质的含量比空白提高 12.91%，蛋白酶的最高酶活达到 2 341.83 U/g。刘天蒙（2010）采用分步发酵的方法，研究米曲霉固态发酵豆粕制备大豆肽的工艺。在发酵过程前期，控制发酵条件，达到米曲霉固态发酵豆粕的最适产酶条件，得到高活性的蛋白酶后，改变发酵条件，使生成的蛋白酶在发酵过程后期更好地作用于底物蛋白，从而得到人们所需要的大豆肽的工艺过程，研究结果表明分步发酵与同步发酵相比较，其发酵时间减少了 26 h，大豆肽转化率提高了 5.91%。故分步发酵豆粕制备大豆肽工艺缩短了发酵时间，提高了大豆肽转化率，在实际生产和应用中具有重要的意义。

　　将农作物秸秆直接还田或焚烧既浪费资源又会造成环境污染，发展秸秆畜牧业具有巨大的生态价值和经济价值，开发秸秆资源，提高饲料利用率，已是全球畜牧工作者关注的重要课题（Sakka 等，2000；Yousse 和 Aziz，1999）。采取微生物发酵技术对农作物秸秆进行处理，将处理产物用于畜禽饲料生产，发酵秸秆已用于牛、羊等反刍动物的饲养，并带来了巨大的经济效益和社会效益。王平等（2010）研究发现，在鸡日粮中添加 8% 的米曲霉发酵玉米秸秆粉，能使回肠和盲肠中的乳酸菌和米曲霉的数量显著增加（$P<0.05$），大肠杆菌数显著降低（$P<0.05$），并且纤维素酶、蛋白酶和淀粉酶活力显著提高（$P<0.05$）。马光和郭继平（2010）采用响应面法对米曲霉发酵玉米秸秆产富含纤维素酶的饲料的条件进行了优化，提高了米曲霉发酵产纤维素酶的水平，确定了麸皮与秸秆比为 1.32∶1，固液比为 0.68∶1，发酵时间为 6.1 d 时，纤维素酶活力比优化前提高了 11.35%，玉米秸秆粉和麸皮混合经米曲霉发酵后其粗蛋白质含量显著提高，而粗纤维、中性洗涤纤维、酸性洗涤纤维均有较大幅度的下降，作为饲料其营养价值得到了极大提高。虽然同里氏木霉、绿色木霉等相比还有一定差距，但是米曲霉发酵不会产生毒素，无需经鉴定可直接用于饲料或食品生产。常娟等（2011）首先对玉米秸秆进行蒸汽爆破预处理（压力 2.5 MPa，维压 200 s），然后再进行米曲霉发酵，研究物理和生物学处理对秸秆成分及相关酶活变化的影响，结果表明，爆破预处理后进行米曲霉发酵的研究中，爆破处理在降低秸秆中的半纤维素和木质素方面的效果要优于单一的微生物发酵处理，玉米秸秆经爆破和米曲霉发酵联合处理后，其降解率和营养价值都得到了大幅度提高。

　　曲酸（kojicacid）是微生物好氧发酵产生的一种具有抗菌作用的有机酸，在食品、化妆品、医药、摄影等领域都具有重要的用途。熊卫东和卫军（2004）分别以黄浆水和豆渣为主要原料，利用米曲霉发酵生产曲酸，取得了良好的效果。赵君峰等（2003）采用米曲霉对曲酸发酵工艺条件进行了优化研究，探索了生产曲酸的最佳碳源、氮源，最适 pH 值，最佳装液量等，为进一步研究曲酸发酵提供试验依据。

　　米曲霉发酵能酿酒制曲、生产低醇乳糖饮料，国内外使用米曲霉制曲对产酶条件的影响都作了优化研究，分析米曲霉制作过程中的理化性质的变化，探索其最佳的制曲条件。周立平等（2004）研究表明米曲霉糖化力较高，产酶最适温度为 37～38℃，最适 pH 为值 5～6，曲的糖化力和酸性蛋白酶活力较高。甘薯生命力强，价格便宜，已经成为用于产生生物乙醇的重要研究对象（Tsai 等，2008）。Lee 等（2012）利用米曲霉跟其他菌种混合发酵甘薯产生生物乙醇，并得到了优化的发酵条件。

米曲霉还能产生β-半乳糖苷酶，消除乳糖不耐症，促进糖类的吸收。由于乳糖溶解度和甜度较低，高浓度时还能引起腹泻，人体内如果缺乏分解乳糖的酶，就会引起乳糖不耐症，表现为消化不良、腹胀、肠鸣、呕吐、急性腹痛等，因此成为阻碍乳业发展的障碍之一。米曲霉产生的β-半乳糖苷酶能将牛乳和乳清中的乳糖水解为易吸收和甜味品质好的半乳糖和葡萄糖，又能通过半乳糖苷反应合成低聚半乳糖，因此近年来备受关注（Freitas，2011；Haider，2007；Grosová，2008）。

关于米曲霉发酵产物对反刍动物瘤胃消化率的影响也进行了广泛的研究。黄帅等（2010）研究表明，添加0.04%和0.08% DM米曲霉能显著提高日粮营养物质在奶牛瘤胃中的降解率，其中0.04% DM添加水平的米曲霉添加组的营养物质瘤胃降解率效果优于0.08% DM；添加0.04% DM米曲霉显著提高了日粮CP和NDF的消化率，但对日粮DM和ADF消化率没有明显影响。边四辈和曹宏（2011）通过多步发酵法获得的米曲霉培养物在有效促进瘤胃细菌生长的基础上，还能有效促进真菌的生长，相对于只能促进细菌生长的酵母类产品而言，米曲霉培养物具有更突出的提高饲料利用率的优势。

2. 黑曲霉

黑曲霉是真菌中的一个常见菌种，属于半知菌亚门半知菌纲壳霉目杯霉科黑曲霉属。黑曲霉的菌丛为黑褐色，顶囊大球形，小梗双层，分生孢子为球形，呈黑色、黑褐色，平滑或粗糙。对紫外线以及臭氧的耐性强。菌丝发达多分枝，有隔多核的多细胞真菌。分生孢子梗由特化了的厚壁而膨大的菌丝细胞（足细胞）上垂直生出；分生孢子头状如"菊花"。曲霉的菌丝、孢子常呈现各种颜色（黑色、棕色、绿色、黄色、橙色、褐色等），菌种不同，颜色各异。黑曲霉广泛分布于土壤、空气和谷物上，可引起食物、谷物和果蔬的霉腐变质。黑曲霉分泌的胞外酶系较全，不仅可以产生大量有益分泌产物，而且黑曲霉是公认的安全菌株。黑曲霉是制酱、酿酒、制醋的主要菌种，是生产酶制剂（蛋白酶、淀粉酶、果胶酶、植酸酶）的重要菌种，还能生产有机酸（如柠檬酸、葡萄糖酸等）；农业上用作生产糖化饲料的菌种；还可以用来测定锰、铜、钼、锌等微量元素和作为霉腐试验菌。

植酸酶（phytase）在饲料、食品、医药等领域有着广泛的作用（马玺和单安山，2001）。植酸酶是一种环保型饲料添加剂，能使饲料中植物有机磷得到有效的利用，降低粪便排泄磷造成的环境污染，还可以消除植酸的抗营养作用，改善畜禽生长性能，提高饲料的利用率，并促进动物对蛋白质、氨基酸和碳水化合物的消化吸收（Selle和Bajai，2005；Wang等，2011）。植酸酶是一种胞外酶，广泛存在于自然界中，在动物、植物、微生物中均有分布。在植物组织，如谷物、豆类、蔬菜，特别是萌发的种子和花粉中都含有植酸酶，但是研究发现，植物产植酸酶酶活较低，因加工、贮存等因素又极易遭到破坏，提取困难，酶学特性等方面也不适于应用。目前，植酸酶的生产主要是利用微生物发酵，黑曲霉是产生植酸酶的重要菌种（谢英利等，2011；Menezes-Blackburn等，2011）。游丽金（2009）在直接利用黑曲霉菌株NL-1制备植酸酶的基础上，对该菌株的植酸酶基因进行了克隆、定点突变，以及诱导表达条件的优化，在毕赤酵母中成功高效表达了植酸酶，适宜条件下，植酸酶的表达量为出发菌株的223倍，并首次从黑曲霉中克隆获得中性植酸酶；在优化条件下培养96 h后酶活力可达到142.82.U/mL；植酸酶最适反应温度、pH分别在50℃是5.0～7.0，在温度低于70℃，pH为3.0~7.0时均能保持较好的稳定性，金属离子对植酸酶的活性也具有一定程度的影响；在不改变氨基酸序列的情况下，对植酸酶基因序列中部分编码 Arg 的密码子进行同义突变，分别构建了 3 点和 6 点突变后的两种重组质粒，并成功转化到毕赤酵母 GSLL5，通过筛选获得了表达量较高的重组菌，其中，6 点突变的重组菌诱导表达 5 d 后酶活力达到最高值 149.31.U/mL，比酶活为 21.52.U/mg，为突变前重组酵母的 1.61 倍。柯晓静（2007）从一株黑曲霉菌株中克隆出两种植酸酶基因，丰富了植酸酶基因，实现了在毕赤酵母中的高效表达，为今后植酸酶资源的开发与利用提供了优良菌株。苏东海（2003）对黑曲霉进行诱变及诱变菌株的最佳产植酸酶条件进行优化，获得了遗传性稳定的液态高效菌株，发酵产酶活力为 4 700U/mL。对黑曲霉液态发酵产生植酸酶的全过程有了全面的了解，并对植酸酶的最佳包被条件及其体外消化实验进行了研究。殷亮等（2010）为研究 N- 糖基化对黑曲霉 963 植酸酶蛋白酶学性质的影响，利用 Mega—primerPCR 介导基因定点突变的技术，构建了植酸酶 phyA2 基因两个 N- 糖基化突变体，并实现了在毕赤酵母中的表达，获得了 N- 糖基化缺失突变蛋白。

果胶酶（pectinases）是能协同分解果胶质的一组酶的总称，是一种复合酶，通常包括原果胶酶（PPase）、聚半乳糖醛酸酶（PG）、果胶酯酶（PE）、果胶裂解酶（PL）4 种。果胶酶在纺织、造纸和饲料等行业中应用广泛。果胶酶来源极其广泛，目前国内外研究和应用较多的果胶酶产生菌是细菌和霉菌，黑曲霉是果胶酶工业化生产的主要菌种。林伟铃（2010）通过反复紫外诱变处理，最终获得一株果胶酶高产菌株 EIMU2，与野生型菌株相比，形态和生长特征发生了明显的改变，酶活提高了 1.212 倍；进一步通过响应面法对 EIMU2 菌株的液体发酵培养条件进行优化。优化后的培养条件为甜菜渣 1.83%，花生饼粉 1.69%，$(NH_4)_2SO_4$ 0.5%，K_2HPO_4 0.3%，$CaCO_3$ 0.2%，$MgSO_4$ 0.15%（W/V），接种量 6%（V/V），装液量 21.36.mL，优化后的突变菌株产酶活性进一步提高至 98 794.3.U/mL，提高了 2.07 倍；并研究了黑曲霉突变后果胶酶高产的产生机制。田林茂等（2008）以黑曲霉 HG-1 为生产菌种，采用单因籽实验和正交试验进行固态发酵，结果：最适培养基为苹果渣 10 g、棉粕 10 g、$(NH_4)_2SO_4$ 0.2 g、K_2HPO_4 0.06g、初始水分含量 60%；最适发酵条件为装料量 20 g 干料 /250 mL 三角瓶，30℃恒温培养 48 h，果胶酶酶活力可达 22 248 U/g，果胶酶酶促反应最适温度为 45℃，最适 pH 值为 5.0；在 50℃以下，pH 3.0~6.0 时稳定性良好；Ca^{2+}、Mg^{2+}、Fe^{2+} 对该酶有激活作用，而 Ba^{2+}、Mn^{2+}、Zn^{2+} 有抑制作用，结果表明以苹果渣代替麸皮作为黑曲霉 HG-1 固态发酵生产果胶酶的主要原料在技术上具有可行性，可大幅度降低生产成本；同时还可以部分解决苹果渣的综合利用问题。邓毛程等（2009）以菠萝皮为主要碳源和诱导物对黑曲霉果胶酶发酵进行了研究，结果表明，在菠萝皮最佳用量的培养基中，硫酸铵为最佳无机氮源，适量添加麸皮、Mg^{2+}、Ca^{2+} 以及 Tween-20 对产酶具有促进作用；确定了培养基主要组分为：菠萝皮粉 60.g/L，麸皮 12.5 g/L，$(NH_4)_2SO_4$ 20 g/L，NaH_2PO_4 10 g/L，$MgSO_4 \cdot 7H_2O$ 1 g/L，$CaCl_2$ 1.1 g/L，Tween-20 3 g/L，以此培养基进行发酵，最高果胶酶活力可达 76 818 U/mL。王丽丽等（2008）对固态发酵产生果胶酶的条件进行了优化，培养基的主要物料为麸皮与豆粕，其比例为 8：2，加入 3.5% 的硫酸铵，培养基初始 pH 自然，250 mL 三角瓶中适宜装料量为 1 g，料水比为 1：1.5，接种量为 10^6 个孢子 /g 干基，在此优化条件下，果胶酶活力可以达到 2 262 U/g。乔均俭等（2010）利用 SAS 软件中的二水平设计和响应面分析方法较系统地研究了发酵培养基中无机盐组分对黑曲霉 JW-1 菌株产果胶酶的影响，得到了在一定条件下果胶酶随无机盐组分的变化规律，并根据分析结果优化了产酶培养基，最终确定 KH_2PO_4、$FeSO_4 \cdot 7H_2O$、$CaCl_2 \cdot 2H_2O$ 的最优浓度分别为 0.85.mg/mL、1.86.mg/mL 和 2.52.mg/mL，此时果胶酶活力可达 5 054.6 U/g。Qu 等（2010）以原有保藏菌株经诱变并筛选出高产果胶酶的黑曲霉菌种，结果 Dl-4 菌种在适宜培养基中培养 96 h 酶活性最高，达 141.13 U/mL，比出发菌株酶活提高了 1 倍，诱变菌株 Dl-4 有较强分泌果胶酶的能力。

饲料原料中含有大量的木聚糖（xylan），它们在单胃动物消化道内不易被消化酶消化，木聚糖酶（xylanase）能以内切方式降解木聚糖分子中的木糖苷键，水解产物主要为木糖、木二糖及木三糖等低聚木糖以及少量阿拉伯糖（Sharma 和 Bajai，2005）。木聚糖酶的这种作用吸引了各个行业的关注，在养殖业中可以提高单胃动物的饲料消化率，在纺织业、造纸业中能减少氯的排放，从而降低对环境的影响（Nawel 等，2010；Pal 和 Khanum，2011）。木聚糖酶跟其他酶协同作用可以产生生物燃料，如从纤维素中产生乙醇和木糖醇（Beg 等，2001；Carmona 等，2005；Rani 等，2001）。黑曲霉是发酵产生木聚糖酶的重要菌种。周晨妍等（2010）通过黑曲霉进行木聚糖酶的固态发酵，对发酵过程进行了优化，得到最佳培养基组成为：麸皮与玉米芯质量比 5∶3，最优培养条件为：pH 值 7.5，培养温度 28℃，培养时间 60 h，在此工艺条件下，木聚糖酶的活力可达 14 698.211 U/g。马佳宁和单安山（2010）用黑曲霉液态发酵制备木聚糖酶，添加到肉仔鸡小麦饲粮中，结果发现添加自制酶制剂之后提高了肉仔鸡的能量和磷的利用率，明显提高了肉仔鸡的肝脏重量，降低了胰腺和小肠重量，降低肉仔鸡食糜的相对黏度，并且发现木聚糖酶在肉仔鸡盲肠仍能保持活性，而对肠道微生物的数量基本没有影响。侯伯男等（2004）通过对黑曲霉进行紫外诱变，结合透明圈法和 DNS 法从中筛选出一株酶活较高的突变株 N86，并对其液体发酵培养基组分进行优化研究，最终研究得出突变株 N86 的液体发酵培养基最优成分为：麸皮 2 g，硫酸铵 1.0%，葡萄糖 0.1%，磷酸二氢钾 0.2%，七水合硫酸镁 0.05%，吐温 -80 为 0.1%，培养基 pH 值 6，250mL 三角瓶装液 50 mL，突变株酶活最高达 139 IU/mL，产酶高峰在 72 h 左右。张茂等（2010）克隆出黑曲霉木聚糖酶基因（xynB）并转到猪肾细胞（PKl5）中，实现真核表达，并在细胞培养液中测到了木聚糖酶活最高达 36.4 IU/mL。

董岩岩等（2011）筛选出能产生活力较强 a- 半乳糖苷酶的黑曲霉，并研究了表达产物的酶学活性，结果显示菌株所产 a- 半乳糖苷酶的最适反应温度是 55℃，在 60℃以下热稳定性较好；最适反应 pH 值为 5.0，在 pH 值 3.0 ~ 5.5 范围内稳定性较好，相对酶活 >64.1%；Mg^{2+}、Na^+、Pb^{2+}、K^+、Mn^{2+}、CO^{2+}、Al^{3+} 对 a- 半乳糖苷酶均有不同程度的抑制作用，其中，Cu^{2+} 和 Fe^{3+} 的抑制作用较为明显，而 Ca^{2+}、EDTA（乙二胺四乙酸）、Zn^{2+} 对 a- 半乳糖苷酶有一定的促进作用。

黑曲霉同多种菌种混合能产生优质的蛋白质饲料。谢亚萍等（2011）利用太空诱变获得的优良菌种黑曲霉 ZM-8 及啤酒酵母 YB-6 和白地霉、热带假丝酵母配制成的复合菌，固态发酵苹果渣玉米秸秆混合料，结果表明苹果渣玉米秸秆混合料各成分最适宜的配比为：苹果渣 70%，玉米秸秆 10%，麸皮 15%，辅料 5%。通过正交试验确定的最适辅料配方为：尿素 2 g，硫铵 2 g，食盐 1 g。复合菌的最佳配方为：黑曲霉突变株 ZM-80.5 g，啤酒酵母 YB-61.5 g，白地霉菌 1.0 g，热带假丝酵母 1.5 g，在此条件下，发酵产物中粗蛋白的含量达 28.2%。李树明等（2011）用黑曲霉与产朊假丝酵母、热带假丝酵母、白地霉、酿酒酵母、绿色木霉和米曲霉发酵白酒丢糟生产蛋白质饲料的效果，结果表明，白地霉、黑曲霉、绿色木霉和热带假丝酵母效果最好，发酵后白酒丢糟的蛋白质质量分数提高了 6.49% 以上；对这四种菌进行组合筛选，发现由黑曲霉、绿色木霉和白地霉组合发酵，能将白酒丢糟的蛋白质质量分数提高 9.96%。徐海燕等（2011）以啤酒糟为主要原料，研究了黑曲霉 A-1 固态发酵生产富酶蛋白饲料的培养基及工艺条件。试验结果表明最适发酵培养基为啤酒糟：棉粕比例为 5：5，KH_2PO_4 0.2%，最适发酵条件为：料水比为 1：1.0，接种量为含 4.0×10^6 个孢子的孢子悬液，发酵温度为 30℃，培养时间为 54～60 h，纤维素酶达到 1 991 U/g，木聚糖酶达到 1 998 U/g，酸性蛋白酶达到 4 559 U/g，粗蛋白质为 37.4%。马力等（2011）以油茶枯饼为原料，通过平板点种试验，选用黑曲霉为指示菌，又根据刺激圈试验以及三角瓶发酵培养，获得油茶枯饼生产蛋白质饲料的最佳菌种组合，芽孢杆菌 10181：黑曲霉：葡萄汁酵母 1445：米曲霉 =1：1：1：1 为最佳菌种组合，油茶枯饼发酵后粗蛋白质含量为 16.94%，较未发酵时的 10.82% 提高了 56.56%。

黑曲霉具有卓越的真核表达和分泌能力，可用于表达外源基因，而且很可能还具有与哺乳动物系统相似的蛋白质修饰性能，是较为理想的外源基因表达系统（路博，2010；善天一和朱平，2007）。

3. 青霉

青霉（penicillium）属于子囊菌纲青霉属，也是多细胞，菌丝有分隔，有分枝，与曲霉相似，但大多无足细胞，分生孢子梗从基内菌丝或气生菌丝上生出，有横隔，顶端生有扫帚状的分生孢子头。分生孢子多呈蓝绿色。扫帚枝有单轮、双轮和多轮，对称或不对称。常见的青霉有产黄青霉（Penicillium chrysogenum）、橘青霉（Pen.citrinum）、展青霉（Pen.patulum）。

青霉是生产抗生素的重要菌种，如产黄青霉和点青霉都能生产青霉素；另外，青霉还能生产有机酸和多种酶类。

二、改良技术

除了对单一霉菌发酵条件的培养基进行优化之外，人们发现对于某些发酵产物，通过多种菌落共同发酵也是霉菌发酵的重要改良。辜旭辉等（2010）用米曲霉与绿色木霉混菌固态发酵降解菜籽粕中硫苷及中性洗涤纤维，并对发酵条件进行优化，研究发现最佳发酵条件为：含水量 40%，接种比例（米曲霉：绿色木霉）为 1：1，发酵时间 96 h，接种量 30% 和培养温度 30℃，在此条件下硫苷的降解率达到 90.71%，中性洗涤纤维降解率达到 20.65%。何凌（2010）以 1：1：1 的比例将白地霉、酿酒酵母、米曲霉三种组合菌种以种之间的比例用于鸭粪固态发酵产生菌体蛋白质饲料，当基质投放量为 20 g，鸭粪与麸皮的比例为 80：20，温度 29℃左右，发酵时间 48～60 h 时，鸭粪发酵产物质量最好，发酵产物中其粗蛋白质和真蛋白含量都有一定的提高，粗纤维含量有所降低，达到了预期效果。李树明等（2011）用黑曲霉、绿色木霉和白地霉组合发酵白酒丢糟生产蛋白质饲料，发现能将白酒丢糟的蛋白质质量分数提高 9.96%。徐娟娟等（2010）用里氏木霉与鸡腿菇以 5：2 的比例混合发酵产粗酶液降解玉米芯及秸秆等废弃物，再利用米根霉将废弃物转化为乳酸，接种时间间隔为 12 h，在 26℃，150 r/min 培养 3 d，此时漆酶酶活比鸡腿菇单独发酵酶活能提高 106%。用以上两菌混合发酵 3d 的粗酶液在 50℃、

pH 值 5.0、120r/min 下酶解原材料 84.h, 酶解得率为 55.2%, 米根霉再转化酶水解液产乳酸量为 3.69g／L, 糖酸转化率为 67.40%。

通过紫外诱变等方式, 筛选新的高产发酵菌株是重要的改良霉菌发酵的技术。吴建国和王岚 (2011) 通过紫外诱变处理总状毛霉, 筛选出一株壳聚糖产量较高的菌株, 在蔗糖 (50 g/L)、酵母膏 (2.0g/L)、硝酸钠 (3.5 g/L)、磷酸氢二钾 (1.0 g/L) 硫酸镁 (0.2 g/L)、硫酸铁 (0.2 g/L), 30℃, 48 h 的培养条件下壳聚糖产量为 1.12g/L 刘云秀和吕开斌 (2005) 通过紫外诱变选育出 1 株华根霉突变株, 该菌株对淀粉原料的液化力和糖化力均得到了提高, 分别为 110 min 和 5 mg/ (g·h), 并且增加了芳香脂类和乙醇的产生能力。用此突变株制得的甜酒曲生产调料酒, 稳定性好, 用于食品调味, 色、香、味俱佳。韩文霞等 (2009) 用 15 mW 的 He-Ne 激光辐射能合成天麻素华根霉原生质体 20 min, 再用紫外辐照 150 s 时获得了转化率及天麻素得率都明显提高的突变株, 其天麻素得率比出发菌株提高 20% 以上。刘芳等 (2009) 通过紫外诱变华根霉淀粉菌株, 选育到 1 株较出发菌株酶活力高的优良华根霉变株, 该菌株的 HE 值为 1.52、液化力为 70 min、糖化力为 520 mg / (g·h), 分别较出发菌株高出 8.57%、12.50%、30.00%, 且遗传性能稳定, 该菌株制作出的甜酒曲发酵相同重量的糯米, 所需时间减少 3 ~ 4 h, 液体渗出量明显增加, 所得甜酒风味更足, 甜味更浓。马旭光和张宗舟 (2010) 以经航天诱变筛选得到的高产纤维素酶活菌株黑曲霉和高生物积累量菌株啤酒酵母, 发酵生产单细胞蛋白的能力得到提高。张宗舟和赵慧 (2011) 利用航空诱变获得了黑曲霉 ZM-8 和啤酒酵母、热带假丝酵母以及白地霉复配制成复合菌剂, 最佳配比为酿酒酵母 0.5g, 热带假丝酵母 1.0 g, 白地霉菌 1.5 g, 黑曲霉突变株 1.5 g, 培养基配方为白糖 4 g, 硫铵 7 g, 尿素 2 g, 食盐 2 g, 经发酵产物中粗蛋白质的含量达 28.6%, 提高了 335%。

王珍 (2010) 设计出一种新型的米根霉固定载体, 并验证了它在米根霉的形态控制和 L- 乳酸生产中的优势及利用农业废弃物中的廉价底物的可行性, 并探索了在生物反应器中进行放大实验的潜力。姜绍通等 (2008) 构建了无载体固定化米根霉重复间歇发酵生产 L- 乳酸的工艺条件: 首批次发酵培养基采用 120g／L 葡萄糖, 3 g／L 硝酸铵, K^+ 和 Na^+ 浓度比为 1:1, 发酵 72 h 后, L- 乳酸产量可达 100.8 g／L, 葡萄糖转化率为 84%。在此基础上, 利用米根霉菌丝体小球重复间歇发酵 16 批次, 每批次发酵 24 h, 此时葡萄糖转化率均高于 75%, L- 乳酸产量保持在 60.0 g／L 以上, 米根霉菌丝体小球形态保持稳定。

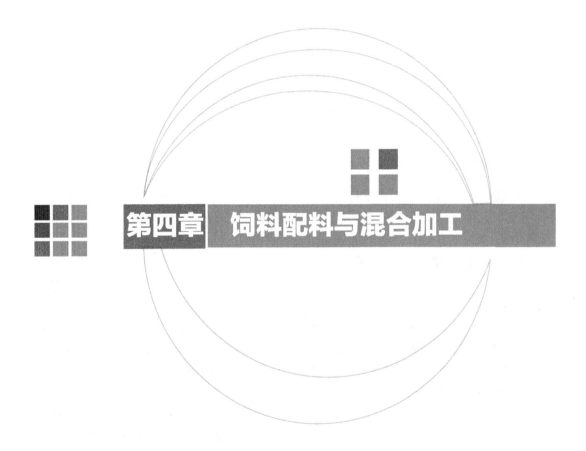

第四章 饲料配料与混合加工

配料过程是执行饲料配方的过程。配料是采用特定的配料装置，按照畜禽或水产饲料配方的要求，对多种不同品种的饲料原料进行准确称量的过程。配料工艺是饲料生产过程的关键，配料工艺的核心设备是配料秤，配料秤的性能好坏直接影响饲料质量的优劣。根据配料计量设备的工作原理，按工作过程有连续式配料和间歇式（分批式）配料两种。目前饲料企业普遍采用分批式重量配料计量设备。混合是在饲料生产过程中，将各种饲料原料按配方中所要求的比例，经计量配料后，并在外力作用下，各种成分的颗粒组成的混合物重新配置，使之均匀分布的过程。它是保证配合饲料质量的很重要的一道工序。在饲料工厂中，饲料配料与混合加工的生产能力决定了工厂的规模。

第一节　饲料的配料加工

设计合理的配料工艺流程，在于正确地选定配料计量装置的规格、数量，并使其与配料给料设备、混合机组等设备的组合充分协调。优化的配料工艺流程可提高配料准确度、缩短配料周期，有利于实现配料生产过程的自动化和生产管理的科学化。

一、配料加工工艺的流程及形式

合理的配料工艺可以提高配料精度，改善生产管理。配料流程组成的关键是配料设备与配料仓、混合机的组织协调。目前常见的配料工艺流程有一仓一秤、多仓一秤和多仓数秤等形式。

（一）一仓一秤配料工艺流程

一仓一秤配料工艺流程（图4-1）具有配料快、配料精度高的特点。其配料设备是在每一个配料仓下各设一台容量大小不同的配料秤，配料秤的形式及称量范围可根据物料的特性差异、配比要求和生产规模大小而定。称量过程中，各台配料秤独自完成给料、称量、卸料等动作，从而缩短了配料周期，减少了称量过程中的随机误差。但其设备占地面积大，投资较高，只适合部分预混料生产中饲料添加剂的配料。

（二）多仓一秤配料工艺流程

多仓一秤配料工艺流程（图4-2）是中小型饲料厂或大型饲料厂的某类饲料的生产线采用的一种形式，有如下特点：工艺组成简单，投资少，便于工艺布置；设备维修方便，易于实现自动化控制；生产性能稳定，能有效防止交叉污染；配料周期较长；配料误差较大。

图4-2所示的是常用的多仓一秤配料工艺流程。一般配料仓可根据需要设置8~24个，主要存放粉碎后的主、辅料，也可以用一个仓存放预混料，配比为1%~3%，也可由人工加入混合机。

采用这种配料工艺，应注意配料秤和混合机作业周期的配合，当逐个组分进行称量时，配料秤必须关闭卸料门；配料秤卸料时，必须保证混合机处于空机并卸料门关闭的待料状态。整个配料系统可自动地协调控制进料、称量、换料、卸料等系列动作。该工艺的缺点是累次称量过程中对各种物料产生的称量误差不易控制，从而导致配料精度不稳定。

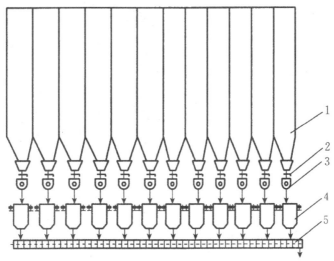

进行下一加工工序

1. 配料仓；2. 手动闸门；3. 喂料器；4. 单料配料秤；5. 水平输送机

　图 4-1　一仓一秤配料工艺流程（过世东 .2010. 饲料加工工艺学）

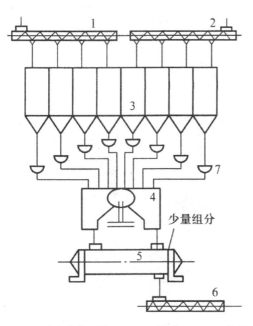

1、2. 螺旋输送机；3. 配料仓；4. 配料秤；5. 混合机；6. 水平输送机；7. 供料器

图 4-2　多仓一秤配料工艺流程及实物

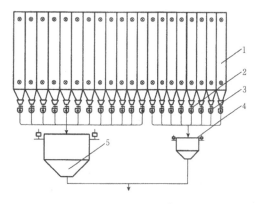

进行下一加工工序

1. 配料仓；2. 手动闸门；3. 喂料器；4. 小配料秤；5. 大配料秤

图 4-3　多仓两秤配料工艺流程

(三) 多仓数秤配料工艺流程

多仓数秤配料工艺流程 (图 4-3 和图 4-4) 为多仓配置两台或两台以上配料秤的工艺流程，一般 8~12 个配料仓配置一台电子配料秤，是目前饲料厂应用最多的一种配料工艺流程，适用于大型饲料厂和预混料生产。多仓数秤配料工艺流程与一仓一秤配料工艺流程比，设备采用较少，与多仓一秤配料工艺流程比，配料速度和精度都有所提高。多仓数秤配料工艺是将各种被称量物料按照它们的特性差异或称量配比进行分组，每一组配置相应容量的电子配料秤，最少配置两台或两台以上电子配料秤，还有配置液体秤的，最后集中进入混合机，是一种较为合理的配料工艺流程。其特点是生产性能稳定，能有效防止交叉污染，便于实现自动控制，配料周期短，配料误差小。但需要配置的配料仓较多，一般配置 20~30 个，投资大，设备复杂。

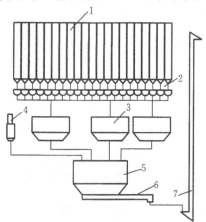

1. 配料仓；2. 给料器；3. 电子配料秤；4. 添加剂投料口；5. 混合机；6. 输送机；7. 斗式提升机

图 4-4　多仓数秤配料工艺流程

二、配料设备的配置

重量分批式配料计量设备主要包括配料仓、喂料器、电子配料秤、卸料机构等，从而完成供料、称重、卸料的循环过程。

(一) 配料仓

配料仓数根据饲料厂生产饲料产品的种类、饲料配方中原料种类数、生产规模等确定。此外，还应留有 2～3 个备用仓位。年单班生产 5 000 t 以下的饲料加工机组，可设置 8～10 个配料仓；年单班生产 10 000 t 以上的饲料厂，设置 12 个以上配料仓；大型饲料加工厂，配料仓往往在 24 个以上。

配料仓仓容大小因投资规模、产量等而定。配料仓容积过大，由于粉碎后的原料容易结拱，因而给生产带来不便；配置过小，会频繁上料。大中型饲料厂，以保证 6～8 h 生产用料为宜。

单个配料仓仓容用总仓容与配料仓数平均核算，实际设计时根据各种饲料原料的配比适当配置。

(二) 喂料器

每个配料仓下部都设有喂料器 (也称供料器、出仓机)，喂料器装于配料仓下方与配料秤之间，用于对配料秤进行准确的供料。喂料器的作用是均匀、稳定地向配料秤供料，并能根据电脑检测的重量值与设定的值进行慢加料 (高低速、点动、变频)，保证配料秤的配料精度。

(三) 电子配料秤

目前，随着电子技术的发展，电子配料秤采用电脑配料系统控制，使饲料的配料更为精确，自动化程度更高。电子配料秤以其称量精度高、速度快、稳定性好、使用维修方便、质量轻、体积小等显著优点得到了普遍使用。电子配料秤以称重传感器为基础，成为饲料厂配料秤的主流。

选择配料秤时，必须充分考虑称量范围和配料精度。尤其是预混料，不同添加量的原料必须采用相应称量范围及精度的配料秤来完成称量。配料系统中除配料秤外，还需配料仓、喂料设备、电脑配料生产软件、电器控制系统等构成完整的工作系统，完成配料工作。

(四) 设备配置总体要求

(1) 结构简单，便于操作，使用可靠，调节容易，精度高。

(2) 具有良好稳定性，实现快速、准确计量。

(3) 配料系统应自动进料、自动计量及自动卸料，并循环作业。

(4) 配料生产能力与混合生产能力相适应；应配有开关输入量，使秤斗门、混合机门、缓冲斗门和添加剂门等连锁，以保证配料混合系统正常运转、协调有序，避免发生差错。

(5) 具有良好适应性，适应多品种、多配比变化，适应环境及工艺形式的不同要求；应有自身检测功能，对故障、配料超差等实行声光报警；配料系统应有停电保护功能等。

配料控制器应使用先进软件、编程合理，应能针对现场振动大小而设置不同的数字滤波器，应使显示值稳定，提高配料准确度。

三、配料的设备

配料系统的喂料器（又称供料器、给料器、出仓机等）类型有螺旋式、叶轮式、电磁振动式。喂料器的作用是均匀、稳定地向配料秤供料，并能根据电脑检测的重量值与设定的值进行慢加料（高低速、点动、变频），保证配料秤的配料精度。

（一）喂料器

喂料器，慢加料的控制方式有点动控制、双速电机和变频调速方式（10 ~ 50 Hz）。当电脑检测到某种饲料达到预定慢加料值时，开始启动慢加料程序。点动控制方式是使电动机在电脑程序的控制下，间隔一定时间动一下，间歇往电子秤中添加饲料原料，至该饲料原料的设定值时便停止喂料器运转。双速电机控制方式是开始配料时，电动机高速运转供料，到预定值时电动机变成低速运转加料，到设定值时停止。变频调速慢加料控制方式是开始配料时，电动机高速运转供料，到预定值时，通过电脑程序控制变频器逐渐改变频率，电动机转速逐渐变低，到设定值时停止。变频调速慢加料方式缩短配料周期，提高配料精度，精度可以达到0.2% FS，甚至能够达到静态精度。

（二）螺旋喂料器

螺旋喂料器又称螺旋给料器或螺旋供料器，它的构造如图4-5所示，主要由机体、螺旋、传动装置、进出料口等组成。该喂料器的上部与配料仓下端相接进料，出料口通过软布与电子配料仓相接。工作时，通过电脑程序控制使电动机通过传动装置来带动螺旋喂料器向秤斗供料，进行快加料和慢加料以及喂料器的切换等。由于饲料原料的种类、性质和配比不同，实际应用时要配置不同直径和转速的螺旋喂料器，以满足配料精度的要求。螺旋喂料器以其结构简单、工作可靠、密闭性好、进口截面大、不易结拱、给料均匀、性能稳定、动力省、输送量大、操作维护方便而应用最广。

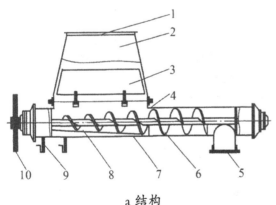 

a 结构　　　　　　　　　　　　　　b 实物

1.配料仓出料口；2.变形管；3.减压板；4.机壳；5.喂料器出料口；6.螺旋叶片；7.检查口；8.衬板；9.电机机座；10.传动轮

图4-5　螺旋喂料器

（三）叶轮喂料器

叶轮喂料器主要由叶轮和圆筒外壳组成（图4-6）。外壳的上口接配料仓下端的排料口，出料口通过软布接配料秤入口。工作时，通过电脑程序控制使电动机通过减速器带动叶轮旋转，与此同时控制机构的控制阀使气缸接通压缩空气，推动活塞、推杆、扇形料门打开，使物料从料仓流出，经匀料锥缓冲承压，沿匀料锥四周均匀地流向叶轮工作室。进入叶轮工作室的物料在叶片的推动下，沿水平方向被推向出料口。当供料量达到慢加料值时，电动机带动叶轮慢加料，到设定值时，电动机停止。同时控制阀使扇形料门关闭，停止出料。由于叶轮工作时料流不是连续的，叶轮要选择倾斜状的，使料流连续稳定。它具有体积小、质量轻便于悬挂吊装、操作简便的优点，主要用于料仓出口与配料秤入口中心距离较小、空间位置有限的场合。

(四) 电磁振动喂料器

电磁振动喂料器的构造主要由料槽、电磁振动器、减震器、吊架、吊钩、法兰盘、进出料口等组成。电磁振动喂料器的进出料口分别通过帆布袋与配料秤进料口相连，这样才能使电磁振动喂料器的料槽能自由振动。帆布袋利用压板通过螺钉与法兰连接，固定夹紧。减震器安装在吊架上利用吊钩将电磁振动喂料器吊在固定的支架上。工作时，在电脑程序的控制下，利用电磁振动器驱动振动料槽沿倾斜方向做周期性的往复振动，把物料送入配料秤秤斗，通过改变电源频率改变供料量。它具有驱动功率小、振幅稳定、可无级调节给料量、可自动控制等特点。多用于微量元素等物料的供料。电磁振动喂料器的驱动功率小，振幅瞬时可达稳定值；缺点是工作噪声大，调速时灵敏度过大。

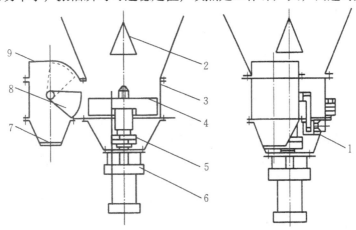

1. 给料调节机构；2. 匀料锥；3. 机壳；4. 叶轮；5. 联轴器；6. 电动机；7. 出料口；8. 扇形料门；9. 观察孔盖

图 4-6　叶轮喂料器

四、电脑配料系统

(一) 电子配料秤的特点

随着电子技术的发展，以称重传感器为基础的电子秤得到广泛使用。它与传统的机械秤和机电秤相比具有以下特点。

优点：重量传感器反应快，提高称重速度；称重信号可远距离传送，可避免现场环境（粉尘、噪声、振动）的干扰；称重信号经模数（A/D）转换后，自动显示并记录称重结果，并可用微机进行数据处理，还可给出各种控制信号，实现生产过程的自动化；质量轻、体积小、结构简单、维修使用方便、使用寿命长。总之，采用电子配料秤可以实现连续称重、自动配料、定值控制，称重快、配料精度高、性能稳定、控制显示功能好、工作可靠，对保证产品质量，对提高劳动生产率，减轻劳动强度，降低生产成本以及提高管理水平有着重要意义。

缺点：设备投资大，控制系统复杂。对配料秤的要求：具有良好稳定性，实现快速、准确称量；在保证配料精度的前提下，结构简单、使用可靠、维修方便；具有良好适应性，能适应原料种类、配比、环境的变化。

(二) 电脑配料系统的组成

饲料厂常用的电脑配料系统主要由喂料器、秤斗、称重传感器、称重仪表、框架、卸料机构、工业控制计算机、配料生产系统 (软件)、电器控制系统等组成。

1. 秤斗

秤斗的形状多数为上部圆筒形下部圆锥形，或者上部方形或长方形下部棱锥形的形状。上部设有 8～12 个进料口，用软布与喂料器连接。下部设有卸料门，有推拉式单门、推拉式双门或翻转式双门，都是在电脑程序控制下，通过电磁阀控制气缸带动卸料秤斗门动作。当称量结束，由电脑发出打开秤斗门信号，经驱动电路使电磁阀通电，压缩空气通过电磁阀使气缸动作，带动卸料秤斗门打开。当秤斗卸料完毕，电脑发出关门信号，执行元件将秤斗门关闭。行程开关的作用是对卸料秤斗门限位，同时把开关门状态检测信号输入电脑并显示。

根据工艺流程设计合理确定秤斗的容量。当采用多台电子秤时，可以采用两台以上相司容量配料秤或大小不同容量配料秤。秤斗的容积按秤的最大称量值时的配合饲料容重 (常取 500kg/m³) 计算，并留有 10%～20% 的容积余量。为保证方中配比量较低原料能上配料仓，降低手加料口投料劳动强度，可以设计小容量配料秤。为降低配料系统对混合系统的压力冲击，防止产生大量粉尘，防止配料秤卸料过程产生的气流影响配料秤，在配料与混合工序之间应设置压力平衡系统。为使秤斗独立承重，秤体上部与喂料器、秤斗门下部与混合机的连接应采用软连接。软连接体可选用棉布或其他柔软织物，并注意安装时软连接体处于非受力状态 (否则会影响称量精度)，保持密封以免粉尘外溢。

2. 称重传感器

称重传感器 (也称重量传感器) 是用来测量所承受的物体的重量大小，并按照一定的函数关系 (一般为线性关系) 将重量值转换成为电信号 (电压、电流、频率等) 输出的一种部件。称重传感器的类型按工作原理分为电阻应变片式和磁弹性测力式；饲料生产中一般应用电阻应变片式称重传感器，按结构分为拉式、压式、拉压式、剪切式和弯曲式等。饲料生产的电子配料秤常采用的称重传感器多为吊挂式 (拉式) 或文承式 (拉式) 图 4-7。

电阻应变片式称重传感器是将电阻应变片 (图 4-8) 粘贴在金属弹性元件上，当金属弹性元件受力变形时，使电阻应变片由于受压力或拉力作用电阻值发生变化来反映重量变化。其工作原理是：正常情况下，4 个电阻应变片的电阻值相等，AB 之间的稳压直流电源 V 供电，电桥电路处于平衡状态，CD 之间无电压输出。当电阻应变片受力作用时，4 个电阻值分别发生变化，破坏了电桥电路的平衡，CD 之间输出相应的电压值巩。多个传感器之间的连接方式有串联、并联和串并联混合三种，但采用最多的还是并联方式。当秤斗称量重量较大时，常采用支承式传感器支承秤斗的形式；而当秤斗称量重量较小时，则采用吊挂式传感器将秤斗吊挂起来的形式。支承点一般要求在与秤斗重心同一水平或高于秤斗重心的位置，应保证秤斗的平稳。

　　每台电子配料秤一般采用 3~4 个重量传感器将秤斗支承或吊挂起来。对圆形秤斗，称重传感器的位置一般是按圆周等分的位置分布的；对于方形秤斗，如果采用 3 个传感器，可按等腰三角的形式布置，如果采用 4 个传感器，可按矩形或正方形的形式布置。为了防止重量传感器在较大的载荷冲击下而过载，并考虑到秤斗卸料时的抖动对传感器的影响，通常在传感器的压头上方加设缓冲弹簧。此外，配料秤上还配有休止装置，当电子秤配料处于非称量状态时，使传感器不受力。

　　3. 称重仪表

　　每台电子配料秤都要配置一个称重仪表（图 4-9），把称重传感器输出的电信号 V_o 放大，在经过模数（A/D）转换后以数码的形式把重量值显示和数据处理，多个称重仪表都通过数据线把信号上传至电脑（工业控制计算机）进行各种控制。

图 4-7　吊挂式与支承式称重传感器

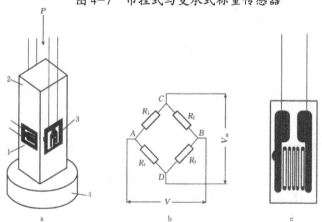

　　a. 称重传感器弹性体；b. 电阻应变片的电桥电路；c. 电阻应变片；1. 横向电阻应变片；2. 弹性体；3. 竖向电阻应变片；4. 底座

图 4-8　电阻应变片

图 4-9   称重仪表

4.工业控制计算机(电脑)

工业控制计算机是一种采用总线结构,对生产过程及其机电设备、工艺装备进行检测与控制的设备总称。简称"工控机"(图 4-10)。它采用全钢机壳、机卡压条过滤网、双正压风扇等设计及 EMC 技术以解决工业现场的电磁干扰、震动、灰尘、高/低温等问题。工业控制计算机具有采集来自工业生产过程的模拟式和(或)数字式数据的能力,并能向工业过程发出模拟式或数字式控制信号,以实现工业过程控制或监视的数字计算机。其特点有:①可靠性,工业控制计算机能够在粉尘、烟雾、高/低温、潮湿、震动、腐蚀等环境下可靠地工作,并具有快速诊断和可维护性。②实时性,工业控制计算机对工业生产过程进行实时在线监测与控制,对工作状况的变化给予快速响应,及时进行采集和输出调节(看门狗功能是普通计算机所不具有的),遇险自复位,保证系统正常运行。③扩充性,工业控制计算机由于采用底板 +CPU 卡结构,因而具有很强的输入输出功能,最多可扩充 20 个板卡,能与工业现场的各种外设、板卡如与道控制器、视频监控系统、车辆检测仪等相连,以完成各种任务。④兼容性,能同时利用 ISA 与 PCI 及 PICMG 资源,并支持各种操作系统、多种语言汇编、多任务操作系统。

图 4-10   工业控制计算机

5.电器控制系统

电器控制系统主要由各种控制电器和保护电器组成,电器控制柜安放在中央控制室,通过电脑程序对各台饲料加工设备进行自动控制。

(三) 饲料配料系统软件

饲料配料系统软件是饲料企业生产控制的重要部分，用于配料和混合工段的联动控制。其功能主要有配料生产、存贮饲料配方和生产参数、自动记录数据、自动修正配料慢给料值、自动统计生产报表、自动故障诊断并报警、显示重量值和配料过程、断电保护等功能。每套电脑配料系统可控制多台配料秤同时工作，进行分时检测控制。

饲料配料系统软件具有以下功能与特点：①具有安全的操作员管理，实现多级密码保护操作。②具有完善的配方管理功能。修改、增加配方简捷，对配方数无限制。③可随意更改料仓下料顺序，具备落料自动过冲补偿功能，使配料精度更准确。④具有输入输出量检测功能，使故障查询更简单。⑤具有完善的生产报表系统，包括批报表、班报表、日报表、月报表，还可以实时打印每批生产记录。提供详细的数据供厂方分析。⑥可实现原料转仓设置，在料仓无料时保证生产的正常进行。⑦方便的配料参数和控制参数修改功能。⑧系统自检测功能自动确认各部件是否正常，保障生产正常运行；掉电自保护功能，能在意外突然掉电后恢复掉电前的状态，需要配置 UPS。⑨具有报警功能，显示报警信息和提示信息，并采取相应措施。⑩双混系统可以实现单独控制，其中一台故障时并不影响其生产，可靠性更高。配料生产中实时显示各种数据实时显示配料工艺模拟图，直观形象；人机界面友好，图文美观，运行可靠性高。

目前饲料厂常用的两种电脑自动控制方式，一种是把所有饲料厂设备和流程显示在电脑显示屏，操作时通过键盘或鼠标在显示屏上操作；另一种方式是把饲料厂所有设备和流程显示在 PVC 模拟盘或马赛克模拟盘，通过模拟屏上的按钮实现对所有设备或流程的自动控制。饲料生产自动控制方式是按工段进行的，选取配料混合工段后，通过在显示屏上的操作按键或显示设备上的操作按钮直接启停该工段。启动时按逆流程进行，停止时按顺流程进行。生产中顺序配料较为常用，各种物料按照设定的配方顺序加入各个秤斗，各台配料秤可同时工作，但每台配料秤只允许一种物料加入秤斗。称重控制设备检测称量物料重量的变化，并控制相应各物料仓的喂料器进行快加料、慢加料、停止和切换喂料器等。每台电子配料秤采用重量累积称量，各台配料秤称量完毕后，在电脑程序的控制下各台配料秤按照一定的顺序依次打开秤斗门卸料，并进行连续分批配料与混合。

可以看出，所有的程流都能显示在电脑显示器上，设备的操作有联动和手动两种方式。手动操作方式作为自动控制操作方式的一种补充，为控制系统人为介入提供了灵活性。通过鼠标选择欲手动启停的设备后，点按手动启停按钮即完成对该设备的手动操作。

饲料输送过程所经过的由不同设备构成的路径称为流程，流程自动控制是一种主要控制方式。中央控制室操作员可通过计算机的键盘或鼠标实现流程的选择、流程的设定和预设定流程的启动和停止。在该方式下，流程中的设备具有连锁关系。流程启动时，设备按逆方向顺序延时启动；正常作业完成时按顺方向自动顺序延时停止运行设备。

(四) 电子配料秤的工作过程

1. 工作前准备

（1）称量校对，首先进行零位校对，即秤斗重量为皮重，但显示重量应为零。在称重仪表上可以通过清零按钮清零。电子配料秤要定期进行称量校对，即用标准砝码悬挂在秤斗上，使仪表显示重量应与悬挂砝码重量一致，并要求分度值重量以及最大量程都要在误差范围之内。

（2）确定生产参数，确定批次、秤数、料仓号、各台配料秤首号仓以及下料顺序等。

（3）确定配方，计算机可存储大量配方。可以根据技术部门下发的修改配方向计算机输入，修改配方比例与数量。也可选用计算机存储的配方号，显示配料仓号与饲料原料名称，向配料仓输入配料原料数量，并将混合时间、放料时间等工艺参数输入计算机。

2. 电子配料秤工作过程

（1）工作时，通过电脑调出需要生产的饲料配方，经修改参数确认后开始进行自动配料工作。多个电子配料秤可同时工作。

（2）各台配料秤的第一个喂料器（一般按配方中的重量值大小顺序排列或人工设定仓号顺序）将配料仓中的物料用快加料方式送入秤斗，当秤斗内的物料量达到预定值时，电控系统将接收到重量传感器的信号传给电脑，电脑发出信号使喂料器慢加料（点动、低速或变频控制），达到设定值时喂料器停止供料。

（3）然后开启下一个配料仓的喂料器开始工作，当所有配料秤的配料仓供料完毕后，称量过程结束。

（4）这时电脑又发出信号询问饲料混合机内是否有料和饲料混合机的卸料门是否关闭，如机内无料、卸料门关闭，电脑发出卸料信号，通过气控系统使卸料气缸动作，打开秤斗门进行卸料。卸料结束后，关闭秤斗门，电子配料秤复零开始进行下一批配料。

（5）另外，电脑询问是否需要加入预混料，如需加入预混料，电脑控制预混料闸门打开，加入预混料后，操作者按一下应答按钮，给电脑一个反馈信号，同时混合机开始计时。混合一定时间后电脑程序控制液体添加系统向混合机按设定的比例加入液体，再混合一定时间（常称湿混）后，到定时时间自动打开混合机的卸料门放料。然后进行自动循环工作。

五、配料质量管理

（一）配料秤精度的管理

电脑控制电子配料秤是把一批散料分成若干份独立的被称载荷，按预定程序依次称量每份后分别累积，以求得到该批物料总量的一种自动秤。自动衡器共分为四个准确度等级：0.2、0.5、1.0、2.0。一般要求常量原料配料秤，静态精度 0.1%，动态精度 0.2%；微量配料秤静态精度应为 0.05%，动态精度应为 0.1%。

（二）影响配料质量的因素

对饲料配方的要求：配方折算成每批投料量后，低于配料秤最小称量时，该种原料就应采用手加料口投料，例如添加剂预混料。如果配方折算后，数值不符合配料秤计量显示分度值要求，则应该对配方进行圆整，即修订。饲料配方对配料质量的影响：由于配料秤显示分度值的影响、喂料器供料速度等，每个配比产生的计量误差就有所不同，因而会产生个别上仓原料消耗量高于配方理论数值，而个别原料消耗量低于配方理论数值。配料秤的影响：配料秤静态精度高，其动态精度也高。配料秤的响应速度对于电子配料秤，响应速度是指当称量值变化时，称量系统将此变化值反映出来的时间。时间越长，动态精度越难以保证。对于电子秤，响应速度是数显表采集称重值的频率，频率高，动态精度就可能高，配料秤灵敏度也高。

(三) 喂料器

喂料器的供料速度、慢加料方式、供料均匀性等会影响配料精度。供料越快，越难以控制配料质量。

(四) 饲料原料

原料流动性过强，调整喂料器供料量难度增加。生产中，甚至是停止喂料器工作，也有因为配料仓内物料压力而使原料向喂料器加料现象。

(五) 空中料柱

空中料柱是指从喂料器出口到物料重量被秤斗采集到之前这段空中物料。空中料柱的重量受以下因素影响。

(1) 喂料器到秤斗距离，距离越大，空中料柱越大。一般来说，配料秤所对应的配料仓越多，喂料器出口到秤斗的距离就越大。该误差不能被配料控制软件所修正。

(2) 物料容重，物料容重越大，空中料柱重量越大。

(3) 配料顺序，配料过程中，配比量小的原料如果先配料，秤斗底部与喂料器出口距离越大，空中料柱越大。

(4) 供料均匀性，喂料器供料不均匀，空中料柱很难被配料软件估算并加以及时修正。必须合理配置喂料器及其相应制造参数。

(5) 喂料器供料速度，供料速度越大，空中料柱越大。应合理设计慢加料方式，否则对配料质量影响很大。

(六) 配料系统设计

配料系统的自适应能力配料系统对物料、配方应该有一定的适应及调节能力。配料混合系统缓冲设施配料、混合系统间应设置压力缓冲系统，以避免物料对混合机的冲击及避免秤斗出现短时真空现象，最大限度保证配料精确度。

(七) 配料秤生产能力

配料秤一批物料的计量能力应与混合机一批混合量相同，或配料系统总生产能力应高于混合系统生产能力。

配料周期为在分批配料中完成一个完整配料过程 (包括进料、称重、排料) 所需的时间。一个配料周期包括所有原料加料和称重所消耗时间、秤斗开门和排料时间、关秤斗门时间。根据配料周期、配料秤每批配料产量。

目前采用卧式双轴桨叶式混合机，混合周期短，要求配料周期也要短，因此采用多仓数秤配料工艺，多个配料秤可以同时工作，提高配料速率，缩短了配料周期。

(八) 环境因素

影响配料系统精确度的饲料厂环境因素包括温度、湿度、振动、电磁干扰、粉尘等。其中温度、湿度是主要因素。由于温度变化，使导线电阻值变化，使传感器输入电压发生变化，影响传感器输出电压；数显表受温度变化而引起放大器工作点发生变化，产生零点漂移和放大倍数变化，影响显示值的准确性；潮湿使导线绝缘性变劣，潮湿引起电器元件的变化等都可能会影响传感器、数显表及计算机系统工作状态。

六、配料的分配设备

分配设备的作用是将不同的饲用原料分配到指定的配料仓，常见的设备有分配螺旋输送机和分配器两种。

分配螺旋输送机通过插板或电磁阀与排成一列直线的配料仓顶部相通。当要求将原料送入某号配料仓时，打开该号仓顶的插板或电磁阀门而关闭其余插板或阀门。但最末位的配料仓上不设闸门，以免螺旋机所带残料堵塞。此种分配设备的优点是安装高度低，一般只需2 m高，可节省厂房土建投资。缺点是螺旋内和闸门上部空间易积存物料而造成交叉污染，其次是每列配料仓要配置一台螺旋输送机，配料仓位的配置会受到限制。

饲料厂常用的分配器有三通阀、摆动分配器与旋转分配器等几种。

(一) 三通阀

三通阀 (图4-11) 可将输送来的物流自流下落至两个配料仓中的任一个仓体内。两溜管间的夹角为60° 或45° ，有手动及电动两种形式。电动三通阀是由电机经减速器带动阀门板及撞块转动，转至预定角度后由撞块控制行程开关，使电机停转。阀门板位置变换就改变了物流的方向，阀门板可做正反两个方向的转动。

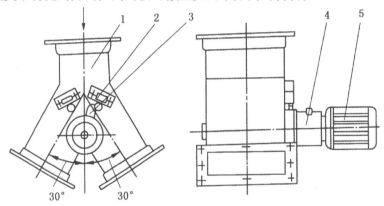

1.壳体；2.行程开关；3.撞块；4.减速器；5.电机
图4-11电动三通阀结构

(二) 摆动分配器

摆动分配器见图4-12，采用电动推杆与连杆等构成的四杆机构，带动分配管 (活动溜管) 运动。当分配管到达预定的仓号位置上时，通过分配管上的磁铁使相应位置上的干簧管信号线路接通，指令电动推杆停转，从而实现了分配管定位于预定仓号位的固定溜管上。摆动分配器的优点是：既可垂直安装，亦可倾斜安装，用于一行排列的配料仓比较方便。其次采用了无触点式的干簧管做限位开关，控制可靠。缺点是受物料自流角的限制，一般只能做到6个工位。

(三) 旋转分配器

旋转分配器见图4-13，从提升机输送来的物料，通过旋转分配器的旋转溜管和若干个固定溜管中的设定溜管自动流入设定配料仓位。旋转分配器采用步进电机或普通电机驱动传动机构带动旋转溜管转动，靠波段开关或琴键开关预选仓位，靠传动轮与行程开关定位并给出位置信号。

　　旋转分配器的结构紧凑，定位准确，稳定可靠，重复性好。根据工艺需要可做成4工位、6工位、8工位、10工位、12工位、14工位和16工位的分配器。其适应性好，多用于多行排列的配料仓。缺点是需要较大的高度空间，旋转分配器必须安装在配料仓群中心的上方，并保证有足够的溜管倾斜角。根据物料品种不同，倾斜角为45°～60°。

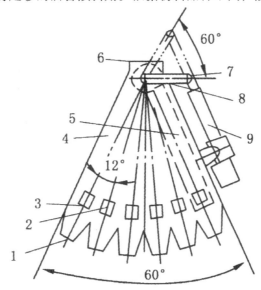

　　1.出口；2.干簧管；3.观察门；4.壳体；5.分配管；6.进口；7.连杆；8.轴；9.电动推杆

图4-12　摆动式分配器

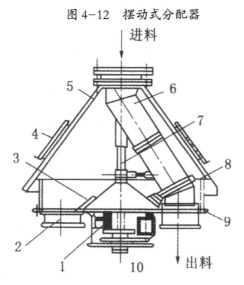

　　1.自动定位机构；2.固定溜管接头；3.限位机构检查窗；4.固定溜管接头；5.外壳；6.旋转溜管；7.传动机构；8.磁铁；9.筒体；10.电机

图4-13　旋转分配器

七、配料仓及其防结拱

配料仓是清理粉碎工段至配料混合工段的中间料仓。其功能是储存各种饲用原料使配合饲料生产得以协调、连续地进行。

料仓内的粉体整体流动饲料粉体在配料仓内的重力流动有整体流动与漏斗流动两类。整体流（或称群流）的特点是符合"先进先出"的原则，即先进仓的粉体先流出去。整体流时所有物料都沿斗仓壁而运动，批次之间、料层之间不产生交流错位，物流不发生偏析或倾泻、结拱或抽心，整体流如水流那样均匀地下落排出。整体流的物料是充分脱气并结构致密，故其排速一定快速且不残留粉体。整体流动适合于粉体的连续过程，适于处理经时间会发生变化的产品。显然这两点正是配料仓和其他饲料企业用料仓设计与建造时所要求的。反之，如果料仓内粉体的流动区域呈漏斗状、其余区域内的粉体停滞不动或物流顺序紊乱，引起"先进后出"的称漏斗流（或称部分流）。漏斗流不仅减少了料仓的有效仓容，会引起偏析和抽心现象，还会因容重变化和储存时间较长而使物料结块，易突然涌动流出、塌落或结拱，令操作控制困难，甚至不能工作。故漏斗流是料仓在过程中的一种故障现象。

为描述和量化粉体在料仓内流动性，许多粉体工程学者做了大量的试验研究。1961年付诸实用的 Jenike 理论认为，粉体在料仓中发生闭塞（结拱和抽心）现象，是因为粉体层受到压缩而引起的。概而言之，可以把闭塞看成是由于粉体的自由表层的抗弯抗剪强度大于其所承受的应力所致。即当强度大于应力时。物料不会塌落，当然也就不会发生流动量设计的方法与理论。流动性参数包括：粉体的内摩擦角、有效内摩擦角、仓壁摩擦角、容积密度、开放屈服强度、可压缩性因素和透气性因素等。此外，斗仓的倾角（或半顶角）、卸料1：1的形状与尺寸以及斗仓与给料器的连接等，也是影响粉体流动性的重要参数。

料仓的形状是料仓由仓体与斗仓组成。斗仓及其卸料1：1的结构形状与尺寸的合理确定，对保证物料整体流和防止物料结拱具有决定性的意义。对称斗仓的对称两边的物料向中间挤压，易阻塞。但对称斗仓的高度小、易制作，可用于流动性好的物料。非对称斗仓不易阻塞结拱，在斗仓倾角相同时，非对称斗仓要求较高的高度。凿形斗仓又称作楔形斗仓，是 Jenike 提出的典型整体流斗仓，可避免物料的抽心（结管），其卸料口断面呈长条矩形，矩形长边与仓体或斗仓的直径相等。实际上，常采用改良式楔形斗，相应缩短卸料口的长度，给应用带来了方便。曲线斗仓将斗仓的一个、两个或四个侧面做成由水平直线为无线构成的曲面（有指数曲线或双曲线曲面），其余侧面仍为平面而组成的斗仓，称为曲线斗仓。但由于四个侧面全部制作成曲面的工艺复杂，一般采用一个或两个侧面为曲线的斗仓即可。并且可以采用多段折线代替曲线以简化制作，实践证明，设计合理的两侧指数曲线斗仓，储料到结拱的时间可长达三昼夜。曲线斗仓可以有效防止结拱的原因是：斗仓横截面积的收缩率均一适当，使物料流下落的速度与阻力恒定而不至于发生堵塞结拱。二次斗仓又称二次扩大斗仓，原理是在斗仓最易结拱处突然将斗仓的断面扩大，使此处物料压力大减而呈松散状态，从而避免结拱。二次斗仓应用颇多，它还可以作为改造已建不良斗仓的有效措施，但应注意：一是与进口较小的叶轮给料器匹配时，应同时更换给料器。二是二次斗仓上缘应在斗仓最易结拱的高度附近。三是二次斗仓的边长 b 与一次斗仓边长 a 的比值要恰当：当 a 小于 350 mm 时，取

6/a=1.6；当 a 为 350～550 mm 时，取 6/a=1.3；当 a 大于 750 mm 时，取 6/a=1.1。鼻形斗仓一侧仓壁突出，使突出部下面靠近出口的物料呈松散状态而避免结拱。配料仓中应用很少。

斗仓倾角口：即斗壁与水平面的夹角，或斗仓壁曲线各点的切线与水平面的夹角。倾角应大于仓内物料的自然坡角口5°～15°。根据我国的实际经验，口的取值，对粒料取45°～55°，对粉料取65°～75°。对矩形或方形斗仓，则应以斗仓邻壁焊接棱角的倾角值为准。卸料口的位置与形状：卸料口的位置有居中、侧边和角部三种。卸料口的形状有圆形、方形和矩形等。侧边或角部卸料可在一定程度上破坏料流的对称性，因而有利于防止结拱。以卸料性能论，方形卸料口较圆形卸料口优越；条形（长矩形）最好，目前应用最广。饲料厂中，麸皮、秸秆粉、米糠和鱼粉等的内摩擦系数都很高，卸料口的最短边尺寸或最小直径均采用较大值，一般不小于200 mm。

配料仓容积的确定配料仓的容积应根据保证配料可正常连续协调进行而定。仓容过小，会造成生产节奏的混乱或中断；仓容过大，则会使设备和基建投资增加、料仓结拱堵塞的危险加大。

配料仓的总仓容：大中型饲料厂可按工作6～8 h 的储存量计，小型饲料厂则按工作4 h 的储存量计算。

配料仓的个数依配料品种数而定，并要增设一些备用仓。年单班产5 000 t 饲料厂一般设8～10个配料仓，1万 t 饲料厂一般设10～12个配料仓，2万 t 饲料厂一般设12～16个配料仓，4万 t 饲料厂一般设20～24个配料仓等。

为土建和制作方便，配料仓的尺寸以一致为佳，大配比的物料可用2～3个配料仓。但由于各种配料配比相差悬殊、用量相差很大，也有的饲料厂使用两种尺寸或更多尺寸规格的配料仓。

防止结拱的措施是妨碍配料仓内粉体物料卸出的粉体拱，主要是静态拱（俗称架桥），其中又以压缩拱最常见。压缩拱是粉体受仓内物料自重压力的作用，使其固结强度增加而成拱。防止结拱的措施有三类：改善斗仓的几何形状，降低粉体压力和减小仓壁的摩擦阻力。常用简便而有效的配料仓防拱措施有以下几种：增大斗仓卸料口尺寸，尽可能采用条形卸料口。增大斗仓壁倾角，使斗仓壁尽可能陡峭而光滑。采用非对称斗仓、曲线斗仓或和偏心卸料口。改善仓壁材料或仓内壁刷涂环氧树脂等光滑材料，以增强粉体的流动性能。减小仓体高度，采用浅仓以降低粉体压力。配料仓内嵌入改流体可改善物料的流动性。在仓体和斗仓的过渡区域附近设置大的改流体，可造成粉体的整体流动。在卸料口上方附近嵌入的改流体，可有利于消除结拱和抽心。实践证明，正确地设置改流体是降低配料压力和防止结拱堵塞的有效措施。在必要时，可采用振动、气力或螺旋搅拌等强制性破拱设施。

八、配料料位指示器及秤斗的给料器

料位指示器（简称料位器）是用来显示配料仓内物料的位置（满仓、空仓或某一高度的料位）的一种监控传感元件。当斗式提升机将配料仓装满时，上料位器即发出信号，使操作员（或自动）及时调换仓号或停止装料。当配料仓卸空时，下料位器即发出空仓信号或声光警报，使操作员（或自动）迅速采取加料或关闭后续设备的措施，保证生产过程连续运行或停机。若上、下料位器与斗式提升机或其他进料机用继电器相连，即可做到空仓时自动控制进料机进料，满仓时自动停止进料。

料位器依工作原理分有机械式和电测式两类。我国饲料工业当前使用的料位器有叶轮（片）式、阻旋式、薄膜式、电容式、电阻式及感应式等。电容感应式料位器（图4-14）是一种集成电路产品，它借助于电容式接近开关的工作原理，由高频振荡器和放大器组成。它由料位器端面与大地间构成一个电容器，参与振荡回路工作。当仓内的物料接近料位器端面时，回路的电容量发生变化，使高频振荡减弱或停振。振荡器的振荡与停振这两个信号经整形，由放大器转换成开关信号，表示"有"料和"无"料。通过继电器触点可以给出信号指示及进入相关设备连锁。

为避免料位器端面黏结物料、影响输出信号的准确性，可在仓壁上安装一块有机玻璃，使仓内物料不直接接触料位器端面，以提高料位器的可靠性。电容感应式料位器具有电压范围宽、抗干扰能力强、使用寿命长、价格便宜和安装调试方便等优点，在饲料工业生产中应用越来越广，大有取代其他形式料位器的趋势。

由配料仓卸料或向配料秤秤斗给料需采用给料器。饲料工厂中最常用的配料给料器是螺旋式给料器（图4-15）。

螺旋式给料器由动力传动装置、进料口、料槽、给料螺旋体、出料口及机壳等构成。传动装置一般采用三角皮带传动或采用双速电机、变频电机传动。要求是可变速以实现快慢速给料，制动迅速以提高给料量的精确性，并且结构紧凑、便于自动控制。故现代饲料厂多采用双速电机传动或变频电机传动，以提高配料的准确度。

螺旋体的螺旋叶片可根据进料和输料的工艺要求，在进料口下方的进料段上，采用叶片直径由小到大的形式（称变径螺旋），或螺距由小到大的形式（称变距螺旋）。可使进料口宽度方向均匀落料，避免堵塞或架空，使给料均匀连续。螺旋体的输送段则仍采用等距等径的螺旋，但其输送能力应不低于进料段末端的输送能力。为了防止配料仓内物料自动流经给料器进入秤斗，螺旋输送段的长度不得小于螺距的1.5倍。

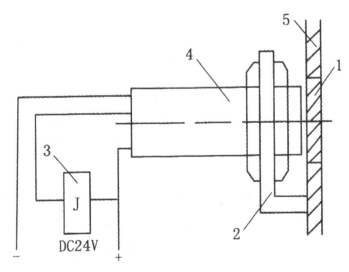

1. 有机玻璃；2. 支架；3. 继电器；4. 料位器；5. 料仓壁

图4-14　直流 NPN 三线制电容感应式料

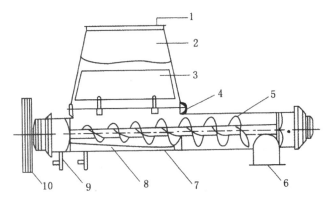

1. 进料口；2. 连接管；3. 减压板；4. 机壳（槽）；5. 螺旋体；6. 出料口；7. 检查门；
8. 衬板；9. 电机架；10. 三角带轮

图 4-15　螺旋式给料器

九、保证配料质量措施

配料工艺科学合理，尽量降低静态误差配料工艺流程设计及设备选型合理，应尽量降低配料误差。采用多仓数秤工艺，大小秤配置，以保证配比量小的原料配料精确度。定期检定配料秤。配料系统应有较高的数字采集频率，一般来说，每秒至少采集称量值4次。

饲料配方设计中应考虑配料工艺流程配方设计科学、符合配料工艺要求，以尽量降低配料误差。配料工艺不同、配料秤配置不同，配方中配比所引起的误差不同。

配料顺序合理根据原料配比、容重等，设计合理的配料顺序。一般来说，按照配比量应由量大到量小，按照容重，容重应由小到大。配料顺序以配比量为主，在此基础上考虑容重。对于容重大、配比量小的原料，考虑实现将几种原料加工成混合料然后上仓，或者通过手加料口投料。

喂料器供料速度适当喂料器供料速度影响配料周期，但配料过快，配料质量差。为解决这一问题，目前多数采用变频调速供料。当配料接近终点时，喂料器输入电流频率自动调整到 10 Hz，而配料开始则以正常 50 Hz 电流频率。可保证降低配料周期，保证配料精度。

配料系统设计科学、合理在设备布局上，尽量缩短喂料器出料 1∶1 与秤斗之间的距离，以降低空中料柱；选用优质配料软件并正确设置，提高配料精度；在配料、混合之间设置压力平衡系统，降低压力不平衡引起的配料误差；设备选型上，应尽量提高配料秤的精度。

第二节　饲料的混合加工

混合加工是在饲料生产过程中，将各种饲料原料按配方中所要求的比例，经计量配料后，并在外力作用下，各种成分的颗粒组成的混合物重新配置，使之均匀分布的过程。它是保证配合饲料质量的很重要的一道工序。饲料混合加工的主要目的是将按配方比例要求配合在一起的各种饲料原料组分搅拌混合均匀，使动物能采食到符合配方比例要求的各种饲料组分。饲料混合机是完成这一重要工序的关键设备。因此，完成混合的饲料混合设备是配合饲料厂的关键设备之一，在饲料工厂中，混合设备的生产能力决定了饲料工厂的生产规模。

一、混合原理

混合的原理是在外力作用下，使由多种物料所组成的混合物中的各种成分颗粒均匀分布的过程。研究表明，在混合过程中，随着混合时间的增加，混合程度和混合效果会迅速提高，达到最佳混合均匀状态，此状态称为"动力学平衡状态"，此时若继续再延长混合时间，就会有分离的倾向，混合的均匀度反而会降低，这种现象称之为过度混合，混合效果变差。所以对于不同配比的物料，不同的混合机都有其不同的最佳混合时间，在达到最佳混合状态之前，必须将混合物从混合机中卸出。物料在混合机中的混合方式有多种。

(一) 对流混合

对流混合是许多成团的物料颗粒从一处移向另一处，而另一群物料颗粒做相向移动，使这两群物料之间形成相对流动，在对流中进行相互渗透变位从而进行混合。

(二) 扩散混合

扩散混合是混合物料中的各个颗粒之间由于压缩作用、吸附作用或由于表面带静电所引起的相吸或相斥作用，而引起的各个颗粒之间的相对移动，这种移动类似于流体分子的扩散过程，它是无序的。

(三) 剪切混合

剪切混合是混合物料在工作部件施加外力的作用下，彼此之间形成许多相对滑动的剪切面而产生的混合作用。

(四) 冲击混合

冲击混合是混合物料与机器壳体碰击时，所造成的单个物料的分散，从而所形成的混合。

(五) 粉碎混合

粉碎混合是物料颗粒由于变形或搓碎，所产生的混合。

这几种混合方式在混合过程中是同时存在的，但前三种是起主要混合作用的，为此，根据不同的混合原理设计了不同类型的饲料混合机。但对于不同结构形式的饲料混合机以及随混合时间的不同，每种混合方式所起的作用程度是不一样的。

混合工艺可分为分批混合和连续混合两种。

(1) 分批混合工艺。分批混合工艺就是将各种混合组分根据配方的比例要求混合在一起，并将它们送入周期性工作的"批量混合机"分批进行混合。混合机的进料、混合与卸料三个工作过程不能同时进行。三个工作过程组成一个完整的混合周期。混合一个周期，即生产出一个批次的混合好的饲料，这就是分批混合。分批混合工艺的特点是：这种混合方式改换配方比较方便，各批之间的相互混杂也较少，同时可以方便地控制混合均匀度，物料残留少，是目前普遍应用的一种混合工艺。但它的操作相对比较频繁，因此大多采用电脑程序自动控制。

（2）分批混合工艺。连续混合工艺是将各种饲料组分同时分别地连续计量，并按比例配合成一股含有各种组分的物料流，当这股物料流进入连续混合机后，则被连续混合机连续混合而成一股均匀的混合好的物料流。

连续混合工艺的特点是：可以连续地进行生产，容易与粉碎及制粒等前后工序相互衔接，生产时操作比较简单。但是，连续混合机是边进料、边混合、边出料，其混合均匀度较差，只用在单一品种饲料的混合加工（如用在部分牛饲料加工工艺中）。

二、分批混合工艺流程

常用分批混合工艺流程见图4-16。它以混合机为主体，上盖进料口有3个，分别与大、小配料秤的出料口和人工添加剂预混料投料口相连，旁侧有油脂和其他液体原料的添加管道接口，混合机下面有出料缓冲仓，减缓混合后的瞬时物料流量对刮板输送机和斗式提升机的冲击。

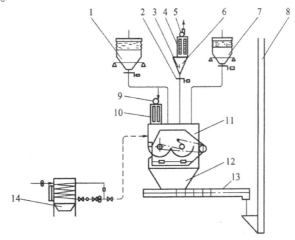

1. 大配料秤；2. 气动闸门；3. 料位器；4. 布袋式脉冲除尘器；5. 风机；6. 人工添料斗；7. 小配料秤；8. 斗式提升机；9. 风机；10. 布袋式脉冲除尘器；11. 双轴桨叶式高效混合机；12. 缓冲仓；13. 刮板输送机；14. 油脂添加系统

图4-16　混合工艺流程

各类主要原料经配料计量后进入混合机，配方比例较小的和不宜进仓的原料经人工称重后由人工添加口加入混合机。

大型混合机的顶盖上配有独立除尘系统，使混合机始终处于负压状态下工作，消除混合机混合时产生的正压，从而免除了对配料称重精度产生影响。除尘的细粉同时又回到混合机内部，避免灰尘外溢。对于中小型混合机只要求设计气流平衡管，以沟通配料秤与混合机，使装卸料时产生的气流往返于混合机与秤斗之间。也有在混合机顶上开一个敞开的孔洞，安装布袋，使气流直接外排，这样就可以消除对配料精度产生的影响。现在最新设计的秤斗与混合机之间采用软连接，采用双闸门结构，把混合机产生的气流与秤斗完全隔开，减少对配料的精度影响。混合机下设的缓冲仓的容量要比混合机大10%左右。

三、混合设备配置及种类

混合工艺设备配置主要是混合机。

（一）混合机的分类

（1）按机器主轴布置形式，混合机可分为工作主轴为水平设置的卧式混合机和工作主轴为垂直设置的立式混合机。卧式混合机混合周期短，残留量少，混合质量好，所以在饲料厂使用较多。立式混合机结构简单，使用方便，但混合时间较长，残留量较多，大中型饲料厂不用。

（2）按工作部件的不同，混合机可分为螺旋式混合机、桨叶式混合机和转筒式混合机等。

（3）按作业方式的不同，混合机可分为分批式混合机和连续式混合机。

（二）对混合机的技术要求

（1）混合均匀度高。国家相关标准规定预混合饲料和浓缩饲料 CV ≤ 7%，配合饲料 CV ≤ 10%。

（2）最佳混合时间要短，进料、卸料快，生产效率高。

（3）卸料时机内饲料残留要低，避免交叉污染。每批饲料残留率不超过 0.2%。

（4）混合机卸料门要灵敏、可靠、动作准确、不漏料。

（5）结构简单，便于检视取样和清理，操作维修、保养方便。

（6）应有足够大的生产容量，以便和整个机组的生产率配套。

（7）应有足够的动力配套，以便在全载荷时可以启动。在保证混合质量的前提下，尽量降低能耗。

卧式螺带混合机也称卧式环带式混合机，该混合机混合快，生产效率高，混合质量好，卸料快，残留少，适应能力强，对混合稀释比较大的情况及散落性差、黏附力大的物料，混合效果都比较好，而且必要时还可添加一定量的液体饲料进行混合，所以在饲料厂中应用较广，是早期饲料厂的主流分批式混合机。

基本构造图如 4-17 所示，主要由机体、转子、进料口、出料口及传动机构等组成。

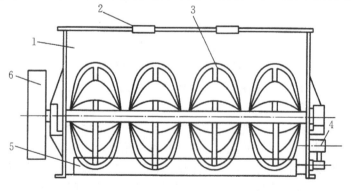

1.机体；2.进料口；3.螺带；4.卸料门控制机构；5.卸料门；6.传动链轮

图 4-17　卧式螺带混合机

1. 机体

卧式螺带混合机的机体外壳一般由普通钢板或不锈钢钢板制造而成。在 U 形机体外壳两端设有端板，进料口设在机体的上盖板上，一般的混合机设有 2 ~ 3 个进料口，主料进口 1 ~ 2 个，辅料进口 1 个。

2. 转子

转子是卧式螺带混合机的主要工作部件，它由主轴、螺带（由普通扁钢或不锈扁钢制成的螺旋叶片）及支承杆组成。支承杆固定在主轴上，支承杆外端与螺带焊接。为了提高混合能力，混合机采用双层螺带，内螺带、外螺带分别为左旋和右旋，为保证内、外螺带有相等的排料能力，内螺带的宽度应大于外螺带的宽度。外螺带将物料由一端推送至另一端，而内螺带推送物料的方向与外螺带相反，外层螺带与机壳之间的间隙一般不大于 5 mm，因为此间隙的大小影响混合机混合质量及排料残留量。特别是加工预混合饲料的混合机，此间隙一般小于 2 mm，能减少各批饲料间的相互影响。

3. 出料口

出料口设置在机体的底部，卸料门的形式有端部或中部小开门排料和全长大开门排料两种。它的卸料门有手动控制、电动控制和气动控制三种，一般小型混合机常采用小开门手动控制，大、中型混合机采用大开门电动或气动控制。采用全长大开门排料，卸料门较长，所以对卸料门的强度要求高、密封性要好，否则工作一段时间后，料门易发生变形造成关闭不严，使物料外漏，影响混合效果，但这种形式的卸料门，排料速度快、物料残留少。卸料门的开闭状态，通过行程开关把信号反馈给电脑配料系统，进行配料与混合工序的联动自动控制。

4. 传动机构

混合机的传动部分主要由电动机、减速器等组成。电动机通过减速器减速后，经过链传动带动主轴运动。卧式螺带混合机的工作过程在工作时，螺带随主轴转动，按配方比例经计量后的多种物料按一定顺序进入混合机，在螺带的推动下进行混合，外螺带将物料从一端推向另一端，内螺带则推动物料向与外螺带推动物料方向相反的方向运动，里层物料被推到一侧后由里向外翻滚，外层物料被推到另一侧后由外向里翻滚。物料在混合机内不断地翻滚、对流，相互渗透，从而对物料进行混合，这样反复进行多次，使物料达到均匀的混合，最后将混合均匀的物料从出料口卸出。这种混合机以对流混合为主，混合周期一般为 4 ~ 6 min/ 批，混合均匀度变异系数 CV ≤ 10%。

四、卧式双轴桨叶混合机

卧式双轴桨叶混合机是一种新型高效混合机，它具有适应范围广、混合快、混合效果好、精度高的优点，在大型饲料厂中应用很广。

这种混合机的特点是混合快，混合方式为对流、剪切、扩散的综合方式，混合周期一般为 30 ~ 120 s/ 批。混合均匀度高，混合均匀度变异系数 CV ≤ 5%。混合均匀度受物料特性的影响很小，自动分级弱。对物料的适用性好，能混合黏性物料，液体添加量范围大，添加量最大可达 20%，油脂添加量可达 10%，原料仍可混合均匀。混合均匀度受物料充满系数的影响小，充满系数为 0.4 ~ 1。

卧式双轴桨叶混合机的基本构造，主要由机体、转子、卸料门控制机构、传动机构及液体添加系统组成。

(1) 机体，卧式双轴桨叶混合机的机体为双槽形，其截面形状为 W 形，材料为普通钢板或不锈钢钢板。W 形机槽两侧底部分别开有出料口。机体顶部的盖板上设有进料口、排气口、观察口等。

(2) 转子，卧式双轴桨叶混合机的机体内有速度相同但旋转方向相反的同步运行的两个转子转子由空心轴、撑杆和多组桨叶组成。每组桨叶有两个桨叶叶片，每个桨叶叶片都以 45° 的角度安装在轴上，其中有一根轴上的最右端的桨叶片和另一根轴上的最左端的桨叶叶片的安装角度小于 45°，目的是使物料在这两处获得更大的抛幅，获得更大的径向速度而以较快的速度进入另一转子作用区，同时两轴上的桨叶是沿轴向对应错开安装的，两主轴安装的中心距小于两主轴上桨叶长度之和，这样就使两转子上的桨叶在机体中线附近形成交叉重叠区域。

(3) 平衡管，混合机要求设有气流平衡管，以沟通配料秤与混合机，使装卸料时产生的气流往返于混合机与秤斗之间，这样就可以消除混合排料时对配料精度的影响。另外混合机与缓冲仓之间也设有气流平衡管。

(4) 液体添加系统，卧式双轴桨叶混合机在进行固液混合时，可根据工作需要安装液体添加系统。液体添加系统主要由管道、喷嘴等组成，一般安装在机体的顶部，一台机器可有 5~8 个喷嘴均匀地分布在机壳全长上。

工作过程工作时，电动机通过减速器及链条 (或齿轮) 带动该机上的两个主轴以相同的速度相反转动，以一定角度安装在两个轴上的桨叶将物料抛撒到机槽内的整个空间做轴向流动进行对流混合；桨叶一方面带动物料沿机槽内壁做周向旋转进行剪切混合，另一方面物料受桨叶左右翻动抛撒，在两转子的交叉重叠处形成失重区进行扩散混合，在此区域内，无论物料的形状、大小和密度如何，都能上浮处于瞬间失重状态，从而使物料在机槽内形成全方位的连续对流、扩散和相互交错剪切，达到快速、柔和地混合均匀的效果。进行固液混合时，液体可通过液体添加系统由喷嘴雾化后喷入。机内物料颗粒在桨叶的作用下，既有圆周运动，又有轴向运动；依据物料混合运动状态，有对流混合、剪切混合和扩散混合。

卧式双轴桨叶混合机的规格型号卧式双轴桨叶混合机的规格型号，目前国内该系列最大的混合机混合量为 6 t/批，适合生产量大的饲料加工企业。

五、单轴桨叶式高效混合机

(一) 单轴桨叶式高效混合机构造

(1) 机体，机体呈 U 形，两侧开有检修闷，维修、调试更加方便。检修门设有行程开关，确保检修或清理时人身安全。机体外侧有管，用于混合机与出料缓冲仓之间的气流平衡。机体材质由碳钢或不锈钢制作。

(2) 转子，转子由轴和桨叶组成，内外桨叶将物料向不同的方向搅动，使物料产生剪切和对流作用，以达到混合均匀的目的。采用可调式桨叶结构，调整桨叶与机体间隙，提高桨叶使用寿命，减少物料残留。

(3) 卸料门，底部全长开门，排料迅速，卸料门框周围装有密封条，门关紧时，卸料门紧压密封条，并配关门锁紧机构，使机内物料不致漏出。

（4）液体添加，液体添加由管道、喷嘴等组成，液体通过喷嘴呈扇形喷出，机内全长有数个喷头均匀分布，确保液体添加均匀。

（二）适用范围与性能特点

（1）适用范围，单轴桨叶高效混合机适用于饲料、食品、化工、医药、农药等行业中，粉状、颗粒状、片状、块状、杂状及黏稠状物料的混合，使混合物的组成成分分布均匀，确保混合物料的质量。

（2）性能特点，单轴桨叶混合机为分批式混合机，混合均匀度高，CV ≤ 5%，混合时间短，生产效率高。混合时间 60 ~ 120 s。全方位一侧进料及两侧泄压孔使工艺布置更合理；桨叶与机槽间隙可调，减少残留（残留率不超过0.1%），防止交叉污染；检修门合理布置，方便检修及清理；可添加水、油等多种液体；底部开门有气动卸料门等形式，并可配气密封，避免细料泄漏。

六、卧式桨叶连续混合机

卧式桨叶连续混合机的构造如图4-18所示，主要由机壳、转轴、桨叶、进出料口、电动机及传动机构等组成。转轴沿轴向安有三段不同的搅拌叶片，第一段在进料口下方，为进料段，此处转轴上安装的是螺旋叶片，主要作用是快速、均匀地推运物料进入机体；第二段为混合段，轴上安装的是多个按螺旋线排列的窄桨叶，窄桨叶作用是降低物料的轴向推进速度，加大横向搅拌、混合的作用，桨叶的安装角度一般为45°，并可调；第三段为物料出口段，轴上安装的是6个宽桨叶，在继续搅拌混合的同时，加大轴向推进力度，加快出料。工作时，按配方要求计量好的物料连续地由进料口通过螺旋叶片进入混合机，在螺旋形排列的窄桨叶搅拌、混合及推动下，一面混合一面沿轴向向出料口运动，在物料出口段，在宽桨叶的作用下，物料一面混合一面迅速推向出料口，由出料口排出。

卧式桨叶连续混合机具有结构简单、造价低优点；但它混合时间较长，混合质量较差，物料残留较多。

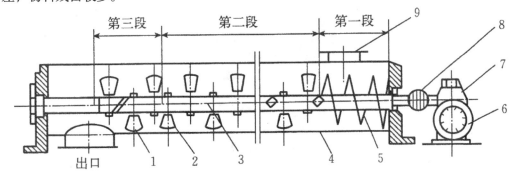

1. 宽桨叶；2. 窄桨叶；3. 转轴；4. 机壳；5. 螺旋叶片；6. 电动机；7. 减速器；8. 联轴器；9. 进料口

图4-18　卧式桨叶连续混合机

七、立式行星锥形混合机

立式行星锥形混合机是一种新型、高效、高精度的混合设备。该机的特点是占地面积小、成本低、对混合物的适应性强；对热敏性物料不会产生过热现象；对颗粒物料不会压馈和磨碎；对密度悬殊和粒度不同的物料组成的混合不会发生分层离析现象；对粗粒、细粒和超细粒等各种颗粒、纤维或片状物料的混合也有较好的适应性。机内残留小，还可以添加液体，物料特性和充满程度对混合效果影响较小。

立式行星锥形混合机（图4-19）主要由圆锥形筒体、筒盖，以及工作部件螺旋、电动机、减速器、传动部分、出料阀等部分组成。

（1）筒体，筒体为锥形结构，承载物料，可使出料迅速、干净，无积料，无出料死角。

（2）筒盖，筒盖支承着整个传动部分，传动部分用螺栓固定在筒盖上，筒盖上设有若干孔供进料、观察、清洗、维修用。

（3）螺旋，两螺旋采用的是非对称的，做自转和公转行星运动时，可以使物料搅拌、翻动范围大，混合更均匀，混合快。对密度悬殊、混配比较大的物料的混合更为合适。

（4）传动部分，将电动机的运动，经双级双出轴摆线针轮减速器（或由自转电机和公转电机的运动，通过蜗杆、蜗轮减速器）、传动分配箱、齿轮传动调整到合理的速度，然后传递给螺旋，使螺旋实现自转和公转两种运动。

（5）卸料门。卸料门安装在筒体底部，用于控制物料流出及放料（也可根据需要加装液体出料阀），该卸料门可分手动、气动、电动等多种结构形式。

（6）喷液装置。根据需要可设置喷液装置，由旋转接头和喷液部件组成。喷液部件用法兰固定在分配箱下端盖上，由转臂带动一起运转，旋转接头与喷液部件为活动连接，以便于旋转接头固定在管道上。

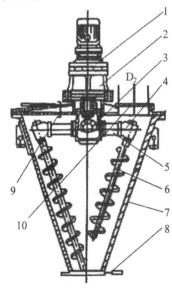

1.电动机；2.减速器；3.分配箱；4.传动头；5.转臂；6.螺旋轴；7.锥形筒体；8.出料阀；9.喷液装置；10.进料口

图4-19 DSH系列立式行星锥形混合机

混合机工作过程是电动机通过减速器输出自转、公转两种速度，经传动，形成两根螺旋轴的既自转又公转的行星式运转。当混合机筒体内的双螺旋以较高的速度自转时，螺旋将物料由筒底部向上提升，形成两股非对称的沿筒壁和机体中部自下向上的螺柱形物料流，同时，螺旋轴的公转运动，使物料沿锥筒做圆周运动，物料不同程度地进入螺柱包络体。螺旋的公转与自转的复合运动使一部分物料被错位提升，另一部分物料又被甩出螺柱，从而达到全圆周方位物料的不断扩散。被提升到机筒上部的物料在自身重力作用下，再向中心凹穴汇合，形成一股向下的物料流，补充了底部的空穴，从而形成对流循环。该机在物料的混合过程中，对流、剪切、扩散多种混合方式并存，物料在短时间内就可获得均匀混合，混合效率较高。需要混合的工作液体由旋转接头输入，经过管路、喷头、均匀喷洒在筒体中运动的物体内。该机结构较复杂、价格较高、批量生产较小，主要用在预混合饲料的生产中。

八、V形混合机

V形混合机该机具有结构简单、合理、操作方便、外表面和物料接触部分均采用优质不锈钢制造，使用、维护方便，混合无死角、不积料，混合速度快、效率高，混合效果佳等特点。多用于添加剂的稀释混合或预混合料的混合。

V形混合机的外观如图4-20所示。该机的电动机通过皮带传动、减速器、联轴器传给V形筒，使V形筒连续运转，带动筒内物料在筒内上、下、左、右进行混合。当混合机转动时，物料随V形筒运动，由于物料平面不同，有横向力的作用，推动物料进行横向运动，每转动一圈横向力使约25%的物料从一个筒流向另一个筒，这样物料沿横向进行剪切、扩散混合，同时粒子之间产生径向滑移，进行空间多次叠加，粒子不断分布在新产生的表面上，径向也有混合作用，这样反复地进行剪切、扩散、滑移运动，容器内的物料被多次分开与合并，从而达到均匀的混合效果。物料的充满系数对混合均匀度影响大，本机充满系数为0.3时，混合效果最佳。

V形混合机的特点：没有机械挤压和强烈磨损，能保持物料颗粒完整。桶体内外抛光，均设计成圆滑过渡，无死角，可避免物料交叉污染，出料口配用蝶阀，下料方便。本机还可根据用户需求加装强制搅拌装置、物料加湿系统、气体保护装置。

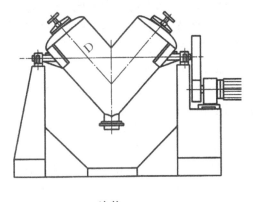

a. 结构　　　　　　　　　　　　　　b. 实物

图4-20　V形混合机

九、混合周期及管理

混合周期（mixing period）是在分批混合中，完成一个完整的混合过程（包括进料、混合、卸料）所需的时间。

每批饲料混合周期 T_z（单位：min）为 $T_z=T_r+T_j+T_x$

式中：T_r 为混合机进料时间（min），从配料秤卸料起，至秤斗门关闭止的时间；T_j 为设定的最佳混合时间（min），由秤斗门关闭起至混合机卸料门开启为止的时间；T_x 为卸料时间（min），卸料门开启至关闭完毕为止的时间，再加上混合停歇时间。

各种混合机由于设计结构和工作原理不同，混合物料的性质、容重、配比不同，各饲料企业的工艺设备配置不同，所以各种混合机的混合周期也有所不同，具体混合周期的确定应根据生产实际测定的混合均匀度变异系数 CV 值的变化曲线确定。饲料厂年单班生产能力自动化程度高的大中型饲料厂，饲料厂年单班生产能力以每日工作 8 h，每年生产 250 d 计算（扣除周六周日和法定节假日）。该方法适合饲料企业的规划设计、饲料行业统计核算等。大型饲料企业有多条生产线，要把各条生产线的时产能力合并计算；有 2~3 个班次生产的饲料企业，时产能力要乘以班次数。饲料企业的生产量是以销定产，如果销量大于生产能力，可以采用加班加时生产来增加产量。

饲料厂规模划分标准是按照我国商业行业标准《饲料厂工程设计规范》（SBJ 05—1993）划分的饲料厂生产规模。

小型：时产量 2.5 t/h，5 000 t/年班产；

中型：时产量 5~10 t/h，1 万~2 万 t/年班产；

大型：时产量 20~50 t/h 以上，4 万~10 万 t/年班产以上。

农业部第 1849 号公告《饲料生产企业许可条件》等相关规定：浓缩饲料、配合饲料、精料补充料生产企业生产能力不小于 10 t/h，专业加工幼畜禽饲料、种畜禽饲料、水产育苗料、特种饲料、宠物饲料的企业设计生产能力不小于 2.5 t/h；必须具有电脑控制配料混合系统。配料、混合工段采用计算机自动化控制系统，配料动态精度不大于 0.3%，静态精度不大于 0.1%；混合机的混合均匀度变异系数不大于 7%。

混合质量管理及其评价是饲料混合质量的好坏一般用饲料产品中各组分分布的均匀程度来评定，也就是平常所说的饲料混合均匀度。通常用来定量地表征混合均匀度的指标是混合均匀度变异系数（CV）。混合均匀度变异系数表示的是样本的标准差相对于平均值的偏离程度，它是一个相对值。混合均匀度变异系数越小，则混合均匀度越高。

混合质量对动物生产性能的影响。饲料混合均匀度偏差大，就会造成动物对某些营养成分的摄入过剩或不足。特别是某些微量组分，必须充分混合均匀，否则难以保证动物获得全面的营养，从而直接影响饲料利用率和动物生产性能。有关于饲料混合均匀度影响动物生产性能的研究很少，为确保动物在采食饲料时获得全面、足够的养分，生产中规定配合饲料的 CV ≤ 7%，预混合料的 CV ≤ 5%。饲料混合不均匀对幼小动物的影响更大，幼小动物采食量小，一旦饲料混合不均匀，某些微量组分就不能被摄入，从而引起一些养分缺乏，影响其生产性能。因此，生产此类饲料时，必须重视混合均匀度的检测，保证饲料混合均匀。混合均匀度对育肥动物的影响则相对较小，育肥动物采食量大，摄入各种养分的可能性亦大，所以，生产性能受饲料混合均匀度的影响相对较小。

饲料中主要的养分如蛋白质、钙、磷、赖氨酸及蛋氨酸达不到饲养标准的要求时，饲料混合不均匀对动物生产性能的影响更大。

十、影响混合质量的因素

混合过程是对流、扩散、剪切等混合作用与分离作用同时并存的一个过程，所以只要是影响这些作用的因素都会影响混合质量。

(一) 混合物料物理特性的影响

物料的物理特性主要是指物料的密度、粒度、表面的粗糙度、水分含量、散落性、结团的情况等。混合物料的密度差异较大时，则所需的混合时间就较长，混合的慢，而且混合后产生的分离现象也比较严重，最终的混合均匀度较低。所以在条件许可时，尽量选择密度相近的原料，特别是预混合料载体和稀释剂的选择，更应该注重这一点。混合物料的粒度越小越均匀，混合得越慢，混合所能达到的均匀度越高。当粒度不同的物料混合时，粒度的差异越大，则混合所能达到的精度越低，所以力求选用粒度相近的物料进行混合。物料表面的粗糙程度、水分含量、散落性等因素影响物料的流动性，物料的流动性影响混合质量。物料的流动性好，易于混合，但混合的均匀度不高，且易于分级。所以，混合接近完成前，添加黏性大的糖蜜、油脂等，以降低其散落性而减少分离作用。实践证明，混合物料之间的物理特性差异越小，混合质量越好，混合后越不易再度分离。但是，不同类型的混合机、不同的混合机转速对物料物理特性的敏感程度不一样。以对流混合为主的混合机，即使混合料之间的密度差异较大，仍可将物料混合均匀。

(二) 混合机机型的影响

混合机机型不同，混合方式不同，所产生的混合效果就不同，最终会影响混合质量。以对流作用为主的卧式混合机比以扩散为主的立式混合机在混合时间、混合质量以及残留等方面都具有优越性。特别是现在采用较多的双轴桨叶式混合机和单轴桨叶混合机，混合均匀度变异系数 CV ≤ 5%，混合时间为 30 ~ 120 s，混合时间短，混合质量好。另外，从混合机的结构上来说，设备要无死角、不飞扬、不漏料，各个部分要能保证产生良好的对流、扩散。因此，饲料混合时，选择合适类型的混合机是极其重要的。

(三) 操作的影响

操作对混合质量的影响主要反映在混合机的装满程度、混合时间、进料顺序等方面。

1. 混合机的装满程度

混合机的装满程度用充满系数 (装入物料的容积与混合机容积的比值) 来表示。适宜的装满程度是混合机正常工作，保证良好的混合效果的前提。实践证明，装满程度影响混合均匀度和混合速度，从而影响混合效果。装料过多，混合机会超负荷工作，影响机内物料的混合，进而造成混合质量下降；装料过少，则不能充分发挥混合机的效率，同时也会影响混合质量。一般混合机的充满系数在 0.4 ~ 1.0。

2. 混合时间对混合质量的影响

混合时间对混合质量有非常重要的影响，混合时间过短，物料在混合机中的混合不充分，混合质量差；混合时间过长，物料在混合机中被过度混合，反而造成分离，影响混合质量，并且能耗增加。所以混合物料时要控制好最佳的混合时间，既保证混合的均匀度高又保证时间短。混合时间的确定要根据饲料配方、配料混合工艺、通过生产过程定时取样测定饲料的混合均匀度，最终确定每种配方的饲料最佳混合时间。如卧式螺带混合机，它的混合作用以对流为主，所以这种混合机混合快、时间短，通常每批的混合时间为 3 ~ 5 min，双轴桨叶混合机每批的混合时间小于 2 min。对于立式螺旋混合机，混合作用以扩散为主，混合作用较慢，则需要的混合时间较长，一般为 15 min 左右。当然混合时间还与被混合的物料的物理特性、物料量等有关。

3. 进料顺序对混合质量的影响

进料顺序对混合质量有很大的影响，所以要按照合理的进料顺序来进料。为提高混合均匀度，减少物料的飞扬，物料进入混合机的顺序一般为先进配比量大的组分，后进配比量小的组分，防止微量组分落入混合机死角，造成混合不均。当混合物料中有易飞扬的少量或微量组分时，可将其进料顺序放于 80% 的大组分与 20% 剩余组分之间，既避免扬尘又保证混合均匀。在各种物料中，粒度大的先进料，而粒度小的则后进料。当物料的密度亦有较大差异时，一般是密度小的先进料，密度大的后进料。对于含量较小的微量组分（如添加剂），一般要先与载体进行预混合，然后才能与其他物料在混合机内进行混合。

十一、保证混合质量的措施

通过对影响混合质量因素的分析，饲料原料、混合机的类型、结构及技术参数以及混合机的使用和操作都会对饲料混合的质量产生影响。要保证饲料的混合质量，可采用以下几项措施。

制备添加剂预混合料饲料添加剂先进行预混合，可以更容易地使微量成分在全价配合饲料中均匀分布。添加剂预混合的目的就是在不影响微量成分均匀分布的前提下缩短全价配合饲料的混合周期。

选用结构及技术参数符合工艺要求的混合机尽可能选用最新的先进机型，具有混合时间短、均匀度高、残留量低等显著优点。

严格遵循操作顺序，注意物料添加的顺序配比量大的组分应先加或大部分加入机内，再将少量及微量组分加入。粒度大的物料一般先加，粒度小的后加，密度小的物料应先加，然后再加密度大的物料。此外，维生素 B_2 等组分产生静电效应而吸于机壁上，影响混合均匀度，混合机体应接地。

注意混合机的充满程度一般卧式螺带式混合机的充满系数为 0.6 ~ 0.8，双轴桨叶式混合机的充满系数为 0.4 ~ 1.0，分批立式混合机的充满系数为 0.8 ~ 0.85，连续式混合机的充满系数为 0.3 ~ 0.5。V 形混合机充满系数为 0.3 时，混合效果最佳。立式行星螺旋锥形混合机物料充满系数对其正常工作影响不明显。

控制好混合时间防止因混合时间太短造成混合不充分，还要避免因混合时间太长，引起过度混合，造成混合均匀的饲料分离。应根据不同的混合机型类型和物料组分物理特性，严格控制混合时间。混合时间以对流为主的卧式螺带式混合机，每批包括进料、卸料，一个混合周期为 3 ~ 6 min。双轴桨叶式混合机每批混合周期 1.5 ~ 3 min。立式混合机以扩散和对流共同作用，每批混合时间需 15 ~ 20 min，甚至更长。而立式行星螺旋锥形混合机进行预混合，混合周期一般控制在 12 min 左右。以扩散为主的分批滚筒式混合机，则要求更长的混合周期，其中以 V 形机混合速度为最高。

尽量减少混合后物料的输送和装卸混合后的物料使用气力输送，以使物料的分级尽可能地降至最小，尽量避免再度分离。如果能压制成颗粒饲料更好。

注意混合机的日常维护及保养定期给轴承及各活动轴连接处加润滑油，及时维修和更换损耗件 (特别是卸料门的密封条等)，保证混合机的正常工作。定期清除黏附在混合机叶片上的残留物，保证混合质量。

十二、饲料液体的添加

液体饲料是一种高能量、高营养的补充饲料，主要有油脂、糖蜜、酶制剂、微生态制剂、霉菌抑制剂、抗氧化剂、矿物质、维生素、氨基酸等。它的特点是用量少，易消化吸收，对动物的增重防病效果明显。

液体添加的作用是糖蜜、油脂等含有丰富的营养物质、矿物质和微量元素，添加到饲料当中，可以提高饲料的营养价值，增加能量，改善适口性，有利于提高动物的采食量和消化率，促进生长。另外，在制粒前添加适量的糖蜜、油脂能起到提高颗粒饲料的产量和质量的作用。因为适量的糖蜜、油脂能起到黏结、减磨、减少饲料生产过程中的粉尘以及防止饲料分级的作用。同时，还可以提高颗粒表面光洁度、硬度、耐久性和水中稳定性。再有，饲料中添加的糖蜜和油脂一般都是糖类和肉类加工的副产品或低质植物油脂，价格低廉，成本低，具有良好的经济效果。

液体添加量与添加工艺是液体饲料的添加可分前置添加和后置添加。前置添加是在混合机、调质器内添加，后置添加是在制粒机的环模外或冷却筛分后在饲料颗粒表面喷涂或真空液体喷涂。

油脂的添加情况是，一般预混合饲料添加 1% ~ 2%，畜禽全价配合饲料中油脂的添加量一般为 3% ~ 5%，鱼类饲料油脂的添加量会更高。

油脂的密度与黏度。油脂的密度随油脂种类的不同略有差异，常温下为 0.91 ~ 0.95。随着温度升高，油脂的密度会下降。油脂的黏度亦随油脂的种类不同而异，随温度的升高而降低，随温度降低而升高。

油脂的比热、导热系数和燃点。油脂的比热容在 37.8 ~ 65.0℃ 时大约为 2.092 kJ/ (kg·℃)。在 37.8 ~ 93.0℃ 时油脂的导热系数约为 0.591 6 kJ / (m·h·℃)。油脂的燃点为 148 ~ 260℃，因油脂的来源、种类的不同而不同。某些油脂的闪点在 148℃ 以下，加热处理上应谨慎或尽量不使用。

油脂在生产中的贮存与输送。生产中油脂储罐温度通常保持在 48℃ 左右，而进行输送、添加时则温度应高于 48℃。在几小时内大多数油脂可加热到 120℃ 而不会有损害。如果油脂的贮存时间超过 1 周，温度就不应超过 60℃。进行贮存则应尽可能保持低温，以保持油脂新鲜。

油脂贮存应避免过热和防止与水分接触。油脂的最佳贮存温度是 45 ~ 49℃。可在加热管上安装温度调节阀，来防止过热。油脂应保持 0.5% 以下的含水量，因为油脂水分从 0.5% 增加到 3%，油脂对设备和管道的腐蚀速率就增加 1 倍，油脂本身氧化速率也增加 1 倍。如油脂含水量超过 0.5%，就要在 24 h 内通过加热把多余的水分脱掉。

油脂输送多采用齿轮泵。为了确保油脂的流动性和添加效果，管路中油脂的温度应高于储罐中油脂的温度，通常为 85℃，这样的温度在中间加热罐中获得。

饲料中油脂添加量不超过 3% 的，可在混合机内添加，混合机中添加油脂时采用先加油后混合的工艺有利于提高饲料的混合均匀度。当前工艺要求，混合时间一般分干混、湿混两个时间，干混是为使一些预混料与大料预混合，避免油脂加入时粘在预混料上（进混合机，一般是量大的先进，预混料一般采用手投后下），湿混是加入油脂后的混合时间。油脂加入的位置应在混合机充分搅拌的地方，这样可以使油脂与饲料充分混合，以提高混合均匀度。为了避免饲料中出现脂肪球，油脂加入之前应预热，特别是在冬季。油脂的添加量如果超过 3%，会造成颗粒软化，甚至难以成形。这时可采用制粒后喷涂油脂的工艺，也就是后置添加。制粒后饲料颗粒表面油脂的喷涂，可使颗粒饲料表面形成一层保护薄膜，防止水的渗透，保持了颗粒饲料的硬度和在水中的稳定性。在加热的颗粒表面喷涂油脂有利于颗粒饲料的吸收，但油脂喷涂量必须严格控制，量过大会粘在搅拌输送器或溜管上，造成浪费且影响使用。油脂在调质器内的添加，由于调质时间短，油脂的添加量也不宜超过 3%。如果在调质器后安装一熟化器，物料便有足够的时间吸收添加的油脂，油脂的添加量可达 5%～8%。

油脂添加工艺是配合饲料中添加油脂的位置可有三处：混合机、制粒调质室和颗粒饲料表面喷涂机。在生产添加油脂的颗粒饲料时，一般以 1%～3% 添加量在混合机中加入油脂。如果超过 3%，会造成颗粒软化，甚至难以成形。对鱼饲料及其他经济动物饲料，油脂添加量超过 3% 的，其超过部分可在制粒后喷涂。图 4-21 所示为 93YT—50 型油脂添加装置工艺流程。油脂储罐容量可适当大些，可配备两个，便于定期轮流清理。其底部应呈倒锥形，用于排污；油脂出口应较排污口高 15～30 cm，以利于沉淀的污物从底部排出。顶部应装呼吸阀。罐体应能适度隔热，油脂在其中应能保持 48℃ 左右的温度。当油脂出料时，为避免储罐内有过多的水分凝结或形成真空，要采取强制通风措施。

中间油罐加热方式，可在罐内设置加热蛇形管或罐外夹套。前者能耗低，后者防水性好。为节省能源，仅在大储罐下部出料锥底部分设加热蛇形管亦可。加热蛇形管的最低点应离底部 15 cm 处，当离底板 20 cm 以上时，底部的油脂的溶解会有困难。

油脂输送管道应采取保温措施，必要时亦需增设加热管套，安装时要有一定倾角。中间加热罐及输油管中的油脂温度应高于储罐，即采用分段加热。凡是与油脂接触的设备、管道、仪器仪表的材料最好选用不锈钢，绝对禁止用铜材，因为铜离子能催化油脂氧化、酸败。

油脂在混合物料的添加量计量有如下四种方法。

（1）定容计量，容器中经加热的油脂由泵经喷嘴送入混合机。喷入量由容器液面浮标指示计量，误差较大。

（2）定量泵添加法，运用可变容量叶轮式旋转泵，通过调节叶轮轴在机壳内的偏心距来达到所需流量。国内也曾有人采用无级变速电机驱动齿轮泵，用改变转速来改变添加量。

（3）分批定时计量，因齿轮泵在单位时间内输出的液体量是恒定的，只要控制齿轮泵工作时间，即可控制油液的添加量。一般用时间控制器来控制齿轮泵驱动电机的启闭来实现油脂添加量的调节，国内目前多采用这种方式。

（4）重量计量，液体添加工艺与电子秤结合使用，使添加的液体作为一个组分参加配料，是近年来的发展方向。

十三、液体添加设备

油脂添加设备有储罐、加温装置、泵、过滤器、计量器、管道、阀门、喷嘴及电控柜等。

(一)93YT-50型油脂添加装置

该设备的油罐可以用电加热或用蒸汽加热，并用温度控制器控制油罐内油温。与配料电脑系统软件配合使用，采用流量计进行计量，当电脑控制混合机运转过程中，发出指令添加油脂，在齿轮泵的作用下，通过流量计把一定量的油脂喷入混合机。

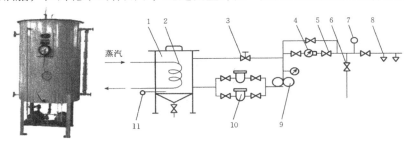

1. 油罐；2. 蛇形管加热器；3. 溢流阀；4. 流量计；5. 阀门；6. 回油阀；7. 压力表；8. 喷嘴；9. 齿轮泵；10. 过滤器；11. 温度计

图4-21 93YT-50型油脂添加装置

(二) SYTV63自控油脂添加机

（1）用途、适用范围和性能特点，SYTV63自控油脂添加机用于配合饲料在混合机混合时添加油脂或其他液体，适用于分批式混合机，是一种间歇式液体添加系统，可适用于向每批100 kg、250 kg、500 kg、1 000 kg、2 000 kg、3 000 kg、4 000 kg、5 000 kg混合机内添加液体。自控油脂添加机采用高精度流量计，可编程系统控制，用户只需输入添加量，输入添加信号，系统就可自动添加，管路中配有双路过滤器系统，可以进行连续不断的工作。该设备采用微电脑自动控制，添加误差小，罐内液温、液位均可自动控制。管道系统中可配空气喷吹部件，当液体停止添加时，空气喷吹自动启动，清理管道中的残余液体，可有效防止在停止添加时的液体滴漏现象；自控油脂添加机具有结构先进、添加精度高、使用可靠、操作和维护方便等特点。

（2）主要规格和技术参数，贮油罐容量：2 t；添加精度：1%；添加速度：63 L/min；功率：2×4 kW。

（3）工作过程，当油脂从油池经粗过滤器进入贮油罐后，由蒸汽加热盘管自动加热升温至60～80℃（根据油脂的黏度调整）时，就可进行添加，添加时油脂经过齿轮泵、单向阀、精过滤器后进入流量计，油脂添加量由流量计通过程序控制器（PLC）控制添加量之后进入喷油管，喷入混合机（图4-22）。

图 4-22　SYTV63 自控油脂添加机

(三) 全自动称重式液体添加系统

　　近些年随着科技的发展，液体饲料添加剂和饲料原料种类不断增加，需要添加的液体原料也越来越多。另外，液体原料采用重量式计量精度也比流量计精确。为此，有些企业研究设计了全自动称重式液体添加系统，可以把多种液体饲料原料按配方比例逐一进入液体秤计量，在配料电脑系统的控制下通过齿轮泵把液体饲料原料喷入混合机。

　　用途、适用范围和性能特点。该系统采用触摸屏单独控制液体秤，原有的配料计算机必须提供开始配液信号和添液信号，或由配料计算机直接控制液体添加。可安装于控制室内也可安装于现场，方便控制员操作。控制员可事先在触摸屏内存入一些常用的配方，或在配料计算机中直接输入液体配方。系统设有两种控制方式：手动操作和自动操作。手动操作时，所有设备都能单独启停。自动操作时，系统根据操作步骤自动完成液体称量添加的整个过程。系统中还有贮存罐进液、加温、搅拌控制。贮存罐进液有两种方式：自动和手动，在自动时，当罐内处于低液位时，进液泵自动启动进液，一旦达到罐内的高液位时，便会自动停止进液。

　　工作过程。首先称量前选择并确认液体配方，输入配方的批数。配料计算机给出开始配液信号，系统根据触摸屏内所设定的液体量自动进行称量配液，配液完毕后等待控制室给出开始添液信号后向混合机喷液。当秤内液体排完后，自动停止，并将添液完毕信号传送给控制室的配料计算机。系统根据配方的批次依次循环以上操作。

第五章　饲料添加剂的加工

目前，全世界已登记应用的饲料添加剂已达数百种之多，同时还有许多新型的添加剂正在研制开发中，并将逐步得到应用。饲料添加剂在现代饲料工业发展过程中正起着越来越重要的作用，是饲料工业的发展重点之一，亦是其他相关行业的重要组成部分，迄今已成为一大工业门类。我国现已能生产包括维生素、矿物元素、氨基酸、药物及其他非营养性添加剂在内的 18 个大类、上百个品种的饲料添加剂，年总产量约 50 万 t。饲料添加剂品种繁多，产品生产涉及化工、发酵、生物等多个工业行业，其生产工艺流程复杂，工艺组合多种多样，生产设备的结构与性能各异。

随着动物营养和饲料科学研究的深入，饲料加工工业的发展，动物饲料中添加的物质越来越复杂。特别是一些重要的微量成分，如微量元素、维生素、氨基酸等，有时会因为添加量少而在配合饲料中混合不均匀，造成动物采食不匀，对动物生产性能产生不利影响。根据这一特点，形成预混合饲料。本章以添加剂饲料的加工为核心，详细介绍了饲料添加剂制造工艺、添加剂预混合饲料制造工艺及其设备。

第一节　饲料添加剂制造工艺

一、饲料添加剂的概况

(一) 饲料添加剂定义

饲料添加剂是指为了某种目的而添加到饲料中的微量或痕量物质，具有补充和强化饲料的营养物质、提高饲料适口性及利用率、促进动物生长和发育、改善饲料加工性能及畜产品的质量、有效利用饲料资源的作用。它的使用剂量很小，通常以 mg/kg 或 g/t 计，少部分的添加量以百分含量计。为保证饲料添加剂产品在饲料中的使用过程符合安全、有效和稳定的要求，它必须满足以下基本要求。

(1) 安全性，长期使用或使用期内不会对动物产生急、慢性毒害作用及其他不良影响；不会导致种用畜禽生殖机能的改变或对其胎儿造成不良影响；不会影响正常的发育；在畜产品中无蓄积，或残留量在卫生标准之内，其残留及代谢产物不影响畜产品的质量及其消费者的健康。不得违反国家有关饲料、食品法规定的限用、禁用、用量、用法、配伍禁忌等规定。

(2) 有效性，在畜禽生产中使用，有确实的饲养效果和经济效益。

(3) 稳定性，符合饲料加工生产的要求，在饲料的加工与贮藏中有良好的稳定性，与常规饲料组分元配伍禁忌，生物学效价好。

(4) 适口性，在饲料中添加使用，不影响畜禽对饲料的采食和食欲。

(5) 生态性，对生态环境无不良影响。经畜禽消化代谢、排出机体后，对植物、微生物和土壤等生态环境无有害作用。

(二) 饲料添加剂分类

目前，在饲料中应用的添加剂很多，有 300 多种。饲料添加剂的分类方法较多，但都大同小异。通常的分类方法是根据动物营养的目的，将饲料添加剂分为营养性添加剂和非营养性添加剂两大类。营养性添加剂包括氨基酸添加剂和小肽类、微量元素添加剂、维生素添加剂。非营养性添加剂包括生长促进剂、驱虫保健剂、饲料加工与贮藏剂、饲料与畜产品改良剂、中草药添加剂。

二、饲料添加剂生产概况

(一) 饲料添加剂生产的现状及发展趋势

1. 饲料添加剂生产的特点

饲料添加剂的基本特点是品种多、批量小、功能特定和专用性强，其生产全过程除一般的产品生产外，还涉及剂型 (制剂) 和商品化 (标准) 等后处理技术，其生产具备以下特点：①高技术密集：饲料添加剂生产涉及化学、生物、物理、工程学等多个领域的技术，并需要考虑经济因素及环境保护。②多品种：世界各国批准应用的饲料添加剂已达数百种，仅美国就有 400 余种。③综合性生产设备：饲料添加剂品种多、批量小，需经常更换新产品，特别是化学合成和天然原料提取物尤为突出，多用途、多功能综合生产设备可适应这种生产特点，提高经济效益。④劳动密集：饲料添加剂生产的工艺流程长、工序多、品种更换频繁、劳动力需求多。⑤新产品开发困难：饲料添加剂新产品开发技术要求高、费用大、周期长、成功率低，且因其应用限制因素多，如应用安全性、环保要求等，更加大了新产品开发的难度和风险。⑥市场竞争激烈：饲料添加剂产品附加值高，销售利润丰厚，成为许多企业投资的热点，市场竞争激烈。⑦技术垄断性强：一些饲料添加剂产品的生产技术和管理要求高，涉及范围广，有些关键技术难掌握，特别是科技含量高，设备投入大的一些生物制品，易形成技术垄断。

2. 饲料添加剂生产工艺和设备现状

按国内外较统一的分类原则，饲料添加剂生产部门隶属于精细化工行业。虽然我国从 20 世纪 70 年代起，开始从国外引进了不少大型化工装置，但生产精细化工产品的设备引进极少，研究也不多。尤其是饲料添加剂生产，更是缺少专用设备，主要是沿用传统的化工生产工艺和设备。总的说来，大多数生产工艺仍停留在半机械化水平，设备结构陈旧，自动化程度低，劳动强度大，产品得率低且质量差，副产品利用率低，污染严重，与国际先进水平存在较大的差距。

近年来，随着计算机自动控制技术应用的日趋广泛，机械设计与制造水平的提高，以及生产工艺优化设计方法的应用等，饲料添加剂生产工艺和设备的研制开发水平有了极大地提高，如一机多能的多功能生产装置，可生产更多品种或安排多种不同工艺流程的综合生产装备，即多用途生产系统等的面世。在设备方面则表现为大量新型高效设备的应用。如喷雾干燥器、高效气流粉碎机、膜分离等，使产品质量与生产效率都进一步提高。微胶囊技术的应用，极大地改善了一些热敏性添加剂的加工稳定性。这些生产工艺和设备的改进，使饲料添加剂生产成本大幅度下降，应用范围迅速扩大，促进了饲料工业的发展。

3. 饲料添加剂生产工艺与设备的发展趋势

目前，工业生产正向高效、低耗、自动化及清洁化等方向发展，饲料添加剂生产亦不例外，从而对其生产工艺和设备提出了更高的要求。因此，饲料添加剂生产必须重视新技术、新工艺及新设备的研究和应用。在确保饲料添加剂产品质量的前提下，对其生产工艺流程进行优化设计，进一步简化工艺流程，并对生产全过程实现计算机控制，使生产过程按照一定的顺序自动操作和运转，实现自动化。更为重要的是要逐步应用清洁生产工艺进行清洁生产（cleaner production），即将综合预防的环境保护措施，持续地应用于生产过程和产品中，以减少对人类和环境的危害风险。清洁生产工艺是生产全过程控制工艺，包括节约原材料、降低能耗，淘汰有毒害的原材料，最大可能地减少废物及其他排放物的毒性和排放量，对必须排放的污染物进行综合利用，使其资源化。清洁生产是工业可持续发展的要求，是协调生产和环境的最有效方法。

随着对饲料添加剂产品质量要求的提高，必须对设备在技术上和操作上进行改进和创新。计算机技术的发展和应用，促进了设备性能的提高，如用同一套装备生产同一类型的不同品种产品的柔性生产系统（flexible manufacturing system），具有自动化程度高、高效、灵活、适应性强等显著优点。多用途生产装备系统灵活、工艺易调整，能进行多种运转，清洗简单，生产生物制品时可进行无菌操作。一机多用组合式设备则具有多种功能，可降低设备费用，防止污染，减少占地面积。现代生物活性物质具有纯度要求高，原料及中间产物中含量低等特点，而色谱分离技术、膜技术、双水相萃取、超临界二氧化碳萃取、反胶团萃取、浓缩、结晶等新技术，在酶、蛋白质、天然生物物质及其他生物制品的分离提取方面具有独特的优势，必将促进生物工业的发展。生物活性物质的包被处理及微胶囊化将极大地改善产品的热稳定性，为生物活性物质的推广应用奠定基础。

（二）饲料添加剂生产工艺的选择与确定

饲料添加剂的生产工艺选择与确定，必须遵循一定的原则，按科学的方法进行。理论上讲，某个添加剂产品往往可以有好几种生产方法和工艺路线，但实际上并不是每一条工艺路线都适合于工业生产，且其中一定存在一种最合适的工艺路线。工业生产与学术性研究的工艺路线判断标准有所不同，工业上注重技术和经济的可行性，要保证产品能连续可靠地进行生产，因此，其必须对生产工序及步骤进行系统评价，优选最佳工艺。

1. 生产工艺选择与确定的依据和原则

生产工艺流程是单个设备和装置根据产品的技术要求，按照一定的生产程序排列组合而成的。由于饲料添加剂品种繁多，原料多样复杂，设备种类、结构、规格各异，生产上可设计安排各种不同的排列组合方式，从而构成不同的生产工艺流程。在设计与确定生产工艺时，不管采用何种组合方式，均需遵循一定的原则，按照相关的依据进行。

（1）产品品种及剂型。产品品种及剂型决定于饲料加工要求。

如加工稳定性高的添加剂品种可直接用于各种饲料产品，热稳定性差的品种则需经包膜处理，应考虑设置包膜后处理工序；有些生物制品需制成液体进行后喷涂添加，这就需考虑设置产品液体化处理工序等。

（2）原辅料特性及供应情况。稳定的原辅材料供应是组织正常生产与获得优质产品的保证。

因此，选择工艺路线，必须考虑所用的各种原辅料的来源、特性和供应情况，同时，还要考虑其价格及运输等方面的问题，以便选择相应的储藏方式、运输形式和路线。

（3）工艺过程与产品得率。饲料添加剂生产的产品得率是关键。

产品总得率是各步得率的连乘积，若各步得率一样，生产步骤越多，则总得率越低。总得率越低，原辅材料的消耗越大，成本也就越高。如同一产品分别采用5步和10步生产步骤的工艺进行生产，若各步的得率均为90%，则5步法的总得率为59.1%，而10步法的总得率仅为34.9%。因此，选择生产工艺路线时必须尽量减少工序，简化生产步骤，简便生产操作，尽可能提高各步中间产品的得率。

（4）生产能力。若生产能力小且产品单一，可考虑采用较为简单的工艺流程；生产规模大且产品品种多时，宜采用较为完备的工艺流程，并应采用计算机控制等先进技术。

（5）生产工艺次序。在同一工艺路线中，特别是化工合成工艺，有时其中的某些单元反应或操作单元的先后次序可以互换，最后都得到同样的产物，但次序安排不同，所得的中间体、操作条件和得率就不同。

（6）技术条件。饲料添加剂生产的技术条件要求高，且差别大。

许多产品需在高温、高压或低温、高真空等条件下进行生产，化工产品有时还存在严重腐蚀设备等问题，因此，在选择工艺路线和设备时，需采用一些由特殊材质制造的特殊或专用设备，以及配套的辅助设备。

（7）安全生产与环境保护。在许多化工产品和天然提取物的生产中，常用到易燃、易爆和有毒的溶剂、原料以及中间体，并伴随产生污染环境，危害生物，破坏生态的废气、废液和废渣（即"三废"），生物制品生产也会产生大量的废液、废渣，特别是废液的产生量可能更大。因此，为确保安全生产和保护环境，必须严格执行国家关于劳动保护和环境保护的法规政策，采用相应的技术措施予以控制。

（8）产品的商品规格和包装。饲料添加剂用量甚微，常经稀释制成一定浓度的预混剂出售，有些液体添加剂则需由载体吸附制成固体产品，此时，须考虑设置预混合机以及液体喷涂吸附装置等。饲料添加剂包装要求一般较高，许多产品需真空包装，应按包装要求选择相适的包装机械。简而言之，在比较选择饲料添加剂生产工艺时，不仅要考虑技术的先进性、经济的合理性，还要考虑工艺路线中物料的稳定性和毒性，产生的副产物及其综合利用，"三废"的组成、数量与处理方法等，即清洁生产问题。同时，还要估计到通过试验研究提高的可能性和工艺创新的潜力，只有通过这样的综合比较，才能选择确定更为先进合理的生产工艺。合理的工艺流程需要技术先进的工艺设备才能实现，选择设备时应考虑适用、成熟、技术先进、经济及标准化等原则，兼顾使用维护方便、性能稳定、经久耐用等要求，并满足安全生产和环境保护的要求。

2. 饲料添加剂生产工艺选择与确定的方法步骤

饲料添加剂产品可由许多种原料经不同的工艺路线制得，原料不同，则工艺路线也不同，生产出的产品质量、得率、成本也各异。生产工艺流程的选择、设计确定是十分复杂的，牵涉的面既宽又广，必须按科学的方法进行，由浅入深，由定性到定量，最后设计确定先进合理的、符合工业生产要求的生产工艺。

一般可按以下步骤进行。

（1）生产工艺流程选择。根据饲料添加剂的品种和生产能力，初步筛选确定相适应的工艺流程。

（2）画出生产工艺流程示意图。它可定性地表示物料由原料转变为成品的生产过程和采用的各种操作单元及设备。

（3）物料衡算。物料衡算是质量守恒的一种表现形式。在生产过程中，输入某一设备的物料重量应等于输出物料的重量。经过物料衡算，可以得出加入设备和离开设备的物料（包括原料、中间产品、产品）各组分的成分重量和体积，可作为决定生产设备和附属设备规格、数量的依据。物料衡算过程中，包括理化常数及工艺参数，以及其他计算所必要的数据选择。

（4）生产工艺设备选型设计。根据物料衡算的结果，可知原料、半成品、副产品、废水、废物、废气等的规格、重量和体积等，以此可开始设备选型和设计。

（5）生产工艺流程草图设计。在设备设计及物料衡算的基础上，即可进行生产工艺流程草图设计，定量地给出生产工艺各组成部分的内容。并进行热量衡算，确定输入或输出的热量，求出传热设备的规格大小。

（6）生产工艺流程设计。生产工艺流程草图设计和设备选型设计后，可着手车间布置设计，但在此过程中，可能会发现部分设备的空间位置不合适，或极个别设备的结构和主要尺寸不当，需要修正，经修正后可得出生产工艺流程图，作为正式生产时采用。

某些饲料添加剂产品要求高，选定生产工艺后，需经实验室试验确定生产操作条件，然后经中试放大后最终确定生产工艺，如制药工艺、生物制品生产工艺等。只有这样，才能生产出高质量、高效益的产品。

三、化学合成添加剂生产工艺

微量元素、维生素、抗生素及其他一些非营养性添加剂属精细化工产品，可用精细化工工艺和设备进行生产。生产工艺过程中包括了化学合成和精制等化工操作单元。

（一）化学合成添加剂生产工艺路线选择设计

工艺路线是饲料添加剂生产的技术基础和依据，设计出合理的工艺路线是确保产品质量和提高经济效益的关键。因此，合成工艺路线的选择设计必须按科学的方法和一定的技巧进行。在设计饲料添加剂的合成路线时，首先应进行产品的化学结构分析，然后根据其结构特点，采用相应的设计方法。设计合成路线可采用诸多方法，如逆向法、类型反应法、分子对称法、逐步综合法、文献归纳法、功能基的引入与转化及保护与消除等。

1.逆向法

所谓逆向法指的是在设计合成路线时，由准备合成的化合物，即目标分子（target molecule）的化学结构出发，将合成的过程一步一步地向前推导到需要使用的起始原料。只要每步逆推得合理，就可以得到合理的合成路线，其程序方法表示为：

$$\boxed{目标分子} \rightarrow \boxed{中间体} \rightarrow \boxed{起始原料}$$

从目标分子出发，运用逆向法往往可以得出几条合理的合成路线。但合理的合成路线并不一定是生产上适用的工艺路线，还需对它们进行综合评价，并经生产实践的检验，才能确定在生产上的使用价值。逆向法中包括逆向切断、连接、重排及官能团变换等方法。

2.类型反应法

利用常见的典型有机化学反应与合成方法进行的设计为类型反应法，包括各类化合物的通常合成方法、功能基的形成与转化的单元反应、人名反应等。这种方法适用于有明显类型结构特点以及功能基特点的化合物合成路线设计。

3. 分子对称法

许多具有分子对称性的化合物可用分子中相同的两个部分进行合成，所以，在选择设计合成工艺路线时，应注意观察化合物是否具有分子对称性。如 β - 胡萝卜素等的合成就可采用此法。

4. 逐步综合法

对一些基本骨架较为复杂和多功能基的化合物，可根据其基本骨架的组合方式和构成方法、功能基的引入与转化等情况采取逐步综合法进行工艺路线的设计。

5. 文献归纳法

对于一些简单分子或已知结构衍生物的合成设计，常可通过查阅有关专著、文献，找到若干可供模拟的方法。

6. 导入基和保护基的应用

在进行化学合成时，为了使某一反应按人为设计的路线来完成，常在该反应发生之前，在反应物分子上引入一个控制单元 (导向基)，以此来引导反应按需要进行。在合成一个多官能团化合物的过程中，如果反应物中有几个官能团的活性类似，要使一个给定的试剂在进攻某一官能团时，需将暂不需要反应的官能团用保护基团保护起来，暂时钝化，然后到适当阶段再除去保护基因。能否找到必要的、合适的保护基因，对合成的成败起决定性作用。通过对工艺路线的选择设计，并就原料和试剂、反应步骤和得率，中间体的分离和稳定性、设备要求、安全性、环保、加工成本等进行综合评价。最后可确定一种适合于现有条件的生产方法 (如物理、化学过程，后处理及"三废"控制等)，即生产工艺流程。对一些新产品或新工艺还应进行必要的实验室研究和扩大中试，以确保生产过程中工艺的可靠性、适用性。

(二) 化学合成添加剂生产实例

1. 维生素 C 合成生产工艺

维生素 C 的生产均已采用两步发酵法工艺。首先发酵制得维生素 C 前体——2- 酮基 -L- 古龙酸，最后经化学转化制成维生素 C，其工艺流程如图 5-1 所示。该工艺已从酸转化发展到碱转化、酶转化，使维生素 C 合成工艺日趋完善，该工艺的过程为：以 2- 酮基 -L- 古龙酸：38% 盐酸：丙酮 =1：0.4(w/v)：0.3(W/V) 的配比投料，先将丙酮及一半古龙酸加入转化罐搅拌，再加入盐酸和余下的古龙酸。待罐夹层充满水后打开蒸汽阀，缓慢升温至 30 ~ 38℃，关闭蒸汽阀，自然升温至 52 ~ 54℃，保温 5 h，反应到达高潮，结晶析出，罐内温度稍有上升，最高可达 59℃，须严格控制温度不超过 60℃。然后维持温度在 50 ~ 52℃，至总保温时间 20 h。冷却水降温 1h，加入适量乙醇，冷却至 - 2℃，离心分离 0.5 h 后用冰乙醇洗涤，甩干，再洗涤，甩干 3 h 左右，干燥后得维生素 C 粗制品。将粗维生素 C 真空干燥，加蒸馏水搅拌溶解后，加入活性炭，搅拌 5 ~ 10 min，压滤。滤液至结晶罐，向罐中加 50 L 左右的乙醇，搅拌后降温，加晶种使其结晶 - 晶体经离心分离。用冰乙醇洗涤，再分离，至干燥器中干燥，即得精制维生素 C 产品。精制配料比为：粗维生素 C：蒸馏水：活性炭：晶种 =1：1.1：0.58：0.000 23(w/w)。

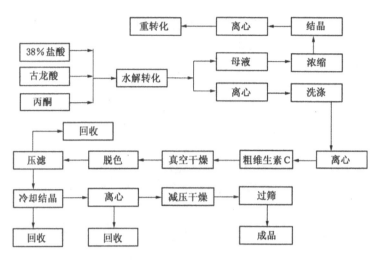

图 5-1　维生素 C 合成工艺流程

2. 色氨酸生产工艺

色氨酸可以用吲哚、a - 乙酸氨基丙烯酸法和吲哚、二甲胺法等方法合成制得，也可通过干酪素经胰酶分解制得，但目前仍以合成法生产为主。以下简介吲哚、a - 乙酰氨基丙烯酸法合成生产工艺如图 5-2 所示。

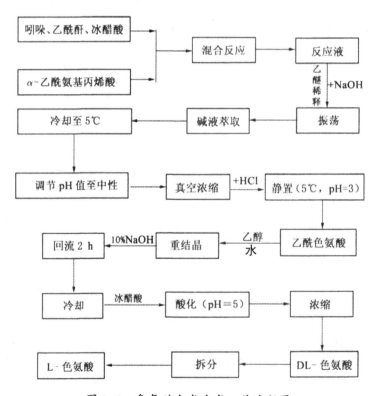

图 5-2　色氨酸合成生成工艺流程图

四、植物提取添加剂生产工艺

作为饲料添加剂的重要组成部分，植物提取添加剂既有营养功能，又有特定的生物学功能，且有替代抗生素与化工合成饲料添加剂的广阔应用前景。中草药、天然植物色素等添加剂，已引起人们的极大关注。

(一) 植物提取添加剂生产原理

由于植物种类繁多，所含生物活性成分与其他有效成分的比例差异较大，且许多有效成分的确切化学结构及其组成尚不十分清楚。这给植物提取添加剂的生产带来了很大困难，但了解植物中有效成分提取的一般原理将有助于生产工艺的选择确定。

1. 植物提取添加剂的特性

作为饲料添加剂的植物提取物，目前应用的种类不多，数量也不大，主要为色素、中草药、香味素等。由于这些有效成分组成较为复杂，且许多尚不知其化学结构，因此，一般均根据其物理性质，特别是在不同溶剂中的溶解度，来选择确定生产工艺。

(1) 植物提取物的极性。物质的极性大小与其分子结构有关。极性越大，亲水性越强；极性越小，则亲脂性越强。可根据植物中待提取成分的分子结构判断其极性，选择合适的溶剂，如天然色素为强亲脂性物质，易溶于亲脂性的溶剂。

(2) 物质的升华现象。有些固体物质受热时会直接汽化，遇冷后又凝固为固体化合物，这种现象称为升华。如茶叶中的咖啡碱在178℃以上就能升华而不会分解，可用升华法从茶叶中提取这种物质，还有一些天然有机酸类等也可用此法提取。

2. 天然物质提取原则

(1) 已知成分的提取。在已知待提取植物中某一种或某一类化合物的化学结构与理化性质的情况下，可根据其有关性质，选择合适的溶剂和提取方法。但大部分情况下，植物所含的化学成分极为复杂，各类成分在溶解度上存在着助溶、增溶等相互影响，如何选定溶剂及提取工艺，需视具体情况及试验来确定。

(2) 未知有效成分的提取。许多植物的营养、防治疾病及改善免疫机能等作用已被确认，但其中究竟是何种化合物起作用尚不明确，且含有哪些化合物也不清楚。在这种情况下，若要提取其中的有效成分，必须进行不同溶剂提取预试，通过分析，了解溶剂中可能含有哪些成分，并进行相关的动物应用试验，由此确定提取有效成分所用的溶剂。

3. 植物提取添加剂生产工艺确定

虽然植物提取添加剂品种繁多，可供选用的原料植物种类也十分丰富，但从目前的常规工艺来看，主要以溶剂萃取法为主。由于提取物成分复杂，一般对分离提纯工艺要求较高。确定植物提取添加剂生产工艺时，可按下列方法进行：首先，明确所要提取的有效成分，确定待提取的植物或植物的待提取部位。其次，根据有效成分的组成，查阅文献资料了解其理化性质，初步确定选用的溶剂。再次，进行溶剂萃取试验，在此基础上扩大中试，同时进行动物饲养试验，验证提取物的有效性。最后，筛选确定提取工艺与精制工艺。经提取得到的提取液中，成分较为复杂，有效成分含量较低，且含有杂质，需进行进一步的分离提纯。提纯精制过程中，包括杂质的去除，有效成分的浓缩纯化。

(二) 植物提取添加剂生产工艺

1. 中草药提取物生产工艺

中草药作为添加剂应用于饲料的研究，已有许多报道，但由于对中草药有效成分及提取工艺的研究尚不够深入，目前仍存在添加量过大，炮制方法不合理，质量不稳定等缺点。常规的中草药提取物生产工艺流程如下所示：

原料→粉碎→萃取→浓缩→提纯→干燥→赋形→包装→成品

其中，最为关键的是萃取、提纯、赋形三个工序，在这些工序中，采用了大量的高新技术，如超临界 CO_2 萃取法、亲和层析、膜分离、微囊化技术及纳米型胶囊等。就中草药提取物研制生产而言，重点是萃取和纯化工艺，应根据不同的原料、有效成分及使用方式，选择确定不同的萃取溶剂、提纯方法与操作工艺条件，从而确保有效成分有较高的得率和纯度。

2. 色素提取生产工艺

天然植物色素一般都无毒副作用，安全性较高，还有营养及其他生理作用，其需求量日趋上升。天然色素有脂溶性色素和水溶性色素两大类。在饲料中，目前广泛应用脂溶性色素，其提取生产工艺以萃取法为主。一般工艺流程如下所示：

原料→水洗→干燥→粉碎→萃取→浓缩→干燥→成品

近年来，又发展了一种酶反应法新工艺。该工艺为在上述流程的萃取完成后，再加入酶制剂进行酶反应，提取色素。在色素提取过程中，关键为萃取工序中的溶剂及萃取工艺条件的选择确定。常用的溶剂有水、乙醇、丙酮、石油醚、正己烷等。萃取单元操作以逆流式操作为佳，这样可提高萃取效率及产品得率，降低溶剂消耗。

3. 植物中其他活性物质提取生产工艺

随着科学研究的深入，人们不断发现在许多植物中含有一些特殊的生物活性物质，如黄酮类、皂苷类及多糖类等。这些生物活性物质对动物具有改善生产性能、增强免疫机能、防治疾病等多种功能，受到人们的广泛关注。下面以黄酮为例，简介其提取工艺。

黄酮类物质存在于多种植物中，包括大豆、银杏及其他植物。目前，已研制了几种提取工艺，其核心工序仍为溶剂萃取。区别在于选用的溶剂不同。目前常用的溶剂为乙醇、丙酮等。其一般工艺过程为：

原料→粉碎→萃取→过滤→浓缩→精制→成品

精制的方法有溶剂萃取、树脂吸附和超临界流体萃取。我国目前以树脂吸附精制法为主。而超临界流体提取法的效率高，无溶剂残留，特别适合于天然活性物质的提纯。但所需设备投资大，生产成本高。另据报道，有人研究了酶处理提取法，可提高黄酮的得率。

五、生物发酵添加剂生产工艺

自 19 世纪末开始，许多工艺发酵过程陆续出现，开创了工业微生物的新世纪，奠定了发酵工业基础，而发酵工业正发展上升为生物工业。由于生物工业生产具有原材料来源丰富、价格低、转化率高、生产设备简单、成本低等特点，已被广泛应用于食品、医药、轻工、能源等多个行业。许多饲料添加剂产品，如酶制剂、抗生素、氨基酸、小肽、有机酸和维生素等均为生物工业产品。生物工业是未来重点发展的高技术产业之一，随着研究的深入，将会生产出更多的高效、低价的饲料添加剂。

(一) 生物发酵添加剂生产工艺

生物高技术生产过程由原材料预处理、菌种筛选及培养、发酵、产物分离、成品提纯和加工以及酶解等工艺组成，其核心是采用游离的整体微生物活细胞作为催化剂进行生化反应，生产出生物高技术产品。

1. 生物发酵生产工艺的特点

（1）采用谷物等可再生资源为主要原材料，来源广泛、价格低廉，加工过程中废弃物的危害性较小。但原料成分难以控制，易影响产品质量。

（2）采用生物催化剂，转化率高，且反应可在常温常压下进行，并可运用现代生物技术组建和改造生物催化剂，以产生更高的活力。但生物催化剂活性易受环境影响及杂菌污染。

（3）与化工生产相比，生产设备较为简单，能耗低。但设备体积大，且要求在无杂菌条件下操作。

（4）成本低、应用广。但反应机理复杂，反应难控制，提纯要求高。

2. 菌种筛选工艺

在发酵过程中，首先应选择高产、稳产、培养要求不甚苛刻的菌种，在经过多次扩大培养待达到足够的数量和一定质量后即可作为"种子"接种至发酵罐中。菌种筛选培养的一般工艺过程为：

微生物 → 分离 → 纯化 → 选育 → 斜面培养 → 摇瓶培养 → 种子 → 至发酵罐

3. 发酵工艺

发酵方法可分为固体发酵法和液体发酵法两种。目前我国生产的复合酶制剂大部分采用固体发酵法，而抗生素、氨基酸、维生素等多采用液体发酵法。发酵的一般工艺过程为：

培养基 → 灭菌 → 接种 → 发酵

固体发酵法易受杂菌污染，产品纯度差，原料利用率低，但设备简单，投资少。液体发酵的工艺条件易控制，产品纯度高，质量稳定，但投资较大。

4. 分离及提纯工艺

发酵液中含有细胞、代谢产物和未用完的培养基等，其中所含欲提取的生物活性物质往往浓度很低，需进行分离和提纯，精制为产品。这一过程所耗费用极大，已越来越引起人们的重视。发酵液是复杂的多相系统，固体和胶体物质密度与液体接近，且可压缩，加之黏度很大，造成固体分离困难。为此，除应用了较多的传统化工单元操作外，新近又发展了细胞破碎、膜过滤和色层分离等单元操作新技术。分离及提纯工艺过程取决于产品的性质和要求。一般的工艺流程如下。

发酵液 → 预处理 → 细胞分离 → 细胞破碎 → 细胞碎片分离 → 初步纯化 →

高长纯化 (精制) → 精制品

在该工艺流程中，如产品为菌体本身，只需经过滤，得到菌体，再经干燥即可。如可从发酵液中直接提取，则无须进行固液分离。如为胞外产物则可省去细胞破碎工序。发酵液预处理的目的是改变其性质，以利于固液分离，常采用调节 pH 值、加热、加入絮凝剂等方法。固液分离主要采用压滤或离心分离，新的方法是采用膜技术分离。细胞破碎和碎片分离则技术要求高。细胞破碎生产中常用高压匀浆器和球磨机。细胞碎片分离通常用离心分离法，但难度很大，近年又发展了两水相萃取法。经分离操作后，活性物质存在于滤液中，再用吸附法、离子交换法、沉淀法、萃取法、超滤法等进行初步纯化和提取。精制则采用色层分离、结晶等方法。

5. 酶解工艺

小肽及一些风味剂由酶解工艺生产制得，一般的工艺流程如下。

原料 → 酶解 → 酶灭活 → 冷却 → 精制

6. 成品加工

根据产品应用时的要求，经精制后的生物工业产品，最后还需进行其他加工处理。如浓缩、无菌过滤、干燥等。有的产品还需进行包被或其他赋形处理，最后得到成品。

（二）生物高技术添加剂工艺控制

生物添加剂的生产，除需要有高效、稳定的菌种，先进、可靠的工艺设备外，其工艺条件控制亦十分重要。

1. 影响种子质量的因素及控制措施

（1）影响种子质量的因素。影响种子质量的因素有原材料质量、培养条件及斜面冷藏时间等，原材料质量的波动会造成种子质量的不稳定；温度、湿度和通气量等培养条件必须严格控制，否则影响种子质量。

（2）种子质量控制措施。种子质量的最终指标是其在发酵过程中所表现出来的生产能力，控制种子质量对发酵生产尤为重要。种子质量的控制措施为：保证生产菌种的稳定性，提供种子培养的适宜环境，保证无杂菌侵入。

2. 发酵工艺控制

微生物发酵的生产水平，不仅取决于生产菌种本身的性能，而且必须有合适的工艺条件，才能充分发挥生产能力。为此，必须有效控制生产条件，使生产菌种处于产物合成的优化环境中，保证生产的顺利稳定进行。

（1）温度对发酵的影响及其控制，微生物的生长及产物的合成都是在各种酶催化下进行的，温度是保证酶活性的重要条件，因此在发酵过程中必须保证稳定而适宜的温度环境。温度对微生物生长和生产的影响是各种因素综合表现的结果。温度升高，反应速率加大，生长代谢加快，生产期提前。但酶易受热而失活，温度越高，酶的失活也越快，表现在菌体易于衰老，发酵周期缩短，影响产物的最终产量。温度除直接影响发酵过程中各种反应速率外，还通过改变发酵液的物理性质，间接影响微生物的生物合成，如温度会影响基质和氧在发酵液中的溶氧和传递速率。此外，还影响生物合成的方向。因此，必须通过全面考虑微生物生长、产物合成的最佳温度，以及其他发酵条件，选择最适发酵温度，在发酵时应对温度进行控制。

（2）溶解氧浓度对发酵的影响及其监控，在发酵工业生产中，满足生产菌对氧的需要，是保证发酵生产高产、稳产的关键。一般将不影响菌的呼吸所允许的最低氧浓度称为临界氧浓度，如对产物形成则为产物合成的临界氧浓度。但临界氧浓度并不是生物合成时的最适氧浓度。氧浓度太低不好，但过高也未必都有利。通过溶氧参数的监测，了解菌对氧利用的规律，摸索掌握发酵液中溶氧的变化规律，以便改变设备或工艺条件，达到控制生产的目的。

（3）pH值对发酵过程的影响及控制，发酵过程中培养液的pH值是微生物在一定环境条件下代谢活动的综合指标，对微生物的生长和产品的积累有很大的影响。每一类微生物都有其最适的和耐受的pH值范围。pH值的变化会引起各种酶活力的改变，影响微生物对基质的利用速度和细胞的结构，以至于影响菌体的生长和产物的合成。pH值还会影响菌体细胞膜电荷状况，引起膜渗透性的变化，因而影响菌对营养的吸收和代谢产物的形成等。在发酵过程中，由于有机酸或氨基氮的积累，会使pH值产生一定的变化，因此，确定发酵过程中的最适pH值及采取有效控制措施是保证或提高产量的重要环节。以有利于菌的生长和产物合成，获得较高的产量为准则，选择最适pH值。采用首先在基础培养基配方中考虑维持pH值的需要，然后通过中间补料来控制pH值。另外也可通过中间补加氨水、尿素等来调节pH值。

（4）二氧化碳对发酵的影响。二氧化碳是微生物的代谢产物，同时它往往也是合成所需的一种基质，是细胞代谢的指示。溶解在发酵液中的二氧化碳对氨基酸、抗生素等微生物发酵具有抑制或刺激作用。当二氧化碳浓度较高时，微生物的呼吸速度下降，生长受到抑制，由此而影响产物的合成。为了消除二氧化碳的影响，必须考虑二氧化碳在培养液中的溶解度、温度及通气情况。

（5）基质浓度对发酵的影响及补料控制，在一定的浓度范围内，菌体的比生长速率与基质浓度呈直线关系，正常情况下可达到最大比生长速率。然而，基质浓度过高则会导致抑制作用，使比生长速率下降。培养基过于丰富，有时会使菌生长过盛，发酵液非常黏稠，传质状况变差，不利于产物合成。因此，必须控制基质浓度。为消除基质过浓的抑制作用，采用中间补料的培养方法较为有效。

（6）泡沫控制，发酵液中产生一定数量的泡沫是正常现象。泡沫的存在可以增加气液接触面积，提高氧传递速率。但过多的泡沫则会带来许多副作用，如降低发酵罐的装料系数，增加菌群的非均一性及杂菌污染的机会，并导致产物的损失等。泡沫控制的方法可采用机械消沫和消沫剂消沫两种方式。机械消沫是依靠机械力引起强烈振动或压力变化，促使泡沫破裂。消沫装置可设于罐内或罐外。消沫剂消沫则是通过化学作用使泡沫破裂。

3.成品质量控制

生物工业饲料添加剂的成品加工包括发酵液的处理和固液分离、提取、精制、加工、后处理等工艺步骤。成品的质量及产品的得率控制应是全过程的，除选择相应的加工处理技术外，同时也应重视操作管理水平的提高。

六、转基因生物添加剂生产概要

随着生物技术的飞速发展，运用现代生物技术的成果而进行生产的产品也不断出现。转基因技术属基因工程范畴。所谓转基因是按人的要求把外源目的基因（特定的DNA片段）导入宿主细胞，使之形成能复制和表达外源基因的克隆，由此而生产出所需要的目标产品。目前，运用转基因技术已开发或开始生产许多产品，包括抗生素、氨基酸、维生素、酶制剂等。

转基因技术基本过程是将一个含目的基因的 DNA 片段，经体外操作与载体连接，并转入一受体细胞，使之扩增、表达的过程，具体步骤如下。

准备含目的基因的 DNA 片段 → 载体 → 目的基因的 DNA 片段与载体相连 →

受体细胞 → 复制 → 扩增 → 筛选 → 转化细胞 → 表达产物鉴定

(一) 目的基因准备

由于不同基因在染色体 DNA 上串连在一起，都由 4 种碱基组成，基因与基因之间不易区分，直接分离基因有一定困难。目前常用下列几种方法。

(1) 鸟枪法。鸟枪法一般用限制性内切酶切开染色体 DNA。由于限制酶在特定部位切开 DNA 双链，如选用合适的酶，就有可能获得含有目的基因的 DNA 片段，与用产生同样末端的酶打开的载体 DNA 环相连接，就可用作进一步分析研究。

(2) 反转录法。反转录法即 cDNA 法。由于真核生物的基因中常含有非编码间隔区 (内含子)，在原核受体中无法正常表达，必须消除内含子。mRNA 是已经转录加工过的 RNA，即无内含子的遗传密码携带者。在反转录酶作用下，以 mRNA 为样板反转录合成互补 DNA (cDNA)，加上接头后，即可与载体连接成重组分子。

(3) 人工合成。目前已发展了可在电脑控制下通过合成仪合成 DNA 的技术。合成基因亦将双链分成若干寡核苷酸片段，然后通过配对，通过酶将裂口修补成完整的 DNA。

(二) 转化与表达

1. 基因与载体的连接

用于传递运载外源 DNA 序列进入宿主细胞的物质称为载体，其本身亦系 DNA 分子。常用的载体有质粒、大肠杆菌中的噬菌体等。基因与载体的连接技术主要有黏性末端连接与钝端的拼接。通常用 T4 连接酶进行。

2. 转化

重组分子构建完成后，必须送入宿主细胞中使之发挥作用，通常采用转化的方法。所谓转化是指细胞在一定生理状态 (感受态) 时可摄取外源遗传物质，并经体内重组，成为其染色体的一部分，导致受体细胞某些遗传性状发生改变。有时将目的基因送入受体细胞，尽管不一定发生重组现象，但宿主也发生某些遗传特性的变化，亦称为转化。

3. 重组体的筛选

重组质粒转化细胞后，在受体细胞中仅占极少数中的一部分，必须进行筛选，常用的方法有：抗药性变化的检测；噬斑的形成；功能互补；单菌落快速电泳；原位杂交或区位杂交；限制性内切酶图谱。

4. 表达产物鉴定

(1) DNA 序列测定。在已知该目的基因产物 (肽或蛋白质) 一级结构的基础上进行。

(2) 产物鉴定。直接测定产物的活性、功能或氨基酸序列，也可通过免疫沉淀来验证产物。

(3) 功能互补。具体鉴定时，可与初筛工作同时进行。

第二节　预混合饲料添加剂制造工艺与设备

一、预混合饲料的内涵

(一) 预混合饲料的定义

预混合饲料，指根据畜禽营养需要，将一种或多种添加剂原料，如矿物微量元素、维生素、氨基酸、抗生素等，与一定量载体（carrier）或 / 和稀释剂（diluent），采用一定的饲料加工手段搅拌均匀形成的混合物，又称添加剂预混料或预混料。预混料生产目的是有利于微量的原料成分均匀分散于大量的配合饲料中。预混合饲料作为全价配合料的一种组分，通常以百分之几的比例添加，是一种半成品，不能直接饲喂动物。

预混合饲料是配合饲料的核心组分，其含有的微量活性成分对配合饲料饲用效果起着重要作用。预混合饲料生产因原料繁多，添加量少，故要求生产工艺控制更为严格。

(二) 预混合饲料的分类

1. 根据原料种类来源划分

（1）单项预混合饲料（single premix）。它是由单一添加剂原料或同一种类的多种添加剂原料与载体或 / 和稀释剂配制而成的匀质混合物。主要是由于某种或某类添加剂使用量非常少，需要初级预混合才能更均匀分布到大宗饲料中。单一添加剂原料预混合饲料，如单一的维生素（维生素 A 制剂、维生素 D 制剂）等，单一的微量元素（硒制剂、碘制剂、钴制剂等）等的稀释预混合料。同一种类的多种添加剂原料预混合料，如维生素预混料、微量元素预混料、药物预混料等。对这一类预混料，用户按照产品说明书推荐的使用对象和剂量添加到基础饲料即可。

（2）复合预混合饲料（compound premix）。它是按动物的营养需要和配方的实际要求，将不同种类的饲料添加剂与载体或 / 和稀释剂混合制成的匀质混合物，其饲料添加剂种类至少 2 种以上。如将多种微量元素、维生素及其他成分混合在一起的预混料。这一类预混料通常根据不同动物种类、不同生理阶段定制，添加量一般 0.2% ~ 6%。

2. 根据动物种类和生理阶段划分

（1）猪预混合饲料。包括乳猪预混料、仔猪预混料、生长育肥猪预混料、后备母猪预混料、妊娠母猪预混料、泌乳母猪预混料和公猪预混料等。

（2）鸡预混合饲料。包括肉用鸡预混料、蛋用鸡预混料和种用鸡预混料等。

（3）鸭预混合饲料。包括肉用鸭预混料、蛋用鸭预混料和种用鸭预混料等。

（4）鱼预混合饲料。包括淡水鱼预混料和海水鱼预混料等。

（5）牛预混合饲料。包括肉牛预混料和奶牛预混料等。

（6）兔预混合饲料。包括肉兔预混料、毛兔预混料和獭兔预混料等。

(三) 预混合添加剂工艺流程

根据原料的处理情况，预混合添加剂的工艺流程一般可分为两种。一种是购买已预处理的添加剂原料，其工艺为（添加剂组分、载体和稀释剂）：计量→混合→成品打包。另一种是需饲料厂自身处理原料的，工艺为：载体、稀释剂及添加剂原料→烘干→粉碎→筛分→计量→混合→成品打包，这一工艺通常需对添加量极微量的成分进行预稀释，如图 5-3 所示。

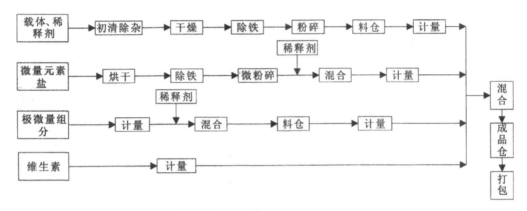

图 5-3　添加剂预混合饲料加工工艺流程

二、添加剂预混合饲料生产要点

(一) 添加剂预混合饲料生产基本要求

添加剂预混合饲料的组成成分复杂，用量差异较大，其生产过程有一定的特殊性。

1. 原料的选用

原料的选择应纯正，在存放、预处理及加工过程中，应注意各成分间的配伍性，避免不同组分产生交叉影响，以确保微量成分的活性。

2. 生产工艺要求

在保证添加剂预混合饲料成品质量的前提下，要求高效且简短的生产工艺。为避免物料间的交叉污染及混合后的分级，应尽可能减少生产各环节物料的提升和运送次数；在生产结束或更换品种时，对各道加工设备进行有效的清理。

3. 配料要求

添加剂预混合饲料中的大部分组分都是微量或极微量，可能有些成分的安全剂量与中毒剂量很接近。因此要求设计合理的预混合饲料配料工艺并配备精度较高的配料系统。对于某些极微量组分可选用微量天平来保证称取的准确性。一般情况下，微量组分的配料自动称量最大允许误差为 ±0.1%，载体的配料自动称量最大允许误差为 0.2%。

4. 混合要求

预混合饲料的混合均匀度变异系数 CV ≤ 5%。为满足这一要求，需要生产企业设计合理的混合工艺并配备高效、低残留且混合均匀度高的混合机。某些预混合饲料要求混合设备的工作表面用耐腐蚀的不锈钢或其他抗腐材料做成。

5. 产品包装要求

预混合饲料的品种多，用法要求各有不同，存放过程中，一些微量组分会发生变化，失去活性，因此预混合饲料采用纸塑复合袋包装，遮黑、防潮、密封，利于贮存。每包应称量准确，标示规范、正确。

6. 成品销售要求

预混合饲料的某些成分有一定的时效性，因此成品的销售应及时、迅速。产品的标签上要求准确注明生产日期。

7. 其他特殊要求

预混合饲料的某些成分对人体健康有一定的危害，若超过一定剂量可能会引起中毒，因此要求预混合饲料生产时应安排专人负责，准确添加。操作室应保证良好的通风换气并有相应的防护措施。

预混合饲料的生产除配备性能优良的机械设备外，还要求配备高精密的检测仪器和高水平的检测人员，对预混合饲料进行物理、化学和生物等方面的性能测定。

(二) 添加剂预混合饲料生产的管理

2012 年 7 月 1 日起施行，农业部第六次常务会议审议通过的《饲料和饲料添加剂生产许可管理办法》，在第一章第三条规定：饲料添加剂和添加剂预混合饲料生产许可证由农业部核发。标志着添加剂预混合饲料的生产走上了有法可依的轨道。农业部 1849 号公告《饲料生产企业许可条件》中对预混料生产企业要求：复合预混合饲料和微量元素预混合饲料生产企业的设计生产能力不小于 2.5 t/h，混合机容积大于 0.5 m³；维生素预混合饲料生产企业的设计生产能力不小于 1 t/h，混合机容积不小于 0.25 m³，混合机采用不锈钢材料制造。

三、原料处理工艺与设备

(一) 载体、稀释剂的预处理

1. 载体和稀释剂的选择

载体和稀释剂是预混料生产中的重要物质，是保证预混料均匀混合的重要条件。载体是指能够承载或吸附微量活性成分，改善其分散性的微粒，它是预混料中的非活性物质。而稀释剂也是预混料中的非活性物质，可掺入一种或多种微量添加剂中，将预混料中的活性物质浓度降低，并将微量颗粒彼此分开，起着减少活性成分之间的反应、稳定活性成分的作用。载体和稀释剂的正确选用应遵循以下原则。

(1) 严格控制水分含量。一般要求控制在 8%～10%，最高不超过 12%。药物和维生素载体水分不高于 5%。水分过高易引起物料间结块和活性物质间的化学反应；水分过低，物料颗粒间静电作用加大，不利于混合。

(2) 适宜粒度。粒度是影响载体和稀释剂混合特性的重要因素。粒度与物料容重、表面特性和流动性能相关。一般载体的粒度在 0.177～0.59 mm (30～80 目)，稀释剂的在 0.074～0.59 mm (30～200 目) 为宜，且要求载体和稀释剂粒度分布均匀。

(3) 容重。载体和稀释剂的容重与微量组分容重越接近，混合均匀度越好。应根据待混合的微量组分容重来选择载体和稀释剂。一般维生素预混料、药物预混料等选择容重低的载体，如麦糠、玉米芯粉、脱脂米糠等；矿物元素预混料宜选用容重相对大的稀释剂，如石粉、贝壳粉等。常见载体和稀释剂容重见表 5-1。

(4) 表面特性。载体应具有表面粗糙或多孔特性，有利于活性成分承载于表面或进入孔内。稀释剂要求表面光滑，流动性好。

(5) 吸湿性。选用的载体和稀释剂一般不要具有较强的吸湿性，避免饲料潮解，吸水后产生结块现象。

(6) 酸碱度 (pH)。预混料的酸碱度最好接近中性，过酸过碱会对维生素及其他活性成分造成破坏。故要求载体和稀释剂的酸碱度应接近中性。常见载体和稀释剂酸碱度见表 5-1。

（7）静电作用。物质静电荷数与其粒度大小和干燥程度有关。一般载体和稀释剂以不带静电为好，可通过在表面添加适量油脂或糖蜜来消除静电。

表 5-1　常见载体和稀释剂的容重与 pH 值

名称	pH 值	容重（g/cm^2）	名称	pH 值	容重（g/cm^2）
玉米粉	5.0	0.76	稻壳粉	5～6	0.32～0.4
玉米芯粉	4.8	0.4	脱脂米糠	6～7	0.31～0.48
玉米秸秆粉	4.7	0.230～0.28	沸石粉	7	0.5～0.7
麦麸	6.4	0.31～0.4	石灰石粉	8.1	0.93
大豆粕粉	6.4～6.8	0.6	砻糠	5.7～6.6	0.42

引自陈代文，2003.

2. 载体和稀释剂的预处理

使用有机载体或稀释剂，有可能出现霉菌污染和重金属超标，在投入使用前，主要针对危害较大的黄曲霉菌毒素和重金属进行必要的检验。霉菌污染和重金属超标的载体和稀释剂不得使用。购买已预处理好的载体和稀释剂可以直接使用。没经过预处理的投入使用前一般经过以下过程。

（1）初清除杂。可采用圆筒或圆锥初清筛去除大杂，永磁筒除去铁杂质。

（2）烘干。水分超过 15% 不合格，必须经过烘干降低水分，水分保持在 8%～10% 经济合理。

（3）粉碎与筛分。通常采用循环粉碎工艺，普通锤片式粉碎机，采用 3.0 mm 筛孔提高粉碎效率，降低能耗，粉碎后物料采用 1.0 mm 分级筛筛分，筛下物即可为成品，筛上物返回重新粉碎。对于有机载体，如砻糠，也可采用球磨机磨碎成成品。

（二）微量成分的预处理

预混料中最常用的微量成分是微量元素和维生素。添加的微量元素有有机微量元素和无机微量元素，而无机微量元素使用居多，常用的如硫酸锰、硫酸铜、硫酸锌、硫酸亚铁、亚硒酸钠、碘化钾和氯化钴等。一般情况，预混料厂从微量成分原料生产厂家购买已预处理过的微量成分原料，如复合多维，可以直接添加使用。但有些无机微量元素具有亲水性，在加工储藏过程中易吸湿返潮、结块，影响后续加工和其他活性物质的活性；有些微量成分在预混料中用量极微，如硒、碘和单体维生素，如使用纯品，一次性称量，可能混合不均匀。所以对结晶的微量元素原料、需稀释的微量成分原料进行预处理是必要的。

微量成分预处理是指对不能直接添加到预混合饲料的微量组分，经过干燥、包被、稀释和粉碎等措施，改变其物理特性，避免或减少对饲料中其他活性成分破坏的生产加工工艺。

微量元素预处理常采用的方法有以下几种。

（1）干燥。是微量元素预处理很重要的一个环节。通过外源加热，去掉水分，蒸发残留酸。最好使微量元素盐降至 1 个结晶水。

（2）稀释。碘化钾、氯化钴和亚硒酸钠等需要量极微的元素，准确称量，按一定比例与载体研磨，或溶解于水，再分别按照一定比例喷洒在石粉、砻糠粉等稀释剂或载体上，进行预混合，形成低浓度稀释产品，参与配料。

（3）包被。采用矿物油或石蜡对微量矿物盐包被，消除矿物盐的亲水特性，减少吸湿。

（4）粉碎与筛分。一般来说，微量元素矿物盐在预混料中添加比例越少，要求粒度越细。不同组分需要量不同，添加量不同，故粒度要求不同。实际生产中，铜、铁、锌和锰等微量元素的粉碎粒度应全部通过 60 目，硒、碘、钴等极微量元素至少粉碎到 200 目以下，维生素粒度通常在 100～1 000 μm。我国规定，微量元素预混合饲料应全部通过 0.423 mm 分析筛，0.177 mm 筛上物不大于 20%。

（三）原料处理的设备

1. 干燥设备

（1）振动流化床干燥机。振动流化床干燥机由振动电机、物料进出 1：1、空气进出口、机体构成（图 5-4）。它是通过振动电机产生机械振动使物料松动、抛掷，同时加入热空气作为干燥介质，使物料呈流化状态。物料在这种流化状态下，在不断向前运动的过程中，与热空气充分混合与分散，进行热交换，达到物料干燥的目的。特点是物体受热均匀，热交换充分，干燥强度高，节约能耗；可调性好，料层厚度和在机内移动速度以及全振幅变更均可实现无级调节；流态化均匀，对物料表面损伤小，且采用全封闭式的结构，有效地防止了物料与外界空气的交叉感染。振动源采用振动电机驱动，运转平衡、维修方便，但会产生一定噪音。

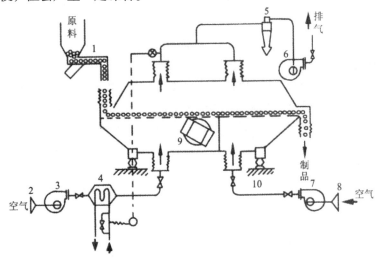

1. 给料器；2. 空气过滤器；3. 热风鼓风机；4. 蒸汽加热器；5. 旋风分离器；6. 引风机；7. 冷却鼓风机；8. 空气过滤器；9. 振动电机；10. 隔减振装置

图 5-4 振动流化床干燥机

（2）网带式烘干机。被干燥的物料均匀地平铺在网带上，网带常采用12～60目的钢丝网带，由变频电机带动，空气经过过滤、加热通入干燥室，热风与物料之间发生热交换，使物料水分汽化、蒸发，从而达到干燥的目的。可根据场地空间，设置成多层式网带。特点是设备简单，操作容易，生产量大；可根据物料特性调节空气量、加热温度、物料停留时间及加料速度以取得最佳的干燥效果。干燥后可配备冷却系统，实现一体化操作；较适合于载体干燥。

（3）回转筒干燥机。回转筒干燥机主要由热源、上料机、进料机、回转滚筒、出料机、引风机和卸料器构成（图5-5）。热空气以顺流或逆流的形式由进口进入筒体内部，待烘物料由进料口进入筒体内部。由于筒体的旋转和筒内抄板的作用，物料从进口端呈螺旋线的路径向出口端运动，在运动中，物料被带到一定高度再被抛撒下来，使热空气与物料得到充分的接触，热空气将热量传给物料，使物料受热升温，从而使物料内部水分不断得到汽化并散发到筒中被热风吸收。吸湿后的热空气采用旋风分离器分离细粒物料。特点是机械化程度高，生产能力较大，可连续运转；结构简单，物料通过筒体阻力运行平稳、操作方便；故障少、维护费用低、功耗低。但设备庞大，安装、拆卸困难；热容量系数小，热效率相对较低；较适合矿物盐的烘干。

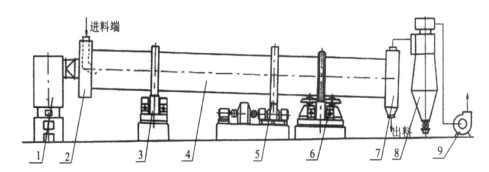

1.加热装置；2.加料装置；3.托轮；4.滚筒体；5.传动装置；6.托轮装置；7.出料装置；8.旋风分离器；9.引风机

图5-5　回转筒干燥机

2.粉碎设备

（1）锤片式粉碎机。有筛式锤片粉碎机主要用于载体的粉碎，常采用循环粉碎工艺。无筛式粉碎机主要用于稀释剂和矿物盐等原料的粉碎。无筛式粉碎机由机体、转子、控制室和风机等组成（图5-6）。通过调节控制轮和衬套的间隙或锤块与齿板之间的间隙来控制成品的粒度。

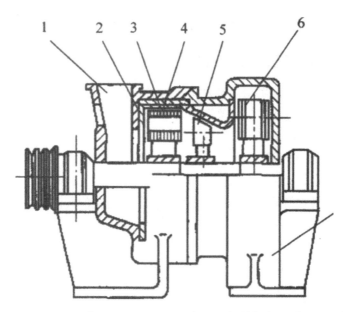

1.喂料口；2.侧齿板；3.弧形齿板；4.转子与锤片；5.控制轮与叶片；6.风机叶轮；7.机体

图 5-6　无筛式粉碎机(引自饶应昌，1998)

　　(2) 齿爪式粉碎机。添加剂预混合饲料加工过程中，常用齿爪式粉碎机粉碎矿物盐。

　　(3) 球磨机。球磨机主要由圆柱形筒体、端盖、轴承和传动大齿圈等部件组成 (图 5-7)。筒体内装入直径 25～150 mm 的钢球 (棒)，其装入量为筒体有效总容积的 25%～50%。筒体两端的端盖用螺栓与筒体法兰相连，中心有"中空轴颈"支承在轴承上。筒体的一端固定有传动大齿圈，由电机经联轴器和小齿轮传动，使筒体缓慢转动。当筒体转动，物料随筒体内壁上升，至一定高度后，呈抛物线落下或泻落而下，如图 5-7。待粉碎料从左方的中空轴颈进入筒体，并逐渐向右方移动，在此过程中物料遭受到钢球的不断打击而逐渐粉碎，直至从右方的中空轴颈排出机外。预混料中的载体和微量组分粉碎均可采用球磨机。

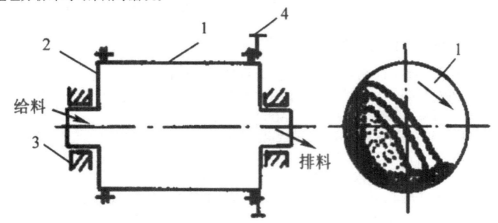

1.筒体；2.端盖；3.轴承；4.大齿圈

图 5-7　球磨机工作示意(引自陈代文，2003)

　　除此之外，原料预处理中还使用微粉碎和超微粉碎机，使粉碎的物料达到产品要求。与粉碎机配套使用的设备还包括给料器、分级筛、输送机和气力输送装置等。

四、配料工段工艺流程与设备

配料是预混料生产中的关键环节之一。由于添加的组分繁多、配比量相差较大、添加剂价格高等原因，对不同的组分要求不同的配料误差。故针对不同预混料原料应采用不同的配料工艺和设备，保证配料的准确性。

(一) 配料工段工艺流程

1. 分组配料

根据参与预混料配料原料的配比，划分不同称量范围的秤，分别称量，再进入混合工序。这种工艺类似配合饲料配料工艺中的多仓数秤工艺，满足了大量用大秤、小量用小秤的要求，能提高配料精度，很好保证每种原料的配料准确性。例如，极微量的硒、碘、钴采用精密天平，微量矿物元素采用微量配料秤，载体和稀释剂采用称量范围大的自动配料秤。

2. 预称—稀释混合—配料

将极微量组分，用高精度秤称取一定量，按一定比例加入载体或稀释剂进行承载或稀释混合，再把混合好的物料作为一种原料组分参与配料，这种配料工艺称为预称—稀释混合—配料。这是预混料配料常采用的配料方式，有时也会进行多次稀释混合。这种工艺能显著降低配料误差。

(二) 配料设备

不同配料工艺选用不同配料设备。一般来说，小型厂采用人工配料的方式，极微量组分采用高精度天平或高精度电子台秤；微量组分、经稀释混合的原料、载体和稀释剂等采用电子配料秤。一般常量成分精度为0.1%；微量成分精度为0.01%~0.02%；载体精度0.25%。人工配料可以用50 kg、5 kg、1 kg台秤。自动配料可采用不同规格的电子秤。针对自动配料过程中由于进料落差的非线性和不确定性，应用不依赖系统精确数学模型的迭代学习控制策略，使系统输出逐步逼近输出期望值，提高配料精度。

五、混合工段工艺流程与设备

混合技术是添加剂预混合饲料制造工艺中最为重要的工序之一，是确保添加剂预混合饲料质量的关键。均匀性是预混料的一项重要质量指标。衡量均匀性的指标为混合均匀度，以变异系数表示。预混料混合存在以下特点。

①混合均匀度要求高。我国标准规定变异系数应小于等于7%，生产上一般不得大于等于5%。

②预混料在混合机内要求残留量小，不大于0.1g/kg。

③为了减少粉尘，保证混合物均匀度，在混合过程中一般需添加油脂。

(一) 混合工段工艺

预混合主要包括稀释混合和承载混合两种方式。

1. 稀释混合

由于微量元素添加剂各种成分的原料纯度高，而畜禽对硒、碘、钴等的需要量又极微，故必须先进行预稀释，即先经过第一次稀释混合过程。稀释混合可设在车间的一角，也可单独设在配制室进行。稀释混合的进料和出料均由人工操作，每批原料混合之前，需将混合机内的残留物全部清除干净，以防止物料的相互污染。一般稀释混合的混合时间为 10 min。

2. 承载混合

用载体承载活性成分进行预混料的混合过程就是承载混合。配料秤一般置于混合机上方，以便使配制好的物料不输送而直接进入混合机内，承载混合一般通过添加油脂来提高载体的承载能力，承载混合时间为 15~20 min。

预混料混合工艺通常包括一次性直接混合和经预稀释、承载混合后参与主混合两种。由于某些添加剂添加量太微，如果没有高质量高效的混合设备，通过一次性直接混合往往很难使这些物料均匀分布到预混料中。而使用预稀释、承载混合能提高分布的均匀性，也能提高混合机效率，减少混合时间。

（二）混合设备

目前预混料生产中使用较广泛的几种混合机有小开门卧式双螺带混合机、大开门卧式双螺带混合机、卧式双轴桨叶混合机、立式行星圆锥形混合机、"V" 形混合机、鼓形添加剂混合机等。其中，卧式螺带混合机和双轴桨叶混合机使用尤为普遍。几种混合机性能特点如表 5-2。

表 5-2　几种混合机生产预混料性能特点

	小开门卧式双螺带混合机	大开门卧式双螺带混合机	卧式双轴桨叶混合机	立式行星圆锥形混合机	"V" 形混合机、鼓形添加剂混合机
混合均匀度（CV）%	7	7	5	5	5
混合周期（min）	10~15	10~15	5~10	15~20	10~15
主要混合方式	对流	对流	剪切	扩散	扩散
充满系数（%）	较高	较高	较高	较高	较低
残留量	较多	较少	较少	较少	较少
残留部位	螺带、基底	螺带、基底	桨叶、机壁	螺旋、机壁	机壁

注：最佳混合时间根据不同载体、稀释剂选择而相差较大

（1）卧式螺带混合机。预混料生产中使用的卧式螺带混合机要求比配合饲料更高，体现在：①转子承轴做成可调式，将转子外圈与机底壁间隙调节到最小，减少残留。②安装压缩空气网络，卸料完毕，通入压缩空气，清理螺带、机壁上的物料残留。③机底可设计为大开门或全开门式，混合完毕，全部物料输送到缓冲仓，减少机底残留。

（2）双轴桨叶混合机。双轴桨叶混合机是预混料生产中重要的混合设备。此种机型的特点为：①混合周期短，混合均匀度高，混合 1 min CV 降到 5% 以下；②长时间混合不产生偏析，可添加多种液体，液体添加量可达到 30%；③全长双开门出料技术，出料

迅速，残留少。

（3）立式行星圆锥形混合机。立式行星圆锥形混合机作为早期预混合饲料生产的混合设备，很少用于配合饲料的混合，其特点为：对粒度、比重悬殊的物料混合比较适合，可添加一定量液体原料，混合后机内残留少。

（4）"V"形混合机、鼓形添加剂混合机。"V"形混合机和鼓形添加剂混合机主要用于流动性较好的干性粉状、颗粒状物料的混合，较适合于添加剂的稀释混合。"V"形混合机机体由两个不对称筒体组成，物料可作纵横方向的流动。物料充满系数对混合均匀度影响较大，充满系数为 0.3 时混合效果最佳。

鼓形添加剂混合机主体为可旋转的鼓形回转筒，主要采用扩散和剪切混合方式进行物料的混合。被混合物料适用范围广，尤其对密度、粒度等物性差异较大的物料混合时不产生偏析，其结构简单、维修方便、混合均匀度高。比较适合于添加剂预混料的混合。

（三）液体添加工艺与设备

预混料的生产均需要添加一定量的液体，以提高添加剂预混料的质量。液体的计量和添加设备与配合饲料生产中液体添加设备相同。添加液体通常有油脂、糖蜜、抗氧化剂、氯化胆碱、蛋氨酸羟基类似物（MHA）和某些需溶解在液体中添加的微量组分。其中，油脂使用最为普遍。

（1）油脂。在配合饲料中添加油脂主要是为了提高饲料的能量，而在添加剂预混料生产中添加油脂，对于稀释混合的主要目的是减少粉尘，对承载混合的目的是提高载体承载活性成分的能力及减少分级现象，也可消除静电。

在预混料承载混合中，油脂添加量为 1%～3%，通常为 1%。油脂添加量多少应根据具体情况而定。一般可根据混合后物料的性状来判断决定。如果能从添加剂混合物的外表看到油迹，手感油腻，受挤压后能成球而不散成粉，表明油量过多；反之，如果混合后物料呈松散的粉末状，或者把少量的添加剂混合物从 30～40 cm 的高度落下，粉状添加剂会和载体分开，则说明需要加大用量。在稀释混合中，用油量常为 1%。

油脂选用应尽量采用优质油脂，低熔点的不饱和植物油是理想的品种。动物油、动植物油混合物，甚至矿物油也可选用，但其质量均应保证含杂少，酸价低，无酸败，含杂菌少，不得含沙门氏菌。为避免油脂氧化，应严格控制含水量，通常也添加抗氧化剂。

油脂添加顺序有两种：一种是载体和油脂先混合，然后加入微量组分再行混合；另一种是载体和微量组分先混合，之后加入油脂。据试验，二者有差别，但程度甚微，可以自由选用。

（2）抗氧化剂。为了防止某些易氧化失活微量成分和油脂的氧化，预混料中常添加一定量抗氧化剂。常用的抗氧化剂有乙氧基喹啉、二丁基羟基甲苯（BHT）、丁基羟基茴香醚（BHA）等。乙氧基喹啉是一种深褐色液体，适宜直接加入油脂中，同油脂一道添加到预混料中。也可使用粉状抗氧化剂直接加入预混料。

（3）氯化胆碱。一般预混料中直接加入 50% 的氯化胆碱干燥制品。有时也使用 75% 的氯化胆碱液体，通过高压喷头直接喷到混合机内与载体混合。

（四）预混料生产混合关键技术

（1）投料顺序。投料时应首先加入稀释剂或载体，以避免其他活性组分进入混合室底部及混合死角。一般投料顺序是，先投 50%～80% 载体或稀释剂，再投各种微量活性组分原料，最后投入剩余的载体和稀释剂。从物料特性来说，先投密度小，后投密度大的物料；先投粒度大的，后投粒度小的物料。

（2）液体添加。原则是避免添加的液体和微量活性组分直接接触。并保证进入混合机的液体雾化程度高，避免直接把液体倒入混合机造成物料成团结块。添加液体的量根据实际生产情况决定。

（3）适宜装料。不同类型混合机适宜装料量不同，相同质量不同容重物料在混合机中体积不同。应根据混合机类型和物料容重控制物料在混合机中的料位，控制混合质量。

（4）混合时间的确定。应对使用的混合机进行测试，确定具体的最佳混合时间。当投入物料的品种发生较大的变化时，都应重新测试，确定混合时间。

（5）残留的处理。混合结束，应对存在残留部位进行清理，特别是添加液体的预混料。可采用高压气流瞬时喷入的方法。对于存在混合死角的混合机，当人工或自动包装时，最好将第一包另行处理，有的预混料厂将该料投到下一批料中，有的到混合时间一半时，放出一定料又投入混合机中再混合。

六、添加剂预混合饲料的包装、储运

混合好的添加剂预混料从混合机到成品仓，尽量避免物料分级，输送距离越短越好。输送过程避免采用螺旋输送机和斗式提升机，最好采用自流装置，如条件不允许，也可采用刮板输送机或皮带输送机。

由于预混料中各成分密度、粒径差异较大，其成品以包装的形式出厂较为合适，不宜散装运输，否则在运输过程中容易产生分级，影响产品质量。包装材料主要取决于包装物料的性质，若包装物料的稳定性差，则包装要求高。防水、避光、不漏料和不易损害是预混料成品包装的基本要求。对于微量元素预混料，可采用 2 层牛皮纸和中间夹 1 层塑料薄膜的 3 层组合包装袋；维生素预混料可采用 3 层牛皮纸和内衬塑料薄膜的 4 层组合包装袋。复合预混料一般采用 3～5 层组合包装袋，最里边为塑料薄膜内衬，2～3 层牛皮纸，最外层为编织袋，有时也把以上几层压在一起。

包装设备可采用手动、半自动和全自动，根据厂家资金状况而定。包装的大小，可以根据用户需要与加工工艺来确定，大包装一般每包 20 kg 或 25 kg，小包装每包重有 500 g、1 000 g、2 000 g 和 5 000 g。包装要求称量准确性高，通常称量误差要求控制在 0.1% 以下。

第三节　中草药饲料添加剂的加工与应用

一、中草药添加剂产生的背景

饲料添加剂是添加在饲料中用以提高动物免疫力、加速生长、提高饲料转化率、降低饲养成本的可食性物质，而抗生素一直是畜禽饲料中最主要的添加物质，但其长期使

用，会引发病原菌产生抗药性以及致癌、致畸、致突变等副作用，因此，1999年起欧盟已经禁止使用大多数抗生素添加剂，到2006年全部禁止，其他国家和地区也正在逐步取缔抗生素在动物饲料中的使用。所以，开发新的无毒、无害、无残留的添加剂成为促进畜牧业进一步发展的新课题。中草药饲料添加剂，顾名思义是以中草药为原料制成的饲料添加剂，具有无毒、无抗药性、天然性和功能多样性等特点，近年来受到了越来越多的关注，特别是在养猪和养禽的生产上。我国中草药资源丰富，历史悠久，开发中草药饲料添加剂具有相当大的优势，早在两千多年前就有用中草药添加于饲料中以促进动物生长、增重和防治疾病的文字记载，如以下几个。

（1）西汉刘安所撰《淮南子·万毕术》中载有麻盐肥豚豕法："取麻子三升，捣千余杵，煮为羹，加盐一升着中，和以糠三斛，饲豚，则肥也。"

（2）东汉人畜通用的中药专著《神农本草经》中有："梓叶饲猪肥大三倍"和"桐花，饲猪肥大三倍"等记载。

（3）西晋葛洪所撰《肘后备急方》中用大麻子饲马"治及毛焦大效"。

（4）南北朝后魏的贾思勰编撰的《齐民要术》中有："取麦蘖末三升，和谷饲马"治马中谷证的记载。

（5）唐代李石所撰《司牧安骥集药方》中有马伤料时在饲草中添加"麦蘖（微炒）"的记载。

（6）宋代王愈所撰《蕃牧纂验方》中的"四时喂马法"，用"贯众、皂角，以上二味入料内，同煮熟喂马"。

（7）明代李时珍在《本草纲目》中记述有关知识："钩藤，入数寸于小麦中，蒸熟，喂马易肥"，"谷精草，可喂马令肥"，"乌药，猫、犬百病，并可磨服"，"蛤蚧，可为杂药及兽医方中之用"，"郁金，马用之，活血而补"等。

（8）喻仁、喻杰兄弟所撰《牛经大全》（成书于1608年）记载有用"红豆、白矾飞过"作为牛的补药方。

（9）清代赵学敏在所撰《串雅》一书中指出："鸡瘦，土硫黄研细，拌食，则肥。"

（10）张宗法所撰《三农纪》载鸡催肥法："以油合面，捻成指尖大块，日饲数十枚；或造便饭，用土硫黄，每次半钱许，喂数日即肥。"

（11）傅述风所撰《养耕集》介绍了治疗牛瘦弱用"乌豆炒熟，磨末，入盐，每日拌食。"

（12）李南晖所撰《活兽慈舟》载猪"论壮膘添肉法"中说："豕性虽贪食，多有肉少膘欠者，皆因所食糟糠未能醒脾，故肉少膘欠，豢养者遇此，先以酒醋、酒曲、童便合糠糟而饲之，大能醒脾益胃，免致择食无膘。又，麻仁一升、酒曲四两、食盐半斤、陈皮一斤、砂仁一两，共为末，常与糟糠和匀喂饲。若能如此喂之，不十日而胃开膘起。"又"芝麻一升、炒黄豆三升、炒蓖麻一合去壳，同末，常与糟糠和匀喂饲，不一月而膘肥肉满矣。"

总之，中国古代所记载的中药饲料添加剂，以植物药为最多，动物药和矿物药较少；无论是单味药还是复方作为添加剂，以肥猪的最多，鸡的次之，用于其他畜禽的相对较少。尽管古籍中的记载主要来自民间经验，缺乏试验数据等，但这些资料却为近代科学研究奠定了基础。迄今为止，已有大量的土方、单验方被现代科学试验所证实，并广泛应用于畜牧生产中。

二、中草药饲料添加剂的基本特征

中草药一般泛指草本植物的根、茎、皮、叶和籽实，也包括一些树、乔木和灌木的花和果，添加于饲料中，用以增进食欲，帮助消化，促进动物生长、镇静、增重和防病保健。

(一) 中草药饲料添加剂的种类

随着畜牧业的发展，畜禽用中草药饲料添加剂的种类不断增多，但截至目前，却无统一的分类。现根据动物生产特点和饲料工业体系，按中草药的作用性质将其分为促生长、疾病防治与保健和产品质量促进剂三大类。

1. 促生长类

（1）增食剂。该类添加剂主要是由消食导滞、理气健脾类中草药组成，具有改善饲料适口性、调节促进消化机能的功效，从而增强家禽食欲和提高饲料利用率。常用的药物有茅香、山楂、麦芽、鸡内金、橘皮、木香、香附、乌药、当归、白术、苍术、大蒜、五味子、马齿苋、松针、绿绒蒿等。

（2）促生长剂。促生长剂一般由富含氨基酸、微量元素及维生素等营养成分的天然植物或矿物质制成，可增进日粮营养的全价性，提高饲料报酬，从而提高家禽生长速度。常用的药物有松针粉、泡桐叶、麦饭石、氟石等。

（3）促生殖增蛋剂。促生殖增蛋剂多数由滋阴壮阳结合补气补血类药物组成，可刺激家禽生殖器官的功能，提高繁殖力；同时可促进蛋白质的合成，提高家禽产蛋量。这类药物有淫羊藿、水牛角、石斛、羊洪膻、益母草、补骨脂、贯众、罗勒等。

2. 疾病防治与保健类

（1）免疫增强剂。该类添加剂主要由补气类及补肾壮阳类药物组成，能提高家禽机体组织和器官屏障防御功能，缓解由环境应激造成的免疫系统紊乱，增强免疫力和抗病力。这类药物有刺五加、商陆、菜豆、甜瓜蒂、水牛角、羊角等。

（2）抗应激剂。该类添加剂主要由补气类药物组成，可增加机体外周血液、淋巴细胞比率和血清溶血素水平，增加应激状态下的血浆皮质醇含量、肾上腺重量和肾上腺皮质细胞内类脂质空泡含量等，降低家禽对各种应激、刺激的敏感性，减少应激综合征的发生，减少死亡率。临床实践表明，人参、绞股蓝、延胡等有提高机体防御抵抗力和调节缓和应激原的作用；黄芪和党参等可对机体进行调节和提高生理功能，起到抗应激作用。

（3）抗菌抗病毒剂。该类添加剂具有抗细菌和抗病毒的作用，能调动机体非特异性抗微生物的一切积极因素，达到全方位杀灭病原微生物的功能。中草药多糖提取物可改善鸡的肠道微生态系统、激活有益菌、抑制有害菌，而且不改变肠道的 pH。

（4）驱虫剂。该类添加剂一般是由具有增强机体抗寄生虫侵害能力和驱除体内寄生虫的天然中草药组成，如使君子、槟榔、南瓜籽、石榴皮、青蒿等。

3. 产品质量促进类

该类添加剂可以通过改善禽产品的色泽、风味等来影响产品品质。例如，松针粉可以改善鸡肉鲜嫩度；大蒜、辣椒可使肉鸡香味变浓；海藻粉、红花、黄芪可加深鸡蛋黄的颜色；由侧柏籽、首乌、黄精等中草药组成的添加剂能提高鸡肉的蛋白质含量，改善脂肪酸的组成。

(二) 中草药饲料添加剂的特性

1. 天然可靠, 无毒副作用和抗药性

中草药是天然饲料添加剂, 取自动物、植物、矿物及其产品, 保持了各种结构成分的自然状态和生物活性。长期使用, 很少产生细菌耐药性和毒副作用, 具有安全性和可靠性。毒副作用是指对动物的毒性、副作用、后遗效应和影响人体健康弊端的总称。生物激素和化学合成药物饲料添加剂会在动物体内存留蓄积, 引起毒副作用和药源性疾病。中草药添加剂多数无残留, 不会引起 "三致", 即使用于防病治病的有毒中草药, 经传统炮制法加工和科学的配伍而无毒性或消除, 使用量为常量的数倍乃至数十倍以上, 也未见机体有异常变化, 安全性好。抗药性是指病原菌和寄生虫经与药物多次接触, 对药物的敏感性下降, 甚至消失, 中草药饲料添加剂以其独特的抗微生物和寄生虫的作用机理, 不产生抗药性, 可长期使用。

2. 功能多样性

中草药饲料添加剂具有多种营养成分和生物活性, 兼有营养和药效双重作用, 既可防治疾病又可提高生产性能, 不但能直接抑菌和杀菌, 还能调节机体的免疫功能, 具有非特异性免疫抗菌作用。中草药饲料添加剂含有糖、脂肪、氨基酸、维生素、微量元素等动物机体所需的营养成分。同时含有生物碱类、苷类、挥发油类、色素等生物活性物质, 这些生物活性物质具有增强免疫、抗应激、调节新陈代谢、改善肉质和胴体性状等作用。

(1) 营养作用。中草药中一般含有蛋白质、氨基酸、糖、脂肪、淀粉、维生素、矿物质等营养成分, 虽然多数含量少, 甚至微量, 但可起到一定的营养作用。

(2) 增强免疫作用。现已发现中草药中的多糖类、有机酸类、生物碱类、苷类和挥发油类均有增强免疫的作用。

(3) 抗微生物作用。许多中草药具有抗细菌和病毒的作用, 以及具有调动机体非特异性抗微生物的一切积极因素全方位杀灭病原微生物的特点。

(4) 激素样作用。中草药本身不是激素, 但可起到与激素相似的作用, 并可减轻、防止或消除外源激素的毒副作用。

(5) 维生素样作用。某些中草药本身不含某一种维生素, 但却能起到某一种维生素功能的作用。

(6) 双向调节作用。有些中草药具有对动物某一脏腑的功能状态 (亢进或抑制) 进行调整的作用, 即处于亢进时可调节至正常, 处于抑制时, 可调节至兴奋。此外, 中草药还具有抗应激和适应原样作用、复合作用。

3. 药源广泛, 简便价廉

我国中草药资源丰富, 据 1995 年调查, 有陆地药用植物 12 807 种, 海洋药用植物 20 000 多种, 动物 18 000 多种。但目前在畜牧业生产中使用的陆地药用植物只有 1 000 多种, 常用的也就 200 多种, 海洋动物、植物已研究应用的有 1 500 多种。中草药源于大自然, 除少数人工种植外, 大多数为野生, 来源广泛, 成本低廉, 易于推广应用。中草药饲料添加剂生产工艺简单, 一般经干燥粉碎、混合后即可使用, 而且本身是天然有机物, 各种化学结构和生物活性较为稳定, 因此运输方便, 不易变质。

(三) 中草药饲料添加剂的有效成分

中草药中的主要活性成分包括多糖、苷类、生物碱、挥发油类、蒽类和有机酸类等。

（1）多糖。多糖是中草药的主要免疫活性物质，从中草药中提取分离出的多糖种类很多，如枸杞多糖、黄芪或红芪多糖、茯苓多糖、猪苓多糖、党参多糖、红花多糖、刺五加多糖、淫羊藿多糖和甘草多糖等，都具有免疫刺激作用。

（2）苷类。黄芪皂苷和人参皂苷均能增强网状内皮系统的吞噬功能，促进抗体形成，加快抗原抗体反应和淋巴细胞转化。目前研究最多的是人参皂苷。人参皂苷是人参的主要活性成分，具有显著增强动物机体免疫功能的作用，这不仅对于正常动物，对于免疫功能低下的动物也是如此。

（3）生物碱。能增强体液和细胞免疫功能，刺激巨噬细胞吞噬能力。

（4）挥发油类。凡具有香味的中草药一般含有挥发油，如大蒜、薄荷、当归、桂皮等。这类物质化学成分比较复杂，主要是硫化物、萜类及芳香族化合物。挥发油具有多种药理功能，目前在免疫方面研究最多的是大蒜素。

（5）蒽类。蒽类物质包括蒽醌及其衍生物。中草药大黄、何首乌、虎杖等富含蒽类物质。蒽类物质与免疫功能密切相关。

（6）有机酸类。有机酸广泛存在于中草药中，以游离状态存在的形式不多，大多数有机酸以与钾、钠、钙等金属离子或生物碱结合成盐的形式存在。近年来发现许多有机酸具有生物活性，其中与机体免疫功能密切相关的是甘草中的甘草酸，因其是甘草甜味的主要成分，所以也称甘草甜素。

三、中草药饲料添加剂的质量改善技术和研究方向

(一) 加强药用植物提取物研究

目前使用的药用植物添加剂剂量普遍较大，一般在 0.5% 以上，有的甚至多达 5%，不仅增加了成本，适口性受到了影响，还稀释了饲料的营养成分，不利于药用植物添加剂的推广应用。可以利用现代植物化学和仪器分析手段，对药用植物中有效成分，如多糖、苷类、生物碱、挥发油等进行提取、分离，从而降低药用植物添加剂的添加剂量，使药用植物作为饲料添加剂的成本更低廉、来源更广泛、效果更显著，更适于现代养殖生产的需要。

(二) 加强药用植物的配伍及组方研究

大量研究表明，利用药用植物的合理配伍机制制成的复方药用植物添加剂在动物生产中往往比单一制剂使用效果更明显。例如，马得莹（2004）试验表明四君子汤（由黄芪、茯苓、甘草和白术组成）和六味地黄丸（由熟地黄、山萸肉、干山药、泽泻、牡丹皮和茯苓组成）能增强雏鸡免疫功能，并可通过提高雏鸡血清或组织超氧化物歧化酶（SOD）和谷胱甘肽还原酶（GR）活性，以及降低血清或组织中丙二醛（MDA）含量等作用改善雏鸡体内的脂质稳定性。所以可以将开发复方药用植物添加剂作为今后的研究重点，从而更好地发挥药用植物添加剂的效能。

(三) 加强药用植物添加剂作用机理的研究

在这方面的研究，大多数学者还停留在传统的中草药理论上，远远不能揭示其真正的作用机理。应采用现代医药学、营养学和免疫学的方法，将体内营养物质代谢和现代分子生物学同药用植物添加剂研究相结合，研究其如何调节机体平衡，改善肠道微生物

区系，促进免疫反应及调节体内其他生理生化反应。如对女贞子的研究，现在已知其有效成分主要为齐墩果酸，有关它提高机体免疫机能的研究很多，对巨噬细胞、T淋巴细胞、B淋巴细胞以及其他免疫细胞均有明显的调节作用。并且利用现代植物化学和仪器分析手段，对中草药中有效成分，如多糖、苷类、生物碱、酶类挥发油等进行提取、分离和鉴定。

(四) 加强药用植物添加剂成品和原料的质量控制

药用植物饲料添加剂不同于化学合成添加剂，其质量指标和检测方法能否套用化学合成添加剂需要进一步研究探讨。药用植物的成分复杂，其中有效成分和非有效成分无绝对界限，又在不同情况下相互转换，而且每一味药含有数种甚至几十种化学成分，同时又因产地、采收、贮藏和炮制等不同，化学成分种类和含量差异很大，增加了检测难度。所以，我们应结合药用植物的特点制定相应的质量指标和监测方法，并进行产品的毒理安全研究。

(五) 加强中西医药结合应用研究

将中草药和化学合成药物复配，以增强使用效果。例如，用甲氧苄胺嘧啶防治鸡白痢时，与抗菌中草药苦参、黄柏、蒲公英、白头翁等合用，可协同增效。

(六) 加强中草药饲料添加剂加工工艺的研究

目前使用的产品大多是固体的粉状剂型，生产设备和工艺较简单，为了确保产品质量和开发新型产品，必须加强中草药饲料添加剂加工工艺的研究。同时，根据动物的不同生长发育阶段和生产目的，针对不同的饲养条件，开发精制型、专用型特异性中草药饲料添加剂。

(七) 探索新的药物来源

我国中草药资源非常丰富，许多种类还有待于开发，通过对其有效成分进行分析研究，开辟新的来源。这方面可以借鉴美国氰胺公司的成功经验。该公司从我国一种常用驱虫中草药常山的有效成分入手，通过提取和制备其有效成分常山酮，然后弄清其化学结构，最后成功运用化学合成方法合成了一种新型禽用抗球虫药——氢溴酸常山酮，现在由德国赫斯特公司生产，并冠以商品名为"速丹"。在中国有售，效果很好。

四、中草药饲料添加剂在畜牧业中的应用

(一) 促进动物生长

药用植物中一般含有蛋白质、氨基酸、糖、脂肪、淀粉、维生素、矿物质等营养成分，虽然多数含量少，甚至微量，但可起到一定的营养作用。另外，许多药用植物能增强机体消化吸收和合成代谢，增进食欲，促进生长发育，提高动物生产性能。Windisch 等（2008）所做综述表明，很多药用植物及其植物提取物均可改善猪和肉鸡的生产性能，Chen 等（2009）试验证明，在饲粮中添加 0.5% 和 1% 女贞子粉分别使肉鸡日增重提高了 9.6%（$P<0.01$）、9.00（$P<0.01$），日采食量提高了 7.4%（$P<0.05$）、6.7%（$P>0.05$）。周亚军和李宗泽（2006）以金银花提取物、黄芪提取物、鱼腥草提取物、牛至油提取物、当归提取物组方，应用于生长猪，结果表明，中草药组比对照组的腹泻率明显下降、日增

重明显提高，且中草药的添加效果优于抗生素。孙德成等（2005）采用不同中草药配成三种中草药添加剂，试验组每天每头平均饲喂 50 g，试验组比对照组每天每头平均产奶量分别增加 1.57%（$P>0.05$）、4.51%（$P<0.05$）、3.96%（$P<0.05$）。

(二) 增强动物免疫功能和抗应激能力

中草药饲料添加剂是依据中兽医学和现代营养学理论由不同性味功能的中草药配制而成，其中含有大量的抗菌抑菌成分、生物碱、苷类、有机酸等生物活性物质，并通过这些活性物质的作用来提高机体的抗病力和免疫力，而且可避免西药类免疫预防剂对动物机体组织有交叉反应的副作用。增强免疫功能，提高抗病力的中草药有女贞子、五味子、牛至油、黄芪、高陆、刺五加、淫羊藿、穿心莲、茯苓等。陈晓丹等（2009）以1 日龄海兰白雏鸡为试验动物，深入研究了复方女贞子（该方剂由女贞子、黄芪、党参组成）对雏鸡免疫功能及其作用机理，结果表明，复方女贞子应用后雏鸡血清细胞因子 IL1β、IL-2，免疫球蛋白 IgG、IgM 和 IgA 的含量，外周血液 T 细胞数量和 T 细胞、B 细胞增殖功能均明显升高，表明复方女贞子应用后显著提高雏鸡的细胞免疫和体液免疫水平。裴文芳（2008）试验表明，在日粮中添加五味子提取物可显著提高肉仔鸡后期的胸腺指数，促进肉仔鸡外周血淋巴细胞 IL-2 的分泌，进而显著提高脾淋巴细胞转化率，在日粮中添加 0.3% 的五味子提取物可显著提高肉仔鸡血清 NDV—Hl 抗体效价、血清溶菌酶含量和肉仔鸡血清 IgM 含量。赵云（2006）研究表明，在日粮中添加 0.2% 五味子醇提取物能显著提高肉仔鸡禽流感抗体效价，添加不同浓度的五味子提取物均显著提高肉仔鸡脾脏淋巴细胞转化率。

夏季高温往往引起蛋鸡新陈代谢和生理机能发生改变，以致影响产蛋和饲料利用率。众多研究表明，饲料中加入具有增强免疫功能、清热祛湿、镇静安神、增食欲助消化功效的药用植物饲料添加剂，可取得良好的抗热应激效果。袁福汉等（1993）以藿香、银花、板蓝根、苍术、龙胆草等组成的中草药饲料添加剂，发挥各自的清暑去热、解毒杀菌、健脾化湿等功能，提高高温季节蛋鸡的抗应激能力。马得莹（2004）研究表明，女贞子、五味子、四君子汤和大豆黄酮可通过降低热应激产蛋鸡血清皮质醇（Cor）分泌，减缓高温对产蛋鸡的不良作用，同时都显著提高了热应激产蛋鸡肝脏热休克蛋白（HSP70）基因表达量。

(三) 增强畜禽繁殖机能

以传统中兽医学方药理论分析，淫羊藿具有促性腺作用，可使雌性动物子宫内膜增厚、子宫腔扩大、子宫角和卵巢的重量增加。香附、熟地等可以提高雄性动物的繁殖性能，可增强精子活力、提高精子存活率和射精量等。用于增强蛋鸡产蛋率的中草药有益母草、补骨脂、贯众等。用以提高奶畜产奶量、改善乳脂率的中草药有黄芪、当归、苍术、益母草等。黄一帆等（1993）用淫羊藿、女贞子配以黄芪、麦芽、神曲组成蛋鸡用饲料添加剂进行了试验，结果表明，产蛋率得到了极显著地提高（9.37%），饲料转化率提高了 7.41%。谷新利等（1997）用其配制的"强精散"饲喂种公羊，25 d 后，精子活力、精子存活力、密度、射精量均有极显著提高，而且停药后依然可以保持，同时对云雾状特征、pH 和精子畸形率无不良影响。

(四) 抗菌驱虫

起抗菌作用的中草药很多，部分研究结果见表5-3(胡仁火等，2009)。

表5-3　10种中草药提取液对5种菌的抑菌率

(%)

中草药	大肠杆菌		枯草杆菌		金黄色葡萄球菌		白葡萄球菌		酵母菌	
	0.5mL	1.5mL	0.5ml	1.5mL	0.5ml	1.5mL	0.5mL	1.5mL	0.5mL	1.5mL
白芷	33.6	43.0	26.1	51.8	82.2	100.0	50.4	61.9	83.0	100.0
白术	67.1	98.2	44.5	83.4	84.9	100.0	64.2	96.8	90.9	100.0
白芨	70.5	96.4	84.5	100.0	65.5	96	76.8	99.7	57.7	99.9
黄芩	88.4	96.5	83.1	100.0	43.6	92.3	90.2	99.6	78.5	100.0
黄柏	9.7	35.1	99.5	100.0	97.2	100.0	98.3	100.0	62.5	92.5
麦冬	54.5	79.3	63.6	95.8	37.2	58.4	43.2	53.1	43.2	98.0
花椒	41.0	50.0	47.8	99.3	69.3	99.0	75.3	100.0	40.7	98.0
蒲公英	59.3	84.2	97.2	100.0	55.6	76.7	45.8	64.7	86.9	99.9
细辛	60.7	89.4	40.3	62.0	97.0	100.0	53.2	82.6	64.3	100.0
甘草	56.1	89.3	98.8	100.0	76.3	91.7	91.7	99.8	51.8	86.0

现有的研究资料表明，中草药的抗菌作用从以下两个方面完成：①增强机体器官组织抗菌能力；②作用于细菌的结构和代谢。作为驱虫剂的有槟榔、大蒜、百部、使君子、南瓜子、仙鹤草、常山、苦参等。金岭梅等(2003)试验证明，以清热解毒、凉血杀虫和止血功能的中草药(青蒿、仙鹤草等)组方配制而成的方剂有抑杀裂殖体作用，对鸡球虫病有良好的预防作用。

(五) 提高畜产品品质

中草药多为天然植物资源，根据很多研究分析，许多中草药中含有植物色素，有些含量极为丰富，这为改善畜产品色泽提供了可能。王自良(1998)报道，用主要成分为沙棘果渣的饲料添加剂饲喂蛋鸡，蛋黄指数提高1.7～3.1级。中草药添加剂还能改善产品的风味。王权等(1996)用侧柏籽、首乌、黄精、夜交藤等8种中草药组成的添加剂饲喂艾维因肉鸡34 d以上，可提高肌肉中蛋白质的含量，改善脂肪酸组成，提高氨基酸和矿物质水平，使肉质和汤味口感鲜、甜、香，改变了腥、淡味。陆钢等(1996)报道，以小茴香和茯苓为主的中草药组成肉鸡风味型饲料添加剂"香苓粉"，可以明显改善白羽鸡的风味特征，经气相色谱和色质联用法定性定量分析，提高了鸡肉中26种风味成分，特别是十八醛、乙基异丙醚、戊烷和二甲基烷含量以及棕榈乙酯、月桂酸等物质的水平。并认为肉鸡风味的改善与中草药饲料添加剂配方中小茴香、肉桂、陈皮含有挥发性成分有关。Chen等(2009)报道，在日粮中添加女贞子可显著缓解鸡肉pH下降程度，显著降低滴水损失。闫俊书等(2007)试验表明，五味子提取物可显著降低鸡肉滴水损失，0.1%五味子提取物可显著缓解鸡肉pH下降程度，0.2%五味子提取物组可明显改善鸡肉嫩度。

第六章　饲料的其他加工与输送

　　各种饲料经过不同的饲料加工工艺和设备加工为可供销售的饲料产品，按产品的配方分为添加剂预混合饲料、蛋白质浓缩饲料、配合饲料（颗粒饲料）、精料补充饲料等。按产品形态可分为粉状饲料、成型饲料（包括颗粒饲料与膨化饲料）等。国内商品饲料有散装饲料和袋装饲料两类。散装饲料主要用于大型畜禽养殖加工一条龙的农业产业化公司，公司内部设有饲料加工厂，向各分公司或向放养合同户送料，采用散装饲料车运送到各养殖场的贮料塔内，散装饲料目前只占饲料总量的 5% 左右，随着产业化的发展，散装饲料具有一定的发展趋势。而占绝大多数的饲料都采用编织袋或纸塑复合袋进行包装，通过不同的销售渠道销售到养殖场户。本章以饲料的成型→饲料的包装→饲料的码垛→饲料的输送为路线，对饲料加工过程进行细化的梳理。

第一节　饲料的包装

一、饲料包装机械

　　饲料包装设备由定量包装秤、缝口机和输送装置三个部分组成（图 6-1），其中最为关键的设备是定量包装秤，它决定了每包质量的准确性。

（一）包装秤

　　包装秤用于配合饲料厂的打包工段对粉状或颗粒状的饲料成品进行称重。定量包装秤有机械式和电子式两种，它们的供料器和承重单元的机构基本相同，但称重方式不同。机械式利用杠杆原理进行称量，而电子定量包装自动秤是采用称重传感器计量。两种称重方式相比，电子自动包装秤计量精度高、称量速度快、故障率低。目前饲料生产企业常用电子定量包装秤。

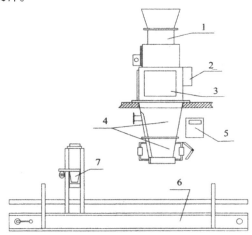

1. 喂料机构；2. 气动元件；3. 称重装置；4. 接料斗及夹袋器；5. 电控箱；6. 输送机；7. 缝口机

图 6-1　饲料称重包装设备（引自庞声海、郝波，2001）

1. 电子定量包装秤的分类

由于饲料厂产品品种多，外形多样，其物理特性（如容重、散落性、流动性等）也不同，这就决定了饲料厂包装秤结构的多样性。

（1）按喂料方式分类。

①皮带喂料式，该形式包装秤喂料机构是采用输送带喂料器，利用气动闸门挡料装置控制料层厚度来实现快慢加料。具有结构简单、运行平稳、节省动力等优点。适合于流动性好的颗粒料和普通的粉料，具有良好的通用性，是目前使用相当广泛的包装秤。

②螺旋喂料式，该形式包装秤是采用螺旋喂料，结构上与螺旋喂料器相同。一般情况下，用大小双螺旋来实现快慢进料，快进料时大小螺旋同时运行，慢加料时只有小螺旋运行。螺旋喂料可克服皮带喂料机构密封不严的缺点。螺旋喂料又有平螺旋和斜螺旋之分，采用斜螺旋是为了克服物料的自流，为能达到理想的效果，通常斜螺旋的出口不能低于进口，适合以石粉为载体的预混料。

③重力式喂料式，重力式喂料是利用物料自身的重量，以自由落下的方式喂料。通常以大小门的开度来控制流速，实现快慢加料。这种喂料方式不需要额外的动力，但要求物料有极好的散落性；有时为了下料均匀顺畅，还采用气动的松动装置。适合流动性好的颗粒饲料。

（2）按秤斗的数量分类。

①单秤斗型，是饲料厂最常用的包装秤，秤体只有一个秤斗，故称量速度慢。

②双秤斗型，秤体内有两个秤斗，两个秤斗交替进行称量，因此称量速度快，包装时间短，相对单秤斗型包装秤其称量速度可提高60%。

③无秤斗型，有些饲料中蛋白质或油脂含量高，黏附性大，导致饲料很容易附着在包装秤的秤斗里，不但会影响打包的准确度，如果清理不及时，还会发霉变质，导致饲料成品的不合格。无斗型包装秤结构省去了秤斗部件，将称重传感器直接安装在下料斗和夹袋装置上，工作时将物料直接放到夹在夹袋机构上的包装袋里进行称重。由于无斗秤省去了秤斗部件，大大降低了秤体的高度，适合包装现场低矮的场合。但是，由于包装材料（袋）重量的不一致性，无斗秤系统工作时每个称重周期必须测定称重单元的皮重变化。

（3）按包装量大小分类。

①常量包装秤将额定称量值定为50 kg，称量范围在20～50 kg的包装秤称为常量包装秤。20～50 kg的包装袋大小适中，易于堆放，运输方便，所以这种包装秤使用最为广泛。

②中量包装秤，将额定称量值定在20 kg，称量范围在5～20 kg的包装秤称为中量包装秤。这种包装秤使用并不太多，对于零售给分散养殖户的预混料，有时采用这种包装。

③小量包装秤一般将额定称量值定为5 kg，称量范围在1～5 kg的包装秤称为小包装秤，这种包装秤主要用在维生素、矿物质、药品等添加剂类物料的包装。由于包装量小，绝对误差允许值小，这类包装秤在传感器的选择上比较考究。包装秤常用的组合形式见表6-1。

表 6-1 包装秤的组合形式

形式称量范围 (kg/ 包)	显示分辨率（g）	包装速度	特点
皮带喂料单称斗 20 ~ 50	10	300 ~ 600 包 /h	适用于颗粒配合饲料及含饼粕的饲料
皮带喂料无秤斗 20 ~ 50	10	300 ~ 600 包 /h	适用于饲料及含饼粕的饲料且空间受限制的场合
螺旋喂料单秤斗 20 ~ 50	10	200 ~ 400 包 /h	适用于颗粒配合饲料，螺旋适合于预混料，平螺旋适合于一般粉状物料
螺旋喂料无秤斗 20 ~ 50	10	200 ~ 400 包 /h	适用于带黏附性的粉状饲料（如鳗鱼料）
重力喂料无秤斗 25 ~ 90	10	12 ~ 25t/h	适用于流动性好的颗粒饲料
重力喂料单秤斗 25 ~ 60	10	12 ~ 20t/h	适用于流动性好的颗粒饲料
重力喂料单秤斗 1 ~ 5	2	300 ~ 600 包 /h	适用于流动性好的小颗粒饲料和粉状饲料
重力喂料双秤斗 25 ~ 90	10	25 ~ 45t/h	适用于流动性好的颗粒饲料

引自王飞雪、周冬震、李海滨，2001

2. 电子定量包装秤的结构及工作程序

（1）结构。电子定量包装秤是新一代定量包装设备，采用传感器、单片电脑芯片及包装秤的机械设备（如给料系统、袋包输送机、夹袋机构）实行控制。包装秤主要由秤体、夹袋机构和电控柜组成。电控柜内设称控制器、PLC、滤波器、PC 回路等，系统由 PLC 预先编程控制，控制信号的输入可为包装按钮，也可为脚踏开关或其他触发开关。采用这种控制方式，可靠性高，电控电路大为简化。给料系统有带式给料和螺旋给料两种类型，采用双速电机来实现快速加料和慢速加料，可保证称重精度和称重速度。定量包装秤对供料门、闸门、夹袋机构均以气动方式控制，这种控制可靠性高，性能稳定，包装速度快，称量精度稳定，控制器还可实现称重斗自动调整、内部检查称重、欠重自动补足、重量记录和程序输入及调整等功能。电子定量包装秤精度为静态三级，动态 0.30%FS，每包装质量为 10 ~ 100 kg，包装速度为 4 ~ 10 包 /min，超载能力为最大称量的 120%。

（2）工作程序。工作时（图 6-2），在电脑控制下定量打包秤皮带供料机以正常速度运行，料仓的料进入秤斗，传感器将重量讯息传递给电脑，电脑将其与设定值比较，当到达慢速供料设定值时，皮带供料机改为慢速运行，同时控制启动微加料闸门下降，物料料层随之减薄，减少物流，降低物料冲量，使计量在接近静态下进行。当达到包装重量设定值时，皮带供料机停转，控制启动微加料闸门继续下降，落下的物料则通过电脑上预先设定值扣去。计量完毕，此时，电子包装秤询问夹袋机构上的袋是否夹紧，若夹紧则气动卸料门打开卸料，卸料完毕，卸料门自动关闭，夹紧机构松开袋口，进行下一包计量、装袋过程，如此反复进行。

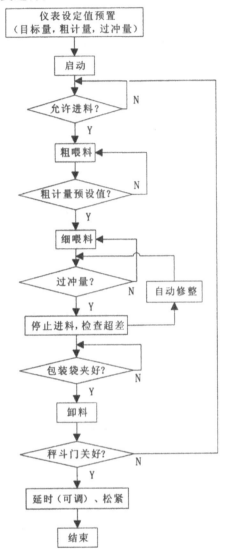

图6-2　定量包装秤的工作程序流程（引自庞声海、郝波，2001）

(二) 缝口机

缝口机是将工业缝纫机头安装在一个立式可调整机头高度的机座上。工作前应调整好机头高度、缝口针距和行程开关位置，这样可使机头工作时按序完成启动、缝口、割线和停止的缝口过程。缝口机主要由底座、机身、丝杆、立柱、回转架、缝纫机头和电机等组成 (图6-3)。

选用 ZDY12-4 锥形电子电机，通过减速箱驱动丝杆转动，使回转架和缝纫机头以 20 mm/s 速度升降，以适应袋口不同高度缝口的需要，电机断电停车后能自动制动。机身上有两个偏键导向，可调节立柱的升降松紧。工业缝纫机头由一台 0.6 kW 电机驱动，转动时松开锁定螺丝，到位后再固定。操作前应调节针距，以适应缝袋和输送机皮带速度的要求。由电控箱控制缝纫机头的启动、停止。在袋包输送机上装有行程开关，袋包通过碰击行程开关，使缝纫机割线自动停下。

(三) 袋包输送机

袋包输送机用来输送装满饲料的袋子，并使袋子经过缝包机时能边走边缝口，输送机输送速度与缝口机缝口速度必须保持协调，常用输送机有平带型和"V"形输送带型两种。"V"形输送带由两条输送带构成"V"形沟槽，"V"形沟槽与充满饲料的包装袋底部角度相同，使包装袋能直立通过缝包机，但结构复杂。平带型输送机常用链板式输送机。输送带两侧设有栏杆，确保充料袋直立通过缝包机。

袋包输送机是由缝包机、输送机和电控箱组成 (图6-4)，其中包括驱动滚筒、输送带、传送链及电机等。电机通过减速器、传送链，带动两副伞齿轮同步驱动成90°的驱动滚筒 (机头)，以保证两条皮带速度一致，机尾 (从动滚筒) 下部带有张紧螺杆，用来调节整条皮带的松紧程度；皮带托辊可调节两条皮带长度上的微小差异。输送皮带是由两条 200×4 输送带组成 90° 槽沟，与袋底形状一致，使装满的袋子夹紧并保持直立。工作时，输送带将过秤装满的袋子稳定地通过缝口机处进行缝合，运袋和缝口二者速度要配合一致，袋子缝口后再运到机尾卸下。

在电控箱中配有手动操作按钮，用于缝包机、输送机启动和停止工作。通过安装在输送机上的行程开关或光电传感器，能自动启动缝包机进行包装袋缝口，并能自动割线停车。

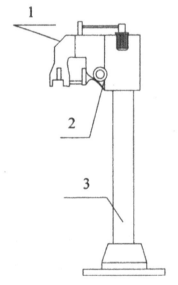

1.工业缝纫机；2.升降机；3.立柱

图6-3　缝口机 (引自庞声海、郝波，2001)

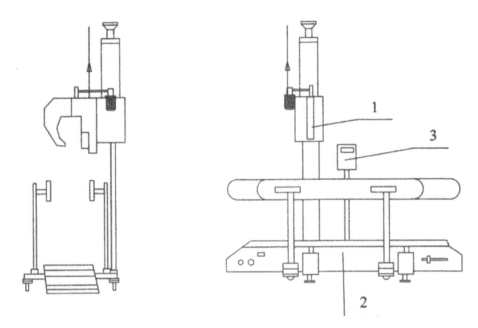

1.缝包机; 2.输送机; 3.电控箱

图6-4 袋包输送机(引自庞声海、郝波，2001)

二、包装材料

饲料在储藏、运输过程中，常会因储藏环境阴暗、潮湿、高温、虫害、鼠害等因素造成饲料发霉、氧化及污染，使饲料变质。采用适宜的包装材料和技术措施，可以防止饲料发生以上原因引起的饲料变质。因此，对饲料包装的要求主要是防潮、防冻、防虫等。通过饲料包装可以保证饲料的品质和安全，使用户使用方便；同时还可突出饲料产品的外表、标志和品牌，提高饲料产品的商品价值，进而提高利润率。

包装材料应结实耐用、不泄漏，保持饲料的新鲜状态。饲料包装材料主要有下面几种。

（1）纸质包装，主要是用牛皮纸制成单层或多层包装袋，其最大的优点是透气性好。

（2）塑料包装，主要有聚乙烯类塑料薄膜、聚丙烯类塑料薄膜、聚酯类塑料薄膜等，其优点为制袋工艺和密封性好。

（3）复合包装，主要是两种或两种以上的单质材料复合而成。如纸塑复合、复合编织袋等。复合包装的最大特点是，将所复合的单质材料性能进行叠加，来大大增强粉体的包装质量。如纸塑复合后，使包装封口性能提高的同时，还使包装产品在堆码和运输时防滑，另外，还保留了原有单质塑料和纸包装的性能。复合包装是饲料使用最多的包装。

饲料的包装袋要求严密无缝、无破损，包装袋的大小要适宜，便于装料和缝口。饲料的包装主要采用组合包装，但具体的组合应根据饲料的性质和所组合的包装材料的性能来进行。例如，配合饲料大多采用塑料复合编织袋包装，即在编织袋内衬一层聚乙烯薄膜袋，能有效防潮，又有一定的透气性，对饲料的保存有利。对于含微量组分浓度大的饲料，如预混料、浓缩料等，可采用牛皮纸、塑膜和编织袋的复合袋包装。

三、饲料标签

饲料标签是饲料产品的重要标识，是以文字、图形、符号说明饲料内容的一切附签及其他说明物。

饲料标签标示的内容必须符合国家有关法律和法规的规定，并符合相关标准的规定。所标示的内容必须真实并与产品的内在质量相一致。饲料标签内容的表述应通俗易懂、科学、准确，并易于为用户理解掌握。不得使用虚假、夸大或容易引起误解的语言，更不得以欺骗性描述误导消费者。

(一) 饲料标签应标识的内容

(1) 应标有"本产品符合饲料卫生标准"字样。

(2) 饲料标签上要标注饲料名称，采用能够表明饲料真实属性的名称进行命名。需要指明饲喂对象和饲喂阶段的，必须在饲料名称中予以表明。

(3) 产品成分分析保证值：标签上应按表6-2规定项目列出产品成分分析保证值的项目规定。保证值必须符合产品生产所执行标准的要求。

(4) 原料组成：标明用来加工饲料产品使用的主要原料名称以及添加剂、载体和稀释剂的名称。

(5) 产品标准编号：标签上应标明生产该产品所执行的标准编号。

(6) 对于添加有药物饲料添加剂的饲料产品，其标签上必须标注"含有药物饲料添加剂"字样，字体醒目标注在产品名称下方。标明所添加药物的法定名称。标明饲料中药物的准确含量、配伍禁忌、停药期及其他注意事项。

(7) 使用说明：预混料、浓缩饲料和精料补充料，应给出相应配套的推荐配方或使用方法及其他注意事项。

(8) 净重或净含量：应在标签的显著位置标明饲料在每个包装物中的净重；散装运输的饲料，标明每个运输单位的净重，以国家法定计量单位克 (g)、千克 (kg) 或吨 (t) 表示。若内装物不以质量计量时，应标注"净含量"。

(9) 生产日期：生产日期采用国际通用表示方法，如2010—06—06表示2010年6月6日。

(10) 保质期：用"保质期一个月 (或若干天)"表示。注明贮存条件及贮存方法。

(11) 生产者、经销者的名称和地址：必须标明与其营业执照一致的生产者、分装者的名称和详细地址，邮政编码和联系电话。

对于进口产品，必须用中文标明原产国名、地区名及与营业执照一致的经销者在国内依法登记注册的名称和详细地址、邮政编码、联系电话等。

(12) 生产许可证和产品批准文号：实施生产许可证、产品批准文号管理的产品，应标明有效的生产许可证号、产品批准文号。

(13) 其他：可以标注必要的其他内容，如有效期内的质量认证标志等。

表 6-2　产品成分分析保证值项目

序号	产品类别	保证值项目	备注
1	蛋白质饲料	粗蛋白质、粗纤维、粗灰分、水分(动物蛋白质饲料增加钙、总磷、食盐)、氨基酸	
2	配合饲料	粗蛋白质、粗纤维、粗灰分、钙、总磷、食盐、水分、氨基酸	
3	浓缩饲料	粗蛋白质、粗纤维、粗灰分、钙、总磷、食盐、水分、氨基酸、主要微量元素和维生素	
4	精料补充料	粗蛋白质、粗纤维、粗灰分、钙、总磷、食盐、水分、氨基酸、主要微量元素和维生素	
5	复合预混料	微量元素及维生素和其他有效成分含量；载体和稀释剂名称；水分	
6	微量元素预混料	微量元素有效成分含量；载体和释剂名称；水分	
7	维生素预混料	维生素有效成分含量；载体和稀释剂名称；水分	
8	矿物质饲料	主要成分含量、主要有毒有害物质最高含量、水分、粒度	若无粒度、水分要求时，此二项可以不列
9	营养性添加剂	有效成分含量	
10	非营养性添加剂	有效成分含量	不包括药物饲料添加剂
11	其他	标明能说明产品内在质量的项目	

注：序号1、2、3、4保证值项目中氨基酸的具体种类和保证值的标注由企业根据产品的特性自定。引自 GB 10648—1999，饲料标签

(二) 饲料标签使用的基本要求和注意事项

(1) 饲料标签不得与包装物分离。

(2) 散装产品的标签随发货单一起传送。

(3) 饲料标签的印制材料应结实耐用，文字、符号、图形清晰醒目。

(4) 标签上印制的内容不得在流通过程中变得模糊不清甚至脱落，必须保证用户在购买和使用时清晰易辨。

(5) 饲料标签上必须使用规范的汉字，可以同时使用有对应关系的汉语拼音及其他文字。

(6) 标签上出现的符号、代号、术语等应符合国家法令、法规和有关标准的规定。

(7) 饲料标签标注的计量单位，必须采用法定计量单位。

（8）一个标签只标示一个饲料产品，不可一个标签上同时标出数个饲料产品。

四、包装质量控制

(一) 包装要求

（1）单层塑料编织袋防潮性能较差，在编织袋袋内衬入一层聚乙烯薄膜既能有效防潮，又有一定的透气性，起到防潮、防虫和防陈化作用，有利于饲料的保藏。

（2）包装袋要求严密无漏缝，无破损，包装袋的大小要适宜。

（3）饲料标签标示的内容必须符合《饲料标签》(GB 10648—2013) 的要求，符合国家相关法律和法规的规定。

（4）包装工艺要能保证包装质量和包装效率。

(二) 包装质量控制

包装过程是饲料加工和质量控制的最后一道工序，也是饲料质量控制的重要环节之一，必须按规定的加工工艺进行操作。

1. 袋装饲料的质量控制

（1）包装前的质量控制。饲料经包装后，质量缺陷即不容易被发现，所以，包装前的检查是十分必要的。包装前应检查和核实以下几方面：①被包装的饲料和包装袋及饲料标签要相符；②包装秤的工作正常；③包装秤设定的重量与实际重量一致；④质检人员要按规定从成品仓中对饲料取样，检查饲料的颜色、粒度、气味、光滑度、颗粒粉化率等。

（2）包装时的质量控制。包装饲料的重量应在规定的范围之内，误差一般应控制在 0.1% ~ 0.2%；打包人员应随时注意饲料的外观，发现异常情况迅速报告质检人员，及时处理；缝包人员要保证缝包质量，不得漏缝或掉线；质检人员应定时抽查检验，包括包装的外观质量和包重。

2. 散装饲料的质量控制

散装饲料的质量控制一般比袋装饲料容易。在装入运料车前要对饲料进行检查；定期检查卡车地磅的称量精度；检查从成品仓到运料车之间的所有分配器、输送设备和闸门的工作是否正常；检查运料车是否有饲料残留，如果运送不同品种的饲料要清理干净，防止不同饲料间的交叉污染。

(三) 成品贮藏

1. 成品库要求

成品库的基本要求是防潮、防水，地面平整，库房地面要高出房外地面，内墙光滑，顶棚隔热良好，通风良好。成品库高度应在 4 m 以上，最好为 6.5 ~ 8 m，以利于卡车的进入与设备安装。成品库应设在阴凉的一侧，有条件的可建地下室或配备制冷设备。要求每种产品占用一个明确的位置。地面有托架，可设置多层货架以充分利用空间。成品库的面积应与生产规模相适应，保证每种产品有 1 ~ 2 个货位，以便于码放与识别。

2. 成品贮存要求

（1）成品饲料在库房中要在划定位置码放整齐，合理安排库房空间。堆垛间要留有过道，以便叉车通过。

（2）建立"先进先出"制度，以防码放在下面和后面的饲料因存放时间过长而变质。

（3）不同饲料之间要预留足够的距离，以防发生混料或发错料。

（4）防止破袋，保持库房清洁。对于因破袋而散落的饲料应及时清理，防止不同饲料之间的污染。

（5）注意防潮。定期检查库房顶部和窗户是否有漏雨等现象。

（6）做好成品入库登记，缩短贮存时间，于保质期内出厂。库房内最好备有温度和水分监测控制装置，以防产品变质。

（7）做好库内盘存记录，定期对饲料成品库进行清点，发现变质或过期饲料及时处理。

（8）做好防虫、防鼠、防鸟、防火等工作。

第二节 饲料的码垛

一、码垛工艺

(一) 码垛工艺

码垛工艺分为人工码垛和码垛机器人码垛两种，而码垛机器人还有叉车送托盘和自动输送托盘的。一般1个托盘码放8~10层，质量为2~2.5 t，码好托盘后由叉车把托盘运送到成品库房存放，可以堆垛2~3层高。

人工码垛工艺：叉车送托盘到位→人工依次码垛→叉车运送到成品库房。

码垛机器人码垛工艺：从包装线上处于直立状态的包装袋→倒袋机倒袋→转位机→整形机→码垛机器人码垛（叉车送托盘和自动输送托盘）→叉车运送到成品库房。

码垛机器人生产线机械设备主要有倒袋机、转位机、整形机、码垛机器人、叉车等。

(二) 成品库

打包后的产品堆码于房式仓。房式仓可大可小，平面形式应力求简单，尽量采用矩形平面，建筑结构简单，施工方便，便于使用叉车搬运。房式仓大小根据饲料厂生产规模、成品贮存时间与成品单位面积存放量等因素来决定。其仓容以库房面积 F（m²）来表示，计算公式为：

$$F = \frac{1\ 000Qf}{nqy}$$

式中：Q 为需要的仓容（一般取7~10 d 的生产量）；f 为1个成品仓的占地面积（m²）；n 为堆包层数；q 为每包重量（一般为40~65 kg）；y 为仓房面积利用系数（一般0.6~0.65）。

二、机器人码垛生产线

目前饲料企业在饲料生产过程中的包装工段多数采用人工码垛、人工套袋、人工缝口、人工搬运码垛等形式。每条自动包装生产线需要1人套袋、1人放标签缝口，1~2人往托盘上码垛，用叉车把托盘成品运送到成品库房。如果小型饲料企业用手推车搬运，需要2~5人把成品包装袋运送到成品库房。传统码垛是以人工方式完成的，利用叉车把托盘先放置在地面上，再由人工逐次地把产品按照一定顺序放置在托盘上。这种方式简单易行，没有初期设备投资，同时有一定灵活性；但存在着很大的局限性，如当生产线的速度过高或产品质量过大时，人工码垛就比较困难了。由于人工码出的垛重复性差，码垛质量低，在运输过程中容易出现倒垛现象，从而增加了产品的破损和人员的危险性。目前饲料企业中的劳动强度大的搬运工种已很少有人愿意长期从事下去，仅靠提高搬运工种的工资并不是有效的解决办法。很多大型企业已逐步尝试利用码垛机器人来代替繁重的人工搬运工作。

　　码垛机器人(也称码垛机械手)是机电一体化高新技术产品。可按照编程要求、最优化的设计使得垛形紧密、整齐，完成对料袋物料的码垛；提高劳动效率，降低劳动强度，减少人力资源，实现机械自动化生产。

　　机器人码垛生产线由输送机、倒袋机、转位机、整形机、编组机、码垛机械手、码垛平台等几部分组成。工作生产线上接包装线，即经过自动定量包装缝口的包装袋包装完毕后，通过带式输送机或滚柱式输送机带动包装袋经过倒袋机把立式包装袋放倒后继续输送，经过转位机调转方向输送，经过整形机把包装袋内的多余空气挤压出去，用下部的四棱滚柱和上部的多圆柱滚筒挤压，把凹凸不平的包装袋均匀平整后继续输送到编组平台。编组平台只有空位和一个包装袋两种状况，如果编组平台已有一个包装袋，自动停止输送设备，避免出现两包以上包装袋重叠现象。码垛机器人(机械手)通过识别确认，自动抓取包装袋进行转位，缝口朝向托盘内部方向，按预定的摆放程序摆放到托盘上，完成码垛任务，然后通过叉车把托盘送到成品库房。

　　目前国内只有几家大型饲料加工机械设备企业生产输送机、倒袋机、转位机、整形机、编组机、码垛平台等机械设备，而全套设备的核心——码垛机器人，各企业基本与相关的国内外机器人生产企业进行合作配套使用。

　　码垛机器人的结构(图6-5)由底座(机身)、旋转关节、抓手、电脑控制系统等组成。旋转关节式机器人码垛机绕机身旋转，包括四个旋转关节：腰关节、肩关节、肘关节和腕关节。这种形式的码垛机是通过示教的方式实现编程的，即操作员手持示教盒，控制机器人按规定的动作运动，于是运动过程便存储在存储器中，以后自动运行时可以再现这一运动过程。这种机器人机身小而动作范围大，可同时进行一个或几个托盘的同时码垛(图6-5)，能够灵活机动地对应进行多种产品生产线的工作。

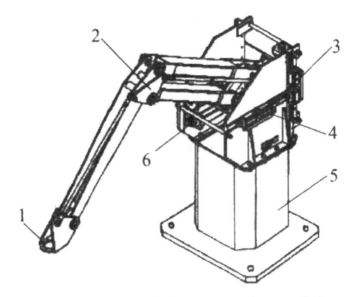

1. 前盘法兰盘；2. 连杆机构；3. 竖直导航；4. 水平导轨；5. 底座；6. 伺服电机

图 6-5 码垛机器人的结构

机械抓手为气动机械手，压力可调，配备压力缓冲阀，使夹持动作平稳。抓手上装有感应机构，能够自动感知物体，并通知控制中心进行物体抓放。

控制系统由大型 PLC、触摸屏组成。该系统拥有强大的 Profibus 通信功能。能够将数据实时传输给以太网，能够将控制指令以总线的方式发送给伺服系统，使整个的运动相当流畅。该系统可预置多种工件的程序，更换品种时可在触摸屏上调用相应程序。该机具有故障提示及报警功能，并且每次出现故障时都能准确地反映出故障具体位置，便于迅速排除故障，主要包括机器人碰撞保护功能、工件安装到位检测、光幕安全保护（避免机器人工作期间工作人员进入工作区）。电气控制系统有以下特点：当码垛机用于包装码垛生产时，可用其自动控制系统根据需要使其处于"自动"或"手动"状态。当设备出现电机过载、出垛积压、夹包、空托盘不到位等任一种故障时，码垛机将停机或声光报警，具有自动化保护功能。消除异常后，能重新在原停机状态下恢复运行。当码垛机停机、停电时，可由 PLC 保持原运行状态，避免重复记忆。来电后，电脑控制按原来的工作程序继续完成码垛任务。

码垛机器人有以下特点。

（1）结构简洁，易于维护。使用圆柱坐标型设计，大量使用标准部件，零部件的故障率低，性能可靠，保养维修简单。

（2）适用性强，灵活多变。多关节的运动轨迹更合适于码垛作业，传动效率高，运动轨迹清晰明了；多种抓手和码垛方式可供选择，适用于不同的产品特性。

（3）降低能耗，可靠性强，大部分零部件均集中在本体底座上，手臂结构轻盈结实，在高速运行情况下能耗更低，可靠性更强；码垛机械手的功率为 5 kW 左右。大大降低了客户的运行成本。

（4）示教简化，简单易学。对操作界面进行了简单化编译，只需对抓取位置及堆放位置做示教后，其他轨迹均由机器人自动计算，便可完成码垛作业，消除了人们对机器人的高级、难解的印象。

（5）量身定制，服务周到。可根据客户现场位置、包装物特性、码垛能力等实际因素，因地制宜，量身定制，设计最科学合理的码垛方案。当客户产品的尺寸、体积、形状及托盘的外形尺寸发生变化时只需在触摸屏上稍做修改即可，不会影响客户的正常生产。

（6）占地面积少，有利于客户厂房中生产线的布置，并可留出较大的库房面积。码垛机械手可以设置在狭窄的空间，即可有效地使用。

（7）自动化水平高。从进袋、转向、编码直到码垛全过程，可实现全自动连续运行。该机除具有正常开停车功能外，同时还具有自诊、报警、打印、通信、故障连锁等功能，并留有与中央控制室通信的软件和接口。

机械手码垛技术不仅可以改善劳动条件，节约能源，提高劳动生产率，还可以降低人工成本，节省码垛成本和管理成本，使仓库堆包现场井然有序，提升了企业形象。近年来，机械手码垛技术发展甚为迅猛，这种发展趋势是和当今饲料企业的大型化、规模化和集团化发展趋势相适应的。

三、全自动包装码垛生产线

全自动包装码垛生产线是集机、电、气于一体的高技术产品。它主要应用于化工、粮食、饲料、食品及医药等行业中的粉、粒、块状物料（如塑料、化肥、合成橡胶、粮食等）的全自动包装。即对包装过程中的称重、供袋、装袋、折边、封袋、倒袋整形、批号打印、检测、转位编组、码垛、托盘和垛盘的输送等作业全部实现自动化。以 PLC 为基础的全自动包装码垛生产线，控制系统简单，便于维护，适应性强，自动化程度高，节约人力，可极大提高生产效率。

全自动包装码垛生产线的机械系统主要包括全自动称重单元、包装单元、输送检测单元和码垛单元。其主要工艺流程如下：物料自贮料斗进入包装秤的给料装置，通过粗、细给料，实现粗、细两级加料，当秤斗中的物料重量达到最终设定值时，称重终端发出停止加料信号，待空中的飞料全部落入秤斗后此次称重循环结束。此时电子包装秤等待装袋机的投料信号，当自动装袋机完成上袋后，发出信号，使称重箱打开卸料翻门，向包装袋内投料，卸料后称重箱关闭翻门，装袋机张开夹袋器，包装袋通过夹口整形机和立袋输送机进入自动折边机，包装袋经折边后进入缝口机，当设在缝口机旁边的光电开关检测到包装袋后，缝纫机开始工作，缝合包装袋。当包装袋离开缝纫机后，缝纫机停止，并自动切断缝合线。包装袋经过倒袋整形机进入金属检测机及重量复检机，如果检测不合格，在包装袋通过自动捡选机时将被剔除，而合格的包装袋则顺利通过自动捡选机，再经喷墨打印机、过渡输送机、缓停机等设备将包装袋输送到码垛单元。由转位机根据码垛工艺要求将料袋依次按"2 袋直，3 袋横"和"3 袋横，2 袋直"循环做转位处理，这样包装袋便以"2 袋直，3 袋横"的形式进入编组机，最后由码垛机将包装袋堆码到托盘上。一般以码 8 层为一垛，码垛完成后，垛盘输送机将其输送出码垛区，停放在叉车区域垛盘输送机上。码垛机所使用的托盘由托盘仓和托盘输送机根据程序自动提供。

包装成形的袋子，经过倒包装置、整形装置输送到机器人抓取位。机器人采用手指形抓手，抓取包装袋后按照要求的堆码方式实现自动堆垛。倒袋整形、金属检测、重量复检、批号打印、转位编组、码垛、托盘和垛盘的输送等作业全部实现自动化。目前，全国饲料加工企业的总数超过上万家，采用码垛机器人的企业所占比例不足1%。当今饲料加工企业正朝着大型化、集团化方向发展，很多中小企业将被兼并或淘汰。大型饲料企业自动化程度很高，受到人力成本上涨的因素影响较小，生产成本有着明显的优势，生产成本的高低决定着企业的命运。很多大型企业已逐步尝试利用码垛机器人来代替繁重的人工搬运工作。未来几年内，全自动包装码垛生产线将会在大型饲料加工企业得到广泛使用。

第三节　饲料的输送

一、饲料输送工艺

为了保证饲料厂顺利高效生产，应根据输送物料的性质、工艺要求及不同的输送条件，合理选择并使用适当类型的输送机械设备，保证饲料生产连续、有序进行，提高劳动生产率，减轻劳动强度，提高饲料生产的自动化水平。

饲料输送工艺包括物料的水平与倾斜输送、提升、降运、导流与截流。

(1) 水平与倾斜输送。大量的饲料原料、半成品和成品都需要进行适当的水平和倾斜向上输送，常用的输送机械设备有带式输送机、螺旋式输送机、刮板式输送机、气力输送设备等。

(2) 提升。饲料生产过程中需要提升的物料量很大，一般从原料进厂清理、贮运、投料、加工、成品包装等工序都需要垂直提升输送，以便进行流水化专业。一般采用斗式提升机和气力输送设备。

(3) 降运。物料从高处向下流动，需要一定的倾角，一般粒状物料要求倾角大于45°，粉料要求倾角大于60°，以保证物料有效向下降运输送。物料降运常用溜槽和溜管（自流管）。

(4) 导流与截流。各工序之间以及各仓之间切换和分流物料，常用闸门、三通、四通和分配器等。

二、饲料机械输送设备

(一) 带式输送机

1. 结构及特点

(1) 结构。带式输送机是以输送胶带作为承载、输送物料的主要构件，是饲料厂常用的水平或倾斜的装卸输送机械，它可输送粉状、粒状、块状和袋装物料。带式输送机的主要组成部分如图6-6所示。除输送胶带外，主要部件是驱动滚筒、托辊、加料和卸料机构、张紧装置和传动装置等。物料由进料斗进入输送带上，被输送到输送机的另一端。若需在输送带的中间部位卸料，需设置卸小车。

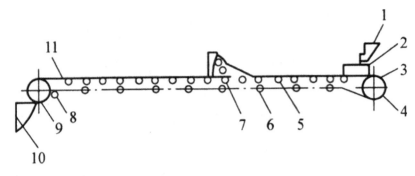

1.加料斗；2.给料机；3.被动滚筒；4.张紧装置；5.上托轮；6.下托轮；7.中间卸料器；8.张紧滚筒；9.驱动滚筒；10.卸料溜槽；11.胶带

图6-6　带式输送机的主要组成部分

带式输送机按其使用特点分为固定式和移动式两类：移动式主要用来完成物料装卸工作，固定式主要用来完成固定输送线上的物料输送任务。

输送带是重要的牵引和承运构件，类型很多。饲料厂主要使用普通型和轻型橡胶带。其特点是重量轻、挠性好、强度较高、使用寿命长。橡胶带是标准系列产品，选用时，根据输送能力来确定胶带宽度和胶带层数，再由输送距离及滚筒尺寸确定胶带长度，最后确定胶带接头方式。对于饲料厂，由于它的原料和成品的容重一般小于 1 t/m³，故可采用轻型橡胶带；在倾斜输送时，可采用花纹型的橡胶带。其宽度一般为 300 mm、400 mm、500 mm、650 mm、800 mm、1 000 mm 等。其配套的滚筒宽度应比橡胶带的宽度要大 100 ~ 120 mm。橡胶带层数一般以 3 ~ 5 层为宜，输送长度可达 30 ~ 40 m，其传动效率为 0.94 ~ 0.98。

（2）特点。带式输送机的主要优点是结构简单、工作平稳可靠、操作维护方便、噪声小、不损伤被输送物料、物料残留量少，在整个长度上都可以装料，输送量大、能耗低。缺点是难于密封，输送粉料时易起粉尘。

2.工艺参数计算

（1）输送散装物料的生产率

$$Q = 3\ 600AVPC \qquad (t/h)$$

式中，A 为物料在带上堆积的截面积，由带宽和物料堆积形成的堆积角确定（m²）；

V 为输送带速度（m/s）；

P 为物料容重（t/m³）；

C 为倾斜修正系数，倾斜角度小于 m³，取 1，倾斜角度在 8° ~ 15°、16° ~ 20°、21° ~ 25°，分别取 0.95 ~ 0.9、0.9 ~ 0.8、0.8 ~ 0.75。

（2）袋装料生产率。

$$Q = 3.6\frac{GV}{l} \qquad (t/h)$$

式中，G 为每袋物料重量（kg）；

V 为输送带速度（m/s）；

l 为袋之间距离（m）；

n 为每小时输送袋数。

$$n = \frac{Q}{G} = \frac{3\,600V}{I} \quad (袋数/h)$$

（3）输送机功率。

$$P_{轴} = \frac{QL}{1.36K_1} + \frac{QH}{367} \quad (kW)$$

式中，Q 为输送机生产率（t/h）；

L 为输送机长度（m）；

H 为倾斜输送高度（m）；

K_1 为长度输送系数，见表6-3。

表6-3 长度输送系数

Q (t/h)	L (m)				
	5	10	15	20	30
	K_1				
5	45	70	90	100	115
10	60	90	110	120	135
15	70	105	125	135	150
20	80	115	135	145	160
25	85	120	140	150	170
30	90	125	145	160	175
40	100	w140	160	170	180
50	110	150	170	180	200
100	140	190	205	215	230

电机功率：

$$P = K \frac{P_{轴}}{\eta} \quad (kW)$$

式中，K 为功率储备系数（K=1.2 ~ 1.43）；

$P_{轴}$ 为胶带输送机轴功率（kW）；

η 为机械传动效率（η =0.8 ~ 0.9）。

3. 选用及维护

（1）选用。主要根据输送物料性质、生产率、输送距离等要求来选用胶带输送机。

一般对成形后的颗粒饲料和膨化饲料，可选用水平形式的带式输送机，在制成品打包处可选用槽形托辊带式输送机。袋装原料向库房输送，可选用移动式带式输送机。输送形式确定后，根据生产率来确定所需的带宽、输送长度、输送速度，选择相应型号的胶带输送机。

（2）使用与操作。

①开启前应先检查胶带松紧程度。胶带过松下垂，会发生物料抛散，胶带打滑空转；胶带过紧，会影响胶带接头处强度。

②胶带输送机要求空载启动，以降低启动阻力。待运转正常后，再开始给料，停机时，应先停止给料，待机上的物料输送完毕，再关闭电动机，并切断电源。如有几台输送机串联工作，开机的顺序是由后往前，最后开第一台输送机，停机的顺序正好相反。

③胶带输送机的进料必须控制均匀，投料应在胶带中部。

④要防止进料斗导料槽板与胶带直接接触，以致使胶带表面磨损。

（3）维护。输送机工作时，应空载启动，这样可减小牵引阻力，减轻带与带的摩擦和磨损。工作中，应注意检查胶带与托辊的运转情况，如胶带出现过松、托辊出现不转动等情况，应停机检查，排除故障。胶带要保持清洁，避免与油脂类物料接触。输送机要控制好均匀进料，避免超载运行。中部卸料时，尽量减少导料滑板与胶带的接触，以减轻磨损。工作停止时，应将输送带上的物料输送完毕再停机。平时应定期对输送机的转动零部件进行保养润滑；调整好托辊位置，防止胶带跑偏；调整好胶带张紧力，防止胶带打滑。带式输送机故障及排除方法见表6-4。

表6-4　带式输送机常见故障及排除方法

故障现象	产生原因	排除方法
皮带打滑	1. 初张力太小 2. 传动滚筒与输送带间的摩擦力不够 3. 滚筒轴承或托辊轴承损坏 4. 启动速度太快 5. 输送带负荷超过电机能力	1. 调整拉紧装置，加大初张力 2. 在滚筒上加些松香末 3. 更换轴承 4. 慢速启动 5. 调整负荷
跑偏	安装精度不够	1. 调整托辊组的位置 2. 安装调心托辊组 3. 调整驱动滚筒与改向滚筒位置 4. 张紧处的调整 5. 用挡料板阻挡物料，改变物体的下落方向和位置
撒料	1. 转载点处的撒料 2. 凹段皮带悬空时的撒料 3. 跑偏时的撒料	1. 控制输送能力上，加强维护保养 2. 在设计时应尽可能采用较大的凹段曲率半径或者在胶带机凹弧处增加压带装置 3. 调整胶带的跑偏
胶带使用寿命较短	1. 胶带的使用状况不当 2. 胶带的质量不理想	1. 保证清扫器的可靠好用，回程胶带上应无物料 2. 选用优质胶带

续　表

故障现象	产生原因	排除方法
托辊辊皮磨断	1. 托辊旋转阻力过大 2. 皮带清扫不干净 3. 托辊辊皮材料不耐磨	1. 选择设计先进且旋转阻力优于国家标准的托辊 2. 设计先进的清扫托辊

（二）刮板输送机

1. 结构及特点

（1）结构。刮板输送机（图6-7）是利用装于牵引构件（链条或工程塑料）的刮板沿着固定的料槽拖带物料前进并在开口处卸料的输送设备。它主要由刮板链条、隔板、张紧装置、驱动轮、密封料槽和传动装置等组成。工作时，链条与安装在链条上的刮板被驱动轮带动，物料受到刮板链条在运动方向的推力，促使物料间的内摩擦力足以克服物料与槽壁的摩擦阻力，而使物料能以连续流动的整体进行输送，达到了从入料口进入的物料沿料槽刮到出料1∶1卸出的目的。它适合长距离输送大小均匀的块状、粒状和粉状物料。刮板输送有水平和倾斜两种基本输送形式。按刮板料槽形状又分为平槽 [图6-7（a）] 和 U 形槽 [图6-7（b）] 两种：前者主要用于输送粒料，后者为一种残留物自清式连续输送设备，主要用于配合饲料厂和预混合饲料厂输送粉料。

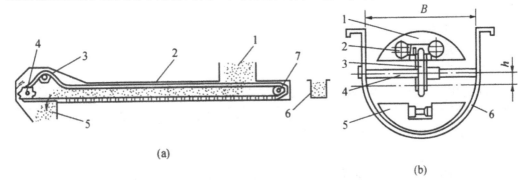

（a）

（b）

（a）刮板输送机（平槽）；1.加料口；2.链条刮板；3.张紧轮；4.驱动轮；5.卸料口；6.机壳；7.从动轮；（b）自清刮板机断面（U形槽）；1、5.刮板；2.链条；3.托轮；4.中间轴；6.U形壳体

图6-7　刮板输送机

（2）特点。同胶带输送机相比，刮板输送机不需要众多的滚动轴承和昂贵的橡胶带，具有结构简单、体积小等优点，其制造、安装、使用和维护都很方便。由于料槽密闭，物料不会飞扬，因而物料损耗少，工人劳动条件好。与输送量相同的其他类型输送机相比，料槽截面积小，占地面积也少，既可多点加料，也可多点卸料（最好一个点卸料）。由于料槽是封闭的箱形，因此刚度大，不需要支承料槽的框架，当跨度大时，只设置简易支承台即可。U 形刮板输送机因刮板和料槽为配合的弧形，且用抗磨性强的工程塑料制成，因此噪声低、残留物料极少，且使用寿命长。与螺旋输送机，特别是与气力输送机相比，功耗小。缺点是颗粒料在运送过程中易被挤碎，其破碎率为3% ~ 5%，或对粉料压实成块引起浮链，料槽与刮板磨损较快。为了安全生产，配置流量控制装置及出口

处设置防堵料位器或行程开关。

2.工艺参数计算

(1)生产率计算。

$$Q = 3\ 600BHV_P\phi C \qquad (\text{t/h})$$

式中：B 为刮板宽度（m）；

H 为刮板高度（m）；

V 为刮板运行速度（m/s），对粒料，$V \approx 0.3$ m/s，粉料，$V=0.2$ m/s；

P 为物料容重（t/m³）；

ϕ 为输送效率系数，一般为 0.6～0.8；

C 为倾斜修正系数，倾斜角度在 0～30°，C 值取 1～0.6。

(2)功耗消耗。

$$P_{电} = \frac{Q}{367\eta}(LK + H) \qquad (\text{kW})$$

式中，$P_{电}$ 为电机功率（kW）；

Q 为输送机生产率（t/h）；

L 为输送机长度（m）；

K 为总阻力系数，$K=1.5～3.0$；

H 为倾斜输送时，物料提升高度（m）；

η 为机械传动效率，$\eta =0.8～0.9$。

3.选用及维护

(1)选用。一般选用刮板输送机进行输送的物料多为粒料、粉料及碎块料。黏性大的物料一般不采用刮板输送机。生产中可根据输送距离和输送量的要求，查找有关资料，选择所需的刮板输送机的规格型号。

(2)使用与操作。

①开启前应先检查电机运转方向是否正确、刮板链条有无异常。

②刮板输送机要求空载启动和空载停机。启动后先运转一定时间，待设备运转平稳后，再开始均匀加料。若在满载运输过程中发生紧急停机后再启动，必须先点动几次，或适量排出机槽内物料。

③若有数台输送机组合成一条输送线，启动时应先开动料流终端的一台，然后由后往前逐个开启，停机顺序则为由前往后。

(3)维修与保养。

①要定期检查机器各部的情况，特别是刮板链条和驱动装置（如刮板严重变形或脱落、链条的开口销脱落等），使其处于完好无损状态。

②经常观察刮板链条松紧程度，随时调整。

③保证输送机上所有轴承和驱动部分的润滑程度，但刮板链条、支承导辊及头轮等部件不得涂抹润滑油。

④严防物料中掺入铁件、大块硬物、杂物等混入输送机内，以免损伤设备或造成其他事故。如发生堵塞等现象，应停机检查排除。

⑤输送机运行中易发生断链、链条跑偏卡链、浮链等故障。通常超载、跑偏使牵引力过大，会发生断链；两链轮安装误差过大，会发生跑偏卡链；刮板角度不正，易发生浮链。

⑥一般情况下，刮板输送机一季度小修一次，半年中修一次，两年大修一次。

刮板输送机常见故障及排除方法见表6-5。

表6-5　刮板输送机常见故障及排除方法

故障现象	产生原因	排除方法
堵塞	1.后序设备发生故障 2.进料流量突然增加 3.传动设备故障	1.关闭进料口，排除后序设备故障 2.清除入口处过多存料，控制流量 3.排除传动故障
机内发出异声	1.异物进入机内 2.刮板与链条连接松动	1.停机处理，清除机内异物 2.停机，紧固
轴承发热	1.缺少润滑油、脂 2.油孔堵塞，轴承内有脏物 3.滚子损坏 4.轴承装配不当	1.加够润滑油、脂 2.疏通油孔，清除轴承内脏物 3.更换新的轴承 4.重新安装、调整
刮板链条跑偏	1.输送机安装不良 ①料槽不直线度过大 ②头尾轮不对中 ③轴承偏斜 2.料槽可能变形 3.张紧装置调整后尾轮偏斜	1.检查、调整或重新安装 2.料槽整形 3.重新调整张紧轮
刮板链条拉断	1.强度不够 2.硬物落入料槽卡住链条 3.链条制造质量差 4.链条磨损 5.超载	1.校核强度 2.排除杂物 3.检查更换 4.更换 5.均匀加料
刮板拉弯断裂	1.料槽不平直 2.法兰处错位	1.检查安装质量 2.检查安装质量
头轮和刮板链条啮合不良	1.头轮偏斜 2.料槽安装不对中 3.链条节距伸长 4.头轮轮齿磨损	1.检查调整 2.检查调整 3.更换 4.修复或更换

(三) 螺旋输送机

1.结构及特点

(1)结构。螺旋输送机(图6-8)常称绞龙，是一种利用螺旋叶片(或桨叶)的旋转推动物料沿着料槽移动而完成水平、倾斜和垂直的输送任务。其工作原理是叶片在槽内旋转推动物料克服重力、对料槽的摩擦力等阻力而沿着料槽向前移动。对高倾角和垂直螺旋输送机(图6-9)，叶片要克服物料重力及离心力对槽壁所产生的摩擦力而使物料向上运移，为此，后者必须具有较大的动力和较高的螺旋转速，故称它为快速螺旋输送机；前者螺旋转速较低，相应称为慢速螺旋输送机。将螺旋体作某些变形，有着不同作用，完成不同任务。如用作供料装置(螺旋供料器)、搅拌设备(立式混合机的垂直绞龙、卧式混合机的螺带等)、连续烘干设备、连续加压设备等。

(2)特点。螺旋输送机的主要优点是：结构简单，紧凑；安装灵活方便，适应性好；密封好，灰尘不外扬；可以多点进料和卸料；工艺布置简洁；在输送过程中，对物料有搅拌、混合和冷却作用。其主要缺点是：由于物料与叶片、机壳有摩擦，动力消耗较大；搅拌和挤压对易碎物料有破碎作用；对过载反应敏感，杂质较多时易造成输送机堵塞。

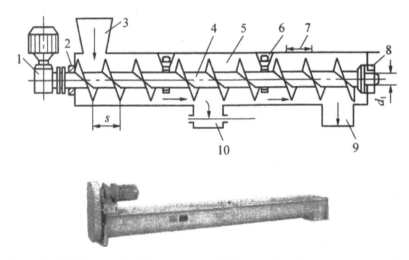

1. 驱动装置；2. 首端轴承；3. 装料斗；4. 轴；5. 料槽；6. 中间轴承；7. 中间加料口；8. 末端轴承；9. 末端卸料口；10. 中间卸料口

图6-8　TLSS水平螺旋输送机

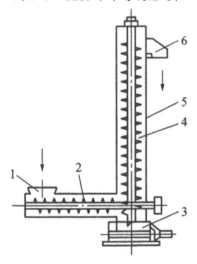

1. 加料口；2. 水平喂料螺旋；3. 驱动装置；4. 垂直螺旋；5. 机壳；6. 卸料口

图6-9　垂直螺旋输送机

2. 工艺参数计算

螺旋输送机的输送能力应和工作机的生产能力配套，保证正常生产要求。

$$Q = 3\,600\pi D^2 \phi Csnp / (4 \times 60) = 47D^2 \phi Csnp \qquad (\text{t/h})$$

(1) 生产率。

式中，D 为螺旋叶片直径（m）；

Φ 为物料充满系数（输送粒料 Φ =0.3，粉料 Φ =0.2~0.25；

C 为倾斜输送时的修正系数，输送机水平倾角为 5º、10º、15º、20º、30º、40º 时，C 值分别为 0.9、0.8、0.7、0.65、0.58、0.52；当水平设置时 C 取 1；

S 为螺旋叶片螺距（m），一般取 S =0.8~1.0；

η 为螺旋轴转速（r/min）；

P 为物料容重（t/m³）。

(2) 螺旋输送机转速与直径。螺旋输送机水平方向输送物料时，如转速过高，物料会在料槽内翻滚、抛起，影响输送。螺旋输送机正常的工作转速 n_{01} 应直低于某一临界值，称临界转速，由试验得出的螺旋输送机临界转速为：

$$n_{01} = \frac{B}{\sqrt{D}} \qquad (\text{r/min})$$

式中，D 为螺旋叶片直径（m）；

B 为物料综合特性系数（粒料 B=65，谷物类粉料 B=50）。

在工艺设计时，应对输送机转速进行验算，使之低于临界转速。垂直螺旋输送机因靠较高的转速提升物料，故其工作转速应大于临界转速 n_{02}，垂直螺旋输送机的临界速度为：

$$n_{02} \approx \sqrt{\frac{tg(\alpha + \phi)}{rtg\phi}} \qquad (\text{r/min})$$

式中，r 为物料回转半径，取 r=D/2（m）；

g 为重力加速度（m/s²）；

Φ 为物料与螺旋叶片的摩擦角；

a 为螺旋输送机的螺旋角。

保证螺旋输送机垂直输送物料的工作转速应为：$\eta = (1.1 \sim 1.2) n_{0z}$。

(3) 功率消耗。螺旋轴工作时的受力状态复杂，物料运动时，物料与料槽、物料与螺旋叶片、物料颗粒之间都有摩擦阻力存在，精确计算功率消耗较困难，一般采用经验公式计算。螺旋轴功率：

$$p_0 = \frac{Q}{367}(LW_0 + H) \qquad (\text{kW})$$

式中，Q 为输送机生产率（t/h）；

L 为输送机输送长度（m）；

W_0 为总阻力系数，一般取 2 ~ 4;

H 为输送机提升高度 (m)。

电机功率:

$$p = k\frac{p_o}{\eta} \qquad (kW)$$

式中，K 为功率储备系数，取 1.2 ~ 1.4;

η 为传动效率，取 0.9 ~ 0.94。

3. 选用及维护

(1) 选用。螺旋输送机选用时，应根据被输送物料特性、输送距离、输送量，以及工艺要求进行选择。螺旋输送机常用于短距离输送物料，输送距离一般在 20 m 以内，也可作倾斜角小于 20° 的倾斜输送物料，垂直输送多选用斗式提升机。它适宜输送不怕或不易被破碎的颗粒料和粉料。生产中，先根据生产率要求选螺旋直径，确定输送机其余参数，计算工作转速，进行验算。如不符合，应重新进行选择计算。输送机的长度可根据物料输送距离确定，进出口的大小、数目根据工艺要求设计。

(2) 使用与操作。

①进入螺旋输送机的物料，应先经过清理，除去大块杂质或纤维性杂质，以保证螺旋输送机的正常运转。

②螺旋输送机开启前，应先检查料槽内有无堵塞，特别是悬挂轴承处，应清理后空车启动。

③螺旋输送机正常工作时，必须将料槽内物料输送完毕后，方可关机。

(3) 维修与保养。

①在运转过程中，不得用手或其他物件深入槽内捞取物料，如发现大块杂质或纤维类杂质，必须立即停机处理。

②不得在螺旋输送机盖板上行走，以免盖板翻倒引发安全事故。

③各处轴承应经常检查润滑情况，防止缺油造成磨损。

④输送黏性、脂肪或水分含量高的物料时，要经常利用停机间隙，清除黏附在螺旋叶片、机壳和悬挂轴承上的黏附物，以免料槽容积减少阻力增加，使电耗增加，输送量降低，甚至堵塞。螺旋输送机常见故障与排除方法见表 6-6。

表 6-6　螺旋输送机常见故障与排除方法

故障	原因	排除方法
堵塞	1. 后续设备发生故障 2. 进机流量突然增加 3. 出机溜管异物堵塞 4. 传动设备故障	1. 关闭进料门，切断动力 2. 打开出机溜管操作孔盖板，排除机内存料 3. 针对故障原因采取措施 　①排除后续故障 　②清除入口处过多的存料，控制进机流量 　③清除出机溜管异物 4. 排除传动故障

续　表

故障	原因	排除方法
机内发出异声	1. 异物进入机内 2. 螺旋叶片松动或脱落 3. 悬挂轴承松动	1. 停机处理 2. 清除机内异物 3. 紧固零件
轴承发热	1. 缺少润滑油、脂 2. 油孔堵塞，轴承内有异物 3. 轴瓦或滚子损坏 4. 轴承装配不当	1. 加够润滑油、脂 2. 疏通油孔，清洗轴承 3. 更换轴承或轴瓦 4. 重新安装调整

(四) 斗式提升机

1. 结构及特点

(1) 结构。斗式提升机是环绕在驱动轮 (头轮) 和张紧轮上的环形牵引构件 (畚斗带或钢链条) 上，每隔一定距离安装一畚斗，通过机头 (鼓轮、链轮) 驱使而带动牵引构件在提升管中运行，完成物料提升的专用垂直输送设备。机座安有张紧机构 (可调)，保持牵引构件张紧状态。

斗式提升机主要构件有畚斗、牵引构件、提升管、机座和机头等。

按其安装形式，斗式提升机可分为移动式和固定式；以畚斗深浅分为深斗型和浅斗型；按畚斗底有无又分为有底型和无底型；近期又出现圆形畚斗；以牵引构件不同可分为链式和带式；以提升管外形不同分为方形和圆形；按卸料方式的不同可分为离心式卸料、重力式卸料和混合式卸料。

(2) 特点。斗式提升机的优点是按垂直方向输送物料，因而占地很小；提升物料稳定，提升高和输送量大；在全封闭罩壳内进行工作，不易扬尘；与气力输送相比，其优点是适应性强、省电，其能耗仅为气力输送的 1/10 ~ 1/5。斗式提升机的缺点是输送物料的种类受到限制，只适用于散粒物料和碎块物料；过载敏感性大，容易堵塞，必须均匀给料。

2. 工艺参数计算

(1) 生产率。

$$Q = 3.6\frac{v}{a}y\phi v \qquad (t/h)$$

式中，V 为料斗容积 (L)；

α 为料斗间距 (m)；

γ 为物料容重 (t/m³)；

ϕ 为装满系数，见表6-7；

ν 为料斗线速度 (m)。

表6-7　料斗装满系数 ϕ

料斗线速度（m/s）	逆向进料	顺向进料	料堆取料
1.0 ~ 1.5	0.95	0.90	0.60
1.5 ~ 2.5	0.90	0.80	0.50
2.5 ~ 4.0	0.80	0.70	0.40

影响斗式提升机装料量的因素很多，使用时，设计生产率应大于实际生产率。

$$Q = KQ_{设计} \qquad (t/h)$$

式中，K 为进料不均匀系数，K=1.2 ~ 1.4。

（2）电机功率。

$$P_{电} = K_0 \frac{QH}{367\eta_1\eta_2} \qquad (kW)$$

式中，K_0 为电机功率储备系数，K_0 =3 ~ 4;

Q 为斗式提升机生产率（t/h）;

H 为提升高度（m）;

η_1 为料斗运行效率，η_1 =0.7 ~ 0.8;

η_2 为机械传动效率，η_2 =0.9 ~ 0.95。

3. 选用及维护

（1）选用。在饲料加工中，如需垂直输送的是粒料、粉料或碎块料，且输送高度大时，可选用斗式提升机。可先根据实际生产率确定斗式提升机的型号，再根据工艺要求和输送高度，确定斗式提升机的全高。斗式提升机的全高确定要满足物料从斗式提升机卸出后，沿溜管重力输送时溜管的最小倾角要求。

（2）使用与操作。

①斗式提升机装配完成后，加注必要的润滑油，需先进行空载试车 2 h。在无负荷试车无异常情况下，需进行 16 h 的负荷试车。

②斗式提升机必须空车启动，停机前需卸完全部物料。

③向提升机供料应均匀，出料管必须通畅，以免进料过多或排料不畅造成堵塞。

④正常运转时，严禁打开提升机机头上罩或抽开机座插门。

⑤更换物料品种必须在将机内物料卸完并停机后进行。

（3）维修与保养。

①在运转过程中，不得用手或其他物件伸入机内捞取物料，如发现堵塞，必须立即停机，拉开机座插门清除堵塞物，使提升带运转后插上插板，然后才能重新进料。

②定期检查畚斗及各部件，及时调整张紧装置，保证畚斗带在机筒正中间运行。

③滚动轴承应经常检查润滑情况，建议采用钙基润滑油。

④为避免大块异物进入损坏畚斗，原料进料坑上应加装铁栅。斗式提升机常见故障与排除方法见表6-8。

表6-8 斗式提升机常见故障与排除方法

故障现象	产生原因	排除方法
回流过多	1. 进料流量突然增加 2. 后续设备发生故障	1. 控制进机流量 2. 关闭进料闸门，打开机座前后料门，排除机内存料，排除后续设备故障
物流堵塞	1. 供料先于启动或供料过多 2. 畚斗带打滑 3. 传动带打滑或脱落，或传动设备发生故障 4. 有大块物体 (杂物) 潜入机座，卡死畚斗	1. 严格遵守开、停车规程，严格控制供料量 2. 调整机座手轮，张紧畚斗带 3. 张紧传动带，排除传动设备故障 4. 打开机座插板、清理
机内发出异常声响	1. 异物进入机内 2. 畚斗螺钉松动、脱落，畚斗移动或脱落 3. 畚斗带跑偏 4. 畚斗带连接螺栓松动脱落	1. 停机处理，清除机内异物 2. 停机检查，紧固畚斗螺钉，调整畚斗位置 3. 调节机座手轮，纠正畚斗带 4. 停机检查，紧固畚斗带连接螺栓

(五) 附属部件

1. 溜管与溜槽

从一定高度向下输送物料，可采用溜管或溜槽来降运。溜管用来输送散粒物料，溜槽用来降运袋装物料，如图6-10所示。溜管用薄钢板焊接而成，断面形状有圆形或矩形两种。物料在溜管内靠其自身重力下降，不需动力驱动。溜管内物料的降运速度可通过溜管的倾角来控制。为保证正常输送，不发生堵塞，溜管的最小倾角应大于物料与管壁的摩擦角。溜管的输料量由物料下滑速度和溜管直径确定。溜管直径一般在 ϕ 0.250 ~ ϕ 0.750 mm 选取。为保证溜管有一定的耐磨寿命，制作溜管的钢板厚为0.5 ~ 1.5 mm，输送粉料时选小值，输送粒料时选大值。

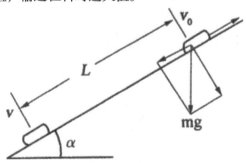

图6-10 溜管、溜槽工作原理

溜槽有平溜槽与螺旋溜槽两种，常用木板制成，槽宽大于袋包100 mm左右，两侧有挡板，侧挡板高度为袋包厚度一半以上。平溜槽结构简单，但占地面积较大。平溜槽的倾斜角度应控制好使袋包下滑的终速度小于1.5 m/s。如安装空间受限，可采用缓冲溜槽。即在溜槽侧挡板上对称配置弹簧缓冲器或曲向导板，也可在溜槽底面配置突脊，以增大袋包与溜槽的摩擦阻力来减缓下滑速度，如图6-11所示。螺旋溜槽用于垂直降运袋包饲料，可用薄钢板或木板制成，结构如图6-12所示。螺旋溜槽的螺旋槽升角要大于袋包与槽面的摩擦角。控制好溜槽的螺旋升角与螺旋半径，可使袋包等速降运。

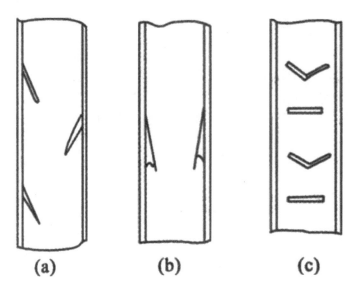

(a)曲向导板；(b)弹簧缓冲器；(c)突脊
图6-11　缓冲溜槽

图6-12　螺旋溜槽

2. 分流器

因工艺需要将输送机或溜管来料分成两路或两路以上输送时，可采用分流器。

（1）三通分流器。三通分流器有人字形和卜形两种，都是一进二出式分流，如图6-13所示。在分流器分叉处有一转轴，内固定一挡板，转动转轴，就可使挡板的位置改变，从而改变物料的流向。转轴的操控，有手动、电动和气动三种方式，图示为气控操作方式。

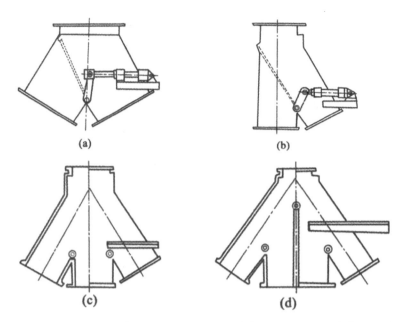

（a）人字形三通分流器；（b）卜形三通分流器；（c）四通分流器；（d）五通分流器

图 6-13　分流器结构示意图

资料来源：上海正诚机电设备制造有限公司产品介绍

（2）四通、五通分流器。四通分流器为一进三出式，五通为一进四出式分流器。其结构如图 6-13c、d 所示。一进三出有两根转轴，一进四出有三根转轴，分别由压缩空气来操控转动，结构较为复杂。

（3）旋转分配器。由斗式提升机卸出的物料，经溜管输送，如要进入多个料仓，可采用旋转分配器。旋转分配器的结构如图 6-14 所示，在锥形外罩的顶部有一圆口，接斗式提升机的溜管。外罩里面有一活动短溜管，倾斜设置，可绕锥顶轴线作 360° 旋转。锥形外罩底部有一圆形分配盘，分配盘上有 6~12 个固定的溜管接头，上端可与活动溜管对接，下端分别接进入不同料仓的溜管。工作时，活动短溜管转动，与对应仓号的分配盘上的固定溜管接头对接、锁紧，即可开始卸料。卸料完成，松开锁紧装置，转动活动溜管，又可与下一仓号的固定溜管接头完成对接、输料过程。此种旋转分配器，有手动控制和自动控制两种，饲料厂多采用自动控制。目前使用的自动分配器有 6~12 个仓位的规格型号，活动溜管倾角为 60°，电机驱动并可带吸尘装置。生产率为 50 t/h。

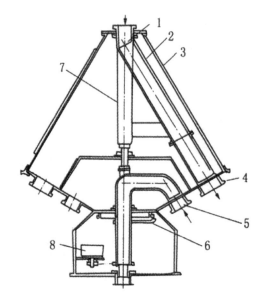

1. 进料口；2. 旋转料管；3. 外壳；4. 同定溜管接头；5. 除尘管接头；6. 定位机构；
7. 传动轴；8. 电动机

图 6-14　旋转分配器

资料来源：上海正诚机电设备制造有限公司产品介绍

旋转分配器结构简单，自动化程度高，可使工艺流程、控制系统简洁，输送物料无残留并节省劳动力。其缺点是，为保证物料的流动，要求提升高度大，车间建筑高度要增加，安装时分配器应置于料仓群的中央上方，保证各溜管都有足够的倾斜角度。

3. 闸门

料仓、料斗及输送机的进、出料口启、闭，常用闸门来完成。闸门的操作方式有手动、气动和电动三种。图 6-15 是气动闸门的结构示意图。工作时，压缩空气推动汽缸活塞运动，活塞的外伸端带动滑门移动，完成仓口的开启和关闭。闸门下方由滑轮支承，上与锥形料口接触，这种闸门阻力小，移动自如，既不会卡死也不会漏料。

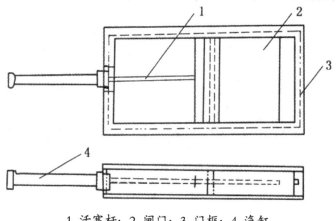

1. 活塞杆；2. 闸门；3. 门框；4. 汽缸
图 6-15　气动闸门
资料来源：广州天地实业有限公司产品介绍

三、饲料气力输送设备

(一) 气力输送装置的类型

气力输送是利用风机在管道内形成一定流速的空气风压来输送散粒体物料的方法。常用的气力输送装置按其设备组合形式不同，可分为吸入式、压送式和混合式三种类型，如图 6-16 所示。

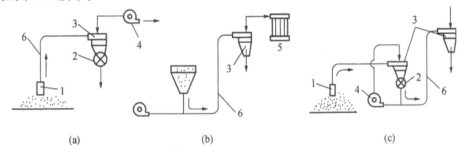

（a）吸入式；（b）压送式；（c）混合式；1. 吸嘴；2. 关风器；3. 离心卸料器；4. 风机；5. 除尘器；6. 料管

图 6-16　气力输送装置类型

（1）吸入式 (图 6-16 a)。它由吸嘴、输料管、卸料器 (刹克龙)、关风器、风机等组成。风机工作时，从整个系统中抽气，使输料管内的空气压力低于大气压 (即负压)。在压力差的作用下，气流和物料形成的混合物从吸嘴吸入输料管，经输料管送至离心卸料器中，物气分离。物料由卸料器底部的关风器卸出，而空气流 (含有微尘) 通过风机 (或再经过其他除尘器进一步净化) 排向大气中。

（2）压送式 (图 6-16 b)。它是在正压 (高于 1 个标准大气压) 状态下进行工作的。风机把具有一定压力的空气压入输料管中，由供料器向输料管供料，空气携带物料沿着输料管运至离心卸料器将物料卸出，空气经除尘器 (如袋式除尘器) 净化后排入大气中。

（3）混合式 (图 6-16 c)。它是由吸入式和压送式两部分组成，具有两者的特点，可以从数点吸取物料和压送至较远处多点卸料，输送距离和输送量适应范围较广。但结构复杂，风机工作条件较差，因此从离心卸料器出来的空气含尘量较大。混合式一般制成一个移动式机组，用于既要集料又要分配的场合，粉尘经过风机，为此对风机要求较高。

(二) 气力输送装置的主要部件

气力输送装置的主要部件有吸料器、关风器、离心风机和离心卸料器 (刹克龙) 等。

（1）吸料器 (吸嘴，又称接料器)。它是吸送式气力输送的第一个装置。吸嘴有直口、斜口、扁口和喇叭口等，图 6-17 a 为喇叭口吸嘴的结构示意。工作时利用管内负压将物料和空气从喇叭口吸入，其上部的孔用来补充空气的不足。图 6-17 b 是固定式吸料器中使用效果较好的诱导式吸料器。物料从侧面入口进入，从上、下补充空气，形成料气混合流向上被吸进输料管道中。

压送式气力输送的供料方式要采用强制性的，常采用的有叶轮式、螺旋式和喷射式等几种形式。叶轮供料器和吸送式的关风器是同一构件，在不同位置起不同作用而已。螺旋式供料器在粉碎机供料方式已作介绍。现将常用的喷射式供料器 (图 6-17c) 做一简介。

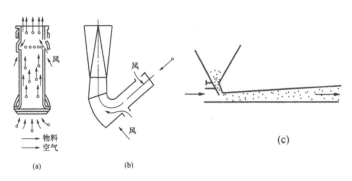

(a) 接料器;(b) 压送式用的喷射式供料器;(c) 喷射式供料器

图 6-17　吸送式用的吸嘴

喷射式供料器是在供料斗下方的通道处变窄,以增大气流速度,此处静压低于大气压,利用负压将物料从料斗吸入输料管中,供料口前方沿物料运送方向的管径逐渐扩大(扩散角约 8°),流速度下降而恢复正常速度,输送状态转入正常。

(2) 关风器。它用于压入式的供料和吸送式的卸料,它将管道内的高压或卸料器内的负压与大气隔离并进行排料,如图 6-18 所示。在壳体内水平安装一个圆柱形叶轮(即带凹槽图转子),壳体两端用端盖密封,壳体上部为进料口,用法兰与卸料器(或料斗)的出料口连接,下部为排料口。压送工作时,物料由进料口落入格室(槽)内,当格室转到下面时物料卸出。为了提高格室中物料的充满系数,壳体上装有均压管,在格室转到装料位置之前时,格室中的高压气体从均压管中排出,使格室充满物料。但对压送关风器的设计制造精度远高于一般低压关风器。

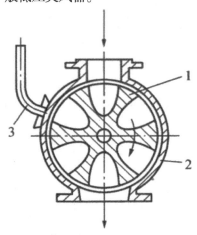

1. 叶轮(转子);　2. 外壳;　3. 均压管

图 6-18　关风器

(3) 离心风机。风机是气力输送装置中的动力设备,它从吸气口吸进空气,并对空气加压来输送物料(压送式);或从输送管道中吸出空气,在管道内造成负压来输送物料(吸入式)。不论哪种形式,都是由机械能变为空气能,用空气能来输送物料。根据风机产生风压的大小,离心风机分为低压(压力小于 1 kPa)、中压(压力 1～3 kPa)和高压(压力 3～15 kPa)。气力输送中多采用高压离心风机(图 6-19)。

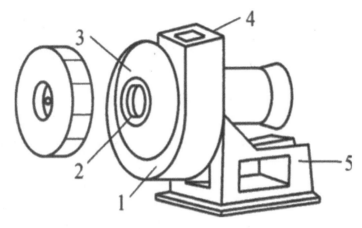

1. 机壳；2. 叶轮；3. 进风口；4. 出风口；5. 机座

图 6-19　离心风机结构

工作时，电机带动风机叶轮和叶片高速旋转，空气从进风口进入叶片之间的流道内，并在离心力作用下向四周流动，集中于蜗壳形机壳内，从出风口排出，与此同时叶轮中心部位将形成低压区，外面的空气在内外压力差的作用下，不断进入风机，以填补叶片流道内排出的空气。在叶片的作用下，气体获得能量，作为气力输送的动力。

国产风机的种类很多，其系列由两组数字构成，第一组数字代表风机全压系数的10倍（取整数），第二组数字为风机比转速。在相同叶轮直径和转速下，全压系数高、比转速低者为高压风机，反之为低压风机。一般比转速 >60 为低压风机，30 ~ 60 为中压风机，15 ~ 30 为高压风机。

（三）辅助输送装置

在输送系统中，除了上述输送设备外，尚有一些附件和辅助装置，例如靠重力自流的溜管和溜槽；用来截流和放流的闸门；改变物料流向的三通分配器，以及将物料流向转到所指定的料仓群的任意料仓（容器）的溜管自动分配器等。

（1）溜槽和溜管。溜槽是用作袋装物料的降运。常用的有平溜槽和螺旋溜槽两种。

袋装平溜槽一般用厚 30 ~ 50 mm 木板制成 u 形，其宽度比袋包宽度大 100 mm，侧板高应比装包厚度大 1/2，平滑槽的倾斜与水平的夹角应为 1° ~ 1.5°，使袋包在槽内下滑速度不超过 1.15 m/s，以免滑速过高而造成袋包损坏或发生伤人事故。在实际条件下，由于空间不允许倾斜角做得那样小，常常在溜槽内安上一些缓冲物（如髓折导向板、弹簧缓冲器或安上突脊等），以增加袋包与溜槽和缓冲物的摩擦阻力，起到阻尼和缓冲作用，以达到减速的目的。

螺旋溜槽是用于袋包垂直下滑的装置。一般用厚 2 ~ 3 mm 的薄钢板或厚 30 ~ 50 mm 的木板做成。按螺旋数可分为单螺旋和双螺旋溜槽，分别在一处和两处投包（在两个不同地点卸下）。

溜管一般用薄钢板制成，为便于观察物料流动情况并及时发现堵塞，局部采用玻璃或有机玻璃。薄钢板的厚度：输送粒料采用 1.0 ~ 1.5 mm；输送粉料，则采用 0.5 ~ 0.75 mm。输送物料的溜管必须具有一定的断面和倾斜度：饲料厂的溜管，断面直径一般取 5 ~ 250 mm，根据输送能力而定；溜管的最小倾斜角度则根据溜管材料和输送物料的物理特性而定。

（2）闸门。料仓、秤斗的加料和卸料不可能无止境地进行，进行到一定程度或一定数量需要停止加料和卸料，则常用闸门来实现。按推动闸门的动力可分手动、气动和电动。但闸门的结构基本相同。

（3）三通分配器。当溜管内的物料按工艺要求分成两路或改变流向时，应设三通分配器。三通分配器按流向可分旁三通和正三通；按驱动动力可分为手动和电动。现多采用电动，以便实现自动化控制。电动是由电动机经少齿减速器带动阀门板及撞块转动，转至一定角度后由撞块碰触行程开关，使电机停止转动，以达到改变物料流向的目的。阀门板可作正反两个方向旋转。出料管的夹角有45°、60°两种。

（4）溜管分配器。溜管分配器是从斗式提升机（或其他输送设备）运来的物料，经由一转动溜管和若干个固定溜管而自动流入指定仓位料仓的现代化饲料厂的一种设备。其结构简单、制造成本低、安装连接紧凑方便，可简化工艺流程、减少物料的交叉污染、节省动力并降低饲料厂的设备投资。据资料，它比刮板输送机、螺旋输送机可节省动力25%～50%。但比配用水平输送机向料仓分配物料时，物料提升要高，即要求厂房建筑高度有所增加，因此建筑成本要增加。

根据饲料厂规模大小和工艺要求，配套的分配器仓位可为3～30个，输送物料（容重0.5 t/m³）的能力为6～50 t/h。溜管分配器必须安置在料仓群中心的上方，并保证有足够的倾斜角。根据物料不同，倾斜角为45°～60°。

(四) 气力输送的重要参数

（1）输送量。如已知每天的平均输送量时，则每小时的设计输送量为：

$$G_s = K_a \frac{G_d}{T} \qquad (kg/h)$$

式中，K_a 为输送储备系数，K_a =1.05～1.20;
G_d 为每天平均输送量;
T 为每天工作时间。

（2）输送浓度。输送浓度又称混合比，系指单位时间内输送的物料重量与所用空气量之比。

$$m = \frac{G_s}{G_a} = \frac{G_s}{G_a \cdot P^a}$$

式中，G_s 为输送物料重量（kg/h）;
G_a 为所需空气重量（kg/h）;
Q_a 为空气量（m³/h）;
P^a 为空气密度（kg/m³）。

饲料加工中多采用低真空稀相气力输送，输送浓度比较小，一般输送各种原粮（粒料）浓度比为3～10；输送各种粉料浓度比为0.3～4。

（3）输送风速。实际输送时，为保证正常输送，以不会造成管道堵塞的最低风速为输送风速。由于各种物料颗粒大小、形状都不同，输送风速可参考经验值选取。表6-9

为部分物料输送风速的经验值。

表 6-9　输送风速经验

饲料名称	输送风速	饲料名称	输送风速
小麦	15~24	大麦	15~25
玉米	18~30	玉米淀粉	10~17
大米	16~20	稻谷	16~25
麸皮	14~19	大豆	18~30
花生	16	谷壳	14~20

(4) 输送风量和管径。

①风量 Q_a。

$$Q = \frac{G_s}{mp_a} \qquad \left(m^3/h\right)$$

②管径 D。

$$D = \sqrt{\frac{4Q_a/3\,600}{\pi V_a}} = 0.018\,8\sqrt{\frac{Q_a}{V_a}} \qquad (m)$$

(五) 气力输送设备的特点

1. 优点

与机械输送相比，气力输送具有以下优点。

(1) 结构简单，设备费用较低，工艺布置灵活，易于实现自动化。

(2) 物料输送是在管道内进行，整个系统具有密封性，能有效地控制粉尘飞扬，物料损失和对环境污染小，同时，被输送物料不致吸湿、污损和混入杂质，保证物料的质量，这些优点对负压输送更为显著。

(3) 装卸方便，可在输送的同时进行干燥、加热、冷却、分选、粉碎、混合和除尘等工艺过程。

(4) 物料粉碎后，采用气力输送或吸风，可显著地提高粉碎机的生产能力，还可吸走热量，降低物料温度，防止水分凝结，提高产品质量，使机器不易锈蚀。

(5) 输送生产率高，输送距离可长可短，最长可达 2~3 km。

2. 缺点

与机械输送相比，气力输送具有以下缺点。

(1) 能耗高。

(2) 被输送物料的块度、黏度和湿度受到一定的限制，怕碎物料不宜采用气力输送。

(3) 管道及其他与被输送物料接触的构件易被磨损，特别是管道弯头处的磨损最为严重，易被击穿。

（4）噪声较大，需采取消声措施。

(六) 气力输送装置的保养

（1）应时常检查、清理空气滤清器，必要时加以更换。

（2）保证放气阀正常工作以排放气泵的压力。

（3）大多数气泵有油位观察口，保持压缩机或气泵的合适油位至关重要。

（4）单向阀必须正常工作，以防一旦气泵停止时杂物进入气泵。

（5）关风器处于良好工作状态，如果间隙超过允许偏差将意味着气压损失。

四、输送质量控制

(一) 输送质量

输送质量受输送设备和工艺等多种因素的影响，其中输送设备的类型、设备性能、输送工艺是影响输送质量的最主要因素。为了达到理想的输送效果，输送设备和工艺应符合下列要求。

（1）输送能力适度，供料时连续均匀；止料时，断料及时；工作时，运转稳定。

（2）输送过程尽可能避免各种成分的分离。

（3）输送设备在其工艺过程中，要求饲料全进全出，先进先出，无残留变质。

（4）当配方变动后，输送设备能方便、准确、迅速地调整输送量，以保证工艺的要求。

（5）输送设备密封性能好，产生粉尘少，噪声小，尤其是工厂内部使用的设备，要保证有良好的生产环境。

（6）要求输送设备结构简单，经久耐用，使用可靠，维修方便，能耗低。

(二) 防止交叉污染的措施

（1）各种输送设备及管路等内表面应光滑。当更换饲料配方时，必须对输送设备及管路彻底清理。

（2）应尽量减少混合成品的输送距离，防止饲料分级。

（3）输送过程应尽量使用分配器和自流的形式，少用水平输送。水平输送设备可以采用自清式刮板输送机。在满足工艺要求的前提下，尽量减少物料的提升次数及过渡料斗的数量。

（4）吸风除尘系统尽可能设置独立的风网，将收集的粉尘直接送回到原处，尤其是加药的复合预混料更应这样。

（5）药物添加剂必须直接添加到混合机中。对于加药饲料生产尽可能采用专用生产线，以最大限度地降低交叉污染。

（6）饲料加工过程中要减少物料的残留，首先要保证物料在设备中能够"先进先出"。

第七章　各类饲料资源的利用

本章主要论述对蛋白质类饲料资源、能量饲料资源及添加剂类饲料资源的加工利用。

第一节　蛋白质类饲料资源的利用

一、蛋白质饲料

蛋白质饲料是指饲料干物质中粗纤维含量低于 18%，同时粗蛋白质含量大于或等于 20% 的一类饲料。与能量饲料相比，蛋白质含量高且品质优良，在能量价值方面差别不大。一般分为三大类，一是植物性蛋白质饲料，包括豆科籽实、油料饼（粕）类以及其他制造业的副产品；二是动物性蛋白质饲料，包括水生动物及其副产品、畜禽加工副产品等；三是其他类蛋白质饲料，包括微生物蛋白饲料、非蛋白氮类饲料。

二、植物性蛋白质饲料资源的加工利用

植物性蛋白质饲料原料有如下几方面的营养特性。

（1）粗蛋白质含量为 20%~50%，种类不同，其变异幅度较大，主要由球蛋白和清蛋白组成，品质明显优于能量饲料，但消化率仅 80% 左右。其原因在于：①大量蛋白质与细胞壁多糖结合（如球蛋白），有明显抗蛋白酶水解的作用；②存在蛋白酶抑制因子，阻止蛋白酶消化蛋白质；③含胱氨酸丰富的清蛋白可能产生一种核心残基，对抗蛋白酶的消化。但可通过适当的加工调制，提高蛋白质消化率。

（2）粗脂肪含量变化大，油料籽实含量在 30% 以上，非油料籽实仅 1% 左右。饼（粕）类脂肪含量因加工工艺不同差异较大，高的可达 10%，低的仅 1% 左右。因此，该类饲料的能量价值各不相同。

（3）粗纤维含量不高，与谷实类相似。

（4）矿物质含量上，钙少磷多，磷主要为植酸磷。含有较丰富的 B 族维生素，但缺乏维生素 A 和维生素 D。

（5）大多数植物性蛋白质饲料均含有抗营养因子，影响其饲喂价值。

（一）菜籽粕

油菜（rape，Brassica napus winter）是我国的主要油料作物之一，我国油菜籽总产量为 1 000 万 t 左右，主产区在四川、湖北、湖南、江苏、浙江、安徽等省，四川菜籽产量最高。除作种用外，95% 用作生产食用油，菜籽饼（rape seed cake）和菜籽粕（rapeseed meal）是油菜籽榨油后的副产品，估计菜籽饼的总产量为 600 多万 t（图 7-1）。

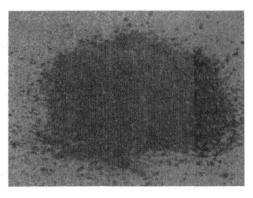

图 7-1　油菜与菜籽粕

1. 菜籽粕饲用现状

全球菜籽市场供需基本平衡。2009—2010 年度我国油菜播种面积为 720 万 hm²，较 2008—2009 年增长 9.19%。虽然部分产区遭遇干旱灾害，但因种植面积增加支撑，2009—2010 年油菜籽产量为 1 370 万 t。同期消费量达到 1 642 万 t，产销差 272 万 t，截至 2010 年 2 月累计进口量 239 万 t。海关统计数字显示 2009 年我国菜籽、菜油进出口情况，2009 年我国总计进口菜籽 328.6 万 t，较 2008 年 130 万 t 的进口量大幅增加 198.6 万 t，增长幅度 152.8%，打破了 2000 年创下的 296.0 万 t 的历史纪录；2009 年我国总计进口菜油 46.8 万 t，较 2008 年 27 万 t 的进口量大幅增加 19.8 万 t，增长幅度 73.3%，打破了 2007 年创下的 37.5 万 t 的历史纪录。此外，2009 年我国总计出口菜油 9 132 t，略高于 2008 年的 7 104 t。

菜籽粕自身含有较多的抗营养因子，如硫代葡萄糖苷、单宁、芥子碱、植酸等（张立伟等，2002）。这些抗营养因子造成饲料适口性差，引起动物肝脏变化和甲状腺肿大，以及动物机体中基本氨基酸消化率较低等缺点，因此，限制其在畜禽饲料中替代豆粕的含量（钮琰星等，2009；周韶等，2005；张立伟等，2002；徐桂梅和阿拉塔，2001）。

2. 菜籽粕加工工艺

以油菜籽为原料，用压榨法和土法榨取油后的副产品称为菜籽饼（胡健华和韦一良，2002）；用浸提法或经预压后再浸提取油后的副产品为菜籽粕。油菜籽的出油率受品种、加工工艺的制约，一般出油率为 30%~35%，平均出饼率为 68%（65%~70%）。取油工艺主要有三种类型，即预压浸提法、动力螺旋压榨法及土法榨法；另外一种方法为：预压浸出、焙炒热榨、低温冷榨。外观监控要点及储存的质量控制、掺假与鉴定外观监控要点：无霉变、无结块、无苦味、色泽淡黄，有菜粕特有香味，黄色或者浅褐色不规则碎片；粉状色泽新鲜一致，有菜油香味。一般外观越红，蛋白质含量越低，水分控制在 12% 以下，并且蛋白含量随温度、时间的变化规律以及各种指标之间具有怎样的相关性尚无全面的报道（初雷等，2009）。不同榨油方法对菜籽饼粕的影响见表 7-1。

表7-1 不同榨油方法对菜籽饼粕常规养分、蛋白质溶解度和有毒有害物质含量的影响（以干物质或脱脂干物质为基础）

测定项目	预榨—浸提	高温压榨	低温榨取
干物质（%）	90.26	96.54	90.90
有机物质（%）	91.65	91.98	92.34
粗蛋白质（%）	39.23	41.73	36.17
粗脂肪（%）	2.46	6.30	10.22
酸性洗涤纤维（%）	25.13	20.53	22.17
中性洗涤纤维（%）	36.25	35.84	29.07
粗灰分（%）	8.35	8.03	7.67
总磷（%）	1.12	1.29	1.08
钙（%）	0.79	0.69	0.65
总能 GE（MJ/kg）	19.25	19.53	20.63
蛋白质溶解度（%）	56.66	33.74	104.84
芥酸（%）	0.64	2.29	2.73
总硫苷（mg/kg）	16.99	19.84	22.50

目前植物油厂对油菜籽大都采用预榨—浸提的加工工艺。菜粕中含磷1.29%，含脂肪8.6%，磷能自燃，白磷燃点为40℃，脂肪易燃，当气温升高时，易受空气氧化。饼粕脂肪含量超过9%时容易发生燃烧，因此，菜粕内残留的溶剂油、白磷、脂肪就形成了自燃的物质基础。菜粕导热不良，热量就逐渐积聚，加之干湿不均，微生物发酵也产生热量，温度持续上升，乃至发生自燃。高温是促成菜粕发生自燃的条件。因燃烧处在中层，故不易发现，燃烧时表层温度略有升高，物料下凹，气味甚浓。深挖显黑色，有烟，无明火，温度高达90℃。菜粕与饲料成品的颜色和耐水性有关。当榨油过程中的蒸炒温度高、时间长时，菜籽蛋白质的变性程度高，蛋白质黏性和弹性就损失严重，所得菜籽粕在制粒期间的吸水能力及可塑性均下降，从而使制得的颗粒饲料耐水性下降。

3. 菜籽粕饲用改良技术研究现状

为改善菜籽粕饲用价值，国内外开展了大量的饲用改良技术研究。主要有加工工艺改进法、物理法、化学法、溶剂浸出法和生物法等（解蕊，2003）。

（1）加工工艺改进法。通过新型的油菜籽加工工艺提高菜籽粕价值。目前主要有脱皮低温压榨技术。该技术通过油菜籽脱皮处理及降低后续处理温度，来降低菜籽粕中抗营养物质含量和加工过程中的氨基酸损失，从而提高菜籽粕的饲用价值。研究表明（李文林等，2006），采用新型脱皮低温压榨膨化工艺技术可使赖氨酸的损失率从预榨工艺的60.2%下降为25.1%，含硫氨基酸由原来的40.8%下降为9.7%，使菜籽粕在鸡、奶牛、鱼、猪等动物中的用量提高 40% 以上。

（2）物理法。物理法主要有热处理、膨化和辐照处理等。菜籽粕膨化脱毒率可达 88%，而氨基酸总量损失极小，蛋白酶消化率较原始值提高了 8%。膨化菜籽饼试验表明（Fenwick 等，1986），芥子苷含量由 0.156% 降到 0.109%，单宁含量也明显减少，味道由涩变甜。研究表明湿法热处理要比干法热处理效果好（Leming 等，2004）。菜籽粕经低压蒸汽脱毒后，降低了毒性，适口性得以改善，即使饲料中加入 18% 的脱毒菜籽粕代替豆粕，对生长猪的饲料效率也没有显著影响，但继续增加到 20% 时则对生长猪的采食和增重有一定影响（汪得君和张延生，1997）。

（3）化学法。化学法主要有酸碱降解法和金属盐催化降解法。在 80~94℃ 下搅拌将 1 份菜籽粕放入 0.12mol／L 的 1.5 份 H_2SO_4 中搅拌处理，使硫苷及其分解产物在加热 7.5~17 h 后降解脱毒。在多种处理方法中（硫酸铜、硫酸亚铁、硫酸锌溶液），只有硫酸铜溶液处理法较为有效，将 1kg 的菜籽粕浸泡于 2 L 硫酸铜溶液（即 6.25 g 五水硫酸铜溶解于 2 L 的水中），60℃ 条件下能够有效降低 900 μmol/mmol 总硫苷（Das 和 Singhal，2005）。

（4）溶剂浸出法。溶剂浸出法是指利用有机溶剂或以水为溶剂进行脱毒的方法。采用硫酸甲醇体系对菜籽粕进行脱毒，在浓硫酸体积分数为 4%，甲醇体积分数为 90%，蒸馏水体积分数为 6%，混合比为（1∶5）~（1∶8），浸提时间 30 min 条件下，植酸的去除率为 90.3%，单宁的去除率为 81.2%，硫苷的去除率为 80.1%；当甲醇的体积分数为 90% 时，干物质损失为 16%（何国菊等，2003）。

（5）生物法。生物法有遗传学方法、微生物发酵处理和酶处理等（胡恒觉和黄高宝，2003）。遗传学方法主要是通过遗传育种等方法选育抗营养因子含量低的油菜新品种。目前我国在低芥酸油菜育种方面已取得了较好的成绩，开发出了一系列双低油菜新品种。双低油菜的普及率也已达到 70% 以上，但由于油菜是十字花科植物，异花授粉，加之农业耕作模式是一家一户的小规模种植，影响了油菜籽的品质。

（6）酶法。酶法主要是通过酶降解菜籽粕中的有毒有害物质或在饲料产品中加入酶制剂增加动物体内酶的含量，提高其消化吸收率。在菜籽粕中添加天然硫苷酶制剂和化学添加剂水溶液，在适宜的温度湿度条件下，菜籽粕中的硫苷在硫苷酶的作用下迅速分解，生成异硫氰酸酯、噁唑烷硫酮等有毒产物，菜籽粕中原有的这些有毒分解产物与化学添加剂中的金属离子会起螯合作用，形成高度稳定的络合物，从而不被禽畜吸收，达到去毒的目的。同时，菜籽粕中的部分有毒分解产物也会受化学添加剂水溶液的浸泡水洗作用随废液排出，浸泡后的菜籽湿粕在加热干燥过程中，残留的有毒产物进一步被加热挥发出去。经过以上方法脱毒后菜籽粕残留硫苷（硫酸钡重量法测定）小于 0.13%，脱毒时间 4~4.5 h，温度 30~40℃。微生物发酵法是近年来研究较多的方法。该方法较简便，设备投入少，脱毒范围广，理想的脱毒效果可以达到 99% 以上（张宗舟，2005）。

4. 菜籽粕饲用改良技术研究发展趋势

今后菜籽粕饲用改良技术研究将主要集中在提高其在饲料中的添加量和消化吸收率等方面（钮琰星等，2009），主要有以下方向。

（1）通过改进加工工艺提高菜籽粕的饲用价值。采用脱皮冷榨工艺可提高菜籽粕在饲料中的安全用量，减少赖氨酸的损失，并且只通过压榨而不进行溶剂浸出可提高菜籽粕的消化率。

（2）通过降低抗营养物质的含量提高菜籽粕在饲料中的添加量。由于菜籽粕中含有的抗营养物质对动物的生长不利，在一些饲料标准中已经对硫苷代谢产物的含量提出了限制，如在《无公害食品——肉牛饲养饲料使用准则》（NY 5127—2002）中要求菜籽粕中异硫氰酸酯小于 4 000 mg／kg。

（3）通过提高蛋白质的消化吸收率提高菜籽粕的饲用价值。目前这种方法已经在豆粕中得到了比较成功的应用，研究者通过发酵得到多肽含量较高、易于消化吸收的产品，目前已有产品面市。

（4）提取高附加值饲用浓缩蛋白等产品，如菜籽粕同步提取多酚、多糖、植酸和浓缩蛋白工艺技术。在获得高质量浓缩蛋白的同时得到菜籽多酚、多糖和植酸，实现综合利用。

（二）玉米蛋白粉

1. 玉米蛋白粉的营养特性

玉米蛋白粉含有的蛋白质主要为玉米醇溶蛋白（zein，68%）、谷蛋白（glutelin，22%）、球蛋白（globulin，1.2 %）和少量白蛋白（albumin）。玉米蛋白粉氨基酸组成不佳，Ile、Leu、Val、Ala、Pro、Glu 等含量高，而 Lys、Trp 严重不足（表 7-2）（林峰等，2006）。

表 7-2　玉米蛋白粉部分氨基酸组成

氨基酸	Ile	Leu	Val	Ala	Pro	Glu	Lys	Trp
百分比（%）	2.05	8.24	3.00	4.81	3.00	12.26	0.96	0.20

王红菊和张玮（2006）报道，虽然玉米蛋白粉的氨基酸组成不佳，但这种独特的氨基酸组成通过生物工程来控制其水解度，可以获得具有多种生理功能的活性肽。需要注意的是：玉米蛋白粉的氨基酸总和高于豆粕和鱼粉，并且含硫氨基酸和亮氨酸含量也比豆粕和鱼粉高，因此玉米蛋白粉可以与豆粕和鱼粉蛋白源相互补充。此外，玉米蛋白粉粗纤维含量低；代谢能与玉米相当或高于玉米；铁含量较多；维生素中胡萝卜素含量较高；富含色素。

2. 玉米蛋白粉饲用价值

玉米蛋白粉用作鸡饲料可以节省蛋氨酸，并且着色效果明显，特别适宜做家禽饲料原料。但由于玉米蛋白粉很细，因此它在鸡配合饲料中的用量不宜过大（一般在 5% 以下），否则会影响鸡的采食量。玉米蛋白粉对猪的适口性较好，它与豆粕合用还可以起到平衡氨基酸的作用，其在猪配合饲料中的用量一般在 15% 左右。玉米蛋白粉还可用做奶牛、肉牛的蛋白质饲料原料，但因其密度大，需要配合密度小的饲料原料使用，其在精料中的添加量以小于 30% 为宜。另外，在使用玉米蛋白粉的过程中，还应该注意对霉菌毒素（尤其是黄曲霉毒素）含量的检测。

3. 玉米蛋白粉的提取工艺及后加工

（1）玉米蛋白粉的主要提取工艺。目前常用的提取工艺是湿磨法，其生产工艺过程如图 7-2 所示。

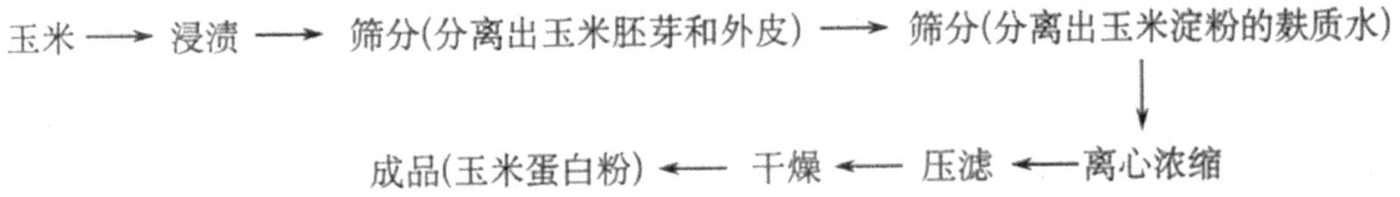

玉米 ⟶ 浸渍 ⟶ 筛分(分离出玉米胚芽和外皮) ⟶ 筛分(分离出玉米淀粉的麸质水)

成品(玉米蛋白粉) ⟵ 干燥 ⟵ 压滤 ⟵ 离心浓缩

图 7-2　湿磨法提取玉米蛋白粉

上述工艺提取的玉米蛋白粉中蛋白质的含量一般在 60% 左右，颜色发黄并带有异臭味，因此，尚需要对其进行脱脂、脱淀粉处理，使蛋白质的含量提高，并对其进行脱色和脱臭处理。通常，脱淀粉的方法是用淀粉酶和糖化酶水解，使淀粉的含量由 15% 降到 1.2% 左右。而脱脂通常使用碱法，即向料液中加入碱液使体系的 pH 值达到 9.0，脂肪与碱生成溶于水的脂肪酸钠，使脂肪的含量由 7% 降到 2% 左右。有部分企业为了提高玉米蛋白粉的回收率，也会在麸质水中添加少量的明矾作为絮凝剂。罗彩鸿等（1997）研究了提纯蛋白质的新工艺，采用乙醇—碱复合体系来提取蛋白质，使蛋白质的含量提高到 75%~80%。

（2）玉米蛋白粉的改性。由于玉米蛋白粉组成复杂，口感粗糙，其功能性质尤其是水溶性非常差，因此必须通过改性的方法来改进其功能性质。目前玉米蛋白粉常用的改性方法一般可分为三类：酶法改性、化学改性和物理改性。化学改性的成本低，但氨基酸及糖类成分易被破坏，且易生成有毒的氯丙醇类物质，所以不常用；物理改性法改性效果并不十分明显，也不被重视；酶法改性反应条件温和且易控制，破坏性较小，是目前人们研究的重点。

4. 玉米蛋白粉在饲料中的应用

玉米蛋白粉蛋白质含量高，氨基酸种类丰富，在豆饼、鱼粉短缺的饲料市场中可用来部分替代这些高蛋白饲料（陈文和陈代文，2003）。

（1）玉米蛋白粉在畜禽饲料中的应用。玉米蛋白粉的蛋白质含量高，氨基酸种类丰富，可以用来替代鱼粉、豆粕等蛋白质饲料原料。刘燕强（1994）的研究结果表明，Lys 是玉米蛋白粉饲喂生长育肥猪的第一限制性氨基酸，因此用玉米蛋白粉替代豆粕做猪的蛋白质饲料源时，必须在其日粮中添加 Lys。玉米蛋白粉的蛋白质含量高低还与猪的表观消化能直接相关。秦旭东（2000）的研究结果表明，在育肥猪配合饲料中添加 50% 的提醇玉米蛋白粉，可以提高猪的平均日增重，并增加猪的体长和胸围。郭亮和李德发（2000）的研究结果表明，生长猪对 CP 32% 玉米蛋白粉的表观消化能和能量消化率高于 CP 52% 的玉米蛋白粉和 CP 47.4% 的玉米蛋白粉。以玉米蛋白粉为主的蛋鸡配合饲料可以对蛋鸡起保健和促生长作用，从而提高蛋鸡的产蛋率和鸡蛋的蛋白品质。李佩华和周太嫣（1994）用不同量玉米蛋白粉代替等量豆粕饲喂蛋鸡的试验表明，用玉米蛋白粉替代 7% 的豆粕，可以提高蛋鸡产蛋率和饲料利用效率。

玉米蛋白粉中叶黄素含量高，能有效地被鸡的肠道吸收或沉积在鸡皮肤表面，使鸡蛋呈金黄色，鸡皮肤呈黄色。杨具田等（2003）报道，在褐壳蛋鸡日粮中添加 6.5% 的玉米蛋白粉，可以提高蛋黄色泽级数。玉米蛋白粉中叶黄素的着色效果比加丽素红、加丽素黄等化工合成着色剂稍差，但通过添加阿散酸，可以促进动物机体代谢，提高叶黄素沉积率，从而改善玉米蛋白粉对鸡皮肤的着色效果。富伟林（1998）报道，在肉鸡日粮中添加 2.5% 的玉米蛋白粉和 90 mg/kg 的阿散酸，可以显著提高肉鸡肤色和屠宰肉鸡肤色。

（2）玉米蛋白粉在水产饲料中的应用。在以往对植物蛋白源替代鱼粉的研究中发现，植物蛋白源部分或者完全替代饲料中的鱼粉，水产动物的生长将受到不同程度的影响。通常情况下，随着饲料中植物蛋白源替代水平的升高，水产动物的生长率逐渐下降，死亡率逐渐上升，而在适宜的替代范围内，水产动物的生长并不受到显著影响（艾庆辉和谢小军，2005）。

玉米蛋白粉在饲料中的适宜用量与水产动物的种类有关。用 21.08% 的玉米蛋白粉在金头鲷（Sparus aurata）（初重为 35～40 g）饲料中代替部分鱼粉不影响其生长、饲料效率和蛋白质效率（Robaina 等，1997）；在褐牙鲆（Paralichthys olivaceus）（初重为 8 g）饲料中玉米蛋白粉对鱼粉的替代量不超过 40% 时，对增重率、饲料系数、蛋白质效率等无显著影响（Kikuchi，1999）；在短鳍幼鳗 [Anguilla australis australis（Richardson）][初重为（2.23 ± 0.4）g] 饲料中，用玉米蛋白粉完全替代 23% 的鱼粉蛋白，不影响其生长（Engin 和 Carter，2005）。对罗非鱼（Oreochromis niloticus）而言，摄食以玉米蛋白粉为唯一蛋白源（Wu 等，1995）的饲料（蛋白质含量为 32% 和 36%），其增重率、蛋白质效率和饲料转化率不亚于同等蛋白水平以鱼粉为蛋白源的饲料和含有 29%～36% 的大豆粉并添加赖氨酸、色氨酸和苏氨酸的饲料（Wu 等，1999）。用玉米蛋白粉部分替代鱼粉饲养罗氏沼虾（Marobrachium rosenbergii）（程媛媛等，2009）[（1.35 ± 0.06）g] 和凡纳滨对虾（韩斌等，2009）[（0.013 6 ± 0.001 0）g]，认为适宜的替代量分别为 9.10%～18.2% 和 17.2%。而在室外养殖系统和池塘中养殖的凡纳滨对虾 [初重分别为（31.2 ± 0.5）mg.（0.734 3 ± 0.031）g]，饲料中含有 16% 的畜禽下脚料粉时，饲料中的鱼粉可以完全被植物蛋白取代（4.84% 的玉米蛋白粉和大豆蛋白混合物），同时不影响其生长和产量（Amaya 等，2007；Elkin 等，2007）。当玉米蛋白粉在黄尾（Seriola quinqueradiata）饲料中用量超过 10% 时，黄尾生长缓慢，饲料效率降低（Shimeno 等，1993）；镜鲤（CyPrinus carpio）（初重 12.6 g）摄食含玉米蛋白粉的饲料后，与鱼粉饲料相比，蛋白质摄入量无显著差异，但蛋白质生物价明显下降（Gongnet 等，1996）；用含有 30% 的玉米蛋白粉为唯一蛋白源的饲料投喂鲍（Haliotisis discus），其 40 d 生长率和蛋白质利用率（23%，1.2%）要低于等水平的豆粕饲料（63%，2.6%）和白鱼粉饲料（35%，1.7%）。Regost 等（1999）用不同水平的玉米蛋白粉和 8% 可溶性鱼蛋白浓缩物部分替代或完全替代鱼粉养殖大菱鲆（初重 65 g），20% 玉米蛋白粉组的生长与对照组无显著差异，认为大菱鲆饲料中替代鱼粉的最大比例为 1/3，否则影响其生长和对营养物质的消化吸收。

（三）棉籽饼（粕）的加工

棉籽饼（粕）是棉籽经脱壳取油后的副产品，因脱壳程度不同，通常又将去壳的叫作棉仁饼（粕）（图 7-2）。年产约 300 多万 t，主产区在新疆、河南、山东等省（自治区）。棉籽经螺旋压榨法和预压浸提法，得到棉籽饼（cotton seed cake）和棉籽粕（cotton seedmeal），其工艺流程见。图 7-3 和图 7-4。

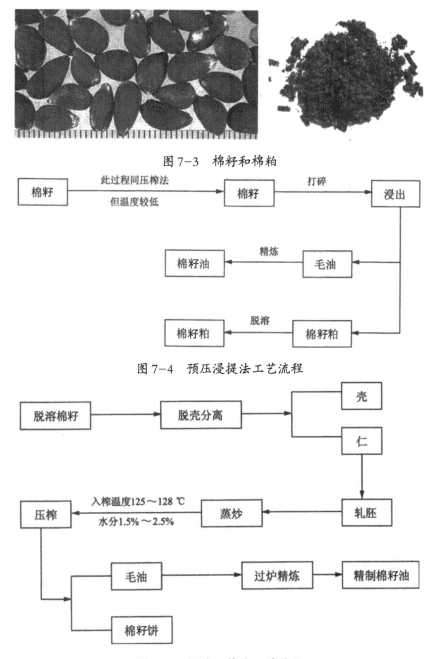

图 7-3　棉籽和棉粕

图 7-4　预压浸提法工艺流程

图 7-5　螺旋压榨法工艺流程

1. 棉籽饼 (粕) 加工工艺

粗纤维含量主要取决于制油过程中棉籽脱壳程度。国产棉籽饼 (粕) 粗纤维含量较高, 达 13% 以上, 有效能值低于大豆饼 (粕)。脱壳较完全的棉仁饼 (粕) 粗纤维含量约 12%, 代谢能水平较高。

棉籽饼 (粕) 粗蛋白质含量较高, 达 34% 以上, 棉仁饼 (粕) 粗蛋白质可达 41% ~ 44%。

氨基酸中赖氨酸较低, 仅相当于大豆饼 (粕) 的 50% ~ 60%, 蛋氨酸亦低, 精氨酸含量较高，赖氨酸与精氨酸之比在 100：270 以上。矿物质中钙少磷多，其中 71% 左右为植酸磷，含硒少。B 族维生素，含量较多，维生素 A、维生素 D 少。

棉籽饼（粕）中的抗营养因子主要为棉酚、环丙烯脂肪酸、单宁和植酸。

2.农业部标准规定

棉籽饼的感官性状为小片状或饼状，色泽呈新鲜一致的黄褐色；无发酵、霉变、虫蛀及异味、异臭；水分含量不得超过 12.0%；不得掺入饲料用棉籽饼以外的杂质。具体质量标准见表 7-3。

表 7-3　饲料用棉籽饼质量标准（NY/T 129-1989）

（%）

等级质量指标	一级	二级	三级
粗蛋白质	≥ 40.0	≥ 36.0	≥ 32.0
粗纤维	< 10.0	< 12.0	< 14.0
粗灰分	< 6.0	< 7.0	< 8.0

3.饲用效果

棉籽饼（粕）对鸡的饲用价值主要取决于游离棉酚和粗纤维的含量。含壳多的棉籽饼（粕），粗纤维含量高，热能低，应避免在肉鸡中使用。用量以游离棉酚含量而定，通常游离棉酚含量在 0.05% 以下的棉籽饼（粕），在肉鸡中可占到饲粮的 10%～20%，产蛋鸡可用到饲粮的 5%～15%，未经脱毒处理的饼（粕），饲粮中用量不得超过 5%。蛋鸡饲粮中棉酚含量在 200 mg/kg 以下，不影响产蛋率，若要防止"桃红蛋"，应限制在 50 mg/kg 以下。亚铁盐的添加可增强鸡对棉酚的耐受力。鉴于棉籽饼（粕）中的环丙烯脂肪酸对动物的不良影响，棉籽饼（粕）中的脂肪含量越低越安全。

品质好的棉籽饼（粕）是猪良好的蛋白质饲料原料，代替猪饲料中 50% 大豆饼（粕）无负效应，但需补充赖氨酸、钙、磷和胡萝卜素等。品质差的棉籽饼（粕）或使用量过大会影响适口性，并有中毒可能。棉籽仁饼（粕）是猪良好的色氨酸来源，但其蛋氨酸含量低，一般乳猪、仔猪不用。游离棉酚含量低于 0.05% 的棉籽饼（粕），在肉猪饲粮中可用至 10%～20%，母猪可用至 3%～5%，若游离棉酚高于 0.05%，应谨慎使用饼（粕）。

棉籽饼（粕）对反刍动物不存在中毒问题，是反刍家畜良好的蛋白质来源。奶牛饲料中添加适当棉籽饼（粕）可提高乳脂率，若用量超过精料的 50% 则影响适口性，同时乳脂变硬。棉籽饼（粕）属便秘性饲料原料，须搭配芝麻饼（粕）等软便性饲料原料使用，一般用量以精料中占 20%～35% 为宜。喂幼牛时，以低于精料的 20% 为宜，且需搭配含胡萝卜素高的优质粗饲料。肉牛可以棉籽饼（粕）为主要蛋白质饲料，但应供应优质粗饲料，再补充胡萝卜素和钙，方能获得良好的增重效果，一般在精料中可占 30%～40%。棉籽仁饼（粕）也可作为羊的优质蛋白质饲料来源，同样需配合优质粗饲料。

此外，由于游离棉酚可引起种用动物尤其是雄性动物生殖细胞生发障碍，因此种用雄性动物应禁止用棉粕，雌性种畜也应尽量少用。

(四) 其他杂粮的加工

1. 花生 (仁) 饼 (粕)

花生 (仁) 饼 (粕) 是花生 (peanut, Arachis hypogaea)。

脱壳后，经机械压榨或溶剂浸提油后的副产品。以中国、印度、英国最多。我国年加工花生饼 (粕) 约 150 万 t，主产区为山东省，产量约近全国的 1/4，其次为河南、河北、江苏、广东、四川等地，是当地畜禽的重要蛋白质来源。

花生脱壳取油的工艺可分浸提法、机械压榨法、预压浸提法和土法夯榨法。用机械压榨法和土法夯榨法榨油后的副产品为花生饼 (peanut cake)，用浸提法和预压浸提法榨油后的副产品为花生粕 (peanut meal)

2. 向日葵仁饼 (粕)

向日葵仁饼 (粕) 是向日葵籽 (sunflower, Helianthus annusL.) 生产食用油后的副产品，可制成脱壳或不脱壳两种，是一种较好的蛋白质饲料。我国的主产区在东北、西北和华北，年产量 25 万 t 左右，以内蒙古和吉林产量最多。

向日葵仁饼 (粕) 榨油工艺有压榨法、预压浸提法和浸提法，其加工工艺流程见图7-6。

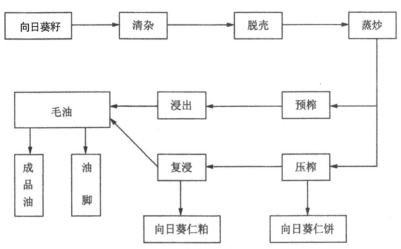

图 7-6　向日葵仁饼 (粕) 主要生产工艺流程

向日葵仁饼 (粕) 的营养价值取决于脱壳程度，完全脱壳的饼 (粕) 营养价值很高，其饼 (粕) 的粗蛋白质含量可分别达到 41%、46%，与大豆饼 (粕) 相当。但未脱壳或脱壳程度差的产品，其营养价值较低。氨基酸组成中，赖氨酸低，含硫氨基酸丰富。粗纤维含量较高，有效能值低，残留脂肪为 6%~7%，其中 50%~75% 为亚油酸。矿物质中钙、磷含量高，但以植酸磷为主，微量元素中锌、铁、铜含量丰富。B 族维生素中的烟酸、硫胺素、胆碱、尼克酸、泛酸含量均较高。

向日葵仁饼 (粕) 中的难消化物质，有外壳中的木质素和高温加工条件下形成的难消化糖类。此外还有少量的酚类化合物，主要是绿原酸，含量为 0.7%~0.82%，氧化后变黑，是饼 (粕) 色泽变暗的内因。绿原酸对胰蛋白酶、淀粉酶和脂肪酶有抑制作用，加蛋氨酸和氯化胆碱可抵消这种不利影响。

3.亚麻仁饼(粕)

亚麻仁饼(粕)是亚麻籽(lax, Linum usitatissimum L.)经脱油后的副产品。亚麻籽在我国西北、华北地区种植较多，主要产区有内蒙古、吉林、河北北部、宁夏、甘肃等沿长城一带，是当地食用油的主要来源。我国年产亚麻仁饼(粕)约30多万t，以甘肃最多。因亚麻籽中常混有芸芥籽及菜籽等，部分地区又将亚麻称为胡麻。现行亚麻籽榨油工艺流程见图7-7。

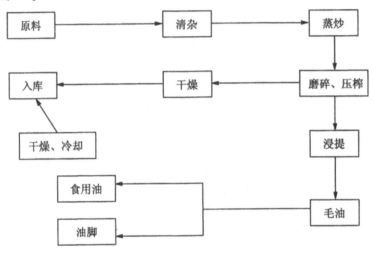

图 7-7　亚麻仁饼(粕)制作工艺流程

亚麻仁饼(粕)粗蛋白质含量一般为32%~36%，氨基酸组成不平衡，赖氨酸、蛋氨酸含量低；富含色氨酸，精氨酸含量高，赖氨酸与精氨酸之比为100:250。饲料中使用亚麻籽饼粕时，要添加赖氨酸或搭配赖氨酸含量较高的饲料。粗纤维含量高，为8%~10%，热能值较低，代谢能仅7.1 MJ/kg。残余脂肪中亚麻酸含量可达30%~58%。钙、磷含量较高，硒含量丰富，是优良的天然硒源之一。维生素中胡萝卜素、维生素D含量少，但B族维生素含量丰富。

亚麻仁饼(粕)中的抗营养因子包括生氰糖苷、亚麻籽胶、抗维生素B_6。生氰糖苷在自身所含亚麻酶作用下，生成氢氰酸而有毒。亚麻籽胶含量为3%~10%，它是一种可溶性糖，主要成分为乙醛糖酸，它完全不能被单胃动物消化利用，饲粮中用量过多，影响畜禽食欲。

三、动物性蛋白质饲料的加工利用

(一)味精蛋白

1.味精蛋白的营养特性

饲料原料不足，特别是蛋白质饲料原料短缺已成为饲料产业发展的首要制约因素。开发非常规蛋白质饲料原料是一种解决蛋白质饲料资源短缺的有效途径。味精蛋白呈粉末状，其颜色因发酵过程中使用的糖质原料不同而不同，通常为灰白色至土黄色或褐色，蛋白质含量高，但因提取工艺的不同，味精蛋白还是有很大的差异(50%~75%)。味精蛋白具有特有微香，无异臭，但在畜禽生产中应用报道较少。

味精蛋白是味精发酵生产谷氨酸的副产品，其营养成分含量受发酵工艺和原料的影响。味精蛋白质总能很高，粗蛋白质含量超过鱼粉，但真蛋白含量较低；氨基酸总量和必需氨基酸总量都高于豆粕：氨基酸中的谷氨酸含量最高，半胱氨酸含量最低。试验表明，味精菌体蛋白代谢能、氨基酸消化率均比豆粕低，蛋氨酸消化率最高。

味精蛋白的主要营养特点如下。①蛋白质含量高，约含70%，其中氨基酸为58%~62%。由于原料不同，氨基酸中蛋氨酸和赖氨酸含量差异较大。其中黑龙江产味精蛋白蛋氨酸含量较高，为2.94%，赖氨酸含量也较高，为2.45%。原料不同，味精蛋白的各种氨基酸含量也不同。福州味精厂检验了福州味精厂和双城味精厂生产的味精蛋白的各种氨基酸含量，详见表7-4。②谷氨酸含量较高，为9.41%，可提高饲料的鲜味，具有诱食作用。③具有发酵产品的特点，含有丰富的B族维生素和各种酶。④味精蛋白的发酵原料为玉米，不含有抗营养因子和其他药物残留（白志民等，2006）。福州味精厂分析检验数据显示味精蛋白的主要营养成分见表7-5。

表7-4　味精蛋白的氨基酸含量

（%）

来源	福州	双城
Asn	6.33	6.24
Thr	3.02	3.06
Ser	2.32	2.14
Glu	9.36	9.41
Pro	1.95	2.06
Gly	3.26	2.81
Ile	3.51	2.97
Leu	4.87	4.94
Tyr	1.86	1.41
Phe	2.51	2.87
Lys	5.15	2.45
His	1.06	1.16
Ala	5.54	6.27
Val	5.34	4.16
Met	1.24	2.94
Arg	3.6	3.34
Cys	0.58	0
氨基酸总量	61.49	58.42

表 7-5　味精蛋白的主要营养成分

养分	含量
粗蛋白质（%）	72.80
粗脂肪（%）	3.45
粗纤维（%）	0.51
钙（%）	0.12
磷（mg/kg）	4.85
无氮浸出物（%）	10.00~20.00
水分（%）	< 10.00
铅（mg/kg）	0.41~0.57
砷（mg/kg）	0.21~0.22
镉（mg/kg）	0.23
铜（mg/kg）	19.06~37.95
锌（mg/kg）	63.8

注：福州味精厂分析检验数据

2. 味精蛋白加工利用现状

味精蛋白的生产工艺。由于废液来自不同的生产工段，因此可根据废液来源将味精蛋白的生产工艺分为三种。不论是哪种工艺，其对味精蛋白主要营养物质含量影响不大。

①等电母液生产法。等电点提取谷氨酸后，在等电母液中加絮凝剂或其他方法提取味精蛋白，由于该法减少了离子交换这个环节，实际上是增大了谷氨酸的损失量，降低了味精生产企业的经济效益，因此实际生产中该法基本上没有使用。具体工艺流程见图7-8。

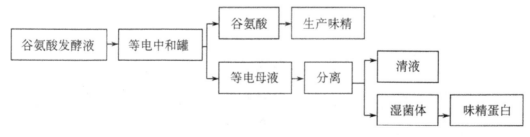

图 7-8　等电母液生产法提取味精蛋白工艺

②离交母液生产法。等电点-离子交换提取谷氨酸后，从离交母液中提取味精蛋白。目前，大多数味精厂均采用此法。具体工艺流程见图 7-9。

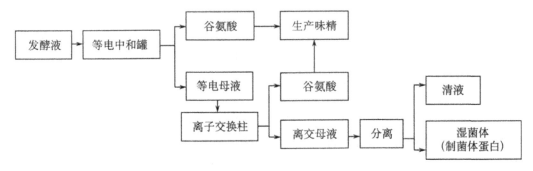

图 7-9　离交母液生产法提取味精蛋白工艺

不过，离交母液生产法存在着以下诸多问题，实际生产中还有待改进。

菌体存在会干扰谷氨酸结晶和沉降，谷氨酸一次等电提取率较低，影响主产品提取效率。

菌体颗粒容易堵塞并紧贴在后段工艺的离子交换柱上，使冲洗次数增加，冲洗水量加大，而且冲洗排水污染浓度也高。

带菌等电点工艺的排放废水，不论是等电母液还是后面的离交废水污染浓度都很高。

③谷氨酸发酵液生产法。由于离交母液生产法存在的种种弊端，生产中已经开始尝试谷氨酸发酵液生产法。该法把废水治理的起点从离交母液移到谷氨酸发酵液，即在谷氨酸发酵结束后，先对发酵液采取回收菌体的措施，然后再进行等电点结晶谷氨酸。这样不仅可以生产副产品味精蛋白，而且可以明显提高一次等电点的谷氨酸提取率，使味精厂获得显著的经济效益。同时晶体的纯度明显改善，离子交换柱堵塞也明显减少，离交冲洗水量和污染物浓度都有所下降。特别是由于从发酵液中回收了菌体，不论是等电母液还是离交母液，其化学需氧量（COD）浓度都明显下降，给后面污染治理带来一定的方便，该法是味精生产值得推广的方法。鲍启钧（1998）指出，对离心除菌后的谷氨酸发酵液用低温等电点—离子交换提取谷氨酸晶体，由于先除菌后提取，谷氨酸一次等电点回收率提高了 1%~3% 的良好效益。工艺流程如图 7-10 所示。

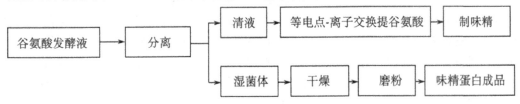

图 7-10　谷氨酸发酵液生产法提取味精蛋白工艺

3.味精蛋白在动物生产中的应用

（1）味精蛋白在猪生产中的应用。生长猪饲粮中用味精菌体蛋白替代豆粕，既可以降低饲料成本，又可以为缓解当前蛋白质资源短缺提供一条新途径，是一种值得在养猪生产中推广的蛋白质饲料。刘垒等（2009）为研究味精菌体蛋白替代豆粕对生长猪生产性能的影响，分别用味精菌体蛋白替代基础饲粮中20%、40%、60%和80%豆粕的饲粮饲喂生长猪。研究结果表明：平均日采食量整体随替代比例的增加而逐渐降低；平均日增重随替代比例的增加而逐渐降低，对照组和20%替代组都显著高于40%和60%替代组；饲料转化率随替代比例的增加而逐渐降低；增重耗料成本随替代比例的增加呈先降低后升高的趋势，建议替代比例在 20% 以内为宜。在猪浓缩料中添加味精蛋白 60~80 kg / t，既降低了饲料成本，又没有影响产品质量，取得了较好的经济效益。建议在配合饲料中添加剂量如下，育肥猪 2%~3%。低质或劣质的味精蛋白产品禁止在猪饲料中添加。一般乳仔猪饲料中不提倡添加味精蛋白。

（2）味精蛋白在牛生产中的应用。孙宇等（2010a）在泌乳中期的荷斯坦牛料中分别添加 5% 和 15% 的味精菌体蛋白，结果表明夏季奶牛日粮中添加味精菌体蛋白替代日粮中部分蛋白质饲料，可促进奶牛粗饲料采食量的增加，减缓热应激造成的产奶量下降幅度，但对牛奶品质的影响不大。犊牛日粮中添加味精菌体蛋白替代部分蛋白质饲料，可改善饲料适口性。因此，5% 和 15% 味精菌体蛋白可应用于断奶前不同阶段的犊牛料中（孙宇，2010b）。

（3）味精蛋白在鸡生产中的应用。李梦云等（2009）研究味精蛋白对鸡蛋白质和氨基酸利用率的影响发现，味精菌体蛋白的蛋白质和氨基酸利用率低于豆粕和玉米蛋白粉。Muztar 和 Slinger（1980）认为原料氨基酸平衡性是造成消化率差异的原因。他们发现单独使用氨基酸平衡性较差的原料饲喂动物，会造成某些氨基酸消化和吸收率下降。味精菌体蛋白中必需氨基酸含量较低，而非必需氨基酸特别是谷氨酸含量较高，说明氨基酸模式不平衡，而且非蛋白氮含量也较高，这些可能是味精菌体蛋白氨基酸利用率较低的原因。饲喂蛋公鸡味精蛋白进行代谢试验，结果发现，味精蛋白的总能比豆粕高 3.87%，而比玉米蛋白粉低 15.56%；粗蛋白质含量达到 71.45%，分别比豆粕和玉米蛋白粉高64.03% 和 22.32%。在已测定的 17 种氨基酸中，除甘氨酸外，味精蛋白粉其他氨基酸表观消化率和真消化率均低于豆粕和玉米蛋白粉。这表明味精蛋白的养分利用率低于豆粕和玉米蛋白粉（郭金玲等，2008）。肉仔鸡对味精菌体蛋白粉中能量和氨基酸的利用率均较低（杨桂芹等，2009）。

（二）鱼粉

1. 鱼粉的营养特点

鱼粉是配合饲料中优质的蛋白质饲料原料，粗蛋白质含量可达 55% 以上，各种氨基酸齐全而且含量丰富，平衡性好，动物对其的消化吸收率高，特别是赖氨酸、蛋氨酸和胱氨酸等氨基酸的含量明显高于一般的植物性蛋白饲料资源，同时鱼粉中含有丰富的钙、磷、维生素及微量元素，有些成分是植物性饲料原料的数倍甚至千倍，研究表明，除上述成分外，鱼粉中还含有大量的能促进动物生长的"未知生长因子"，一般称为"鱼因子"，这些成分主要包括核苷酸、活性小肽、牛磺酸等已知物质及一些未知物质（李朝霞，2000）。

鱼粉成分因鱼种而异，但同一鱼种因渔获期、渔场、鱼龄等而有所变动。例如，产卵前，鱼体含油量高，含蛋白质也丰富，而排卵后蛋白质及其脂肪含量则非常低，水分含量反而高。鱼粉色泽随鱼种而异，墨罕敦鱼粉呈淡黄色或淡褐色，沙丁鱼粉呈红褐色，白鱼粉为淡黄色或灰白色。加热过度或含油脂高者，颜色加深。如果鱼粉色深偏黑红，外观失去光泽，闻之有焦煳味，为储藏不当引起自燃的烧焦鱼粉。如果鱼粉表面深褐色，有油臭味，是脂肪氧化的结果。如果鱼粉有氨臭味，可能是贮藏中蛋白质变性。如果色泽灰白或灰黄，腥味较浓，光泽不强，纤维状物较多，粗看似灰渣，易结块，粉状颗粒较细且多成小团，触摸易粉碎，不见或少见鱼肌纤维，则为掺假鱼粉，需要进一步检验。

2. 鱼粉的加工处理

鱼粉是以全鱼为原料，经过选料、蒸煮、压榨、干燥、粉碎加工之后的粉状物，这种加工工艺所得鱼粉为普通鱼粉。如果把制造鱼粉时产生的蒸煮汁浓缩加工，做成鱼汁，添加到普通鱼粉里，经过干燥粉碎，所得鱼粉为全鱼粉。以鱼下脚料为原料制得的鱼粉为粗鱼粉。各种鱼粉中，全鱼粉质量最好，普通鱼粉次之，粗鱼粉最差（郭金玲和刘庆华，2004）。

鱼粉加工工艺过程要实现的目的：将原料中固形物（脱脂后干物质）、鱼油和水三者分离（郭建平和林伟初，2006）。主要的步骤为如下几步。①蒸煮：使蛋白质凝结、破损脂肪细胞、释放油脂和物理—化学结合水；②压榨（或临时性离心）：使固形物与油水分离；③油水分离：在鱼体脂肪含量低于3%时此步骤可省略；④蒸发浓缩分离出的压榨液：浓缩为鱼溶浆；⑤干燥：将压榨饼与鱼溶浆混合干燥；⑥粉碎：将干燥物质粉碎至要求粒径。

（1）工业加工鱼粉。工业加工鱼粉历来有干法和湿法之分，我国20世纪80年代以前主要采用干法生产鱼粉。80年代中期，一些大中型鱼粉加工企业普遍开始采用比较先进的湿法全鱼粉生产技术。鱼粉的干法生产主要由原料绞碎、干燥、脱脂、粗筛去杂、粉碎、筛分、成品包装等工艺过程组成（饶应昌和庞声海，2002）。干法鱼粉生产的缺点是干燥温度高、时间长，常因鱼粉焦化呈褐色而使部分营养成分损失（梁成文等，1999）。

现代鱼粉生产中湿法加工是各国主要采用的工艺。原料鱼先经去铁去杂，绞碎后由螺旋输送机送至蒸煮器加热蒸煮、灭菌和熟化。接着将蒸煮过的物料输送至压砖机施压榨出汁水。这时，原料被分离成榨饼和汁液两相，生产过程从这里分为两支。其中一支处理榨饼，由碎饼机将其撕碎打散后送入干燥机进行干燥；另一支处理汁液，汁液中含有油、汁水和少量悬浮饼渣颗粒。经过滤进一步分离为固、液两相，固相送入干燥机，而汁液再由高速离心机将其分离为油和汁水两部分。汁水中含有很多的可溶性蛋白及其分解产物，将其浓缩到40%~50%的固形物浓度，再混入撕碎的榨饼，一起送入干燥机进行干燥作业。干燥后的鱼粉一般还需经过粉碎，然后称重、包装成成品（饶应昌和庞声海，2002）。

湿法生产鱼粉的优点：①由于蒸煮、干燥温度较低，时间较短，鱼粉鱼油质量高，经济价值高。温度超过110℃对赖氨酸、蛋氨酸、精氨酸的破坏作用很大。110℃以上，温度每增加10℃，蛋氨酸损失增加13%，赖氨酸损失增加31%。②鱼的汁水均被利用，故鱼粉得率高。③实现机械化连续化生产，除臭彻底，劳动条件大为改善，减轻了劳动强度，提高了劳动生产率。④耗能低，1 t鱼粉消耗蒸汽约1 t，耗电130~160 kW·h。⑤对原料的适用性强，对含脂量大的原料或废弃物都可进行生产（董玉珍和岳文斌，2003）。

（2）国内比较先进的加工工艺。目前，国内鱼粉行业存在规模小、数量多；加工工艺及设备落后，三废排放严重；能耗过高，加工出品率偏低；产品质量指标、卫生指标不合格；内在品质低下、产品保质期短、黏弹性差及氨基酸不均衡等诸多问题。国产鱼粉质量达不到饲料的使用要求，大多只能作为畜牧饲料使用，不但造成资源浪费，又要花费大量外汇。有的厂家虽用好原料，但由于我国大多数企业的生产设备不如外国的先进，如多效浓缩系统的效果就不明显，不仅影响企业的使用，生产出的鱼粉质量也不如进口鱼粉，而且还严重污染了环境 (潘光等，2009)。

龙源海生物股份有限公司近年来对营养价值高、新鲜度高、耐储存、成本低的高蛋白鱼粉加工技术进行了深入研究及试验，取得了成熟的技术成果。其新厂已采用加工高蛋白鱼粉的生产工艺技术，流程为：新鲜鱼体（水分70%）经过蒸煮熟化，采用螺旋挤压榨提取鱼脂肪，压榨后的鱼渣经过 30 min 卧式蒸汽干燥罐预干燥，使其水分降至55%，然后进行低温快速气流干燥（干燥温度小于110℃，时间 20 s）至水分小于10%，干燥后 45℃鱼粉（脂肪 10% 左右）快速风冷至常温后制得初级鱼粉。初级鱼粉可继续进行脱脂，脱脂后鱼粉（脂肪 ≤ 6%）进行处理，最后制得高品质高蛋白粉。整个加工过程中产生的废蒸汽及废热空气经过热交换器进行二次回收利用，回收利用率40%；经回收利用过的废气和加工过程中产生的废水集中进行废气和废水的生物降解处理，彻底达标后排放和循环利用。这一技术工艺与目前我国普通鱼粉生产线工艺相比，生产过程环保无污染，成本低、出率高、新鲜度高、蛋白质含量高、消化率高、易储存，可使该蛋白质利用率提高 20% (冯源和杨建国，2009)。

（3）酶解鱼粉。采用蛋白酶水解黄花鱼肉，经过浓缩、调配以后，进行喷雾干燥得到酶解黄花鱼粉。该黄花鱼粉是一种蛋白质含量高，必需氨基酸含量丰富，富含不饱和脂肪酸和钙、铁、锌等矿物质的产品，该产品的风味浓郁、味感鲜美醇厚。该产品使用方便，可以应用于方便面、速冻食品、婴儿米粉、保健食品等食品中，既可以增加产品的营养，同时又可以丰富食品风味 (吴进卫和李朝慧，2007)。

3. 鱼粉的应用

鱼粉在各种畜禽配合饲料中均有很好的使用效果，但由于鱼粉价格较高，受饲料价格限制，且目前无鱼粉日粮配合饲料配方的逐步成熟，故一般在使用鱼粉时：对于幼小动物，如哺乳仔猪、肉雏鸡、蛋雏鸡等，为保证动物的良好生长发育及成活率，添加量为 3% ~ 5%，而在后期添加 1% ~ 2% 或不添加，试验表明，在生长育肥猪、肉中大鸡、肉中大鸭等肉用畜禽配合饲料中添加鱼粉后的经济效益并不比无鱼粉日粮的经济效益明显增加。另外，在高产蛋禽日粮中，一般认为可适当添加 2% 左右的鱼粉，能对产蛋指标有一定的改善。在鱼粉产品中，鱼腥味较重，能提高动物对配合饲料的采食量，由于在养殖户中已形成有鱼腥味、有鱼粉就是好饲料的定式，故有些厂家仅在配合饲料中添加具有强烈鱼腥味的饲料添加剂，如鱼腥宝等，对于此类问题应根据实际情况而论，一般应考虑鱼粉的价格及用户的承受能力，鱼粉或鱼腥味类添加剂两者的添加可根据市场的变化而定 (配合饲料学)。在育肥猪日粮中加入 5% ~ 7% 的鱼粉，可使单位增重的饲料消耗降低 10% ~ 20%；给泌乳母猪加喂 5% 的鱼粉，能显著提高其泌乳量；给哺乳仔猪的补料中加喂 6% 的鱼粉，可明显提高其断奶重；给公猪饲喂鱼粉，能提高精液的品质和性欲 (刘云，2003)。

Stoner 等 (1990) 在早期断奶仔猪 Et 粮中添加鲱鱼粉发现，在试验的第 5 周添加 8% 鲱鱼粉的处理组猪 ADG 比对照组提高 11.5%（$P<0.01$）；添加 12% 鲱鱼粉组的 ADG 比对照组增加 17%（$P<0.01$）。Bergstrom 等 (1997) 研究表明，在以玉米、豆粕为基础的日粮中分别添加 0%、2.5%、5.0% 和 7.5% 的鱼粉，发现添加鱼粉可使饲料转化率明显提高。

鱼粉是养殖鱼类饲料的主要蛋白质来源，养鳗饲料的鱼粉使用配合率高达

60%～70%。鱼粉的品质影响养鳗饲料效率颇大，鱼粉中的淀粉酶含量及鱼粉油脂酸败的程度影响养鳗饲料的黏性，应予以注意（李春丽，2006）。

给妊娠后期母羊追加鱼粉可较对照组明显提高羊初乳和羊乳中的二十碳五烯酸（EPA）（0.16∶0.08）、二十二碳六烯酸（DHA）（0.33∶0.09）、总的n-3多不饱和脂肪酸（2.72∶1.93）、总的共轭亚油酸（0.83∶0.64）和总的 V L_n -3-PUFA（>C18，0.70∶0.38）的含量；随着羊初乳和羊乳样本采集时间的延后，其总 SFA 含量也呈现线性的增加趋势（肖健康，2011）。

（三）肉骨粉与肉粉的加工

肉骨粉（meat and bone meal）是以动物屠宰后不宜食用的下脚料以及肉类罐头厂、肉品加工厂等的残余碎肉、内脏杂骨等为原料，经高温消毒、干燥粉碎制成的粉状饲料。肉粉（meat meal）是以纯肉屑或碎肉制成的饲料。骨粉（bone meal）是动物的骨经脱脂脱胶后制成的饲料。

根据加工过程，肉骨粉和肉粉的加工方法主要有湿法生产、干法生产两种。

1. 湿法生产

湿法生产是直接将蒸汽通入装有原料的加压蒸煮罐内，通过加热使油脂液化，经过滤与固体分离，再通过压榨法进一步分离出固体部分，经烘干、粉碎后即得成品。液体部分供提取油脂用。

2. 干法生产

干法生产是将原料初步捣碎，装入具有双层壁的蒸煮罐中，用蒸汽间接加热分离出油脂，然后将固体部分适当粉碎，用压榨法分离残留油脂，再将固体部分干燥后粉碎即得成品。典型的加工工艺流程见图7-11。

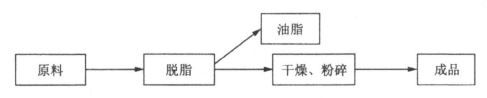

图7-11　肉骨粉典型的加工工艺流程

肉骨粉的原料很易感染沙门氏菌，在加工处理畜禽副产品过程中，要进行严格的消毒。例如，英国曾经由于没能对动物副产物进行正确的处理，用感染有传染性沙门氏菌的禽的副产物制成的肉骨粉去饲喂家禽，导致禽蛋和仔鸡肉的沙门氏菌感染，造成了很严重的后果。另外，用患病家畜的副产物制成的肉骨粉尽量不喂同类动物。目前，由于疯牛病的原因我国和许多国家已禁止用反刍动物副产物制成的肉骨粉饲喂反刍动物。

（四）血粉的加工

血粉（blood meal）是以畜、禽血液为原料，经脱水加工而成的粉状动物性蛋白质补充饲料。动物血液一般占活体重的4%～9%，血液中的固形物约达20%。血粉在加工过程中有部分损失，以100 kg体重计算，牛的血粉为0.6～0.7 kg，猪为0.5～0.6 kg。所以，动物血粉的资源非常丰富，开发利用这一资源十分重要。

利用全血生产血粉的方法主要有喷雾干燥法、蒸煮法和晾晒法。

1. 喷雾干燥法

喷雾干燥法是比较先进的血粉加工方法。先将血液中的蛋白纤维成分除掉，再经高压泵将血浆喷入雾化室，雾化的微粒进入干燥塔上部，与热空气进行热交换后使之脱水干燥成粉，落至塔底排出。一般进塔热气温度为150℃，出塔热气温度为60℃，血浆进塔温度为25℃，血粉出塔温度为50℃。在脱水过程中，还可采用流动干燥、低温负压干燥、蒸汽干燥等更先进的脱水工艺。加工工艺流程见图7-12。

图7-12　喷雾法加工血粉工艺流程

2. 蒸煮法

蒸煮法向动物鲜血中加入0.5%～1.5%的生石灰，然后通入蒸汽，边加热边搅拌，结块后用压榨法脱水，使水分含量降到50%以下，晒干或60℃热风烘干，粉碎。不加生石灰的血粉极易发霉或虫蛀，不宜久贮，但加生石灰过多，蛋白质利用率下降。加工工艺流程见图7-13。

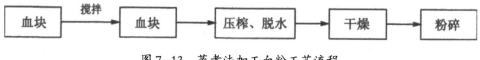

图7-13　蒸煮法加工血粉工艺流程

3. 晾晒法

这一方法多用手工进行，或用循环热在盘上干燥，加热可消毒，但蛋白质消化率会降低。

4. 发酵法

发酵法有两种，一种是血粉直接接种曲霉发酵，25～30℃条件下，发酵约36 h。然后干燥、制粉。另一种是用糠麸类饲料为吸附物与血粉混合发酵，这与发酵血粉本身的质量不同，蛋白质含量仅为发酵血粉含量一半。血粉自身经发酵后营养价值的变化依发酵工艺而异，但一般的发酵工艺不能改善血粉品质。

另一利用动物血液加工的产品是喷雾干燥血浆蛋白粉和血细胞蛋白粉。喷雾干燥血浆蛋白粉（spray—dried plasma protein）是一种充分利用动物废弃物——血液加工而回收的蛋白质产品。主体生产工艺可分为三部分：血浆分离、超滤浓缩和离心喷雾干燥。流程见图7-14和图7-15。

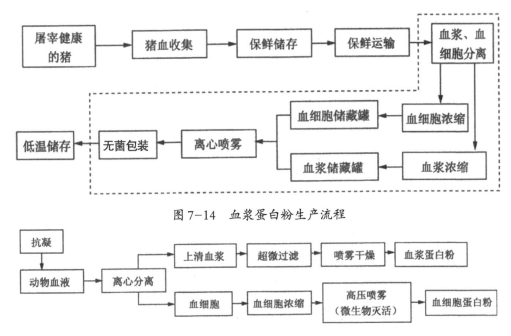

图 7-14　血浆蛋白粉生产流程

图 7-15　血细胞蛋白粉加工工艺流程

相比于先进的喷雾干燥方法，国内对猪血的处理属全血干燥，存在三大营养缺陷：①适口性差，这是它本身的血腥味所造成的。②可消化性差，这一方面是由它本身的血细胞膜结构造成，而更重要的一方面是蒸煮、干燥过程中高温对氨基酸的破坏所致。另外，动物血液具缓冲性，用动物血液制备的血粉也具有缓冲作用。而用具有缓冲作用的血粉作添加剂的饲料饲喂动物必然会带来消化性差的后果。③氨基酸组成平衡性差，血粉粗蛋白质含量和氨基酸总量都极高，尤以高赖氨酸为主要特点，但血本身亮氨酸与异亮氨酸比例失调，这就导致了传统法生产的蒸煮血粉的实际营养价值很低。喷雾干燥血粉的可消化性和营养价值优于全血血粉。

血细胞蛋白粉在加工过程中需要经过一系列制冷处理，这样就保证了收集的动物血液不会腐败变质，特别是夏天，显得尤为重要。血细胞蛋白粉的喷雾干燥主要有离心和压力喷雾干燥两种。提取后的纯血细胞通过高温瞬间喷雾干燥后，既保留了高品质的营养成分，又杀灭了病毒和细菌。这样生产出的成品在无菌状态下包装较为安全。

（五）水解羽毛粉

饲用羽毛粉（feather meal）是将家禽羽毛经过蒸煮、酶水解、粉碎或膨化成粉状，作为一种动物性蛋白质补充饲料。一般每羽成年鸡可得风干羽毛 80～150 g，是其全重的 4%～5%。所以羽毛粉是一种潜力很大的蛋白质饲料资源。

禽类的羽毛是皮肤的衍生物。羽毛蛋白质中 85%～90% 为角蛋白，属于硬蛋白质类，结构中肽与肽之间由双硫键（—S—S—）和硫氢键相连，具有很大的稳定性，不经加工处理很难被动物利用。通常水解羽毛蛋白粉可破坏双硫键，使不溶性角蛋白变为可溶性蛋白，有利于动物消化利用。

生产羽毛粉的加工工艺有以下三种。

1. 高压水解法

高压水解法又称蒸煮法，该法是加工羽毛粉的常用方法，一般水解的条件控制在：温度115～200℃，压力207～690 kPa，时间0.5～1 h，能使羽毛的二硫链发生裂解，在加工过程中若加入2%盐酸可促使分解加速，但水解后需将水解物用清水洗至中性。另外，水解羽毛加工过程中的温度、压力、时间均影响其氨基酸利用率。水解羽毛粉典型的加工工艺流程见图7-16。

图7-16　水解羽毛粉加工工艺流程

2. 酶解法

酶解法是利用蛋白酶水解羽毛蛋白的一种方法。选用高活性的蛋白水解酶，在适宜的反应条件下，使角蛋白质裂解成易被动物消化吸收的短分子肽，然后脱水制粉。这种水解羽毛粉蛋白质的生物学效价相对较高。蛋白酶水解条件依水解酶的种类而异，目前这种方法还没有广泛应用。

3. 膨化法

膨化法效果与蒸煮法近似。在温度240～260℃，压力1.0～1.2 MPa下膨化。成品呈棒状外形，质地疏松、易碎，但氨基酸利用率没有明显提高。

(六) 皮革粉

皮革粉（leather meal）是制革工业的副产物，是用各种动物的皮革鞣制前或鞣制后的副产品制成的一种高蛋白质粉状饲料，主要成分是骨胶原蛋白。迄今有两类产品：一类是水解鞣皮屑粉，主要原料是皮革鞣制后的下脚料。另一类是以未鞣制皮革下脚料为原料制得的皮革蛋白粉。动物原皮在鞣制前需将皮下的组织、少量肌肉、毛、脂肪及边脚等铲去，这类下脚料连同制革废水，过去多用于肥料，或倾入江河，污染环境。近年来，国内已有少量利用其加工成蛋白粉饲料商品。皮革粉的加工工艺有两种。

1. 水解鞣皮屑粉的加工工艺

这一工艺又称为"灰碱法"。在制革工业中需要使用铬酸盐、食盐和硫化钠等无机盐，因此，在加工饲料用皮革蛋白粉时，首先需将皮革下脚料用水浸泡、清洗约10 h，除去无机盐，再加入氢氧化钙，在一定温度、压力和时间下，进行碱水解，使铬与胶原蛋白结合的交联键断开，蛋白质被水解，溶于水中，铬离子生成氢氧化铬沉淀与蛋白分离。然后经过过滤、去沉淀、浓缩、干燥等加工过程，即得饲料用皮革蛋白粉。成品外观为淡黄色或棕黄色粉末，在空气中易吸潮结块，呈碱性，为多肽钙盐，钙、磷不平衡。在干燥前如用磷酸调至pH 6～7，有利于动物吸收利用。加工工艺流程见图7-17。

图7-17　水解鞣皮屑粉的加工工艺流程

2. 未鞣制皮革下脚料蛋白粉的加工工艺

这类原料通常采用高温、高压水解法制取，其加工工艺过程与高压水解羽毛粉相似。

水解皮革粉因原料的来源和加工方法不同，粗蛋白质含量差异很大，变动范围 50%～80%，其中除赖氨酸较高外，其他氨基酸的比例不平衡，利用率较差，属中低档动物性蛋白质饲料。加之金属铬的含量较高，只能与其他优质的蛋白质饲料科学地搭配使用。

第二节　能量饲料资源的利用

一、能量饲料的概述

能量饲料是指饲料干物质中粗纤维含量低于 18%，同时干物质中粗蛋白质含量又低于 20% 的饲料，包括谷物类、糠麸类、块根块茎类、动植物油脂和糖蜜等。

(一) 能量单位

饲料能量是基于养分在氧化过程中释放的能量来测定，并以热量单位来表示。传统的热量单位为卡（cal），国际营养科学协会及国际生理科学协会确认以焦耳作为统一使用的能量单位。动物营养中常采用千焦耳（kJ）和兆焦耳（MJ）。卡和焦耳可以相互换算，换算关系如下：

$$1cal = 4.184J;\ 1kcal = 4.184kJ;\ 1Mcal = 4.184MJ$$

(二) 饲料的能量来源

饲料的能量主要来源于碳水化合物、脂肪和蛋白质。在三大养分的化学键中贮存着动物所需要的化学能。动物采食饲料后，三大养分经消化吸收进入体内，在糖酵解、三羧酸循环或氧化磷酸化等过程中释放能量，最终以 ATP 的形式满足机体需要。

哺乳动物和禽饲料能量的最主要来源是碳水化合物。因为碳水化合物在常用植物性饲料中含量最高，来源丰富。虽然脂肪的有效能值约为碳水化合物的 2.25 倍，但在饲料中含量较少，不是主要的能量来源。蛋白质用作能源的利用效率比较低，且蛋白质在体内不能完全氧化，氨基酸脱氨产生的氨过多，对动物机体有害，因而，蛋白质不宜做能源物质使用。

(三) 饲料能量分类

根据能量守恒和转换定律及动物对饲料中能量的利用程度，将饲料能量分为总能、消化能和代谢能。

1. 总能（GE）

饲料样品完全氧化所释放的热能，即燃烧热。总能仅反映饲料中所含能量，不表示被动物利用的程度。如每克淀粉与每克纤维素的总能均为 17.489 kJ，但淀粉的能量几乎可以全部被动物利用，而纤维素的能量几乎不能被动物利用。

2. 消化能（DE）

消化能是饲料可消化养分所含的能量，即饲料所含总能减去粪便中损失的能量（FE）后剩余的能值。

DE = GE−FE

粪能即粪中所含的能量，主要包括未被动物消化吸收的饲料部分、消化道微生物及其产物、消化道黏膜上脱落的细胞碎片以及消化道内的分泌物所含的能量。消化能的多少既受饲料原料本身的影响，也受动物种类的影响。

消化能又可分为表观消化能（ADE）和真消化能（TDE）。表观消化能的计算公式与一般意义上的消化能相同；真消化能的计算公式为：

TDE = GE−（FE−FEe）

式中，FEe 表示粪中内源能，包括残余消化液、消化道代谢产物（细胞、脱落黏膜）等的能量。

3. 代谢能（ME）

代谢能指饲料消化能减去尿能（UE）及消化道可燃气体的能量（Eg）后剩余的能量。

ME = DE−UE−Eg = GE−FE−UE−Eg

尿能是尿中有机物所含的能量，主要来自蛋白质的代谢产物。消化道气体能来自动物消化道微生物发酵产生的气体，主要是甲烷。非反刍动物的大肠中虽有发酵，但产生的气体较少，常常忽略不计。反刍动物消化道微生物发酵产生的气体量大，含能量可达总能的 3%～10%。

代谢能还进一步可分为表观代谢能（AME）和真代谢能（TME）。表观代谢能计算公式同一般代谢能公式，真代谢能计算公式为：TME = ME + UeE + FmE，其中，FmE 和 UeE 分别代表粪、尿中的内源能。

4. 净能（NE）

净能是饲料中用于动物维持生命和生产产品的能量，即饲料的代谢能减去饲料在体内的热增耗（HI）后剩余的那部分能量。

NE = ME−HI = GE−FE−UE−Eg−HI

热增耗是指绝食动物在采食饲料后短时间内，体内产热量高于绝食代谢产热的那部分热能。热增耗的来源有：消化过程产热、营养物质代谢做功产热、与营养物质代谢相关的器官肌肉活动所产生的热量、肾脏排泄做功产热、饲料在胃肠道发酵产热。

净能中有一部分是动物用来维持生命的能量称为维持净能（NEm），还有一部分是动物用来生产的称为生产净能（NEg），生产净能包括增重净能（NEg）、产蛋净能（NEe）和产奶净能（NEl）等。

二、谷物类饲料资源的加工利用

谷实类饲料是指禾本科作物的籽实（玉米、稻谷、大麦、小麦、燕麦、高粱），这些籽实中淀粉含量最高的是小麦（约 77%），其次为玉米（约 72%）、高粱（约 70%）、大麦及燕麦（57%～58%）（Huntington，1997）。为提高动物对谷实类饲料的消化利用率，通常要进行加工（高精料日粮中可以饲喂整粒玉米除外），而加工改善谷物利用率的重点是改进谷物中淀粉的利用率。常用饲料谷物的加工方法见表 7-6。

表7-6　常用饲料谷物的加工方法

机械处理	热处理	水分改变	其他
去壳 压挤 磨碎 干式滚压 蒸汽滚压	微波处理 爆裂 烘烤 蒸煮 水热炸制 加压制片 蒸汽压片 碎粒处理	麸糠 干燥、脱水 高水分谷物 重构谷物 加水饲料	制块 液状掺用料 发酵 无土栽培 发芽 未处理全玉米

(一) 粉碎与压扁

1. 粉碎（grinding）和破碎（cracking）

饲料粉碎是最简单，也是最常用的一种加工调制方法，具有简便、经济的特点。整粒籽实在饲用前均应经过粉碎。

市场上有多种粉碎设备供应，所有这些设备都可以对成品颗粒大小进行一定的控制。锤片式粉碎机可能是最常见的饲料加工设备，它是借助旋转的金属锤片击打待粉碎的物料并使其通过金属网筛来完成的，产品颗粒度大小可通过改变筛孔的大小来控制。这些粉碎机能粉碎从粗饲料到各类谷物的任何饲料，其产品的颗粒度大小介于碎谷粒到细粉末之间。在这一过程中，可能有很多粉尘的损失，其成品的粉尘比用对辊式粉碎机或其他类型设备粉碎的谷物产品要多。

磨碎的程度应根据饲料的性质、动物种类、年龄、饲喂方式、加工费用等来确定。适宜的粉碎加工处理使得饲料表面积加大，有利于与消化液的接触，使饲料充分浸润，从而提高动物对饲料的消化率。但将谷粒磨得过细，一方面降低其适口性，咀嚼不良，甚至不经咀嚼即行吞咽，造成唾液混合不良；另一方面在消化道内易形成黏稠的团状物，因而也不易被消化。相反，磨得太粗，混有的细小杂草种子极易逃脱磨碎作用，则达不到饲料粉碎的目的。粉碎粒度因畜种不同而异。反刍动物更喜欢粗粉碎的谷物，因为它们不喜欢粉碎得很细的粉末，特别是当粉末中有很多粉尘时。而对于家禽和猪，粉碎成较细的饲料更为常见。猪和老弱病畜为1mm以下、牛羊为2 min左右、马为2～4 mm，对禽类粉碎即可，粒度可大一些，鹿的饲料粒径1～2 mm为宜，玉米、高粱等谷实类饲料粉碎的粒度在700 μm左右时，猪对其消化率最高（李德发，1994）；对鱼类来说，谷粒粉碎的适宜程度为：粉料98%通过0.425 mm（40目）筛孔，80%通过0.250 mm（60目）筛孔（李爱杰，1996）。谷粒粉碎后，与空气接触面增大，易吸潮、氧化和霉变等，不易保存。因此，应在配料前才将谷粒粉碎或破碎，一次粉碎数量不宜太多。另外，粉碎的饲料由于粉尘较多，不仅适口性不如颗粒状饲料，而且动物采食时的浪费也大。

2. 挤压（extruding）

挤压谷物或其他类型挤压饲料的制作是将饲料通过一个带有旋转螺杆的机器来完成的，旋转螺杆推动饲料强行通过一个锥形头。在这一程中，饲料被粉碎、加热和挤压，生成一种带状产品。这一工艺通常用来制作各种大小和形状的宠物饲料。对于饲喂高谷物饲粮的肉牛，饲喂挤压谷物的效果同其他加工方法处理的谷物相类似。一些挤压机也用来加工饲喂家畜的整粒大豆或其他油籽，也可以广泛应用于加工人和宠物的食品以及加工提取脂肪后的油籽产品。

（二）简单热处理

1. 烘烤、焙炒（roasting）

烘烤是将谷物进行火烤，使谷物直接受热产生一定程度的膨胀，从而使物料具有良好的适应性。籽实饲料，特别是禾谷类籽实饲料，经过 130～150℃ 短时间焙炒后，部分淀粉转化成糊精而产生香味，提高适口性及淀粉的利用率。焙炒还可消灭有害细菌和虫卵，使饲料香甜可口，增强了饲料的卫生性、诱引性和适口性。大麦焙炒后可用作乳猪的诱食饲料。

2. 微波热处理（microwave heating）

近年来，欧美国家发明了饲料微波热处理技术。微波加热实际上同膨化类似，只是热量是由介质材料自身损耗电场能量而获得。谷物经过微波处理后饲喂动物，其消化能值、动物生长速度和饲料转化率都有显著提高。这种方法是将谷类经过波长 4～6μm 红外线照射，使其中淀粉粒膨胀，易被酶消化，因而其消化率提高。经此法处理后，玉米消化能值提高 4.5%，大麦消化能值提高 6.5%。90 s 的微波热处理，可使大豆中抑制蛋氨酸、半胱氨酸的酶失去活性，从而提高其蛋白质的利用率。

3. 蒸煮（pressure cooking）

谷物加水加热，使谷物膨胀、增大、软化，成为适口性很好的产品。蒸煮或高压蒸煮可以进一步提高饲料的适口性。大豆经过蒸煮可破坏其中的抗胰蛋白酶，从而提高大豆的消化率和营养价值。马铃薯蒸煮后可以提高养分的消化率和利用率。用煮过的豌豆喂猪增重可提高 20%，但对含蛋白质高的饲料加热处理时间不宜过长。禾本科籽实蒸煮后反而会降低其消化率。

（三）制粒与膨化

1. 制粒（pelleting）

制粒是先将饲料粉碎，然后进入制粒机，通过压辊的作用，让物料强行通过一个厚厚的、高速旋转的带孔环模的过程。有些饲料制粒之前要经过一定程度的蒸汽调质，不同颗粒饲料的直径、长度和硬度不同。与粉料相比，通常所有家畜都喜欢颗粒饲料的物理特性。由于家畜可能拒绝采食粉末饲料，将饲料制粒常常能获得良好的效果。大部分家禽饲料和猪饲料都经过制粒过程，然而对于采食高谷物饲粮的反刍动物来说，尽管制粒可以改善饲料转化效率，但由于饲料采食量有所降低，其结果并不特别有利。制粒的方法也常用于储存低质的饲料，颗粒料能与压扁的谷物很好地混合，形成全价料或同一质地的饲料。通常将补充饲料如蛋白质浓缩料同时制粒饲喂动物，或者在多风地区使用以减少其他形态饲料的饲喂损失。

2. 膨化（popping）

膨化是指在各种控制的条件下强制使饲料原料流动，然后以预定的速度通过一特定的洞孔或缝隙，迫使在高温和高压条件下，使饲料进行高速的物理和化学变化来提高其营养价值：它将搅拌、切剪、调质等加工环节结合成完整工序。膨化玉米是通过干燥加热使玉米瞬间膨胀（使水从液态变为气态所引起的破坏谷物的胚乳而制成的产品）。膨化工艺能提高肠道和瘤胃对淀粉的利用程度，但是降低了饲料的密度。因此，膨化饲料在饲喂前通常要进行压扁以减少其体积。膨化机由一圆柱形的机腔以及密闭于其中的螺旋桨所组成，螺旋桨绕在金属轴上。膨化机的温度范围可在80~170℃，温度持续时间可在10~270 s内调整。

（四）蒸汽压片

1. 蒸汽压片（steam flaking）的原理

蒸汽压片处理谷物，是通过蒸汽热加工使谷物膨胀、软化，然后再用一对反向旋转滚筒产生的机械压力剥离、压裂已膨胀的玉米，将玉米加工成规定密度的薄片。这实际是一个淀粉凝胶化的过程，通过凝胶化来破坏细胞内淀粉结合的氢键，从而提高动物机体对玉米淀粉的消化率。此外，蒸汽压片过程中玉米蛋白质的化学结构发生改变，有利于瘤胃对蛋白质的吸收。蒸汽压片处理玉米过程的主要作用因素是水分、热量、处理时间及机械作用：水分使玉米膨胀软化；加热可使电子发生移动、破坏氢键，促进凝胶化反应；足够的蒸汽条件处理时间是获得充分凝胶化过程的保证；滚筒的机械作用是一个压碎成形达到规定压片密度的过程。见图7-18和图7-19所示。

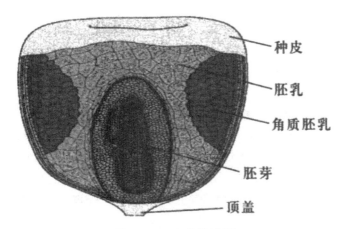

图7-18　玉米构造图

图7-19　蒸汽压片玉米

2. 蒸汽压片工艺

蒸汽压片工艺机组流程和蒸汽压片机结构见图7-20和图7-21。

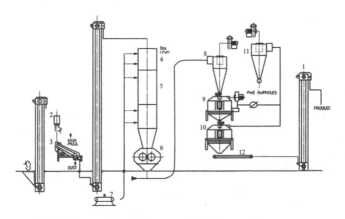

1. 提升机；2. 磁选设备；3. 振动筛；4. 缓冲仓；5. 蒸汽调制器；6. 压片机；7. 蒸汽机；8. 气力输送机；9. 干燥器；10. 冷却器；11. 冷气发生器；12. 输送机（引自韩国Garlim 工程机械有限公司网站，http://www.garlim.com）

图7-20   蒸汽压片工艺机组流程

（1）一般工艺流程。蒸汽压片的一般工艺流程为原料（如玉米）→除杂→调质→蒸汽→加热→压片→干燥冷却。具体方法是在原料除去混杂的石块、金属等杂质后加水和表面活化剂（调质剂）调质，一般加8%～10%的水保持12～18 h，使水分渗入玉米中，然后将玉米输入一个立式的不锈钢蒸汽箱内，经100～110℃蒸汽处理40～60 min；最后用两个预热的大轧辊把经调质和蒸汽处理过的玉米轧成期望的特定容重（通常309～386 g/L）的玉米片，玉米片容重随着加工程度（挤压压力）的增加而降低（Preston，1999）。玉米片可以直接饲喂或待其"冷却干燥"（散失一些水分）后饲喂。Zinn（1997）比较了新鲜和干燥后的压片玉米的消化特性和饲喂价值，发现并不影响玉米饲喂效果。

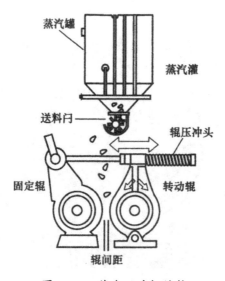

图7-21   蒸汽压片机结构

（2）工艺参数。蒸汽压片品质好坏取决于整个加工过程中热与力的综合效果，也就是说，工艺参数的不同对营养价值有很大的影响，主要的因素有蒸汽处理时间、挤压压力等。

第一，蒸汽处理时间。

蒸汽压片处理过程中对玉米进行调质和蒸汽处理使玉米达到一定的水分含量，并在一定温度下对玉米淀粉进行湿热处理使其糊化。有关蒸汽时间的研究报道很少，理论上延长蒸汽时间可使玉米淀粉颗粒充分吸收水分，当其达到饱和状态时，就会到达一个平台期。Zinn（1990）选用 3 个时间段（34 min、47 min、67 min）对其进行研究，得出的结论是 34 min 是消化道淀粉消化率达到最佳（99.5%）的时间段，延长蒸汽时间并不能改善压片玉米的营养价值。国外实际生产中通常采用 40～60 min 的蒸汽处理时间。

第二，挤压压力。

经过调质和蒸汽处理后的玉米要通过两个预热的轧辊压制成一定密度的玉米片，两个轧辊一个是固定辊，一个是活动辊。生产中通常有两种方法来调整挤压压力：一是定压法，将两个轧辊紧贴一起，即二者之间的距离为零，然后减小挤压压力（约 3.5 MPa）以保证玉米通过轧辊时会形成一定的间隙；二是定距法，即先将两轧辊调到所需间距（一般为 0.8～1.0mm）然后增大挤压压力（约 6 MPa）使二者固定，保证轧辊间的距离不会随着下落玉米的增加和不断的挤压而发生改变。这两种方法各有利弊，前者的优点在于它所施压力较小，原料中的一些杂物均能通过滚筒，减少了对机器的磨损，不足之处是在最开始两个轧辊之间无距离时，有可能造成玉米下落停滞而阻碍整个设备的正常运转，不易控制；而后者的优势在于它能提供一个稳定的加工环境，使加工后的压片玉米具有一致性，但是它需要有很大的压力来维持一个恒定的间距，耗能大，而且也需要特定的除杂设备。国内外往往采用第二种方法（Zinn，2002）。

第三，最佳压片密度。

压片密度是一种评价蒸汽压片加工质量的度量指标，压片密度在加工过程中容易控制，所以在评价压片质量时常用。压片密度和淀粉的可利用率及消化酶的活性都呈强相关，相关系数分别是 $R^2 =0.87$ 和 $R^2 =0.79$。制作压片时由于所受压力和作用时间的不同，压片的密度也就不同。压片密度的计量有两种不同的方法，一种是用 kg/L 或者 g/L 来表示，一种是用 Ib/bu 计量（Ib 是英制质量单位磅的符号，属于非法定计量单位，1 Ib ≈ 0.45 kg。bu 是单位蒲式耳（bushel）的符号，在英美等国家常用，作为谷物的容量单位，在美国，1 bu=35.238 L；而在英国，1 bu=36.368 L）。

蒸汽压片的比重和若干特性随压片密度的不同而差异很大，Preston 等（1995）测试表明，压片密度分别是 43.5Ib/bu、34.8 Ib/bu、31.3 Ib/bu 和 27.4 Ib/bu 时，其所含的可利用淀粉分别为 66.8%、69.6%、77.5% 和 79.6%，证明了压片密度与可利用淀粉之间呈显著相关。Swingle 等（1999）进一步试验的结果显示，随着压片密度的降低，饲料转化率、NEm 和 NEg 均呈正态分布，并且在压片密度为 360 g/L（28 Ib/bu）时达到最高。肉牛（275 kg）交叉饲喂结果显示出，在瘤胃和总肠道内淀粉的消化率增加显著，分别是 82%～91% 和 98.2%～99.2%，但是在小肠和大肠中淀粉的消化率并没有改变，总粗蛋白质消化率也显著增加，但并不是始终能改变纤维素的消化率和 DE 的含量。这些都是在压片密度降低的情况下发生的，可以解释饲料利用率不随压片密度的进一步降低而增加的原因。Swingle 等用压片高粱做肉牛的交叉饲养试验，具体的试验数据和结果见表 7-7。

分析如下：除屠体重随着压片密度的下降而显著降低外，屠体的其他特征并不受压片密度的影响。盆腔、肾脏和心脏脂肪相对胴体指数下降是极显著的。Theurer 等（1999）报道，随着压片密度由 30 Ib/bu 降低到 20 Ib/bu，活体重和屠体脂肪厚度均下降。对于何种压片密度能使牛发挥最大生产性能，尽管许多报道莫衷一是，但总的趋势认为压片密度在 28 Ib/bu 左右为最佳。

表 7-7　不同密度压片高粱交叉饲喂肉牛的屠体指标

项目	高粱蒸汽压片容重（g/L）				SEM
	412	360	309	257	
头数	5	5	5	5	—
屠体重（kg）	314.4	315.6	308.8	299.8	3.8
屠宰重（%）	64.7	64.9	64.5	64.7	0.2
脂肪厚度（cm）	1.27	1.34	1.31	1.35	0.07
大理石花纹级别	5.14	4.94	5.07	4.87	0.16
USDA 质量级别	9.24	8.76	9.28	8.60	0.29
USDA 生产级别	3.08	3.12	2.88	3.06	0.08

第四，质量标准。

评价蒸汽压片玉米的质量主要指标有压片密度、压片厚度、玉米淀粉糊化度和淀粉酶降解程度。压片厚度作为质量标准的优势是其不随时间、条件、地点的改变而改变，而压片密度却受很多因素影响，如含水量、测定容器的形状以及压片玉米的破损程度等。Zinn（1990）报道压片厚度与压片密度之间呈中度相关，即 FD（密度，kg/L）＝ $0.042+0.14FT$（厚度，mm）（$R^2 = 0.74$），而且压片密度与压片可溶性淀粉含量（$R^2 = 0.87$）和酶降解度（$R^2 =0.79$）线性相关。同时，压片密度测定时操作简单易行，加工过程中易于控制使其成为度量压片质量的主要指标，大量的试验结果表明，压片密度在 360g/L 左右可以使牛发挥最大的生产性能。

（3）加工机制。玉米籽粒中 70% 以上的都是淀粉，其中约有 27% 直链淀粉和 73% 的支链淀粉，淀粉以颗粒的形态紧密排列在胚乳中，淀粉颗粒外面包被蛋白质膜。淀粉链有的以氢键相互连接，有序排列形成结晶区，这些都不利于微生物和酶对淀粉进行消化利用。蒸汽压片之所以可以有效地提高玉米的消化率主要是将淀粉从蛋白膜包被中释放出来，同时破坏淀粉的有序排列，使之容易接受微生物和酶的作用。Mcdonough（1997）研究了蒸汽压片玉米的结构特征，发现 NT 淀粉结晶度减少，原来淀粉颗粒的紧密排列变成凝胶样状态。Preston（1998）通过六个试验来研究蒸汽压片加工过程中玉米的变化，得出结论：可溶性蛋白在蒸汽处理后降低和可利用淀粉在压片后增加，显示蒸汽压片过程中淀粉颗粒的变化是分两步进行的，另外，压片前后灰分、磷和钾含量分别降低 4%、23% 和 17%，但原因尚不清楚。

　　蒸汽压片技术是一种有效的谷物饲料加工方法,其主要是通过改变玉米的物理化学状态,从而提高瘤胃、小肠以及全消化道中的淀粉消化率,增加能值和机体内尿素再循环的次数,优化氮素在机体内的分配,提高牛的生产性能。玉米品种、产地、收获时间和降水量等都可以影响到玉米成分,这都可能影响到蒸汽压片谷物的加工;同时蒸汽压片谷物的饲用方式以及饲粮青粗料比例不同对生产性能也会产生一定的影响。我国近几年刚刚引进该工艺,现在尚需对蒸汽压片加工工艺、谷物蒸汽压片饲喂方式及其对其他物质代谢的影响进行进一步的研究,以促进蒸汽压片玉米在国内的推广和应用。

　　原料(玉米)三级去杂→水分调质处理→蒸汽加热蒸煮→压薄片→干燥、冷却→包装→成品入库。蒸汽压片玉米的质量标准:国际上采用蒸汽压片玉米的密度来评价蒸汽压片玉米的质量。试验结果表明,玉米压片的密度在 360 kg/m³ 时,可以获得理想的饲喂效果。玉米压片的密度也常常用来界定蒸汽处理的强度。当玉米压片的密度大于 480 kg/m³ 时,称为蒸汽碾压玉米;小于 450 kg/m³ 时,称为蒸汽压片玉米。主要技术指标见表 7-8。

表 7-8　蒸汽压片玉米的主要技术指标要求

项目	营养成分	标准差（±）
干物质（%）	86.5	0.50
粗蛋白质（%）	8.7	0.22
葡萄糖利用率（%）	58.0	1.74
调质处理程度（%）	68.0	1.87
糊化淀粉（kg/t）	308.3	16.93

(五) 发芽与糖化

1. 发芽

　　籽实的发芽是一种复杂的质变过程。籽实萌发过程中,部分糖类物质被消耗而表现出无氮浸出物减少,其中一部分蛋白质分解为氨化物,许多代谢酶、维生素 A 原和 B 族维生素及各种酶等的含量均有明显提高。大麦是最好的发芽原料。例如,1 g 大麦在发芽前几乎不含胡萝卜素,发芽后(芽长 8.5 cm 左右)可产生 73 ~ 93 mg 胡萝卜素,核黄素含量由 1.1 mg 增加到 8.7 mg,蛋氨酸含量增加 2 倍,赖氨酸含量增加 3 倍,但无氮浸出物减少。此法主要用在冬、春季节缺乏青饲料的情况下,作为家禽、种用家畜及高产乳牛的维生素补充饲料。用发芽谷料喂空怀母猪可促进母猪发情;喂妊娠母猪可减少死胎与流产,提高乳猪初生重;喂公猪可改善精液品质;喂仔猪可促进仔猪生长发育。在鸡日粮中喂 20% 大麦芽代替维生素添加剂,对提高产蛋率、降低饲料消耗,均有良好效果。

　　谷实发芽的方法如下:将谷粒清洗去杂后放入缸内,用 30 ~ 40℃ 温水浸泡一昼夜,必要时可换水 1 ~ 2 次。等谷粒充分膨胀后即捞出,摊在能滤水的容器内,厚度不超过 5 cm,温度一般保持在 15 ~ 25℃,过高易烧坏,过低则发芽缓慢。在催芽过程中,每天早、晚用 15℃ 清水冲洗一次,这样经过 3 ~ 5 d 即可发芽。在开始发芽但尚未盘根期间,最好将其翻转 1～2 次。一般经过 6～7 d，芽长 3～6 cm 时即可饲用。

2. 糖化

糖化是利用谷实和麦芽中淀粉酶作用，将饲料中淀粉转化为麦芽糖的过程。例如，玉米、大麦、高粱等都含 70% 左右的淀粉，而低分子的糖分仅为 0.5%～2%；经糖化后，其中低分子糖含量可提高 8～12 倍，并能产生少量的乳酸，具有酸、香、甜的特性，从而改善了饲料的适口性，提高了消化率。不仅是仔猪喜食的好饲料，也是育肥猪催肥期的好饲料，有提高食欲、促进体脂积聚的作用。

糖化饲料的方法是：将粉碎的谷料装入木桶内，按 1∶（2～2.5）的比例加入 80～85℃ 水，充分搅拌成糊状，使木桶内的温度保持在 60℃ 左右。在谷料表层撒上一层厚约 5 cm 的干料面，盖上木板即可。糖化时间需 3～4 h。为加快糖化，可加入适量（约占干料重的 2%）麦芽曲（大麦或燕麦经过 3～4 d 发芽后干制、磨粉而成，其中富含糖化酶）。糖化饲料储存时间最好不要超过 10～14 h，存放过久或用具不洁，易引起饲料酸败变质。

（六）浸泡与湿润

1. 谷物浸泡（soaked grain）

将谷物在水中浸泡 12～24 h 的做法一直为家畜饲养者所采用，浸泡多用于坚硬的籽实或油饼的软化，或用于溶去饲料原料中的有毒物质。豆类、油饼类、谷类籽实等经水浸泡后，因吸收水分而膨胀柔软，所含有毒物质和异味均可减轻，适口性提高，也容易咀嚼，从而利于动物胃肠的消化。

用水量随浸泡饲料的目的不同而有差异，以泡软饲料为目的时，一般料水比为 1∶（1～1.5），即手握饲料指缝浸出水滴为准，饲喂前不需脱水可直接饲喂。而以溶去有毒物质为目的时，料水比应达到 1∶2 左右。饲喂前应滤去未被饲料吸收的水分。浸泡时间长短应随环境温度及饲料种类不同而异，以不引起饲料变质为原则。由于浸泡法要求有一定空间，在处理过程可能会出现问题，还可能使饲料变酸（气温较高情况下），这些缺点限制了这一方法的大规模使用。

2. 加水还原法（reconstitution）

加水还原法同浸泡法相类似，它是在饲喂之前，在已成熟和干燥的谷物中加水，使谷物的水分含量上升到 25%～30%，然后将其在缺氧的料仓中储存 14～21 d。加水湿润一般用于粉尘多的饲料。用湿拌料喂鸡尤为适宜。另外，用料水比为 1∶2.5 的稀粥料喂肥猪，在集约化生产方式中有利于机械自流化，便于猪的随意采食。对整粒的高粱和玉米的效果很好，它能提高采食高精料饲粮的肉牛增重速度和饲料转化效率。但是，如果在还原前将谷物粉碎，则效果不好，因为粉碎的谷物在储存期间容易发酵。这种方法的主要缺点是，储存需要大量的空间，并且，如果使用了高粱，在饲喂前需要压扁。

（七）谷物湿贮

1. 高水分谷物青贮

它指谷物在水分含量较高（20%～35%）时收获，然后在青贮设备（或是在塑料袋）中储存。谷物如果不用此种方式储存或进行化学处理，就会在天气不很冷的时候发热和霉变。高水分谷物在青贮或饲喂前可以进行粉碎或压扁。在天气条件不允许进行正常田间干燥时，采用这种方法处理谷物不但非常有用，而且能避免使用昂贵的燃料进行人工干燥。虽然这种方法的储存成本可能相对较高，但高水分谷物能产生良好的育肥牛育肥效果。与干谷物相比，这一方法提高了饲料转化效率。当然，在市场上湿谷物比干谷物更难进行交易。

2. 高水分谷物酸储

利用丙酸，或乙酸、丙酸混合物，或甲酸和丙酸混合物与高水分整粒玉米或其他谷物彻底混合（有机酸添加量均为 1%～1.5%），可以防止谷物发霉和腐烂。与使用干燥谷物相比，酸储谷物并不影响家畜的生产性能。随着燃料价格上升，人工干燥成本增加，酸储高水分谷物很有发展前景。

(八) 发酵

通过微生物的繁殖改变精饲料的性质，以获得新的营养特性，用在实践中的某些特殊生产时期。如在乳牛、哺乳母猪与肥猪后期大量上市时期及对病畜或消化不良的仔畜，使用发酵饲料可以促进食欲，供给 B 族维生素，各种酶、酸、醇等物质，从而提高饲料的营养价值。因发酵过程并不能提高饲料总的营养价值，有机物质反而要损失 10% 左右，所以在一般生产状况下，应用精饲料没有必要发酵。精饲料发酵用微生物多为酵母，故用富含碳水化合物的饲料最好，蛋白质饲料不宜发酵。

发酵方法：每 100 kg 粉碎的籽实用酵母 0.5～1 kg，首先用温水将酵母稀释化开，然后将 30～40℃ 的温水 150～200 L 倒入发酵箱中，慢慢加入稀释过的酵母，再一边搅拌，一边倒入 100 kg 饲料中，搅拌均匀后，敞开箱口保持温度在 20℃～27℃，经 6～9 h 即可完成发酵。

酵母发酵过程中应注意通气。发酵箱的口径以其中饲料堆积的厚度不超过 30 cm 为宜；发酵过程中每隔 3～4 min 应将饲料搅拌、翻动一次。

(九) 饲料灭菌

利用辐射技术处理饲料，可消除饲料中的有害微生物。改善饲料品质，扩大饲料来源。据报道，英国用放射线杀菌制作饲料已有 20 年的历史。日本应用 20～25 kGy 剂量辐射杀菌，供应无菌的动物饲料也已达 12 年之久。日本原子能研究所曾应用射线杀灭配合饲料中病原菌和霉菌，在照射之前，每克饲料中的总菌数为 10 万～200 万个，大肠杆菌为 0.5 万～70 万个，每克饲料中的霉菌为 0.2 万～45 万个。通过 5～7 kGy 剂量的照射，几乎杀灭了全部大肠杆菌。一般在照射饲料时，采用能杀灭沙门氏菌和大肠杆菌等病原菌的剂量即可。进行辐射处理的配合饲料最好为粉状，直径小于 4 mm 源一般安装在输送饲料进仓的管道处，如果附设有中转仓库，并有传送装置将辐射的饲料送入储存库，则可根据需要安装任一辐射源。辐射源主要是 ^{60}Co 或 ^{137}Cs、射线源以及电子加速器。辐射灭菌技术主要用在实验动物饲料中。

经热调质颗粒化饲料可以杀灭沙门氏菌。含水 15% 的饲料在颗粒化过程中加热至 88℃ 经 10 min 即可达到目的。肉鸡前期和产蛋鸡用饲料沙门氏菌污染点加工前分别为 41% 和 58%，经颗粒化成形后均降至 4% 以下。颗粒化过程条件（压力和温度）分别为 444.5 N、157℃ ；889.1 N、162～169℃ ；1 333.6 N、181～187℃ 。

第三节　添加剂类饲料资源的利用

矿物质微量元素是以其各种盐类的形式存在，有些微量元素添加剂量极微，而且为剧毒品，某些微量元素易氧化，极大部分微量元素的盐类含有游离水与结晶水，容易吸湿返潮、结块，给加工预混合饲料带来一定的困难。因此，要进行一些预处理。

一、痕量成分硒、钴、碘预混合工艺技术

微量元素硒、钴、碘在配合饲料中添加量极微，一般为 0.1 ~ 10 mg / kg，统称为痕量。比《中华人民共和国国家标准混合均匀度测试法》（GB 5918—1986）规定的示踪剂添加量还低 90% 以上。以硒元素添加的亚硒酸钠 $Na_2SeO_3 \cdot 5H_2O$ 是剧毒物品，加工时尤需严格。痕量成分的添加工艺有三种。第一种是利用分批粉碎技术即固体粉碎；第二种是液体吸附工艺；第三种是液体喷洒工艺。

（1）固体粉碎工艺。痕量元素添加物 + 稳定剂（稀释剂）—球磨机粉碎—高浓度预混料—稀释、混合—普通预混料。

以亚硒酸钠为例：1 份亚硒酸钠与 9 份滑石粉混合后，倒入球磨机粉碎 3 ~ 4 h，由于在球磨机内一边粉碎一边混合，经球磨后的 10% 的亚硒酸钠高浓度预混料平均颗粒粒度可达 14 μm 左右，混合均匀度 CV<5%。再取高浓度的预混料 1 份与 9 份滑石粉在卧式叶带螺旋混合机中充分混合后（混合时间 15 min），即可制得 1% 的亚硒酸钠预混合饲料。

（2）液体吸附工艺。微量元素添加物→溶于水中→吸附→烘干→粉碎→稀释、混合→制成高浓度预混料→稀释、混合→制成普通预混料。

在该生产工艺中，吸附剂可采用滑石粉。混合采用卧式叶带螺旋混合机，最后可制得 1% 含量的预混料。

（3）液体喷洒工艺。极微量元素添加物溶于水中→直接喷洒在载体上→混合制成高浓度预混料→稀释、混合→制成普通预混料。

在该工艺中，载体可选择双飞粉，使用电喷枪进行喷雾，混合采用卧式叶带螺旋混合机，同样可制得 1% 含量的预混料。

二、矿物盐的前处理

矿物盐的前处理包括干燥、微粉碎、添加抗结块剂与稳定剂等工序（图 7-22）。

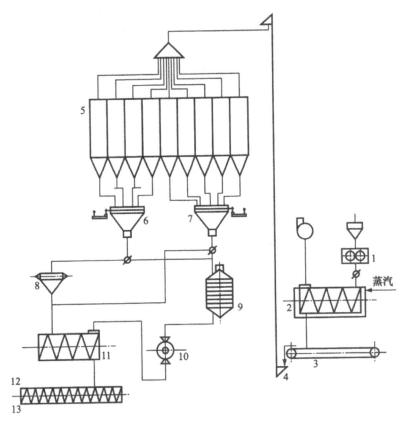

1. 对辊破碎机；2. 干燥器；3. 带式输送机；4. 提升机；5. 料仓；6. 小计量秤；7. 大计量秤；8. 球磨机；9. 预混合机；10. 高速粉碎机；11. 混合机；12. 绞龙；13. 成品出料

图7-22 微量矿物盐前处理工艺流程

当矿物盐水分含量大于2%(不包括结晶水)，就必须进行干燥处理。微粉碎是为了获得更细的粒度。抗结块剂与稳定剂包括硅酸盐(二氧化硅、滑石粉、硅酸钙、膨润土等)和硬脂酸盐(硬脂酸钙、硬脂酸钠、硬脂酸镁等)，经粉碎成微粒后，再添加到粉状矿物盐中，以增强矿物盐的流动性，防止结块。

矿物盐经预处理后，成为稳定的、不易吸湿返潮的、流动性良好的微粒粉料，粒度为0.05~0.1 mm。

颗粒或块状矿物盐经对辊机破碎后，当水分含量大于2%时(不包括结晶水)，送入干燥机，脱水后输入料仓。八个料仓分别贮存氯化钴、硫酸铜、碘酸钙、硫酸亚铁、碘化钾、硫酸锌、硫酸锰、亚硒酸钠等矿物盐，另两个料仓贮存抗结块剂和稳定剂(硅酸盐和硬脂酸盐)。

铁、铜、锌、锰等矿物盐通过大计量秤称重后进入预混合机稀释，再进入高速粉碎机进行粉碎；而碘、钴、硒等矿物盐通过小计量秤称量后直接进入球磨机进行微粉碎。然后，两种微粉碎物在预盛有硅酸盐的混合机中混合，使之达到一定的浓度和均匀度(表7-9)。

表 7-9　各种矿物盐加工的配比与活性物质含量

组分	配比（kg）	矿物盐浓度（%）	活性元素含量（g/kg）	组分	配比（%）	矿物盐浓度（%）	活性元素含量（g/kg）
氯化钴	30	15	钴 33	碘化钾	10	5	碘 38
硬脂酸盐	6			硬脂酸盐	6		
硅酸盐	164			硅酸盐	184		
硫酸铜	194	97	铜 243	碘酸钙	10	5	碘 31
硬脂酸盐	6			硬脂酸盐	6		
				硅酸盐	184		
硫酸亚铁	194	97	铁 194	硫酸锌	194	97	锌 223
硬脂酸盐	6			硬脂酸盐	6		
硫酸锰	196	97	锰 243	亚硒酸钠	10	5	硒 22
硬脂酸盐	6			硬脂酸盐	6		
				硅酸盐	184		

参考文献

[1] 沈维军，谢正军. 配合饲料加工技术与原理 [M]. 北京：中国林业出版社，2011.

[2] 龚利敏，王恬. 饲料加工工艺学 [M]. 北京：中国农业出版社，2010.

[3] 黄涛. 饲料加工工艺学与设备 [M]. 北京：中国农业出版社，2016.

[4] 杨久仙，刘建胜. 动物营养与饲料加工 [M]. 第 2 版 . 北京：中国农业出版社，2015.

[5] 冯定远. 饲料加工及检测技术 [M]. 北京：中国农业出版社，2012.

[6] 方希修，黄涛. 配合饲料加工工艺与设备 [M]. 北京：中国农业大学出版社，2015.

[7] 杨在宾，杨维仁. 饲料配合工艺学 [M]. 第 2 版 . 北京：中国农业出版社，1997.

[8] 庞声海，饶应昌，等. 配合饲料机械 [M]. 北京：中国农业出版社，1989.

[9] [美]Robert R McEllhiney，等. 饲料制造工艺学 [M]. 第 3 版 . 武汉：商业部武汉粮科所，1991.

[10] 曹康. 现代饲料加工技术 [M]. 上海：上海科学技术文献出版社，2003.

[11] 顾华孝，王永昌. 饲料资源及饲料厂设计与管理 [M]. 郑州：商业部郑州粮科所，1987.

[12] 李复兴，李希沛. 配合饲料大全 [M]. 青岛：青岛海洋大学出版社，1994.

[13] 李德发，龚利敏. 配合饲料制造工艺与技术 [M]. 北京：中国农业大学出版社，2003.

[14] 杨世昆，苏正范. 饲草生产机械与设备 [M]. 北京：中国农业出版社，2009.

[15] McDonaldP，RAEdwards，JFDGreenhalgh，等. 动物营养学 [M]. 王九峰，李同洲，译. 北京：中国农业大学出版社，2007.

[16] 毕云霞. 饲料作物种植及加工调制技术 [M]. 北京：中国农业出版社，2004.

[17] 陈代文. 饲料添加剂学 [M]. 北京：中国农业出版社，2003.

[18] 冯定远. 配合饲料学 [M]. 北京：中国农业出版社，2003.

[19] 侯放亮. 饲料添加剂应用大全 [M]. 北京：中国农业出版社，2003.

[20] 谷文英. 配合饲料工艺学 [M]. 北京：中国轻工业出版社，1999.

[21] 陈志平，章序文，林兴华. 搅拌与混合设备设计选用手册 [M]. 北京：化学工业出版社，2004.

[22] 李德发，范右军. 饲料工业手册 [M]. 北京：中国农业大学出版社，2002.

[23] 李德发. 中国饲料大全 [M]. 北京：中国农业出版社，2001.

[24] 罗方妮，蒋志伟 . 饲料卫生学 [M]. 北京：化学工业出版社，2003.

[25] 过时东 . 水产饲料生产学 [M]. 北京：中国农业出版社，2004.

[26] 曹康，郝波 . 中国现代饲料工程学 [M]. 上海：上海科学技术文献出版社，2014.

[27] 李建文 . 饲料厂设计原理 [M]. 北京：化学工业出版社，2008.

[28] 毛新成 . 饲料加工工艺与设备 [M]. 北京：中国财政经济出版社，1998.

[29] 庞声海，郝波 . 饲料加工设备与技术 [M]. 北京：科学技术文献出版社，2001.

[30] 庞声海，饶应昌 . 饲料加工机械使用与维修 [M]. 北京：中国农业出版社，2000.

[31] 沈再春 . 农产品加工机械与设备 [M]. 北京：中国农业出版社，1993.

[32] 张裕中 . 食品加工技术装备 [M]. 北京：中国轻工业出版社，2000.